中国科协组织建设

The Organization and Construction of China Association for Science and Technology

李　森/著

科学出版社
北　京

图书在版编目(CIP)数据

中国科协组织建设/李森著．——北京：科学出版社，2014.12
ISBN 978-7-03-042941-4

Ⅰ.①中… Ⅱ.①李… Ⅲ.①中国科学技术协会-组织建设-研究Ⅳ.①G322.25

中国版本图书馆 CIP 数据核字（2014）第 304854 号

责任编辑：侯俊琳　牛　玲　朱萍萍　王昌凤／责任校对：张怡君
责任印制：李　彤／封面设计：无极书装
编辑部电话：010-64035853
E-mail：houjunlin@mail.sciencep.com

科学出版社出版
北京东黄城根北街16号
邮政编码：100717
http://www.sciencep.com
北京凌奇印刷有限责任公司 印刷
科学出版社发行　各地新华书店经销
*
2015年1月第　一　版　开本：720×1000　1/16
2022年3月第五次印刷　印张：32　1/2　插页：2
字数：510 000

定价：86.00 元

（如有印装质量问题，我社负责调换）

自 序

由于在省委组织部和中央组织部做了20多年组织工作且主要是做党的基层组织建设工作的缘故，我对组织建设特别是基层组织建设工作比较熟悉，也很热爱。所以，我在2007年5月到中国科协组织人事部工作后的这些年中，在重点并着力做好干部工作、人事工作、人才工作的同时，把很多时间和精力放在对中国科协组织建设特别是基层组织建设的研究和指导上。而从完整意义的理解上，干部工作、人事工作、人才工作也是中国科协组织建设重要的有机组成部分，在实际工作中我更多是从总体上抓好中国科协组织建设各项工作的统筹和协调，突出重点和整体推进。几年来，作为承担中国科协组织建设指导职能的组织人事部的主要负责人，我一方面创造性地运用过去20多年从事党的组织建设特别是党的基层组织建设所积累的实践经验、形成的理性认识，一方面悉心研究和学习中国科协组织建设的历史和经验，调查和研究科协组织建设的现状，研究科协组织建设面临的新问题，总结科协组织建设新的实践和经验，发现和掌握科协组织建设的规律，致力于科协组织建设的加强和提高。在实践中，我深感，中国科协历届领导同志和党组、书记处高度重视组织建设工作，取得了很多成绩，积累了许多成功经验，形成了抓组织建设的良好传统，也为进一步加强中国科协组织建设奠定了坚实的基础。同时我也感到，随着时代和形势的发展，中国科协的组织建设也遇到了一些新情况，出现了一些新问题，需要我们现在从事科协组织建设工作的同志继续发扬过去几十年间形成的抓科协组织建设的好传统，运用过去几十年间形成的抓科协组织建设的好经验，在已有的工作基础上，以创新的精神，研究新情况，总结新经验，解决新问题，提出新办法，推动中国科协组织建设工作继续前进。

正是基于这样的认识，我到中国科协组织人事部工作的这几年，在充分总结、调查研究和系统理论思考的基础上，逐步形成了比较完整的关于中国科协组织建设的一些思路和想法，从2009年开始在多种场合讲授“中国科协组织建设”、“市级科协组织建设”、“县级科协组织建设”、“企业科协组织建设”，也多次就“高校科协组织建设”发表意见。许多省、市、县科协的同志和企业科协、高校科协的同志对此表达了赞同的意见，这给了我极大的鼓励和鼓舞，也促使我不断完善自己的想法。在讲授中国科协组织建设专题的同时，我进行系统的文字整理，形成了现在呈献于读者面前的这本书。

那么，为什么要出这本书呢？

首先，我到中国科协组织人事部工作不久，就了解到钱学森同志在任中国科协第三届主席期间，在前两届科协全委会、常委会和党组、书记处工作的基础上，提出了建立科协学的设想，并就此论述了科协学的理论基础、学科定位、主要内容，建构了科协学的基本框架。我觉得，这是在中国科协发展史上具有里程碑意义的重大贡献。我找到了钱学森同志关于中国科协改革和发展的一系列文章，当作中国科协的重要历史文献来学习，越发感到钱学森同志关于科协思想的深邃，越发感到钱学森同志的科协思想对于中国科协发展的重要指导意义。虽然我没有和钱老谋过面，但我对钱老怀着深深的崇敬和景仰。在研究过去的那些历史文献过程中我也了解到，中国科协在钱学森同志开创的科协学的基础上，做了大量实践总结和理论探索工作，形成了丰富的实践和理论成果。比起很多同志来，我到科协工作的时间很晚，从事科协工作的时间也很短，但作为承担中国科协组织建设职责和任务职能部门的主要负责同志，理应和有志于科协研究的同志一道，在钱学森同志开创的科协学的基础上，在过去已有的实践和研究成果的基础上，做出点滴、微薄的贡献，把钱学森同志的科协思想继承下来，发扬光大，把钱学森同志已经做了开篇、科协的同志已经做了20多年实践总结和理论探索的科协学这篇大文章做下去。我把《中国科协组织建设》作为这种点滴、微薄贡献的具体体现，尽管我知道它还是微不足道的。

其次，我们国家提出了创新驱动的发展战略，科技创新成为我们国家经济发展的新引擎和不竭动力，而作为科技性社会团体的中国科协在国家实施创新驱动发展战略中肩负着重要责任。这种责任在客观上要求，必须把中国科协建设成为组织健全、队伍精良、管理科学、工作上乘的社会团体，成为国家创新体系的重要力量，为推动创新驱动发展战略发挥越来越重要的作用。而要做到这些，就必须切实加强中国科协的组织建设。也正是这个基点，提升了我所做的关于中国科协组织建设一些思考的现实意义和价值。

再次，我做了30年的党的组织工作，特别是前22年，在地方、中央组织部门从事党的组织工作特别是党的基层组织工作，对这项工作特别热爱，也比较熟悉，有很多积累，也有很多思考和见解。来中国科协组织人事部工作前，我在中央组织部组织局分管二处和六处工作。二处是企业基层党组织工作，六处是党政机关、高等院校、科研院所、中小学、社会组织、中介组织等基层党组织工作，就是说，分管工作范围是除了农村基层党组织工作之外的所有领域基层党组织工作。有必要提及的是，我们党的领导地位决定了在各类基层单位的组织建设中，基层党组织建设是核心，发挥统领作用，这就使得我在接触基层党组织工作的过程中自然会接触和了解其他基层组织及其工作。正是因为有这样一些自身条件，我从到中国科协组织人事部工作起，就特别专注并在调查研究的基础上身体力行抓中国科协的组织建设，特别是科协基层组织建设。我之所以要强调这一点，是想说，我的这些关于中国科协组织建设的系统研究成果，既是我在中国科协组织建设的工作岗位上努力工作的结果，更是我几十年来对组织工作的经历、积累、研究的结果，其中浸透了我的情感。

复次，我从2009年开始在许多场合讲授的“关于中国科协组织建设”专题，尽管受众面不断扩大，但毕竟很有限。比如，从2009年开始到2013年年底，5年来组织人事部共举办了10期县级科协主席培训班，每期180人左右，共1800人，虽然人数不少，但也只占全国2800多个县级科协主席人数的一半多，何况每个县级科协除了主席还有不止一位副主席，何况每年都有县级科协主席、副主席的调整，新的县级科协主席、副主席进入县级科协，何况除了县级科协主席外，还有各级地方科协和各类基层科协的领导和工作人员。而出版发行这种方式，就可以使更多的人通过直接阅读这本书而接触和接受我所讲授的内容，而且书的内容也远比讲座的内容更系统、更丰富。我真心希望有更多的同志能够看到这本书，了解我在书中表达的见解和想法。虽然这本书的内容还不尽成熟，也未必会有太大作用，但总是可以作为参考、借鉴的。在目前还没有这样一本专门系统论述中国科协组织建设的书的情况下，也是抛砖引玉吧！

可惜的是，我虽然在一些全国培训班和个别省、市培训班的不少场合讲授“关于中国科协组织建设”专题，但从来没有在中国科协所属的全国学会、中国科协机关和直属单位讲授过；虽然在很多场合谈自己对加强中国科协基层组织建设的思路和想法，但也很少有机会在中国科协机关和直属单位谈过。因此，对我多年来所形成的关于加强中国科协组织建设的这些系统思考，中国科协机关部门、直属单位和全国学会的同志很少了解，其中包括承担中国科协组织建设指导职能的我们组织人事部的一些同志，中国科协的领导同志更是很少了解。这是我感到有些遗憾的事情。在接触中，我深感中国科协与组织建设工作相关的机关部门和事业单位的一些同志对组织建设并不很熟悉，个别同志甚至在组织建设的一些基本概念上都还存在模糊认识。一些同志虽然做科协组织建设工作多年，但既不研究中国科协组织建设的历史（不研究是他们自认为了解），也不调查中国科协组织建设的现状（不调查是他们自认为熟悉，而事实上一些同志也不会做调查），情况不明，思路不清，形不成工作指导的正确意见，却总是轻易地对科协组织建设的历史和现状下判断、下结论，提出一些大则大而无当、细则陷入细枝末节的似是而非的意见，于研究问题无益，对促进工作无补。所有这些，对做好中国科协组织建设工作无疑是很不利的。我深切地觉得，要加强中国科协组织建设，必须首先在中国科协全国组织的层面形成指导组织建设的基本思路，达成共识，这就需要中国科协指导组织建设的职能部门和与组织建设相关的部门、事业单位的同志必须了解、研究和熟悉中国科协组织建设，包括中国科协组织建设的历史和现状、中国科协组织建设的基本理论和业务体系，成为中国科协组织建设的专家。我不敢说自己对中国科协组织建设懂得更多，不敢说自己就是这方面合格的专家，也不敢说我所形成的关于中国科协组织建设的认识就一定是正确的，但我还是真诚地希望这本书能在这方面做出些许贡献。自然，我也真诚地希望中国科协的同志特别是从事中国科协组织建设工作的同志能够看到这本书，不仅是了解、知晓我的想法，而且书中有用的东西能够成为他们指导中国科协组织建设的有益借鉴和参考。如果能够就此引起讨论，甚至是批评，在讨论和批评中达成共识，则是我求之不得的。

中国科协是一个有着悠久历史和文化传统的社会组织，积淀厚重，博大精深，但同时也是一个处于不断发育和发展、成长和成熟过程中的社会组织。中国科协的事业是有着非常光明的发展前途的朝阳事业，需要不断进入其中的后来者虔诚地、精心地、谨慎地去培育，去呵护，持续地推进科协事业，使其不断发展壮大。不断地有后来者进入科协组织、从事科协工作，是科协事业欣欣向荣、兴旺发达的表现。但多少有些令人遗憾的是，一些不断进入科协事业的后来者，在中国科协组织建设这个问题上却显得耐心不够，有些性急和匆忙，他们不愿去做艰苦细致、深入系统的关于中国科协组织建设历史经验的总结和现实状况的调研，以及在这个基础之上的系统理论思考，也不去向先来者请教，或阅读多年积累下来的历史文献，当然也不可能去参加关于这方面的专门培训，屁股还没坐热乎，许多问题还没有搞清楚、想明白，就“情况不明决心大”、“思路不清胆子大”，轻易、草率地提出所谓新思路、新主张、新口号，或者轻易、草率地改变过去坚持多年的做法，而不顾中国科协组织及其工作的连续性和稳定性。其实，中国科协组织建设既是一门学问，也是一门专业，更是一门业务，它本身是有规律的，反映这些规律的是一系列规定、规则和规矩；要做好中国科协组织建设工作，就必须遵循其规律，遵守其规矩，持谨慎的态度，绝不能离开规律和规矩，靠个人喜好、靠个人先入为主的理解、靠想当然办事。这样做，是一定会把事情搞糟的。这样的教训屡见不鲜。我希望这本书能够给后来者了解考察中国科协历史沿革和发展、学习借鉴中国科协历史经验、悉心研究中国科协现状提供一个可供参考的基本框架，为他们在此基础上对中国科协的组织建设进行稳重的、理性的、渐进的创新，提供一个必要的基础。

在我任组织人事部长期间，就中国科协组织建设形成了许多深思熟虑的想法，虽然也做了一些工作，但由于一些我个人难以左右、难以掌控、难以驾驭的原因，一些正确的想法没有付诸实施，一些有创新性的工作也难以展开，深感遗憾。我所能做的，除了在有限的在职时间内尽力做好能做的工作，也包括继续在多种场合讲解自己的想法外，能够在退休前将自己的想法整理成书，留下来，让后来的人知晓、借鉴，是我弥补遗憾的最好方式，也是唯一方式。我的责任感催促我这样做。至于我的这些想法能够在多大范围内、多大程度上为人所重视，为人所借鉴，那更是我所难以左右、难以掌控、难以驾驭的了。

最后，这本书的问世，也是为了履行我的一个承诺。在距退休还有一年多时间的时候，我将自己在中国科协组织人事部工作期间就科协工作，主要是组织人事工作，特别是科协组织建设工作所形成的一些文章，共十个专题，结集交中国科学技术出版社，已于不久前分上下册，以《走近科协》为名出版。在那本书的自序中，我承诺，在《走近科协》出版后，将尽快使《中国科协组织建设》一书和大家见面。现在，这本书终于可以在我退休之际问世了，既履行了我的承诺，也了却了我的一桩心愿。这本书也就成为我在离开科协工作前对科协工作所做的最后一点儿贡献。对此，我感到十分欣慰。

那么，这是一本什么样的书呢？

我认为，这不是理论专著，也不是经验总结，而是一本介于二者之间的理论和经验相结合的书。这里所说的经验，既包括我到中国科协组织人事部工作后多年的经验总结，也包括我过去在地方和中央组织部门工作20多年的经验总结，还包括我在地方和中央组织部门工作以及在中国科协组织人事部工作几十年间的体会。自然，这里所说的理论，既是我在中国科协组织人事部工作这些年来所形成的理论思考，也是我过去几十年间的理论思考。我以自己的理论功底和经验积累，努力做了理论和经验结合的工作。同时，这本书还吸收了中国科协在历史上形成的关于中国科协组织建设的理论和实践成果。我认为，理论、经验、历史这三个方面的有机结合，构成了这本书的价值所在，包括理论价值、实践价值、史料价值。

也正因为如此，我觉得这本书尽管有它的价值，但还只是一块砖，至多也只是一块仅仅经过初步打磨、雕琢的砖，其价值还有待于被认识和发掘，当然也包括被评论和批评。若能抛砖引玉，我自是求之不得。

谨以此书作为我退休前对我所从事的中国科协组织建设工作的一份小小的礼物，也作为职业生涯在中国科协结束前向我几十年间曾经工作过的几个单位给予我真诚支持和帮助的那些领导和同事的真诚致礼。

末了，我要真诚地感谢科学出版社的领导和同志，特别是认真负责、严谨细致的责任编辑，是他们的接纳和付出，使我的心愿得以了却。

是为序。

李 森

2014年9月于万寿路寓所

目 录

绪论 中国科协组织建设的概念和体系

第一编 中国科协组织建设的几个基本问题

第四编　中国科协所属学会组织建设

结语 把各级各类科协组织建设成为科技工作者之家

绪论

中国科协组织建设的概念和体系

第一章 中国科协组织建设的概念

中国科协组织建设，既是现实生活中实际发生、发展着的实践活动和过程，也是一门业务、一门专业，更是一门学科。中国科协组织建设学，是钱学森同志倡导并初步建构起来的科协学的重要组成部分。要把中国科协组织建设在学科意义上确立下来，把学科体系建构起来，前提是必须把中国科协组织建设的概念界定清楚。这同时也是我们确立中国科协组织建设的学科地位、建构中国科协组织建设学科体系的逻辑起点。

显然，这里所说的中国科协组织建设的体系，不是指中国科协的组织体系，中国科协的组织体系是中国科协组织建设的重要内容，这个问题将在第二编中具体讨论；这里所说的中国科协组织建设的体系，是指建立在中国科协组织建设的概念、范畴及其相互关系上的中国科协组织建设的学科体系，或者说是作为学科的中国科协组织建设的体系。

笔者将中国科协组织建设区分为广义概念的中国科协组织建设和狭义概念的中国科协组织建设。在本绪论中，笔者建构的中国科协组织建设体系，包括三个方面：一是由作为狭义概念的中国科协组织建设内部各构成因素建构起来的中国科协组织建设体系；二是基于狭义概念的中国科协组织建设并在此基础上与广义概念的中国科协组织建设各个方面相交叉而建构起来的中国科协组织建设体系；三是作为学科而存在的中国科协组织建设体系。显然，前两者是着眼于中国科协组织建设学科体系的实践基础，后者是着眼于中国科协组织建设学科体系的理论建构。从其相互关系来讲，前两者是后者的实践来源，后者是前两者的理论提升。

本章首先讨论中国科协组织建设的概念。

我们要研究和把握中国科协组织建设，首先要研究和把握中国科协组织建设的概念。所谓概念，在哲学上讲，就是范畴。作为一门专业，作为一门学科，中国科协组织建设是由一系列范畴构成的一个学科体系。建立中国科协组织建设的范畴之所以重要，就在于中国科协组织建设的范畴是人们对中国科协组织建设实践中纷纭复杂的现象、事物、过程、关系进行理性抽象的结果，是人们的思维对中国科协组织建设实践活动及其过程的普遍本质和内部联系的概括与反映形式，是人们认识和把握中国科协组织建设的“支撑点”和“阶梯”，是人们对中国科协组织建设的“认识之网”的“纽结”。认识和把握了中国科协组织建设的范畴，就向认识和把握中国科协组织建设规律以至整个中国科协组织建设学科体系不断靠近，或者说，认识和把握中国科协组织建设的规律以至整个中国科协组织建设学科体系，正是通过认识和把握中国科协组织建设范畴来实现的。因为范畴之间的相互联系及其展开就是规律，中国科协组织建设学科就是由若干规律和一系列范畴所构成的学科体系。从实践层面讲，中国科协组织建设的概念、范畴实际上反映的是作为客观存在的中国科协组织建设的内在本质和基本特征，是中国科协组织建设各个方面的相互关系，是对中国科协组织建设的客观概括。从认识论的角度讲，我们认识中国科协组织建设，就是通过实践、认识、再实践、再认识的过程，通过实践认识、形成和把握中国科协组织建设的概念、范畴，并运用这些概念、范畴进行判断和推理，形成关于中国科协组织建设的理论，进而运用这些理论去指导中国科协组织建设的实践。

第一节　中国科协组织建设的广义概念和狭义概念

中国科协组织建设的概念，分为广义概念和狭义概念两类。

1. 中国科协组织建设的广义概念

作为广义概念，中国科协组织建设的表述是“中国科协组织的建设”，从构词法上讲，是“中国科协组织＋建设”，是指包括思想建设、组织建设、作风建设、制度建设和文化建设在内的“五位一体”的整个科协组织的建设。

为了便于区分，我们索性将广义概念的中国科协组织建设称为“中国科协建设”。

2. 中国科协组织建设的狭义概念

作为狭义概念，中国科协组织建设的表述是“中国科协的组织建设”，或“中国科协组织的组织建设”，从构词法上讲，是“中国科协＋组织建设”，或“中国科协组织＋组织建设”，特指与思想建设、作风建设、制度建设和文化建设并列或相对的组织建设，是整个中国科协组织的建设的一部分。

本书中讨论的中国科协组织建设，主要讲的是狭义概念，即“中国科协的组织建设”。这是基本定位，但在讨论狭义概念的中国科协组织建设时，有时要在广义概念即“五位一体”的中国科协组织建设的背景下、语境中来进行，需要关照广义概念的中国科协组织建设的其他方面，也需要和广义概念的中国科协组织建设的其他方面发生必要的联系。

为了便于区分，我们索性将狭义概念的中国科协组织建设称为“中国科协组织建设”。

第二节　广义概念的中国科协组织建设及其构成

作为具有完整组织体系的全国性的人民团体、社会团体、群众组织，或者说科技性社会团体，中国科协的建设也是一个由多元素构成的复杂系统。从横向上看，可以区分为思想建设、组织建设、作风建设、制度建设和文化建设。这种横向的区分，是一种基本的区分，是中国科协组织的建设的基本领域、基本方面，属于中国科协组织建设广义概念的范畴。思想建设、组织建设、作风建设、制度建设和文化建设，是任何一个成熟的政党、社会团体都必须坚持的“五位一体”的建设体系。中国科协当然也不能例外。

1. 思想建设

思想建设属于理论基础、指导思想的范畴，决定着中国科协的性质，关系着中国科协存在的根据和价值，是中国科协整个建设体系的核心和灵魂。

2. 组织建设

组织建设属于人员素质及其构成、队伍素质及其结构，以及组织设置形式、活动方式、工作方法的范畴，决定着中国科协干部队伍、人才队伍的状况及其组织形态、内部结构和运行方式，决定着中国科协组织的正常运转。

3. 作风建设

作风建设属于外在形象的范畴，是中国科协通过它的各级组织及其成员在日常工作、学习和生活中所表现出来的经常性的、稳定性的、可以重复出现的态度和行为，包括思想作风、工作作风、学习作风（学风）、生活作风等，与中国科协的历史、传统、文化、所处现实环境以及成员的结构和素质密切相关，决定着中国科协自身的凝聚力和战斗力，也决定着社会各界和公众对中国科协的评价。

4. 制度建设

制度建设属于法规、管理范畴，贯穿于其他方面的建设之中，体现着中国科协成熟的程度，决定着中国科协的生存和发展。制度建设具有根本性、长期性、稳定性的特点，对于中国科协的建设至关重要。

5. 文化建设

文化建设属于“内在气质”的范畴，是构成中国科协核心竞争力、软实力的重要方面，是影响中国科协及其成员行为的思想观念，是各项建设的软环境，是工作的氛围，是成员成长的沃土。

第三节　狭义概念的中国科协组织建设及其构成

对中国科协组织建设系统，除了可以做横向区分即思想建设、组织建设、作风建设、制度建设、文化建设外，我们还可以对其中的组织建设做其他区分。这样，就有了中国科协组织建设狭义概念的区分。

1. 从中国科协组织建设的纵向上区分

从纵向上，可以将中国科协组织建设区分为全国科协及其所属学会组织建设、地方科协（包括省、市、县科协）及其所属学会组织建设、基层科协组织建设。

2. 从中国科协组织的内部结构构成上区分

从科协组织的内部结构构成上，可以将中国科协组织建设区分为领导机构建设、干部队伍建设、人才队伍建设。

3. 从中国科协的工作内容上区分

从工作内容上，可以将中国科协组织建设区分为组织设置、组织指导、活动方式、工作方法。

以上三种区分，都属于中国科协组织建设狭义概念的范畴。

第四节　区分中国科协组织建设广义概念和狭义概念的意义

将中国科协组织建设的概念做广义和狭义的区分，有着重要的理论意义和实践意义。

1. 确定作为研究对象的中国科协组织建设和中国科协建设各个方面的边际

区分中国科协组织建设广义概念和狭义概念，首先是为了确定研究对象的边界或边际，使研究对象是确定的、明确的、清晰的。具体地说，我们所要研究的是狭义概念，是中国科协的组织建设，或中国科协组织的组织建设，而不是一般地来研究科协组织建设，或者来研究一般的科协组织建设。

2. 将中国科协组织建设放置于整个中国科协建设的大系统中去研究

研究狭义概念的中国科协组织建设，必须将其放置于广义概念的中国科协组织建设的大背景下，必须紧密联系广义概念的各个领域、各个方面，而不能单打一，就事论事。科协的组织建设是相对于思想建设、作风建设、作风建设、文化建设而言的，是与思想建设、作风建设、作风建设、文化建设相比较而存在，相依托而发展的；离开了其他方面的建设，组织建设就失去了依托和根基，就变得没有意义。因此，我们在讨论科协组织建设时，必须将其放置于整个科协组织建设的大系统中，从其与其他方面的建设的相互关系中来考察，而不能孤立地就组织建设讨论组织建设，就组织建设加强组织建设，这样做不可能真正加强组织建设。

3. 中国科协组织建设的各个方面既是确定的，也需要在与中国科协建设的各个方面的联系中发展

对中国科协组织建设所做的纵向区分、内部结构构成区分、工作内容区分的各个方面，都具有自己独立存在的根据和理由，都应当抓好。但是，纵向的每个建设、科协组织内部结构构成的每个建设、工作内容的每个建设本身，又不能孤立地存在，不能不和其他方面发生联系。事实上，科协组织建设狭义概念的各个方面，与科协思想建设、组织建设、作风建设、制度建设和文化建设的各个方面之间，都有着内在的逻辑联系。

第二章 中国科协组织建设的体系（一）

为了讨论的方便，我们先来讨论狭义概念的中国科协组织建设，并在此基础上与广义概念的中国科协组织建设各个方面相交叉，从而建构起中国科协组织建设体系。我们将此称为“基于中国科协组织建设狭义概念并在此基础上与广义概念各个方面相交叉而建构起来的中国科协组织建设体系”。这是中国科协组织建设体系的一个重要方面。

从纵向区分，可以将狭义概念的中国科协组织建设划分为三个方面，即全国科协组织建设、地方各级科协组织建设、各类科协基层组织建设。其中，地方各级科协组织建设又可以从纵向上划分为省级科协组织建设、市级科协组织建设、县级科协组织建设；各类科协基层组织建设又可区分为农村科协组织建设、街道社区科协组织建设、企业科协组织建设、高等院校科协组织建设。

对纵向区分的每一个方面，我们都可以再从纵向上（亦即进入组织建设的内部结构构成）具体划分为领导班子建设、干部队伍建设、人才队伍建设。

这样，我们就获得了六个方面的基本概念。这些从纵向划分的所有方面，每一个方面都可以和中国科协组织建设广义概念的各个方面相交叉，形成系列概念；从纵向区分的每一个方面的各个构成因素，从内部结构构成区分的每个方面，也都可以和中国科协组织建设广义概念的各个方面相交叉，形成系列概念。这样，我们就获得了两类、六个方面的系列概念，它们共同构成了基于中国科协组织建设狭义概念并在此基础上与广义概念各个方面相交叉而建构起来的中国科协组织建设体系。

第一节　中国科协全国组织建设系列

中国科协全国组织建设系列，包括中国科协全国组织以及所属的全国学会、职能部门和事业单位的建设，这些方面都可以和中国科协组织建设广义概念的各个方面相交叉，形成子系列。

1. 中国科协全国组织建设系列

中国科协全国组织建设系列包括：中国科协全国组织思想建设、中国科协全国组织的组织建设、中国科协全国组织作风建设、中国科协全国组织制度建设、中国科协全国组织文化建设。

2. 中国科协全国学会建设系列

中国科协全国学会建设系列包括：中国科协全国学会思想建设、中国科协全国学会组织建设、中国科协全国学会作风建设、中国科协全国学会制度建设、中国科协全国学会文化建设。

3. 中国科协全国组织职能部门建设系列

中国科协全国组织职能部门建设系列包括：中国科协全国组织职能部门思想建设、中国科协全国组织职能部门组织建设、中国科协全国组织职能部门作风建设、中国科协全国组织职能部门制度建设、中国科协全国组织职能部门文化建设。

4. 中国科协全国组织事业单位建设系列

中国科协全国组织事业单位建设系列包括：中国科协全国组织事业单位思想建设、中国科协全国组织事业单位组织建设、中国科协全国组织事业单位作风建设、中国科协全国组织事业单位制度建设、中国科协全国组织事业单位文化建设。

第二节　中国科协地方组织建设系列

中国科协地方组织建设系列，包括省级科协组织建设、市级科协组织建设、县级科协组织建设，以及每一层级科协组织所属学会建设、职能部门建设、事业单位建设，这些方面都可以和中国科协组织建设广义概念的各个方面相交叉，形成子系列。

1. 中国科协地方组织建设系列

中国科协地方组织建设系列包括：中国科协地方组织思想建设、中国科协地方组织的组织建设、中国科协地方组织作风建设、中国科协地方组织制度建设、中国科协地方组织文化建设。

2. 中国科协地方学会建设系列

中国科协地方学会建设系列包括：中国科协地方学会思想建设、中国科协地方学会组织建设、中国科协地方学会作风建设、中国科协地方学会制度建设、中国科协地方学会文化建设。

3. 中国科协地方组织职能部门建设系列

中国科协地方组织职能部门建设系列包括：中国科协地方组织职能部门思想建设、中国科协地方组织职能部门组织建设、中国科协地方组织职能部门作风建设、中国科协地方组织职能部门制度建设、中国科协地方组织职能部门文化建设。

4. 中国科协地方组织事业单位建设系列

中国科协地方组织事业单位建设系列包括：中国科协地方组织事业单位思想建设、中国科协地方组织事业单位组织建设、中国科协地方组织事业单位作风建设、中国科协地方组织事业单位制度建设、中国科协地方组织事业单位文化建设。

第三节　中国科协基层组织建设系列

中国科协基层组织建设系列，包括中国科协农村基层组织建设、城市街道社区基层组织建设、企业基层组织建设、高校基层组织建设，这些方面都可以和中国科协组织建设广义概念的各个方面相交叉，形成子系列。

1. 中国科协农村基层组织建设系列

中国科协农村基层组织建设系列包括：中国科协农村基层组织思想建设、中国科协农村基层组织的组织建设、中国科协农村基层组织作风建设、中国科协农村基层组织制度建设、中国科协农村基层组织文化建设。

2. 中国科协城市街道社区基层组织建设系列

中国科协城市街道社区基层组织建设系列包括：中国科协城市街道社区基层组织思想建设、中国科协城市街道社区基层组织的组织建设、中国科协城市街道社区基层组织作风建设、中国科协城市街道社区基层组织制度建设、中国科协城市街道社区基层组织文化建设。

3. 中国科协企业基层组织建设系列

中国科协企业基层组织建设系列包括：中国科协企业基层组织思想建设、

中国科协企业基层组织的组织建设、中国科协企业基层组织作风建设、中国科协企业基层组织制度建设、中国科协企业基层组织文化建设。

4. 中国科协高校基层组织建设系列

中国科协高校基层组织建设系列包括：中国科协高校基层组织思想建设、中国科协高校基层组织的组织建设、中国科协高校基层组织作风建设、中国科协高校基层组织制度建设、中国科协高校基层组织文化建设。

第四节　领导班子建设系列

领导班子建设系列，包括中国科协全国组织、地方组织、基层组织领导班子建设。

1. 中国科协全国组织领导班子建设系列

中国科协全国组织领导班子建设系列包括：中国科协全国组织领导班子思想建设、中国科协全国组织领导班子组织建设、中国科协全国组织领导班子作风建设、中国科协全国组织领导班子制度建设、中国科协全国组织领导班子文化建设。

2. 中国科协地方组织领导班子建设系列

中国科协地方组织领导班子建设系列，包括省级科协、市级科协、县级科协领导班子建设各个子系列：

省级科协组织领导班子思想建设、省级科协组织领导班子组织建设、省级科协组织领导班子作风建设、省级科协组织领导班子制度建设、省级科协组织领导班子文化建设；

市级科协组织领导班子思想建设、市级科协组织领导班子组织建设、市级科协组织领导班子作风建设、市级科协组织领导班子制度建设、市级科协组织领导班子文化建设；

县级科协组织领导班子思想建设、县级科协组织领导班子组织建设、县级科协组织领导班子作风建设、县级科协组织领导班子制度建设、县级科协组织领导班子文化建设。

3. 中国科协基层组织领导班子建设系列

中国科协基层组织领导班子建设系列，包括农村基层组织领导班子建设、街道社区基层组织领导班子建设、企业基层组织领导班子建设、高校基层组织领导班子建设各个子系列：

中国科协农村基层组织领导班子思想建设、中国科协农村基层组织领导班子组织建设、中国科协农村基层组织领导班子作风建设、中国科协农村基层组织领导班子制度建设、中国科协农村基层组织领导班子文化建设；

中国科协街道社区基层组织领导班子思想建设、中国科协街道社区基层组织领导班子组织建设、中国科协街道社区基层组织领导班子作风建设、中国科协街道社区基层组织领导班子制度建设、中国科协街道社区基层组织领导班子文化建设；

中国科协企业基层组织领导班子思想建设、中国科协企业基层组织领导班子组织建设、中国科协企业基层组织领导班子作风建设、中国科协企业基层组织领导班子制度建设、中国科协企业基层组织领导班子文化建设；

中国科协高校基层组织领导班子思想建设、中国科协高校基层组织领导班子组织建设、中国科协高校基层组织领导班子作风建设、中国科协高校基层组织领导班子制度建设、中国科协高校基层组织领导班子文化建设。

第五节　干部队伍建设系列

干部队伍建设系列，包括中国科协全国组织、地方组织、基层组织干部队伍建设系列。

1. 中国科协全国组织干部队伍建设系列

中国科协全国组织干部队伍建设系列，包括中国科协全国组织干部队伍思想建设、中国科协全国组织干部队伍组织建设、中国科协全国组织干部队伍作风建设、中国科协全国组织干部队伍制度建设、中国科协全国组织干部队伍文化建设。

2. 中国科协地方组织干部队伍建设系列

中国科协地方组织干部队伍建设系列，包括省级科协组织、市级科协组织、基层科协组织干部队伍建设各个子系列：

中国科协省级科协组织干部队伍思想建设、中国科协省级科协组织干部队伍组织建设、中国科协省级科协组织干部队伍作风建设、中国科协省级科协组织干部队伍制度建设、中国科协省级科协组织干部队伍文化建设；

中国科协市级科协组织干部队伍思想建设、中国科协市级科协组织干部队伍组织建设、中国科协市级科协组织干部队伍作风建设、中国科协市级科协组织干部队伍制度建设、中国科协市级科协组织干部队伍文化建设；

中国科协县级科协组织干部队伍思想建设、中国科协县级科协组织干部队伍组织建设、中国科协县级科协组织干部队伍作风建设、中国科协县级科协组织干部队伍制度建设、中国科协县级科协组织干部队伍文化建设。

3. 中国科协基层组织干部队伍建设系列

中国科协基层组织干部队伍建设系列，包括农村基层组织、街道社区基层组织、企业基层组织、高校基层组织干部队伍建设各个子系列：

中国科协农村基层组织干部队伍思想建设、中国科协农村基层组织干部队伍组织建设、中国科协农村基层组织干部队伍作风建设、中国科协农村基层组织干部队伍制度建设、中国科协农村基层组织干部队伍文化建设；

中国科协街道社区基层组织干部队伍思想建设、中国科协街道社区基层组织干部队伍组织建设、中国科协街道社区基层组织干部队伍作风建设、中国科协街道社区基层组织干部队伍制度建设、中国科协街道社区基层组织干部队伍文化建设；

中国科协企业基层组织干部队伍思想建设、中国科协企业基层组织干部队伍组织建设、中国科协企业基层组织干部队伍作风建设、中国科协企业基层组织干部队伍制度建设、中国科协企业基层组织干部队伍文化建设；

中国科协高校基层组织干部队伍思想建设、中国科协高校基层组织干部队伍组织建设、中国科协高校基层组织干部队伍作风建设、中国科协高校基层组织干部队伍制度建设、中国科协高校基层组织干部队伍文化建设。

第六节　人才队伍建设系列

中国科协人才队伍建设系列，包括中国科协全国组织、地方组织、基层组织人才队伍建设系列。

1. 中国科协全国组织人才队伍建设系列

中国科协全国组织人才队伍建设系列，包括中国科协全国组织人才队伍思想建设、中国科协全国组织人才队伍组织建设、中国科协全国组织人才队伍作风建设、中国科协全国组织人才队伍制度建设、中国科协全国组织人才队伍文化建设。

2. 中国科协地方组织人才队伍建设系列

中国科协地方组织人才队伍建设系列，包括省级科协、市级科协、县级科协组织人才队伍建设各个子系列：

中国科协省级科协组织人才队伍思想建设、中国科协省级科协组织人才队伍组织建设、中国科协省级科协组织人才队伍作风建设、中国科协省级科协组织人才队伍制度建设、中国科协省级科协组织人才队伍文化建设；

中国科协市级科协组织人才队伍思想建设、中国科协市级科协组织人才队伍组织建设、中国科协市级科协组织人才队伍作风建设、中国科协市级科协组织人才队伍制度建设、中国科协市级科协组织人才队伍文化建设；

中国科协县级科协组织人才队伍思想建设、中国科协县级科协组织人才队伍组织建设、中国科协县级科协组织人才队伍作风建设、中国科协县级科协组织人才队伍制度建设、中国科协县级科协组织人才队伍文化建设。

3. 中国科协基层组织人才队伍建设系列

中国科协基层组织人才队伍建设系列，包括农村基层组织、街道社区基层组织、企业基层组织、高校基层组织人才队伍建设各个子系列：

中国科协农村科协基层组织人才队伍思想建设、中国科协农村科协基层组织人才队伍组织建设、中国科协农村科协基层组织人才队伍作风建设、中国科协农村科协基层组织人才队伍制度建设、中国科协农村科协基层组织人才队伍文化建设；

中国科协街道社区科协基层组织人才队伍思想建设、中国科协街道社区科协基层组织人才队伍组织建设、中国科协街道社区科协基层组织人才队伍作风建设、中国科协街道社区科协基层组织人才队伍制度建设、中国科协街道社区科协基层组织人才队伍文化建设；

中国科协企业科协基层组织人才队伍思想建设、中国科协企业科协基层组织人才队伍组织建设、中国科协企业科协基层组织人才队伍作风建设、中国科协企业科协基层组织人才队伍制度建设、中国科协企业科协基层组织人才队伍文化建设；

中国科协高校科协基层组织人才队伍思想建设、中国科协高校科协基层组织人才队伍组织建设、中国科协高校科协基层组织人才队伍作风建设、中国科协高校科协基层组织人才队伍制度建设、中国科协高校科协基层组织人才队伍文化建设。

第三章 中国科协组织建设体系（二）

本章讨论狭义概念的中国科协组织建设，并由其内部各构成因素建构起中国科协组织建设体系。我们将此称为“由狭义概念的中国科协组织建设内部各构成因素建构起来的中国科协组织建设体系”。这是中国科协组织建设体系的又一个主要方面。

前一章，我们从纵向和横向两个维度讨论了中国科协的组织体系的结构构成，并建构起了基于中国科协组织建设狭义概念，并在此基础上与广义概念各个方面相交叉而建构起来的中国科协组织建设体系。本章，在这个基础上，进入狭义概念的中国科协组织建设体系的内部，建构起狭义概念的中国科协组织建设体系，包括组织建设、队伍建设、制度建设三个方面。

需要说明的是，本书第一章将中国科协组织建设区分为广义概念和狭义概念，广义概念中国科协组织建设包括思想建设、组织建设、作风建设、制度建设、文化建设，狭义概念的中国科协组织建设特指组织建设；现在，我们在狭义概念的中国科协组织建设的基础上，进一步建立起中国科协组织建设体系的概念，并将中国科协组织建设体系区分为广义概念和狭义概念。我们所说的广义概念的中国科协组织建设体系，包括组织建设、队伍建设、制度建设；而狭义概念的中国科协组织建设体系，是特指相对于队伍建设、制度建设而言的组织建设，它们都是广义概念的组织建设之下的下位概念。同样，这里所说的制度建设，是中国科协组织建设体系范畴的制度建设，特指组织制度建设，与我们在前一编所谈的中国科协思想建设、组织建设、作风建设、制度建设、文化建设中的制度建设，不是同一个概念，而是制度建设的下位概念，是制度建设之下的组织制度建设。

第一节 组织建设

组织建设包括全国科协组织建设、地方科协组织建设和基层科协组织建设，每个层级的组织建设又包括领导机构建设和办事机构建设。

1. 全国科协组织建设

全国科协组织建设包括领导机构组织建设和办事机构组织建设。

(1) 全国科协组织领导机构组织建设，包括全国代表大会组织建设、全国委员会组织建设、常务委员会组织建设、常务委员会工作委员会（专门委员会）组织建设。

(2) 全国科协组织办事机构组织建设，包括全国科协组织的机关部门组织建设、事业单位组织建设。

2. 地方科协组织建设

地方科协组织与全国科协组织的内部构成具有高度的一致性，或者说二者是同构的，因此，与全国科协组织建设一样，地方科协组织建设也包括领导机构组织建设和办事机构组织建设。

(1) 地方科协组织领导机构组织建设，包括全省（市、县）代表大会组织建设、委员会组织建设、常务委员会组织建设、常务委员会工作委员会（专门委员会）组织建设。

(2) 地方科协组织办事机构组织建设，包括省级（市级、县级）科协组织的机关部门组织建设、事业单位组织建设。

3. 各级学会组织建设

这包括各级学会的领导机构组织建设和办事机构组织建设。

(1) 各级学会领导机构组织建设，包括全国学会、省级学会、市级学会、县级学会的会员代表大会组织建设，理事会组织建设，常务理事会组织建设，工作委员会组织建设。

(2) 各级学会办事机构组织建设，包括全国学会、省级学会、市级学会、县级学会秘书处组织建设。

4. 基层科协组织建设

基层科协组织虽然有不同类型，但规范化的基层科协组织同样包括领导机构和办事机构，因此，基层科协组织建设也就包括领导机构组织建设和办事机构组织建设。

(1) 基层科协组织领导机构组织建设，包括乡镇科协、街道社区科协、企业科协、高校科协、科研院所科协会员代表大会（或会员大会）组织建设，委员会组织建设，常务委员会组织建设。

（2）基层科协组织办事机构组织建设，包括乡镇科协、街道社区科协、企业科协、高校科协、科研院所科协秘书处组织建设。

第二节　队伍建设

队伍建设包括科协干部队伍（科协工作者队伍）建设、科技人才队伍（科技工作者队伍）建设。前者是科协工作的主体，后者是科协工作的对象。

1. 科协干部队伍建设

（1）各级科协干部队伍建设，包括全国科协组织、省级（市级、县级）科协领导干部队伍建设，机关部门干部队伍建设，事业单位干部队伍建设。

（2）各级学会干部队伍建设，包括全国学会、省级（市级、县级）学会领导干部单位建设，办事机构（秘书处）干部队伍（工作人员队伍）建设。

（3）各类基层科协干部队伍建设，包括乡镇科协、街道社区科协、企业科协、高校科协、科研院所科协领导干部队伍建设，办事机构（秘书处）干部队伍（工作人员队伍）组织建设。

2. 科技人才队伍建设

（1）高层次科技人才队伍建设；

（2）各类基层一线科技人才队伍建设；

（3）科普人才队伍建设；

（4）海外科技人才队伍建设。

关于四支人才队伍建设，将作为中国科协组织建设的基本内容之一，在第二编第十七章专题论述，这里从略。

第三节　制度建设

前面已经说过，这里所说的制度建设，特指组织制度建设，因而属于组织建设的范畴。制度建设渗透于组织建设、队伍建设的各个方面，体现在各级科协组织的领导机构、办事机构、科协干部队伍建设、科技人才队伍建设上。

1. 组织制度建设

（1）各级科协领导机构组织制度建设，包括全国科协组织、地方科协组织的代表大会制度建设，委员会制度建设，常务委员会制度建设，常委会工作委员会（专门委员会）制度建设。

（2）各级科协办事机构制度建设，包括全国科协组织、地方科协组织的机关部门制度建设。

（3）各级学会领导机构制度建设，包括全国学会、省级（市级、县级）学会的会员代表大会制度建设，理事会制度建设，常务理事会制度建设。

（4）各级学会办事机构制度建设，包括全国学会、省级（市级、县级）学会的办事机构（秘书处）制度建设。

（5）代表任期制建设，包括全国科协代表大会代表任期制建设，省级（市级、县级）科协代表大会代表任期制建设；全国学会会员代表大会代表任期制建设，省级（市级、县级）学会会员代表大会代表任期制建设；各类科协基层组织会员代表大会任期制建设。

2. 队伍制度建设

（1）科协干部队伍制度建设，包括各级科协干部队伍制度建设、各级学会干部队伍制度建设、各类基层科协干部队伍制度建设。

（2）科技人才队伍制度建设，包括高层次科技人才队伍制度建设、各类基层一线科技人才队伍制度建设、科普人才队伍制度建设、海外科技人才队伍制度建设。

第四章 中国科协组织建设体系（三）

本章来讨论“作为学科而存在的中国科协组织建设体系”，或者说是“中国科协组织建设学”。

中国科协组织建设本身是有规律的，从事组织建设工作、加强组织建设必须遵循组织建设的客观规律，并在此基础上建立起一整套组织建设的理论体系、业务体系、方法体系等。从这个角度讲，中国科协组织建设也是一门科学，一门学问，一门专业。因此，应当在学科意义上将中国科协组织建设的体系建立起来。本章讨论中国科协组织建设学科体系的基本构成。

第一节　中国科协组织建设基本理论

中国科协组织建设基本理论，也可以称为中国科协组织建设的元理论，属于哲学层面。对于中国科协这样一个有着悠久历史和文化传统、有着庞大组织体系、在党的群众工作和国家科技工作中拥有重要地位和作用的中国最大的科技性社会团体，应当建立起自己的理论体系。中国科协在现实中遇到的很多问题，固然有多方面的原因，但关键在于对基本理论问题没有搞清楚。在中国科协组织建设学科体系中，科协基本理论或基础理论是最重要的，是决定其他几个方面的基础。

那么，哪些问题是中国科协的重大而基本的理论问题呢？就是和中国科协的产生和存在、改革和发展密切相关的问题。比如，中国科协产生的根据是什么，怎样认识中国科协的性质和职能或地位和作用，怎样认识中国科协的政治性、群众性（社会性）和科技性（学术性）的特性及其相互关系，怎样认识中国科协作为科技工作者的群众组织和作为科技、学术最高水平体现者的关系，怎样认识中国科协作为群众组织和科学共同体（学术共同体）的关系，怎样处理中国科协作为党的群众工作的重要组成部分和作为国家科技工作重要组成部分的关系，中国科协作为人民团体与党和政府的关系怎样，中国科协怎样发挥党和政府联系科技工作者的桥梁和纽带的作用，怎样认识中国科协和社会的关系，怎样认识中国科协和科学技术的关系，怎样认识中国科协和科技工作者的关系，怎样认识中国科协和社会公众的关系，怎样认识中国科协的特殊性和独特优势，中国科协和工会、共青团、妇联等人民团体的共同点和不同点是什么，作为人民团体的中国科协和作为科技团体的所属学会是什么关系，构成中国科协的学会对中国科协的性质、职能、任务等有什么影响，中国科协的全国组织、地方组织和基层组织之间的关系怎样，构成中国科协的地方科协、团体会员（学会、基层组织）和个人会员的关系怎样，等等。

那么，如何建立中国科协组织建设的基本理论或基础理论体系呢？这里有三个参照坐标。一是马克思主义理论。我们要对马克思列宁主义、毛泽东思想、邓小平理论、"三个代表"重要思想和科学发展观，以及习近平总书记的系列重要讲话中关于群众工作、科技工作的重要论述，关于人民团体、群众组织的重要论述，关于社会管理、社会组织和群众工作的重要论述，进行认真梳理，形成基本立场、观点和方法。二是中国科协半个多世纪以来的丰富实践。三是国外社团组织的经验。在这三个参照坐标中，马克思列宁主义、毛泽东思想、邓小平理论、"三个代表"重要思想和科学发展观，以及习近平总书记的系列重要讲话中关于群众工作、科技工作的重要论述，关于人民团体、群众组织的重要论述，关于社会管理、社会组织和群众工作的重要论述，是我们建立中国科协组织建设基本理论的理论基础、指导思想和根本原则，是灵魂，是统领。中国科协半个多世纪以来的丰富实践，是我们建立科协基本理论体系的现实基础和可资借鉴的历史经验。我们应当从丰富的实践出发，从鲜活的现实出发，从成功的经验和做法出发，从我们正在做的事情出发，进行系统思考，从中找到规律性的东西，找到建立中国科协组织建设基本理论的逻辑起点。而国外社团组织运作和管理的理论与经验，只能作为我们建构中国科协组织建设基本理论体系的有益借鉴，而不能是根据。

第二节　中国科协组织建设应用理论

中国科协组织建设应用理论，也可以称为中国科协组织建设的亚理论。应用理论介于理论和经验之间，对于实践具有更直接、更具体的指导作用。

我们过去长时间重视的是理论和实践的关系，而对理论、经验和实践的关系却有所忽略，甚至还没有意识到它们之间的关系。理论和实践的基本关系是，理论是从实践中来的，理论对实践具有指导作用，理论既从实践中产生，又要接受实践的检验，并在实践中发展；实践在理论的指导下进行，实践对于理论有反作用，实践既推动理论的发展，同时对理论也有依赖关系。

但是，如果我们对理论和实践的关系做进一步考察就会发现，理论并不能直接从实践中产生，其中经过了经验的中介。也就是说，实践是经过经验而达到理论的。经验发生于实践和理论的中途，经验是对实践的概括和抽象，理论是对经验的再次概括和抽象。也就是说，从实践到理论，其间要经过两次概括和抽象。经验发生于理论和实践的中途，因此，经验既有实践的品格，又有理论的品格。在理论和实践这个广大的区间，经验具有多样性，既可以靠近理论，又可以靠近实践。实践的丰富，决定了经验的丰富，经验的丰富决定了理论的丰富。

如果我们对理论、经验和实践的关系再做进一步的考察，就会发现，理论（我们这里说的是基本理论）并不能直接从经验中产生，其中经过了亚理论即应用理论的中介。也就是说，经验是经过应用理论而达到基本理论的。应用理论发生于经验和基本理论的中途，应用理论是对经验的概括和抽象，基本理论是应用理论的再次概括和抽象。也就是说，应用理论正是发生和作用于经验与基本理论的中间地带，使得经验经过应用理论的转换而达到了基本理论的高峰。

其实，上面我们只是对经验和基本理论之间的关系做了进一步考察，得出了在经验和基本理论之间还有应用理论的中介。如果我们对经验和实践之间的关系再做进一步考察，就会发现，实践也不能直接到达经验的层面，其间经过了方法的中介。也就是说，实践是经过方法而到达经验的。这里所说的方法，不是一般意义上的工作方法，而是方法论意义上的方法。

如此，我们找到了从实践到理论的基本公式（从理论上讲）或基本路径（从实践上讲）：基本理论—应用理论—经验—方法—实践。

从这个基本路径可以看出，应用理论对于中国科协组织建设来说，是十分重要的。在基本理论的指导下，在实践的基础上，经过经验和方法的作用，逐步建构起中国科协组织建设的应用理论体系，既是加强中国科协组织建设的需要，也是在学科意义上建构起中国科协组织建设体系的需要，在理论上和实践上都有着十分重要的意义。

第三节　中国科协组织建设史

中国科协已经成立半个多世纪了，如果追溯到它的最初源头，已经有了400多年的历史。现在，我们是将1958年9月全国科联（全称为中华全国自然科学专门学会联合会）和全国科普（全称为中华全国科学技术普及协会）合并而成立中国科协，作为中国科协历史的起点。其实，将中国科学社、中华自然科学社、中国科学工作者协会和东北自然科学研究会等4个科学团体共同发起成立中华全国自然科学工作者代表大会筹备会（简称科代筹备会），作为中国科协的起点，可能更加符合历史事实。因为我们谈到中国科协的成立，必然要谈到全国科联和全国科普；谈到全国科联和全国科普，必然要谈到科代会；谈到科代会，必然会谈到科代筹备会。正是科代筹备会选出 12 名正式代表和 5 名候补代表参加第一次全国政治协商会议，参加了建国大业，使得中国科协至今在全国政协仍然有一个科协界。至少，如果我们不追溯到科代会时期，许多问题就说不清楚。

中国科协组织建设史是中国科协史的重要组成部分，在中国科协史中占有重要位置。总结和研究中国科协组织建设史，需要遵循以下原则：

首先，总结和研究中国科协组织建设史，需要理论的指导。组织建设史不是组织建设史学，因此，组织建设史是事实叙述，而不是理论建构。但是，任何历史事实的叙述，都是在某种史学理论、观点的指导下形成的，都是经过了叙述者（撰写者）的主观浸染和渗透，经过了梳理和整理，经过了筛选和取舍，打上了强烈的主观烙印，甚至可以说是叙述者理解的历史。问题在于，叙述者的这种主观性，必须是正确的史学观，而不是简单的个人理解。总结和研究中国科协组织建设史也是这样，离不开科学理论的指导，离不开正确的史学观的指导，离不开研究者的理解，以及梳理和整理、筛选和舍取。因此，研究中国科协组织建设史离不开正确史学观的指导，不论是编撰中国科协组织建设史，还是学习中国科协组织建设史，道理都是一样的。而正确的史学观无疑就是历史唯物主义，或称马克思主义的唯物观。

其次，总结和研究中国科协组织建设史，既要立足于中国科协组织建设的史实，又要在此基础上对历史上的组织建设内容进行理性的考察，来一番去伪存真、去粗取精、由表及里的过程，做出科学的判断。

再次，总结和研究中国科协组织建设史，要采取历史主义的科学态度。所谓历史主义的态度，就是要历史地看待中国科协组织建设历史发展中所发生的重大问题、重大事件、重要人物，将这些重大问题、重大事件、重要人物放置于一定的历史背景下和历史进程中去分析和考察，分析和考察这些重大问题、重大事件产生的原因，发展的过程，以及产生或发挥的作用，分析和考察这些重要人物在历史上所做的工作，以及他们所做的工作与当时的中国科协的定位和中国科协所处的历史背景和环境的关系，特别是他们所做的工作相对于以前的历史所做的贡献，从而对这些重大问题、重大事件、重要人物做出实事求是的历史主义的评价。

那么，总结和研究中国科协组织建设史有什么作用呢？或者说，中国科协组织建设史有什么功能呢？概括起来，大体有以下几方面的作用或功能。

首先，今天的科协是昨天的科协历史地、合乎逻辑地发展的结果，科协在历史发展过程中的一些因素、特征都会折射到今天的科协身上。研究今天科协的特点，不能离开科协的历史发展进程。同样，中国科协今天的组织建设也是昨天的组织建设历史地、合乎逻辑地发展的结果，我们研究中国科协今天组织建设的现状，包括组织建设的内容、形式和方法，包括组织建设的经验、特点和问题，都不能离开中国科协组织建设的历史发展进程孤立地去研究，而应当搞清楚历史上中国科协的组织建设为什么要做这些，为什么要这样做，为什么会发生这样的变化，从其历史发生和发展中找到根据与原因，为今天中国科协组织建设的现实服务。

其次，总结和研究中国科协的历史，是为了总结历史经验，吸取历史教训，找出规律性的东西，目的是为了在继承中创新，在创新中发展，在发展中提高，做好今天的科协工作。同样，总结和研究中国科协组织建设史，也是为了总结中国科协组织建设的历史经验，吸取历史教训，找出组织建设的规律，继承和发扬光大组织建设的优秀传统，为今天的中国科协组织建设提供可资借鉴的经验和应当吸取的教训，以便做好今天的组织建设工作。

最后，科协今天的改革、创新和发展，必须立足于科协几十年来历史地、合乎逻辑地发展所形成的现有基础，在现有基础上起步，在现有基础上发展，在现有基础上改进，在现有基础上提高，保证科协工作的连续性。同样，中国科协组织建设的任何加强和改进、改革和创新，也不能离开中国科协组织建设的历史，而应当在历史所积累和提供的现实基础上起步，在现实基础上发展，在现有基础上改进，在现实基础上提高。

第四节　中国科协组织建设方法

中国科协组织建设方法，是构成中国科协组织建设学科体系或中国科协组织建设学的重要部分。确切地说，中国科协组织建设方法应当称为中国科协组织建设方法学，或中国科协组织建设方法论，也可称为中国科协组织建设学方法，是研究中国科协组织建设理论、中国科协组织建设历史、中国科协组织建设业务体系方法的科学。因此，这里所讨论的方法，不是中国科协组织建设实践中的操作性、技巧性的工作方法，而是指方法论意义上进行中国科协组织建设理论研究、历史研究、业务体系研究的科学的研究方法。

研究方法的科学程度是中国科协组织建设研究水平的标志，没有科学的研究方法，中国科协组织建设研究就不能深化。研究方法的重要性，是由其在中国科协组织建设研究中所处的特殊地位和作用所决定的。在中国科协组织建设研究中，研究方法居于研究主体和研究客体之间，是联结二者的“中介环节”，没有一定的研究方法，中国科协组织建设研究就不能进行。研究主体、研究方法和研究客体，三者共同构成了完整的中国科协组织建设研究结构或系统。研究主体是具有认知结构或认知图式的完全能动的自觉的主体，认知结构作为研究主体在长期的社会实践主要是中国科协组织建设实践中形成的文化心理结构，构成研究主体的内在精神因素，研究方法作为研究主体的一种操作结构，构成研究主体的外在物质因素。研究主体（认知结构）运用研究方法（操作结构）而作用于研究对象（对象结构），就构成了中国科协组织建设研究及其过程。

中国科协组织建设的研究是一个系统，研究方法贯穿其中，体现在对中国科协组织建设不同角度、不同层面的研究上。一般情况下，我们将对中国科协组织建设的研究分为三个角度或层面。

一是对中国科协组织建设实践的研究。中国科协组织建设实践，是真实地发生着、发展着、变化着的中国科协组织建设的现实，是我们面对的中国科协组织建设研究的真实对象。研究中国科协组织建设实践，是对中国科协组织建设的基本研究。对中国科协组织建设实践的研究，重要的方法是实践论的方法或认识论的方法。实践论或认识论既是一种世界观，也是一种方法论。作为一种方法论，实践论或认识论的方法就是实践、认识、再实践、再认识，或者说从实践到认识、从认识到实践，再从实践到认识、从认识到实践，如此循环往复，以至无穷，一次比一次更深刻，一次比一次更正确。我们说对中国科协组织建设实践的研究是基本研究，还在于对中国科协组织建设实践的研究是对中国科协组织建设历史研究和理论研究的基础。这是因为，各个时期中国科协组织建设实践的发展历程，就构成了中国科协组织建设的历史；对中国科协组织建设实践的总结、概括、提升和抽象，就构成了中国科协组织建设的理论，中国科协组织建设的理论来源于中国科协组织建设的实践，还要在中国科协组织建设的实践中发展，并接受中国科协组织建设实践的检验。因此，做好对中国科协组织建设实践的研究，有助于做好对中国科协组织建设历史和中国科协组织建设理论的研究。

二是对中国科协组织建设历史的研究。中国科协组织建设史作为一门完整的理论形态和体系，包括中国科协组织建设史观、中国科协组织建设史学和中国科协组织建设史学方法论三个方面。中国科协组织建设史观是指人们对中国科协组织建设史总体运动及其发展规律认识的哲学概括，是中国科协组织建设史的根本指导思想和中国科协组织建设史学方法论的基本内容。中国科协组织建设史观就是辩证唯物主义的历史观，即唯物史观。在起步中国科协组织建设史学理论中，中国科协组织建设史观居于最高层次。中国科协组织建设史学是人们对中国科协组织建设史研究的目的、功能、社会作用、具体内容和原则的总的概括，其任务在于探索人们为什么要研究和融合研究中国科协组织建设史，侧重于解决人们在中国科协组织建设史学研究过程中所应持的立场、原则和方法。中国科协组织建设史学受中国科协组织建设史观的制约，在中国科协组织建设史学理论中居于主体位置，是主要组成部分。中国科协组织建设史学方法是在中国科协组织建设史的研究过程中采用的手段、方法、渠道和途径。作为认识工具，中国科协组织建设史学方法是帮助人们研究中国科协组织建设史的思维方式和研究方法，趋于科学化、规范化和多样化，从而使人们的主观认识和中国科协组织建设史的客观事实、客观规律尽可能地达到一致。

三是对中国科协组织建设理论的研究。对中国科协组织建设理论的研究，根本方法是辩证唯物主义和历史唯物主义的方法，这是决定和制约其他研究方法的根本方法，其中包括从实践中来、到实践中去，理论联系实际，历史地、联系地、发展地、辩证地看问题等主要方法。另外，分层次建构中国科协组织建设学科体系、建构中国科协组织建设学科体系要重在建立范畴，中国科协组织建设学科要有自己的一套语汇系统，要重视中国科协组织建设学科体系的比较研究，也是十分重要的方法。

研究方法的重要性，还体现在其在建立中国科协组织建设分支学科方面具有特殊作用。一种研究方法不仅仅是一种操作工具，它往往是对产生这种方法的某种学科的实质、特征和联系的集中体现。如果我们将中国科协组织建设作为一门学科，或者说我们要研究中国科协组织建设的基本理论，那么我们运用不同的研究方法研究中国科协组织建设理论，往往可以使产生这些研究方法的具体学科和中国科协组织建设学科相交叉，建立起不同的中国科协组织建设分支学科，至少形成不同学科角度的具体的中国科协组织建设学。例如，社会学学科和中国科协组织建设学科结合，可以建立起中国科协组织建设社会学；管理学学科和中国科协组织建设学可结合，可以建立起中国科协组织建设管理学；心理学学科和中国科协组织建设学科结合，可以建立起中国科协组织建设心理学；等等。这样，运用不同研究方法研究中国科协组织建设理论而建立中国科协组织建设分支学科的研究过程，就使得这些研究方法具有了“学科整合”的特殊性质和功能，这些中国科协组织建设分支学科也就具有了交叉学科、边缘学科的性质。但是，这些中国科协组织建设分支学科是以中国科协组织建设学科的基本规律、范畴和原理为主，有选择地吸收、借鉴和融入其他具体学科的研究成果，因此，它们仍然是中国科协组织建设学科。

需要强调的是，研究方法有其相对的独立性，许多研究方法既可以适用这一学科，又可以适用那一学科。同时，每一种研究方法又有一定的适用范围，有其最适用的学科，并非到处可用。对于中国科协组织建设研究来说，应当在尊重其自身规律的基础上，拓宽研究方法，有选择地广泛运用多种研究方法，吸收多种研究方法的优点，使多种研究方法有机地“整合”于中国科协组织建设实践、历史和理论的研究中来，形成一种“互补”结构。同时，由中国科协组织建设学科自身的性质、特征所决定，这种研究又必须以一种主要的、基本方法为主，这就是我们上面提到的辩证唯物主义和历史唯物主义的研究方法。

这两个方面的有机结合，就有可能形成一种符合中国科协组织建设学科自身发展规律、适应中国科协组织建设学科自身特点的、综合性的、全新的研究方法，而且在不同的研究过程中呈现出不同的特色。

第五节 中国科协组织建设业务

由中国科协自身的性质、职能和任务所决定，中国科协具有自己的业务体系，包括中国科协组织建设业务体系。中国科协组织建设的业务体系，应当包括中国科协组织建设的工作内容、工作方式、工作制度和体制机制。

随着中国科协面临的形势和任务的变化，党和政府对中国科协提出新的要求，中国科协的业务体系也处于发展和调整过程之中。但是，中国科协的基本性质和职能决定了，中国科协的业务一定是有边际的，有所限定的，业务体系是有内在逻辑联系的，是有质的规定性的，必须保持相对稳定性，不能动辄改变。因为保持相对稳定，就是保持事物的本质，保持事物的基本方面，保持事物质的规定性；只有保持相对稳定，事物才能持续，才能发展。因此，逐步建立起中国科协组织建设业务体系，并长期保持其连续性和相对稳定性，是符合事物发展内在规律的，因而也是加强中国科协组织建设的重要任务。这就要求我们从事科协工作的同志特别是领导同志，必须处理好继承和创新的关系，坚持在继承中发展，在发展中创新，在创新中提高。对于做科协工作的同志来说，最忌讳墨守成规，故步自封，停滞不前，但也最忌讳不珍惜历史积累，不尊重历史经验，轻易改变。对于新到科协工作的领导同志来说，最忌讳“新官上任三把火”，“情况不明决心大”，一上任就急于出台新举措，提出新口号，轻易出新招，动辄搞宏大工程，轻易改变前人的做法。即便不改变前人的做法，也不能一再“做加法”，使科协工作变得“四面出击”，大而无当。

是否建立起相对稳定的业务体系，是检验一个社会组织成熟度的一项重要指标 。一个成熟的社会组织，其业务体系一定是确定的、相对稳定的，其业务体系一定是有范围的、边际清晰的，如果总是改来改去、变来变去，或者范围不确定、边际不清晰，做亦可、不做亦可，做多亦可、做少亦可，这样做亦可、那样做亦可，那么这个组织一定是不成熟的，甚至其存在的合理性和必要性都是成问题的。因此，我们对确定中国科协业务体系并保持其相对稳定性应有足够重视，切不可掉以轻心。

那么，是不是社会组织的业务体系就不要发展、不要改变了呢？不是的，恰恰相反，实践是发展的、变化的，处于实践中的社会组织也应当是随着实践的发展而发展的，随着实践的变化而变化的，而且实践是永无止境的，社会组织的发展也是永无止境的。这是没有什么问题的。我们所要反对的是离开历史发展进程的改变，离开实践客观需要的改变，特别是打着客观需要的名义而客观上并没有提出这种需要的改变。在一定的时期，中国科协组织建设的业务体系应当是相对稳定的，业务边际是清晰的，不要轻易改变。如果要改变，除了客观需要之外，还要采取稳健的、渐进的方式，避免操之过急，大起大落，伤筋动骨。这应当成为一个必须长期坚持的原则。

第一编

中国科协组织建设的几个基本问题

第五章

中国科协的性质

本编依次讨论三组中国科协的基本问题，中国科协的性质、职能、任务和工作方式，中国科协的组织体系和组织制度，中国科协组织建设的领导体制、工作机制和基本原则。

中国科协的全部问题，或者说全部中国科协的问题，可以高度概括、提炼和抽象为三个基本问题，即是什么？做什么？怎么做？展开地说，就是中国科协是一个什么样的组织？中国科协是做什么的或应当是做什么的？中国科协是怎么做的或应当是怎么做的？这三个问题相对应的分别是关于中国科协的性质、中国科协的职能和任务、中国科协的工作方式问题。这些都是与中国科协组织建设密切相关的基本问题。研究中国科协组织建设，不能不研究、不能不搞清楚这些基本问题；不研究、不搞清楚这些基本问题，研究中国科协组织建设问题就没有基础和前提，对中国科协组织建设的问题就说不清楚。

本章首先讨论中国科协的性质问题。一个组织的性质，是这个组织本身所固有的属性和特质。这里有两重意思，一是说这种属性和特质是同类组织所共有的，二是说这种属性和特质也是区别于其他组织的依据。对于一个组织来说，其自身的属性和特质是它成立、存在和发展的根据，是体现其自身价值并与其他组织相区别的标志，组织建设任务和方式的确定，也必须依据组织的性质。因此，一个组织的组织建设，一方面要根据和基于这个组织的属性和特质来确定，围绕这个组织的属性和特质来展开，另一方面又要有利于强化、完善这个组织的属性和特质。

中国科协的性质，是中国科协在其发展过程中形成的自身固有的属性和特质。中国科协的这种属性和特质，一方面使其与工会、共青团、妇联等其他人民团体、社会团体、群众组织有着共通之处；另一方面使其与其他党政机关、企事业单位区别开来，同时也在某些方面与工会、共青团、妇联等其他人民团体、社会团体、群众组织区别开来。因此，中国科协自身的属性和特质，是中国科协独有的，而这种独有性，恰恰是中国科协存在的特殊价值和意义，或者说是中国科协存在的根据。

第一节　中国科协的性质是对中国科协“是什么”的基本判断

中国科协的性质，实际上解决的是中国科协“是什么”的问题。我们了解和认识一个组织的性质，实际上是要了解和认识这个组织是一个什么样的组织，这是一个最基本也是最根本的问题，其他一切问题都是由这个问题所决定的。“是什么”，实际上是一种判断，我们只有首先对中国科协是一个什么样的组织这个问题做出基本判断，才能进而了解和认识中国科协是一个“做什么”的组织，进而了解和认识中国科协“怎么做”的问题。可见，中国科协的性质是决定和制约中国科协的职能、任务、工作方式的最基本也是最重要的问题。

第二节　历届《中国科协章程》及有关重要文献对中国科协性质的表述

关于中国科协性质的最准确表述，应当是《中国科协章程》。当然，《中国科协章程》关于中国科协性质的表述，也有一个不断发展变化的过程，这一方面在客观上反映了中国科协自身的发展变化，另一方面也反映了我们对中国科协认识的不断深化。但是，《中国科协章程》的表述，一定是反映了当时所能达到的最高认识水平，因而是当时最科学、最准确、最权威的表述。同时，一些有关重要文献也有对中国科协性质的权威表述，也反映了中国科协自身的发展变化和我们对中国科协认识的深化。

1. 中国科协一大文件和中央批复对中国科协性质的表述

1958年9月18～25日，中国科协第一次全国代表大会在北京召开。中国科协一大《关于建立“中华人民共和国科学技术协会”的决议》对中国科协的性质是这样表述的：“中国科协是中国共产党领导下的、社会主义的、全国性的科学技术群众团体，是党动员广大科学技术工作者和广大人民群众进行技术革命和文化革命、建设社会主义和共产主义的一个有力的工具和助手。”

1958年9月30日，中国科协党组向中央科学小组并中央上报《关于中国科协第一次全国代表大会的报告》；10月20日，中共中央对这个报告做了批复，对中国科协的性质是这样表述的：“中国科协是党动员广大科技工作者和广大人民群众进行技术革命和文化革命、建设社会主义和共产主义的一个工具和助手。”

1959 年 5 月 16 日，中国科协党组向中央科学小组并中央上报《中国科学技术协会党组关于全国科协 1959 年工作要点的报告》；5 月 21 日，中共中央对这个报告做了批复，再次对中国科协的性质做了表述："中国科学技术协会的各级组织应当在各级党委领导下，服务于当前的生产技术任务，积极开展技术革命的群众运动，在这一方面做好党的工具和助手。"

中国科协一大并没有形成中国科协的章程，因此，中国科协一大《关于建立"中华人民共和国科学技术协会"的决议》和《中共中央对〈关于中国科协第一次全国代表大会的报告〉的批复》中对中国科协性质的表述，应当是对中国科协性质的最早也是最权威的表述。

2. 中国科协党组《关于召开中国科协第二次全国代表大会几个问题的请示报告》和中央批转这个请示报告时对中国科协性质的表述

1978 年 11 月，中国科协在北京召开一届二次全委（扩大）会议，确定召开中国科协第二次全国代表大会，并起草了《中华人民共和国科学技术协会章程》(草案)，为提交中国科协二大进行审议做了准备。

1979 年 9 月，中国科协在北戴河召开了中国科协"文化大革命"后恢复活动以后的第一次全国工作会议，对科协和学会如何加强组织建设和思想作风建设，以及中国科协章程草案和学会组织通则修改草案进行了讨论。

1979 年 12 月 8 日，中国科协党组向国家科委党组并党中央上报了《关于召开中国科协第二次全国代表大会几个问题的请示报告》，提出的第一个问题即是"关于科协的性质"，是这样表述的："科协是科学技术工作者群众团体，是党领导下的人民团体之一。它是党团结合联系科学技术工作者的纽带，是党领导科学技术工作的助手。科学技术界同其他各界群众一样，需要有自己的组织，以便更好地维护国家和集体利益，并反映科学技术工作者的自身利益和要求。应当尊重这些群众团体的民主权利，使他们有职有权有责，积极主动地、独立负责地工作，体现出科学技术工作者和工农群众一样是国家主人翁的精神。"

1979 年 12 月 31 日，中共中央批转了中国科协党组《关于召开中国科协第二次全国代表大会几个问题的请示报告》，并做了重要批示，其中对中国科协的性质是这样表述的："科学技术协会（简称科协）是科学技术工作者的群众团体，是党领导下的人民团体之一。它是党团结和联系科学技术工作者的纽带，是党领导科学技术工作的助手。"

这个表述，可以看作是中央对中国科协性质的最初也是最权威、最完整的表述。这个表述通过"四个是"，从四个方面完整地回答了中国科协"是什么"的基本问题，从而确定了以后历次代表大会对中国科协性质修改和完善的基础。而且我们也可以看出，这个表述具备了我们现在所看到的对中国科协性质最终表述的基本要素，构成了对中国科协性质科学表述的基本框架，以后对中国科协性质的历次修改和完善，除中国科协二大外，都没有超出这个表述的基本精神的范围。

3. 中国科协二大工作报告对中国科协性质的阐述

1980年3月15日，周培源同志在中国科协二大的工作报告中，对中国科协的性质做了系统阐述。他指出："科协的性质是什么？30年来的经验说明，学会、研究会、协会是科学技术工作者自己的群众团体，科协是各种科学技术工作者群众团体的联合组织，而不是其他。正是从这一特定的性质出发，来确定我们的方针任务，明确我们的依靠力量和服务对象，才能使我们真正统一思想，统一行动，向着一个共同的目标前进。""科协及其所属团体，是科技工作者自己的组织，理所当然地在组织上和工作上应以科技工作者为主体。对于这一点，我们科技工作者以及在科协和各学会、研究会、协会工作的同志应该有明确的认识。有人曾经错误地指责这么想、这么做的同志是走'专家路线'，我们说这正是党的群众路线在科协工作上的体现。事实教育我们：如果不旗帜鲜明地认定科协是科技工作者自己的组织，那它就失去了自己的特点，失去了自己的代表性，这样的组织还有什么存在的必要呢？"

他同时强调指出："科协是中国共产党领导下的科学技术工作者的群众团体，是党团结和联系科技工作者的纽带，是党领导科学技术工作的助手。"①

周培源同志在工作报告中关于中国科协性质的阐述，一方面强调了中国科协"是科学技术工作者自己的群众团体"，另一方面又强调了中国科协"是中国共产党领导下的科学技术工作者的群众团体"，同时也强调了中国科协"是党团结和联系科技工作者的纽带，是党领导科学技术工作的助手"。这和中国科协党组《关于召开中国科协第二次全国代表大会几个问题的请示报告》及中共中央批转这个请示报告所做的重要批示中关于中国科协性质的表述相一致。

4. 胡耀邦同志在中国科协二大上的讲话中对中国科协性质的表述

1980年3月23日，中国科协二大举行闭幕大会，时任中共中央总书记胡耀邦同志在大会上发表了重要讲话，其中谈到："科协是科学家和科技工作者自己的组织，是同工会、共青团、妇联、文联一样重要的群众团体。在向四个现代化进军的征途上，科协尤其具有重要的地位。"②

---

①②中国科协干部学院编：《中国科协重要文件汇编》上海科学普及出版社，1991年。

5. 中国科协二大章程对中国科协性质的表述

中国科协成立时，也就是中国科协一大时，没有自己的章程。中国科协的第一部章程，产生于中国科协的二大。中国科协二大章程是这样规定的："中国科协是在中国共产党领导下的各种科学技术工作者群众团体的联合组织，其宗旨是促进我国科学技术的发展和繁荣，普及和推广，为提高整个中华民族的科学文化水平，为尽快把我国建设成为现代化的社会主义强国作出贡献。"

这个表述的第一句话，可以看作是对中国科协性质的表述。和中央在重要批示中对中国科协性质的表述相比，中国科协二大产生的中国科协第一部章程对中国科协性质的表述，由四句话变成了一句话，即"中国科协是在中国共产党领导下的各种科学技术工作者群众团体的联合组织"。这句话可以看作是"科协是科学技术工作者的群众团体"和"是党领导下的人民团体之一"这两句话的合二为一。同时，这句话又对前两句话的表述做了适当改变，将"科学技术工作者的群众团体"改为"各种科学技术工作者群众团体的联合组织"，既强调了中国科协是科技工作者的群众团体，更强调了中国科协是科技工作者的群众团体的联合组织，但将"人民团体"这个关键词、核心词、要害词取消了。不仅如此，后面两句话"它是党团结和联系科学技术工作者的纽带，是党领导科学技术工作的助手"也被删除。

将"科学技术工作者的群众团体"改为"各种科学技术工作者群众团体的联合组织"，反映了中国科协的历史发展进程的真实情况，特别是强调了中国科协的前身是由"全国科联"和"全国科普"合并而成、中国科协是由各个学会、协会、研究会组成的联合体这一基本事实，反映了一种历史主义的观念。

但是，实事求是地说，中国科协二大章程对中国科协性质的表述，在中国科协党组《关于召开中国科协第二次全国代表大会几个问题的请示报告》和中共中央批转这个请示报告所做的重要批示中关于中国科协性质表述的基础上倒退了，不如中国科协党组请示报告和中央的批示表述得好，也离开了周培源同志在中国科协二大工作报告中关于中国科协性质的阐述，没有科学、完整、准确地回答中国科协"是什么"的基本问题。特别是它取消了中国科协"是党领导下的人民团体之一"这一重要表述，同时取消了"是党团结和联系科学技术工作者的纽带，是党领导科学技术工作的助手"的重要表述，在中央批示和二大工作报告的基础上大踏步地后退，在我们后人看来，这是非常令人遗憾的。

6. 党的十一届六中全会决议关于中国科协地位的表述

1981 年 6 月，党的十一届六中全会通过了《关于建国以来党的若干历史问题的决议》，在论述正确处理党同其他组织的关系时指出，要“保证工会、共青团、妇联、科协、文联等群众组织主动负责地进行工作”，确立了作为人民团体的中国科协在国家政治社会生活中的重要地位。

7. 中国科协二届四次全委会审议中国科协三大工作报告和章程修改草案时对中国科协性质的表述

中国科协三大召开前夕，中国科协召开二届四次全委会，审议拟提交中国科协三大的工作报告和章程修改草案。1986年6月18日，裴丽生在中国科协二届四次全委会闭幕时的总结发言中，专门阐述了中国科协的性质问题。他主要阐述了涉及中国科协性质的两个方面的重要问题。

第一个重要问题，是将原来关于中国科协“是党联系科学技术工作者的纽带，是党发展科学技术事业的助手”的表述，改为“是党和政府联系科学技术工作者的纽带，是党和政府发展科学技术事业的助手”的表述。裴丽生同志指出：“（拟提交中国科协三大的）工作报告和章程修改草案关于科协性质的表述，与‘二大’有关文件基本一致，仍然是中国共产党领导下的科技工作者的群众团体，由中央书记处领导。主要不同点是在‘纽带’和‘助手’之前增加了‘政府’字样。所以作这样的增加，是根据党的十二大精神，政府负责全面组织和领导包括科学技术工作在内的社会主义建设。科协作为党领导下的科技工作者的群众团体，其业务工作同政府组织领导的科技进步、经济振兴、社会发展等方面的工作都有着极为密切的关系。密切科协同政府的关系，必然能够使科协紧密围绕政府的统一部署和统筹规划，开展自己的工作，得到政府的有力的支持和关怀。这并不是说，科协要成为政府的一个部门。科协仍然要按照群众团体的性质和特点，积极主动地、独立负责地开展工作。事实上，不少科协正是这样做的，并且发挥了重要作用。科委是政府主管科技工作的部门，从科协来讲，应该主动配合，密切协作。关于科委和科协的关系，方毅同志和宋健同志在今年1月全国地方科技工作经验交流会上讲得十分明确。方毅同志说：‘科委、科协性质不同，谁也代替不了谁。’这同工作报告和章程修改草案关于科协性质的表述并不矛盾，我们应该坚决贯彻执行。并应发挥群众团体灵活多样、各种人才荟萃的优势，主动地创造性地开展各项活动，以满足国家和人民两个文明建设的要求。应当看到，在有10亿人口，而又急需开发智力的国家，到处有我们发挥作用的广阔场所。”①

第二个重要问题，是将中国科协二大章程中关于中国科协是“各种科学技术工作者群众团体的联合组织”的表述，改为中国科协由全国性学会（协会、研究会）和省、自治区、直辖市科协两部分组成的表述。裴丽生同志指出：“关

---

① 裴丽生：《裴丽生文集》，科学普及出版社，2009年。

于科协不再用‘各学术团体的联合组织’这一提法的问题。这是考虑到从社会角度看，工会是工人阶级的群众团体，妇联是妇女的群众团体，共青团是先进青年的群众团体，文联是文艺工作者的群众团体，而科协应是科技工作者的群众团体这样明确地提出，就更能体现科协的特色。另一方面，这次章程明确规定，中国科协由全国性学会（协会、研究会）和省、自治区、直辖市科协两部分组成。如果再用‘联合组织’这个名词，从学会看比较合适，但是难以体现地方科协是中国科协的组成部分。”①

可以看出，裴丽生同志的总结发言在于纠正中国科协二大章程关于中国科协性质基本表述的严重缺陷。本来，1979 年 12 月 8 日中国科协党组向国家科委党组并党中央上报的《关于召开中国科协第二次全国代表大会几个问题的请示报告》中对中国科协性质的基本表述是比较准确的，同年 12 月 31 日中共中央在批转中国科协党组这个请示报告所作的重要批示中予以肯定和确认，1980 年 3 月 15 日周培源同志在中国科协二大上的工作报告中又做了进一步阐述。可惜，中国科协二大章程几乎背离了中国科协的请示报告、中央的重要批示和周培源同志的工作报告，对关于中国科协性质的这些重要表述并没有吸收。裴丽生同志总结发言的最重要意义，就在于将中国科协性质的表述向中国科协的请示报告、中央的重要批示和周培源同志的工作报告的准确表述全面回归，并有所发展。这是中国科协二届四次全委会的重要贡献。

8. 中国科协三大章程对中国科协性质的表述

1986 年 6 月，中国科协三大召开，通过了中国科协历史上的第二部《中国科协章程》，对中国科协的性质作了如下表述：“中国科学技术协会是中国共产党领导下的科学技术工作者的群众团体，是全国性学会和地方科协的联合组织，是党和政府联系科学技术工作者的纽带，是党和政府发展科学技术事业的助手。”

和科协二大章程相比，中国科协三大章程对中国科协性质的表述有了根本性的变化，改变了二大章程对中国科协性质只有一句话表述得很不完整、很不成熟的状况。这个表述恢复了中央对中国科协召开二大重要批示的基本表述，同时又对二大章程的表述做了修改，所增加的“是全国性学会和地方科协的联合组织”这句话，不仅反映了中国科协的历史发展，也反映了中国科协作为一个全国性组织的构成和现状。

在谈到中国科协二大和三大章程对中国科协性质的表述变化时，中国科协原党组书记高潮同志指出，1979 年 12 月中央对中国科协召开二大做出重要批示，“这是对科协性质定位的一个十分重要的表述。但是，受当时认识上的局

---

① 裴丽生：《裴丽生文集》，科学普及出版社，2009 年。

限，科协二大时并没有把中央关于科协性质定位的精神写入科协章程。因此，在制定科协三大章程时，明确提出科协是中国共产党领导下的科学技术工作者的群众团体，是党和政府联系科技工作者的纽带，同时科协又是党和政府发展科学技术事业的助手”①。

中国科协三大章程对中国科协性质的表述，在中国科协历史上具有重要的地位，它形成了以后历次全国代表大会章程对中国科协的性质表述的基础。但是，中国科协三大章程对中央批示的恢复并不彻底，并没有明确将“是党领导下的人民团体”写入章程，这不能不说是一个遗憾。

9. 温家宝同志对“联系”和“助手”的阐述

1990年7月14日，时任中央书记处候补书记的温家宝同志，来到中国科协机关，听取了中国科协党组的工作汇报，就加强党对科协工作的领导谈了一些意见。温家宝同志在谈话中对“联系”和“助手”的阐述，可以看作是对中国科协三大章程关于中国科协“是党和政府联系科学技术工作者的纽带，是党和政府发展科学技术事业的助手”的阐述，越来越深化了对中国科协性质的认识。

温家宝同志谈到的第一个问题是，“科协作为党和政府联系科技工作者的纽带，最重要的任务就是沟通党和政府与科技工作者之间的联系”。“所谓联系，就是要全面、准确地把党的方针和政策传达给广大的科技工作者。同时，把广大科技工作者对四化建设和改革的意见和建议，及时地、实事求是地反映给中央。”

温家宝同志谈到的第二个问题是，“发挥好助手作用”。“所谓助手作用，最重要的就是通过科学论证、决策咨询和政策建议，团结、组织广大科技工作者，促进科学技术人才的成长提高，促进改革和四化建设，促进精神文明建设和民主法治建设。”②

10. 中国科协四大章程对中国科协性质的表述

1991年5月23～27日，中国科协四大召开，大会通过了中国科协历史上第三部章程。这部章程对中国科协的性质是这样表述的：“中国科学技术协会是科学技术工作者的群众组织，由全国学会、协会、研究会（简称学会）和地方科协组成，是中国共产党领导下的人民团体，是党和政府联系科学技术工作者的纽带和发展科学技术事业的助手。”

中国科协四大章程的最大变化，是增加了“是中国共产党领导下的人民团

---

① 高潮：《回顾中国科协三届全国委员会期间的改革与发展》，《亲历科协岁月》，中国科学技术出版社，2013年。

② 《温家宝在听取中国科协党组工作汇报时的讲话》，见中国科协调研宣传部编：《中央书记处对科协工作的指示精神》。

体”的表述，这是在中国科协发展史上具有特殊重要意义的历史事件。同时，中国科协四大章程继续保留了关于“纽带”和“助手”的表述。因此，中国科协四大章程比起中国科协三大章程关于中国科协性质的表述，有了重大进展，进一步确定了以后中国科协章程关于中国科协性质表述的基础。

11. 中国科协四大前对中国科协“是中国共产党领导下的人民团体”表述的认识和变化过程

说到中国科协四大章程增加了中国科协“是中国共产党领导下的人民团体”的表述，有必要就此作一点儿关于这个问题的历史回顾。

如前所述，其实早在1979年12月8日中国科协党组《关于召开中国科协第二次全国代表大会几个问题的请示报告》和1979年12月31日中共中央批转这个请示报告所做的重要批示中，就有中国科协“是党领导下的人民团体之一”的明确表述，周培源同志在中国科协二大所作的工作报告中也对此做了强调。但可惜的是，中国科协二大在1980年3月22日通过自己的第一部章程时，并没有将中国科协“是党领导下的人民团体之一”这句关乎中国科协性质的至关重要的表述写进去。

中国科协三大在1986年6月27日通过中国科协历史上的第二部章程时，虽然对中国科协性质的表述较中国科协二大章程有了较大发展，但仍然没有关于中国科协“是党领导下的人民团体”的表述。

1989年3月4日，钱学森同志在中国科协第三届全委会第四次会议上所作的《关于中国科学技术协会的改革》的工作报告中，介绍提交会议审议的《中国科协改革的基本设想》中关于中国科协性质的表述，增加了中国科协“是中国共产党领导下的人民团体之一”的内容。钱学森同志回顾了中国科协作为党领导下的人民团体的历史，明确指出，这次《中国科协改革的基本设想》中之所以进一步明确提出中国科协是党领导下的人民团体这个问题，就是为了更好地认识中国科协的性质，增强责任感。钱学森同志指出：“同科协‘三大’通过的章程相比，多了人民团体的内容。中国科协是中国共产党领导下的人民团体之一，这是中国历史发展形成的。”“有的同志问人民团体和群众团体有什么不同?我们认为这两种名称，其基本性质是一致的，有相同之处，也有不同之处。中国科协之所以是人民团体，首先因为它是群众团体，但不是一般的群众团体，是中国科技工作者的全国性群众团体，它代表全体自然科学技术工作者。中国科协的人民团体作用的发挥，不是在一般地参与社会协商对话和民主监督上，作为科技工作者的团体，主要应在国家科技进步以及与科技进步有关的各项重大决策的制定和监督活动上发挥作用。”[①] 钱学森同志的讲话，为后来中国科协四大将中国科

① 中国科协干部学院编：《中国科协重要文件汇编》，上海科学普及出版社，1991年。本节以下引文均出自该书。

协“是党领导下的人民团体之一”写进中国科协章程，奠定了基础。

时任中国科协书记处书记高镇宁在中国科协四大召开前的筹备工作会议上的讲话中，专门谈到中国科协章程修改问题，提出拟在中国科协性质的表述上除原有内容外，增加“是中国共产党领导下的人民团体”的提法。他在回顾了中央对中国科协召开二大报告的批示、钱学森同志在中国科协三届四次全委会上的工作报告后，进一步指出：“在科协的性质这个问题上，我们要明确两个概念。第一，人民团体的属性仍是群众团体，不同于政府部门或党的机关。我们要有群团意识，在学术交流上要注意贯彻‘双百’方针，在工作上要坚持民主办会，让科技工作者当家做主，充分倾听意见和建议，防止和克服行政化倾向，发扬我们团体的优势和特点。第二，科协与学会有所不同。学会是科技工作者的学术性群众团体，按民政部的说法，是专业性的社会团体，不是人民团体。应该认识到，增加人民团体的表述，向我们的工作提出了更高的要求。”

1990 年 2 月印发的《中国科协 1990 年工作要点》明确指出：“要坚持和加强党对科协的领导。作为党领导下的人民团体，科协必须在中国共产党的领导下，在宪法的范围内自主地、积极主动地开展工作，当好党和政府联系科技工作者的纽带、发展科学技术事业的助手。”

1990 年 11 月，时任中国科协书记处书记高镇宁同志在全国厂矿科协工作会议闭幕会上的总结讲话中指出：“科协是党和政府发展科学技术事业的助手，是党、政府联系科技工作者的纽带。‘四大’的章程修改草案中又加了一句，‘是党领导下的人民团体’。不久即将召开的政协常委会议就要讨论恢复科协在政协中的团体成员地位的问题，因政协是由各民主党派和人民团体组成的，所以我们说科协是人民团体。其实人民团体也就是群众团体，本质和性质是一样的。党派是政治性人民团体，学会是学术性人民团体，它都叫人民团体。我们都叫群众团体，或叫社会团体。人民团体是在社会团体中，政治性更强的那一部分。在中央开会时，都把科协列在栏目里。”

12. 中国科协五大章程对中国科协性质的表述

1996 年 5 月 25～31 日，中国科协五大召开。大会通过的章程对中国科协的性质是这样表述的：“中国科学技术协会是中国科学技术工作者的群众组织，是中国共产党领导下的人民团体，是党和政府联系科学技术工作者的桥梁和纽带，是国家发展科学技术事业的重要社会力量。”

中国科协五大章程增加了“是国家发展科学技术事业的重要社会力量”的表述。这个表述，可以看作是对中央对中国科协召开二大重要批示中“是党领导科学技术工作的助手”表述的恢复，并进行了修改，将“助手”改为“重要社会力量”，显得更加确切。这个表述，形成了中国科协五大以后历次中国科协章程关于中国科协性质的基本表述。因此，中国科协五大章程关于中国科协性质的表述在中国科协的历史上具有重要地位。

13. 中国科协六大及以后历次代表大会章程对中国科协性质的表述

2001年6月22～25日，中国科协六大召开。大会通过的章程对中国科协的性质是这样表述的："中国科学技术协会是中国科学技术工作者的群众组织，是中国共产党领导下的人民团体，是党和政府联系科学技术工作者的桥梁和纽带，是国家推动科学技术事业的重要力量。"

这个表述中，仅仅将"是国家发展科学技术事业的重要社会力量"中的"发展"改为"推动"，将"重要社会力量"改为"重要力量"。这种改动，更加切合中国科协作为人民团体、群众组织的特性。

2006年5月23～26日召开的中国科协七大、2011年5月25～29日召开的中国科协八大通过的《中国科协章程》，对中国科协性质都延续了中国科协六大的表述。

需要特别强调的是，中国科协五大之后历次章程对中国科协性质表述中的这"四个是"非常重要，从根本上回答了科协"是什么"的问题，是关于中国科协性质、定位的基本而权威的判断或表述。这个表述，明确了科协与党的关系，科协与政府的关系，科协与科技工作者的关系，科协与国家科技事业的关系。

第三节　对中国科协性质的认识

以上，我们对历届《中国科协章程》及有关重要文献对中国科协性质的表述，进行了系统的梳理，从中看到了对中国科协性质的认识变化的过程。到目前为止，中国科协七大、八大章程关于中国科协性质"四个是"的表述，是最科学、最权威的表述。那么，我们应当如何认识这个表述呢？笔者认为，可以概括出"三性"、"两个重要组成部分"的表述，以加深对中国科协性质的认识。

1. "三性"：政治性、社会性（群众性）、科技性（学术性）

中国科协的性质，可以概括为"三性"，即政治性、社会性（群众性）、科技性（学术性）。

一是政治性。中国科协是中国共产党领导下的人民团体，是党和政府联系科技工作者的桥梁和纽带，因而有其不可回避的政治性。政治性，是中国科协的基本特征，是和国外的非政府组织的根本区别。所以，笔者一直不同意一些同志简单地将中国科协称为非政府组织（NGO）的观点，而强调不应避讳中国科协的政党背景、政府背景，也不应回避正是在这一点上中国科协和国外非政府组织（NGO）具有重要区别。其实，对中国科协政治性的认识，最早可以追溯到中国科协的前身全国科联、全国科普时期。在成立全国科联和全国科普的科代会上，全国科联副主席曾昭抡在会议总结报告中就指出："在新民主主义中国的人民团体，本质上与资本主义国家里的所谓民间团体，有大不相同之处。资本主义国家里所谓的'民间团体'，往往在某种程度内，是和他们的政府相对立的（或者至少假装这样做）；而在今日中国，则人民团体与政府必须一致。有人也许会问：既然这样，岂不是人民团体，连意见都不能提吗？那却与事实不符。按照'人民民主专政'的原则，我们站在人民的一面，对于政府种种措施，未作决策以前可以提意见，实行以后也还可以作建议性批评；只是在基本立场上，必须与政府完全一致。"[①] 从中国科协的历史看，在中国科协成立前夕的1949年7月科代会筹备会正式会议上，就选出正式代表15人和候补代表2人参加中国人民政治协商会议，这意味着中国科协以中国科协界代表的身份参加了建国大业，也正因为如此，中国科协是免于登记的社会团体，并且至今在全国政协仍然有一个"科协界"。从中国科协的构成看，中国科协虽然是由各个科技性社会团体组成的联合会，但又不是各个科技性社会组织的简单相加，而是形成了一加一大于二的全新的性质。各个科技性社会团体是由各个学科、专业、领域的科技工作者自愿组成的科技性、学术性社会团体，而中国科协则是在党的领导下为着团结凝聚带领广大科技工作者、发挥科技和科技工作者的作用而成立的全国性的统一的科技工作者的组织。因此，中国科协的成立和存在，是中国政治制度设计的重要组成部分。政治性和中国科协相伴而生、相伴而行，这正是中国科协的优势所在，我们不应当回避这个问题，而应当发挥这个优势。

二是社会性（群众性）。中国科协既不是政府组织，也不是企业组织，而是处于政府和企业之间的面向社会公众提供公共服务的社会组织，是广大科技工作者自己的组织，具有广泛的社会性和群众性。中国科协的社会性主要体现在三个方面：其一中国科协的工作是社会性的工作，是在社会上进行的工作；其二中国科协的工作对象是社会成员，包括科技工作者和社会公众，既面向科技工作者开展工作，又通过科技工作者对社会公众开展工作；其三中国科协的工作方式也是社会性的，动员社会各方面力量，整合社会各方面资源。

三是科技性（学术性）。政治性、社会性（群众性）是中国科协和其他人民团体共有的特点，以此与政府组织、企业组织相区别；而科技性（学术性）是中国科协独有的特点，以此与其他人民团体相区别。中国科协的科技性（学术性）特征，也是与生俱来的。早在中国科协成立前的科代会时期，1950年8月

① 中国科协干部学院编：《中国科协重要文件汇编》，上海科学普及出版社，1991年。

18日，吴玉章同志在科代会上所致的开幕词中即指出："今天科学界需要有组织，有组织才能更好地推进工作。""今天科学界组织既不同于政权机构，也不同于工会组织，它必须具有一定的学术性内容。""今天主要是怎样一种组织能使科学工作者更有效地做好科学研究工作，更重要的是怎样把科学研究与实际结合，怎样把科学知识深入传播给广大人民，首先是工农群众。"① 发起筹备组织科代会的中国科学社、中华自然科学社、中国科学工作者协会和东北自然科学研究会，就是科技性、学术性的社会组织。中国科协的前身，不论是由各个自然科学专门学会构成的联合会的全国科联，还是由广大科技工作者个体构成的全国科普，都是科技性、学术性的社会组织，其成员都是从事科技工作、学术工作的科技工作者。由全国科联、全国科普合并而成的中国科协，天然地成为科技性、学术性的社会组织。科技性（学术性）不仅与中国科协与生俱来，而且和中国科协相伴而行。从现实看，鲜明的科技性（学术性）特征，使得中国科协既是科学家、科技工作者的共同体，也是科学、学术共同体，成为代表当今中国最高科技水平、学术水平的科技性、学术性社会团体。中国科协的科技性（学术性）也体现在中国科协的工作任务以及实现这种工作任务的工作方式中。

2."两个重要组成部分"：党的群众工作的重要组成部分、国家科技工作的重要组成部分

中国科协的性质，还可以概括为"两个重要组成部分"，即党的群众工作的重要组成部分 、国家科技工作的重要组成部分。

一是党的群众工作的重要组成部分。中国科协作为党的群众工作的重要组成部分，源于中国科协的政治性、社会性（群众性）。中国科协是党领导下的人民团体，其基本任务就是发挥党和政府联系广大科技工作者的桥梁和纽带作用。这表明，中国科协是做党的群众工作的，中国科协的工作是党的群众工作的重要组成部分。中国科协做的是科技工作者的工作，科技工作者是群众的重要组成部分，因而科技工作者工作是党的群众工作的重要组成部分。

二是国家科技工作的重要组成部分。中国科协作为国家科技工作的重要组成部分，源于中国科协的科技性（学术性）。2002年2月，时任中央书记处书记温家宝同志在听取中国科协党组工作汇报后的谈话中指出："中国的科技力量是由三个方面组织起来的，一是政府；二是科学院等研究院所；三是科协系统。科协既不同于政府机构，也不同于科学院、工程院，有其独特的地位和特点。"②

---

① 中国科协干部学院编：《中国科协重要文件汇编》，上海科学普及出版社，1991年。

② 《中央书记处听取中国科协党组汇报后中央领导同志的讲话要点》，见中国科协调研宣传部编：《中央书记处对科协工作的指示精神》。

中国科协作为国家科技工作的重要组成部分，主要体现在三个方面。其一，中国科协是科技性、学术性的社会组织，构成中国科协的全国学会是国家科技创新体系的重要组成部分，中国科协在国家实施创新驱动战略中占有重要地位，由此，中国科协及其所属学会成为推动国家科技工作的重要力量。其二，全国学会是中国科协的团体会员，科技工作者是全国学会的个人会员，科技工作者据此成为中国科协的工作对象，而科技工作者是直接从事科学研究、技术研发、工程创造工作的，中国科协致力于做好科技工作者的工作、发挥科技工作者的作用，将直接、间接地推动科技工作。其三，中国科协所从事的工作，无论是科技工作者之间进行的学术交流活动，还是科技工作者在进行科学研究、技术研发、工程创造之后面向社会公众所进行的科学普及活动，抑或是中国科协及其所属学会组织科技工作者进行的科技评价、人才评价等活动，本身就是科技工作的重要组成部分，这些工作都推动着国家科技工作的发展。

第四节　中国科协的性质决定了科技工作者的主体地位

中国科协是科技工作者“自己的”组织，这是我们理解中国科协性质的核心。中国科协“是中国共产党领导下的人民团体”，这里所说的人民，就是构成人民重要组成部分的知识分子、科技工作者；“是中国科学技术工作者的群众组织”，表明了中国科协是由科技工作者构成的群众组织，是科技工作者“自己的”组织；“是党和政府联系科学技术工作者的桥梁和纽带”，党和政府通过由科技工作者组成的中国科协这样的人民团体、群众组织，去联系和团结更广大的科技工作者；“是国家推动科学技术事业的重要力量”，这个推动力量，正是通过中国科协这样的人民团体、群众组织而组织起来的广大科技工作者。因此，可以说，中国科协的性质决定了科技工作者是中国科协的主体，离开了科技工作者这个主体，中国科协就不复存在。

中国科协的性质决定了科技工作者的主体地位，也同时决定了，要保证科技工作者的这种主体地位，必须通过以下几个方面来实现。

一是必须保证科技工作者在科协组织中当家做主。这是一个最能体现中国科协性质的最根本的问题，而这个问题并没有得到更广泛的共识。既然中国科协是科技工作者“自己的”组织，就要使科技工作者成为科协组织的主人，在科协组织中当家做主。

二是必须坚持民主办会的根本原则。这里所说的民主，就是要紧紧依靠科技工作者，听取科技工作者的意见，接受科技工作者的监督，充分发挥科技工作者的作用，将科技工作者的意志变成中国科协组织的意志。所谓民主办会，就是依靠科技工作者办会。既然中国科协是科技工作者“自己的”组织，就要让科技工作者自己管理自己，讨论决定中国科协的重大事项。

三是必须全心全意地为科技工作者服务。中国科协是科技工作者的组织，中国科协的根本任务是全心全意为科技工作者服务，使科技工作者更好地发挥作用。

四是必须去行政化。既然中国科协是由科技工作者构成的人民团体，是科技工作者的社会团体、群众组织，就要按照人民团体、社会团体、群众组织的规律和特点开展工作，而不能像党政机关那样开展工作，这其中最重要的就是要去行政化。去行政化，既包括对科协工作的指导要尊重科协组织的规律和特点，避免行政干预，也包括科协组织要遵循科协组织的规律和特点开展工作，避免行政命令，防止机关作风。

第五节　历史上“三主一家”的提出及其意义

在长期实践和探讨的基础上，为了进一步明确中国科协的定位，体现中国科协自身的特点，中国科协五大后，中国科协党组根据中国科协五大章程对中国科协性质的基本表述，提出了实现党和政府联系科技工作者的桥梁和纽带职责，集中抓好学术交流、科学普及、国际民间科技交流等任务的总体思路。这一思路，在1997年12月中国科协五届三次全委会议的工作报告中，被表述为“学术交流的主渠道、科普工作的主力军、国际民间科技交流的主要代表、科技工作者之家”。这次全委会议后，这一提法得到广泛认可，并被地方科协的同志概括为“三主一家”。

这个表述也得到了中央领导同志的充分肯定。2001年6月时任中共中央政治局委员、书记处书记、国务院副总理温家宝同志在中国科协六大闭幕式上的讲话中，要求中国科协第六届全国委员会要在以往工作的基础上，不断深化改革，继续拓展新的工作领域，进一步树立学术交流的主渠道、科普工作的主力军、国际民间科技交流的主要代表和“科技工作者之家”的鲜明社会形象，推动科协工作的发展。

“三主一家”是对《中国科协章程》关于中国科协性质表述的具体化，是从实践层面、工作层面、操作层面做出的关于“科协是什么”的判断，是在当时的思想认识水平和工作发展阶段对中国科协性质的精练概括，在中国科协发展史上具有重要的意义。

第六节　中国科协的性质决定了加强中国科协组织建设的重要性

很显然，中国科协的性质是要靠庞大的组织体系的一系列工作来体现的，这就在客观上要求这个庞大的组织体系必须是健全的，运转必须是顺畅的，工作必须是高效的。而要做到这些，都需要通过加强中国科协的组织建设来实现。所以，加强科协的组织建设，从根本上说，是由其性质所决定的，是为保证这个性质的实现所必需的。

同时，中国科协的性质也决定了中国科协工作的性质。1988 年 8 月 18 日，钱学森同志在全国直辖市、计划单列市科协协作会上的讲话中指出："我们科协工作的性质究竟是怎样的？我想谈点意见，是否恰当大家可以研究。我们是群众团体，是党和政府的纽带和助手，我们的工作就应该是服务性的。我们没有权威性的地位，而是为广大科技工作者服务。服务得好，人家就夸我们，支持我们的工作。否则，人家就不理我们，那我们就完了。"① 有什么样的组织，就有什么样的工作，科协组织的性质和科协组织的工作的性质是一致的，也就是说，科协组织的性质是由科协的工作来体现和呈现的，而要保证中国科协及其工作的性质，都需要通过加强组织建设来实现。

① 中国科协干部学院编：《中国科协重要文件汇编》，上海科学普及出版社，1991 年。

第六章

中国科协的职能

中国科协的职能，是指中国科协的功能、功用、功效，以及所具有的作用和能力。通俗地说，就是中国科协是做什么的、有什么用。显然，这个问题既涉及中国科协的性质问题，也涉及中国科协的任务问题。性质决定职能，职能体现性质；职能决定任务，任务体现职能。因此，认真研究中国科协的职能，是中国科协组织建设中的一个十分重要的问题。

第一节　中国科协的职能是对中国科协“做什么”的回答

中国科协的性质是回答这个组织“是什么”的问题，而中国科协的职能则是回答这个组织是“做什么”或“应当做什么”的问题要全面、正确地认识中国科协，仅仅回答了“是什么”的问题还是不够的，必须同时回答“做什么”或“应当做什么”的问题。

对于中国科协来说，职能和性质是紧密联系在一起的，性质决定职能，职能体现性质，职能和性质缺一不可，二者共同构成中国科协的定位。我们也可以换一种理解，中国科协的性质就是中国科协的地位，中国科协的职能就是中国科协的作用；地位决定作用，作用体现地位，地位和作用一起构成中国科协的定位。

在一个很长的时间内，许多同志一直将中国科协的职能和中国科协的定位相混淆，认为职能就是定位，定位就是职能。其实，职能和性质一起，才构成定位。中国科协的定位，就是既要回答中国科协的性质即中国科协是个什么样的组织，又要回答中国科协的职能即中国科协是个干什么的组织，或者说，既要回答中国科协居于什么地位，又要回答中国科协发挥什么作用。只有同时正确回答并解决了性质和职能或地位和作用这两个问题，中国科协的定位在理论上才是完整的，在实践上才是确定的。我们在讨论中国科协性质的同时讨论中国科协的职能，将二者紧密联系起来，正是基于这样的考虑。

第二节　历届《中国科协章程》及有关重要文献对于中国科协职能的表述

关于中国科协的职能，也应当在《中国科协章程》及有关重要文献中找根据。中国科协历届章程中，并没有明确提出职能的概念，关于职能内容的表述，体现在章程的宗旨中及有关重要文献的表述中。

1. 中国科协的前身全国科联和全国科普暂行组织方案对各自职能的表述

1950年8月22日，中华全国科技工作者代表会议第四次大会修正通过了《中华全国自然科学专门学会联合会暂行组织方案要点》，其对宗旨的表述可以看作是全国科联的职能："本会以联合全国自然科学专门学会，推动学术研究，以促进新民主主义的经济建设、文化建设与国防建设为宗旨。"

在同一天的同一次会上，还同时修正通过了《中华全国科学技术普及协会暂行组织方案要点》，其对宗旨的表述可以看作是全国科普的职能："本会以普及自然科学知识，提高人民科学技术水平为宗旨。"

2. 第一次全国科协工作会议对中国科协职能的表述

中国科协一大没有章程，一大通过的《关于建立"中华人民共和国科学技术协会"的决议》中也没有关于中国科协职能的表述。一大召开四个月后的1959年1月19日至2月21日，中国科协召开第一次全国科协工作会议，对中国科协的职能做了如下表述："科协工作必须以实现国民经济建设计划和科技发展计划为目标，以大力发展群众性的科技专业活动为手段。科协必须为生产服务，但它的工作计划应当体现科技群众组织的特点。在科协的专业活动计划中也要'两条腿走路'，即体现普及与提高相结合、土法与洋法相结合、知识分子与工农群众相结合的方针。"

3. 中央对中国科协《关于召开中国科协"二大"的请示报告》的重要批示中对中国科协职能的表述

1979年12月31日，中共中央对中国科协《关于召开中国科协"二大"的请示报告》所做的重要批示中的后半部分可以看作是对中国科协职能的表述："它（指中国科协——引者注）担负着动员和组织广大科学技术工作者积极参加祖国四个现代化的伟大建设，广泛开展学术交流、普及科学技术知识，以及同世界各国科学技术群众团体进行科学技术交流的任务。"这个表述回答了中国科协是“做什么”的组织的问题，但比较具体，是从中国科协的任务层面着眼的。

4. 中国科协二大章程对中国科协职能的表述

1980 年 3 月中国科协二大通过的中国科协第一部章程规定：“中国科协是在中国共产党领导下的各种科学技术工作者群众团体的联合组织，其宗旨是促进我国科学技术的发展和繁荣、普及和推广，为提高整个中华民族的科学文化水平、为尽快把我国建设成为现代化的社会主义强国做出贡献。”

这个表述中比起中央重要批示，在任务层面有所提高，更接近职能的要求，为以后章程对职能的表述奠定了基础。其中“促进我国科学技术的发展和繁荣、普及和推广”的表述，为后来“三促进”、“四促进”的提出提供了基础和空间；“提高整个中华民族的科学文化水平”也为后来的“三服务”提供了最初的基础。

5. 中国科协三大章程对中国科协职能的表述

1986 年 6 月中国科协三大章程规定：“团结组织科学技术工作者，面向现代化，面向世界，面向未来；促进科学技术的繁荣和发展，促进科学技术的普及和推广，促进科技人才的成长和提高，为提高整个中华民族的科学文化水平，为把中国建设成为高度文明、高度民主的社会主义国家做出贡献。”

与中国科协二大章程相比，中国科协三大章程将“促进我国科学技术的发展和繁荣、普及和推广”，分开表述为“促进科学技术的繁荣和发展”、“促进科学技术的普及和推广”，并且增添了“促进科技人才的成长和提高”的表述，形成了“三促进”的表述；同时，继续保留了“提高整个中华民族的科学文化水平”的表述。

1988 年 11 月，时任中国科协书记处书记高潮在《关于科协改革的思考》的文章中，在谈到“三促进”的表述时指出：“在这里必须明确以经济建设为中心，把是否有利于社会生产力的发展作为衡量自己工作成效的根本标志，必须把‘三促进’发展生产力和维护科技工作者权益结合起来、统一起来。无论忽视哪一方面，都会使科协脱离科技工作者群众，脱离全局，因而也就不可能有正确的科协工作。”

他指出：“在社会主义初级阶段，科协要遵循以经济建设为中心，在维护全国人民总体利益的同时，要更好地表达和维护科技工作者的具体的合法权益，履行自己的社会职能。”

他提出了以下五项社会职能：①维护科技工作者的合法权益和民主权利；②动员引导科技工作者参与改革，努力完成经济、科技与社会发展任务；③参与国家和社会事务的管理，参与企业、事业、研究所和高等院校的民主管理；

④通过科协这个特殊的学校提高科技队伍的素质；⑤通过科协及其团体的活动开展精神文明建设。

他特别强调："鉴于历史原因，过去科协在行使维护职能方面比较软弱，需要突出强化维护职能，以保护科技工作者的建设社会主义积极性。"①

6. 中国科协三大后《中国科协改革的基本设想》对中国科协社会职能的表述

1989年3月，中国科协第三届第四次全委会通过了《中国科协改革的基本设想》，其中专章论述了中国科协的社会职能，共四项：

（1）为科技工作者服务的职能。团结广大科技工作者，发扬"献身、创新、求实、协作"的科学精神，开展学术交流，传播科学思想，倡导科学方法，促进学科发展，提高业务素质。发挥科技社团的自主管理作用，努力增强自我发展的机制和活力，办好科技工作者之家，全心全意为广大科技人员服务。

（2）为两个文明建设服务的职能。建设和发展社会化的科技体系，开展多层次的科技创新、咨询服务、培训和普及推广活动，为促进科技进步、经济振兴和建设社会主义物质文明服务。以传播科技知识为载体，努力促进社会观念更新、文明进步，同愚昧、迷信、落后作斗争，为建设社会主义精神文明服务。

（3）参与民主政治建设的职能。代表和维护科技工作者的合法权益，反映科技工作者的呼声和要求，组织科技工作者参与国家发展和社会进步的协商对话与决策咨询、民主管理和民主监督，促进决策科学化和民主化，为健全和发展社会主义民主政治服务。

（4）联系海内外科技界的职能。广泛联系海内外民间科技组织和科技工作者，为促进祖国统一、发展国际科技合作与交流服务。

7. 中国科协四大章程对中国科协职能的表述

1991年5月中国科协四大章程规定："促进科学技术的繁荣和发展，促进科学技术的普及和推广，促进科技人才的成长和提高，为社会主义物质文明和精神文明建设服务；为科学技术工作者和科学技术团体服务。"

比起三大章程的表述，四大章程的这个表述又进了一步，在"三促进"的基础上增加了"两服务"，即"为社会主义物质文明和精神文明建设服务"、"为科学技术工作者和科学技术团体服务"。这个"两服务"，也可以看作是以后七大章程提出"三服务"表述的基础和雏形。

有意思的是，这个"两服务"是中国科协四大章程第一次提出来的，但又将中国科协二大、三大章程提出的"提高整个中华民族的科学文化水平"取消

① 高潮：《中国科协建设及改革与发展》，中国科学技术出版社，2012年。

了，而这一点恰恰是后来提出的“三服务”的内容之一。

8. 中国科协五大章程对中国科协职能的表述

1996年5月中国科协五大章程规定：“促进科学技术的繁荣和发展，促进科学技术的普及和推广，促进科学技术人才的成长和提高，促进科学技术与经济的结合，为社会主义物质文明和精神文明建设服务；反映科学技术工作者的意见，维护科学技术工作者的合法权益，为科学技术工作者服务。”

与中国科协四大章程比，这一章程在“三促进”的基础上形成了“四促进”，继续坚持了“两服务”，提出了“一维护”，即反映科学技术工作者的意见，维护科学技术工作者的合法权益。至此，对中国科协职能的表述进一步完善。

9. 中国科协六大章程对中国科协职能的表述

2001年6月中国科协六大章程规定：“促进科学技术的繁荣和发展，促进科学技术的普及和推广，促进科学技术人的成长和提高，促进科学技术与经济的结合，为社会主义物质文明和精神文明建设服务；反映科学技术工作者的意见，维护科学技术工作者的合法权益，为科学技术工作者服务。”

中国科协六大章程关于中国科协职能的表述，完全延续中国科协五大章程的表述，基本内容没有变化，仍然是“四促进”、“两服务”和“一维护”，表现了中国科协对自身职能认识的日趋成熟。

10. 中国科协七大章程对中国科协职能的表述

中国科协七大章程规定：“促进科学技术的繁荣和发展，促进科学技术的普及和推广，促进科学技术人才的成长和提高，促进科学技术与经济的结合。反映科学技术工作者的意见，维护科学技术工作者的合法权益。为经济社会发展服务，为提高全民科学素质服务，为科学技术工作者服务，推动社会主义经济建设、政治建设、文化建设和社会建设，构建社会主义和谐社会。”

中国科协七大章程关于中国科协职能的表述，是中国科协二大章程以来最完整、最成熟的表述。中国科协七大章程最重要的贡献，是完整地提出了中国科协“三服务”的职能。“三服务”的提出，不仅是在“两服务”的基础上增加了“为提高全民科学素质服务”，而且对原有的“两服务”的表述进行了修改，形成了全新的“三服务”的完整表述。

由此，中国科协七大章程形成了迄今为止以“四促进”、“三服务”、“一维护”、“一推动”为基本内容的关于中国科协职能的权威而准确的表述。

也正因为如此，中国科协八大章程延续了中国科协七大章程关于中国科协职能的表述，没有改动。

第三节 “三服务一加强”的提出及其重要意义

在中国科协的历史上，“三服务一加强”的提出具有重要的意义。

1. “三服务一加强”的提出

中国科协六届五次全委会在回顾和总结以往工作、展望未来工作的基础上，提出了新的工作思路：“为广大科技工作者服务，为经济社会全面协调可持续发展服务，为提高公众科学文化素质服务，不断加强自身建设。”这个工作思路被概括为“三服务一加强”。2006 年 5 月召开的中国科协七大，将“三服务”正式写进《中国科协章程》。

“三服务一加强”是对《中国科协章程》关于中国科协职能表述的具体化，是从宏观层面、战略层面、全局高度做出的关于科协“做什么”的阐述，是在当时的思想认识水平和工作发展阶段对中国科协职能的精练概括。

2. 中央书记处对“三服务一加强”的肯定

“三服务一加强”的表述一经提出，就得到了中央书记处的肯定，并且在以后听取中国科协党组工作汇报后，都会对中国科协在履行“三服务一加强”工作职能方面取得的成绩予以肯定，同时对进一步履行“三服务一加强”工作职能提出要求。

2005 年 1 月 14 日，中央书记处在听取中国科协党组 2004 年工作汇报后形成的几点意见中指出，中国科协“提出的‘三个服务’，即努力为经济社会全面协调可持续发展服务，进一步明确了科协工作在党和国家工作全局中的定位，充分体现了新形势新任务对科协工作的要求”。

2005 年 12 月 19 日，中央书记处在听取中国科协党组 2005 年工作汇报后指出，中国科协“在围绕中心、服务大局方面采取了很多新的举措，在‘三服务一加强’方面又有新的提高”，对“三服务一加强”再次表示肯定。

2007 年 12 月 26 日，时任中央政治局常委、中央书记处书记习近平主持召开十七届中央书记处第二次办公会议，听取中国科协党组工作汇报。“会议认为，科协七大以来，特别是今年以来，中国科协从工作思路到工作要求、工作方式都很有创意，在为经济社会发展服务、为提高全民科学素质服务、为科技工作者服务这‘三个服务’方面更加自觉、更有成效，自身建设也迈上了新的台阶。”这个评价是很高的。

2009 年 12 月 25 日，时任中央政治局常委、中央书记处书记习近平同志主持召开十七届中央书记处第9次办公会议，听取中国科协党组关于2009年工作情况和2010年工作思路的汇报。会议认为，中国科协党组“自觉围绕中心、服务大局，突出科协特色和优势，按照‘三服务一加强’的工作定位，团结带领广大科技工作者为保持经济平稳较快发展提供技术支撑，各项工作特色鲜明、成效显著，发挥了不可替代的重要作用”。

2011年1月7日，时任中央政治局常委、中央书记处书记习近平同志主持召开十七届中央书记处第13次办公会议，听取中国科协党组关于2010年工作情况和2011年工作安排汇报。会议认为，“中国科协自觉围绕中心，服务大局，注重创新，各项工作积极活跃、富有成效，在为经济社会发展服务、为提高全民科学素质服务、为科技工作者服务方面取得显著成绩”。

2011年12月27日，时任中央政治局常委、中央书记处书记习近平同志主持召开十七届中央书记处第17次办公会议，听取中国科协党组关于2011年工作情况和2012年工作安排汇报。会议认为，“中国科协围绕党和国家工作大局，以成功召开中国科协八大为契机，全面履行‘三服务一加强’职能，积极落实国家科技、人才和教育规划纲要，团结广大科技工作者加快建设创新型国家建功立业，各项工作成效显著”。

2013年1月8日，中央政治局常委、中央书记处书记刘云山同志主持召开十八届中央书记处第3次办公会议，听取中国科协党组关于2012年工作情况和2013年工作安排的汇报。会议指出，中国科协“坚持围绕中心、服务大局，认真履行‘三服务一加强’工作职能，各项工作扎实有力、卓有成效，在继承、创新中取得新的进展，发挥了服务大局、服务广大科技工作者的作用”。

2013年12月20日，中央政治局常委、中央书记处书记刘云山同志主持召开十八届中央书记处第10次办公会议，听取中国科协党组关于2013年工作情况和2014年工作安排的汇报。会议指出，中国科协“广泛开展建家交友活动，加强地方和基层科协组织建设，拓展服务领域，创新服务方式，‘三服务’的意识和能力进一步提升”[①]。

3. 对“三服务一加强”的解读

“三服务一加强”是一个完整的系统，有着内在结构构成和逻辑关系。

首先，“一服务”和“两服务”的关系。在“三服务”的构成和关系中，核心是“为科技工作者服务”。从“三服务”之间的相互关系看，为经济社会发展服务、为提高全民科学素质服务，是通过为科技工作者服务来实现的。因为促进经济社会的发展、提高全民科学素质，都是以科技工作者为主体的，都是发

① 以上参见中国科协调研宣传部编：《中央书记处对中国科协工作的指示精神》。

挥科技工作者作用的结果。因此，作为科协组织，要达到为经济社会发展服务、为提高全民科学素质服务的目的，必须首先为科技工作者服务，充分发挥科技工作者的作用。

其次，“三服务”和“一加强”的关系。在“三服务一加强”的构成和关系中，直接为经济社会发展服务、为提高全民科学素质服务、为科技工作者服务也好，通过为科技工作者服务而达到为经济社会发展服务、为提高全民科学素质服务也好，最终都是通过“一加强”来实现的。“一加强”，就是加强自身素质，具体说，就是加强科协组织建设，加强科协工作者队伍建设。概括地说，“一加强”的目的，就是为实现“三服务”提供坚强的组织保证和干部保证。

中国科协组织建设工作的基本任务，就是为科协事业的发展，或者说为实现“三服务”的任务，提供坚强的组织保证、干部保证和人才保证。或者我们干脆可以说，中国科协组织建设工作主要做的就是“一加强”的工作。从这样一个角度来看待中国科协组织建设工作，就会从实质上认识到该项工作的重要性，并且把其放到实现“三服务”、推进科协事业又好又快发展的大背景下和广阔的空间中，加强组织建设工作，发挥组织建设工作的重要作用。从实际情况看也是如此，离开了组织建设工作，“一加强”就无从谈起。

以上，我们还是把组织建设工作放置于“一加强”和“三服务”的相互关系中来考察的，其结果，得出了组织建设工作为实现“三服务”提供坚强的组织保证、干部保证和人才保证的结论。其实，我们还应当进一步把组织建设工作放置于“一加强”和“一服务”、“两服务”的相互关系中考察，具体地说，就是通过“一加强”来更好地为科技工作者服务，通过发挥科技工作者的作用实现为经济社会发展服务、为提高全民科学素质服务。这样，“一加强”和“一服务”之间就发生了紧密联系。为科技工作者服务，就是人才工作，就是人才队伍建设。人才工作是中国科协组织建设的重要内容，是党的组织工作的重要组成部分，党管人才是我们党的一项基本原则。在组织建设工作中，科协各级各类组织的建设、干部队伍即科协工作者队伍建设、人才队伍即科技工作者队伍建设，是同等重要的工作。因此，组织建设工作不仅是“一加强”的工作，而且也是“一服务”即为科技工作者服务的工作。完整地说，组织建设工作就是为实现“三服务”、推动科协事业的发展，提供提供坚强的组织基础、干部保证和人才支持。这就是组织建设工作在“三服务一加强”中的特殊而重要的作用。

第四节　从“三主一家”到“三服务一加强”

从“三主一家”到“三服务一加强”，是对科协性质和职能、地位和作用认识的两个重要阶段，体现了我们对科协定位认识的深化，在理论上和实践上都是有重要意义的。

在实际工作中，一些同志总是喜欢将“三主一家”和“三服务一加强”做简单的比较，甚至比较孰高孰低、孰优孰劣、孰是孰非。其实，这些同志没有搞清楚“三主一家”和“三服务一加强”各自所居的范畴，自然也就没有搞清楚它们之间的关系。

笔者一直认为，“三服务一加强”不是对“三主一家”的否定，也不是对“三主一家”的取代，二者是相辅相成的，从两个不同的角度回答并构成了科协的定位。这是因为，“三主一家”是基于中国科协的性质所得出的结论，“三服务一加强”是基于中国科协的职能所得出结论。重复地说，“三主一家”是着眼于中国科协的性质，或者说中国科协的地位，要回答的是“科协是什么”的问题；“三服务一加强”是着眼于中国科协的职能，或者说中国科协的作用，要回答的是“科协应当做什么”的问题。性质和职能，或者说地位和作用，一起构成了中国科协的定位。从“三主一家”到“三服务一加强”，表明我们对科协组织的认识进一步深化和完善。“三主一家”和“三服务一加强”一起，构成了我们在当时所处阶段对中国科协的性质和职能、地位和作用，也就是中国科协的基本定位的最新认识水平。因此，简单地说“三服务一加强”是对“三主一家”的否定，或者是对“三主一家”的取代，都是有失偏颇的。

从对历届《中国科协章程》的考察来看，“三服务一加强”也是对中国科协自身的发展变化的客观反映，是我们对中国科协认识的不断深化。

正是基于自己一直以来的理解和认识，笔者从 2009 年 5 月开始，在中国科协县级、市级科协主席培训班和一些地方科协培训班上所作的“关于中国科协组织建设”的专题讲座中，反复讲“三主一家”是性质、“三服务一加强”是职能的观点，并讲清楚理由。而那时从领导到工作人员，都认为“三服务一加强”是中国科协的定位，并在中国科协领导讲话和中国科协的文件中确认。笔者同时认为，从“三主一家”到“三服务一加强”，是对中国科协性质和职能、地位和作用认识的两个重要阶段，体现了我们对科协功能定位认识的深化，在理论上和实践上都是有重要意义的，因而有其历史地位。

当然，有必要强调的是，“三主一家”更多是着眼于工作、操作层面，而“三服务一加强”则着眼于战略层面，站位更高，因而社会影响也更大。但无论如何，从“三主一家”到“三服务一加强”，都表明我们对科协组织自身认识的不断深化和完善，都是值得重视的。

第五节　中国科协的职能决定了加强中国科协组织建设的重要性

科协的性质和职能是紧密联系在一起的，所以，加强科协的组织建设工作，不仅为科协的性质所必需，也为科协的职能所必需，为科协的基本定位所必需。我们必须从对科协基本定位的完整理解上，并且围绕着科协的这个基本定位，来加强科协的组织建设。

确定一个团体的性质和职能即基本定位非常重要，直接涉及这个团体的工作范围、工作对象，以及与工作对象的关系、工作任务、工作方式，关系到这个团体的战斗力和凝聚力。如果定位不确定，科协的工作范围、工作对象以及与工作对象的关系，就和其他团体区分不开。比如，共青团可以联系青年科技工作者，妇联可以联系女性科技工作者，知识分子已经成为工人阶级的一部分，所以，工会可以联系全体科技工作者。科协是在这些团体工作之上来确定自己的工作定位的，有更大的包容性。但是，科协的基本定位必须是确定的，包括工作范围、工作对象以及与工作对象的关系、工作任务、工作方式，都应当是确定无疑的，正是在这个基础上，科协形成不同于工、青、妇等社会组织的组织建设特点。

第七章 中国科协的任务

中国科协的性质是回答中国科协“是什么”的问题，中国科协的职能是回答中国科协是“做什么”的问题，而中国科协的任务则是对中国科协是“做什么”的具体化，也就是对中国科协职能的具体化。正因为如此，我们在很多时候、很多情况下，把职能和任务的概念连用，称作中国科协的职能任务。但是，我们必须明确的是，职能是体现性质的，而任务是实现职能的。也就是说，中国科协的任务和中国科协的职能是有区别的，不可等同。但同样应当明确的是，任务和职能又是密切相关的，是对职能的进一步具体化，因而不能把中国科协的任务和中国科协的职能割裂开来。

第一节　中国科协的任务是对中国科协“做什么”的具体化

中国科协的职能和任务都是体现中国科协的性质的，一般来说，中国科协的性质是稳定的，不易变化的，而体现这个性质的职能和任务则是相对易变的，会随着形势的发展变化而做适当的调整。进一步说，中国科协的职能和中国科协的任务比较起来，职能是相对稳定的，不易变化的，而体现职能的任务则是相对易变的，会随着形势的发展变化而做适当的调整。更进一步说，中国科协的任务又可分为基本任务和具体任务，比较起来，基本任务是相对稳定的，而体现基本任务的具体任务，则是相对易变的，不论是内容还是形式，都会随着形势的发展和情况的变化而发展和变化。

第二节　历届《中国科协章程》及有关重要文献对中国科协任务的表述

历届《中国科协章程》，在规定中国科协的性质和职能的同时，也规定了中国科协的任务。关于中国科协的任务，在一些有关重要文献中也同样有准确表述。

1. 中国科协的前身全国科联和全国科普对各自任务的表述

1950年8月22日，中华全国科技工作者代表会议第四次大会修正通过了《中华全国自然科学专门学会联合会暂行组织方案要点》，确定了全国科联的任务：

第一，促进各专门学会之组织，并领导其工作之进行。

第二，从事于各专门学会间之联系。

第三，从事于各专门学会与政府有关业务部门之联系。

第四，促进国际学术交流。

在同一天的同一次会上，还同时修正通过了《中华全国科学技术普及协会暂行组织方案要点》，确定了全国科普的任务：

本会任务为组织会员，通过讲演、展览、出版及其他方法，进行自然科学的宣传，以期达到下列目的：

第一，使劳动人民确实掌握科学的生产技术，促使生产方法科学化，在新民主主义的建设中，发挥力量。

第二，以正确的观点解释自然现象与科学技术的成就，肃清迷信思想。

第三，宣扬我国劳动人民对于科学技术的发明创造，借以在人民中培养新爱国主义精神。

1950年10月7日，全国科联第一届常务委员会第一次会议通过了《中华全国自然科学专门学会联合会暂行会章》，确定了全国科联的任务：

第一，号召全国自然科学专家保证政府经济文教政策之推行。

第二，协助各专门学会之组织，并领导其工作之进行。

第三，从事于各专门学会间之联系。

第四，组织各专门学会参加政府有关业务部门举办之具体工作。

第五，促进国际间科学合作，及处理有关事宜。

1957年7月，全国科联第一届全国委员会第二次扩大会议通过试行的《中华全国自然科学专门学会联合会会章草案》，对全国科联的任务做了重要修改和补充，确定了六项任务：

第一，贯彻“百家争鸣”的方针，推动各专门学会开展各种学术活动，以提高学术水平，促进科学技术的发展。

第二，协助专门学会与科学研究机构、高等院校和政府有关部门之间的联系，以促进科学研究工作的联系协作，加强学术活动与生产实践的密切结合，组织推动各学会帮助政府有关部门解决生产技术问题。

第三，号召全国自然科学工作者，积极执行勤俭建国的方针。在进行各项经济文化建设与科学研究工作中，贯彻增产节约的精神，与一切浪费现象作斗争。

第四，号召全国自然科学工作者加强学习马克思列宁主义，继续进行思想改造，逐步树立和巩固无产阶级世界观。组织各专门学会参加政府有关业务部门举办之具体工作。

第五，参加国际科学活动，以促进国际学术交流，加强与各国科学家的团结，为保卫世界和平、增进人类幸福服务。

第六，推动各专门学会及各地科联分会的会务工作。

2. 中国科协一大《关于建立“中华人民共和国科学技术协会”的决议》中对中国科协任务的规定

中国科协一大时并没有制定中国科协章程，但是大会通过的《关于建立“中华人民共和国科学技术协会”的决议》对中国科协的任务做了具体规定。决议提出，中国科协的基本任务是在中国共产党的领导下，密切结合生产积极开展群众性的技术革命运动。它的具体任务是：

第一，积极协助有关单位开展科学技术研究和技术改革的工作；

第二，总结交流和推广科学技术的发明创造和先进经验；

第三，大力普及科学技术知识；

第四，采取各种业余教育的方法，积极培养科学技术人才；

第五，经常开展学术讨论和学术评判，出版学术刊物，继续进行知识分子的团结和改造工作；

第六，加强与国际科学技术界联系，促进国际学术交流和国际科学界保卫和平的斗争。

3. 国家科委《关于全国科协当前工作和机构编制的请示报告》对中国科协任务的表述

1978 年 4 月 30 日国家科委在给国务院的《关于全国科协当前工作和机构编制的请示报告》中提出，当前，在继续深入揭批“四人帮”打好第三战役的基础上，全国科协主要抓以下几个方面的工作：

第一，恢复和建立各专门学会，开展学术交流活动，办好学术刊物；发动科技人员对社会主义建设提出各种创议。

第二，协同国家出版局提出全国科普读物规划，积极筹备出版科普杂志和科普读物，搞好讲演、科教电影、广播讲座、展览等科学普及工作。

第三，协同有关地区教育部门，开展青少年科学技术活动，组织参观、野外考察、模型制作、进行科学学习竞赛，首先在高中生中进行数学和物理竞赛；

筹办广播大学、函授大学、电视大学。

第四，协同有关地区和部门组织群众性技术交流，开展群众性的科学实验活动。

第五，组织自然辩证法研究活动，推广广大科技工作者和工农兵科技积极分子学习、运用和宣传自然辩证法。

第六，协同国家科委外事部门，研究国际学术交流情况，做好国际学术交流与友好往来工作。

4. 中国科协党组《关于召开中国科协第二次全国代表大会几个问题的请示报告》对中国科协任务的表述

1979 年 12 月 8 日中国科协党组向国家科委党组并报党中央，上报了《关于召开中国科协第二次全国代表大会几个问题的请示报告》，其中对中国科协的任务做了以下表述：

科协应动员和组织全体科技工作者积极参加祖国“四化”的伟大建设，学习马列主义毛泽东思想，学习自然辩证法，掌握科学技术的最新成就，努力提高自己的政治思想水平和科学技术水平，大力开展学术交流和普及科学技术知识这两项最基本的工作，实现专家和群众相结合，普及和提高相结合，为促进我国科学技术发展和繁荣，为提高整个中华民族的科学技术文化水平做出贡献。具体任务是：

第一，贯彻执行党的百花齐放、百家争鸣的方针，积极组织和支持科学技术工作者开展学术交流活动，出版学术书刊。

第二，根据实现四个现代化的需要，采取多种形式，向广大干部和群众普及科学技术知识和现代化的科学管理知识；开展对青少年的科学技术教育活动；协同有关部门，积极开展群众性的技术交流和科学实验活动。

第三，发动科学技术工作者对我国的科学技术事业和其他各项建设事业提出建议；对政府部门和企业事业单位的科学技术问题发挥咨询作用。

第四，经常向党和政府有关部门反映科学技术工作者的意见和呼声，维护他们的利益，关心和帮助他们解决工作和生活中的切身问题；积极举办为科学技术工作者服务的各种事业和活动。

第五，协调所属科学技术团体之间的关系；加强自然科学界同社会科学界之间的联系。

第六，积极开展国际学术交流活动，发展同国外的科学技术团体和科学技术工作者的友好联系。

5. 中央批转中国科协党组《关于召开中国科协第二次全国代表大会几个问题的请示报告》所做的重要批示中对中国科协任务的表述

1979 年 12 月 31 日中央对中国科协党组《关于召开中国科协第二次全国代

表大会几个问题的请示报告》所做的重要批示中，有一段关于中国科协职能的表述，由于这段表述主要是着眼于任务的层面，所以，我们也可以将这段表述作为关于中国科协任务的表述："它担负着动员和组织广大科学技术工作者积极参加祖国四个现代化的伟大建设，广泛开展学术交流、普及科学技术知识，以及同世界各国科学技术群众团体进行科学技术交流的任务。"在这段表述中，实际上已经涉及中国科协学术交流、科学普及、国际交流等主要任务。

6. 中国科协二大工作报告中对中国科协任务的表述

在中国科协二大上，周培源代表中国科协第一届全国委员会作了《同心同德，鼓足干劲，为实现我国科学技术现代化而奋斗》的工作报告，第三部分提出了科协今后的方针任务：

第一，广泛、深入地开展学术活动。学术活动的内容应当紧密结合现代化建设的需要，活动计划要力求与国民经济和科学技术发展计划衔接，同时，对基础理论的探讨和交流也要给予足够的重视。地方科协要以更多的力量搞好为当地生产建设服务的活动。

第二，大力做好科学技术普及工作。科学技术普及工作，应当围绕四化建设这个中心任务，面向生产，面向群众，面向基层，普及的内容要从生产建设的需要出发，从群众的工作、生活、学习的实际出发，因地因人制宜。

第三，积极发现与培养科技人才。科协各级组织都要把发现和培养又红又专的人才，促进科技队伍的发展、壮大，作为一项经常性的重要任务，切实抓好。

第四，在科学技术上当好中国共产党和人民政府的参谋和顾问。要积极推荐科技工作者参与讨论国家建设计划和科学技术规划，研究、讨论科技政策，协助审议重大工程项目、科研项目或方案。要组织学会、研究会等所属团体协助讨论和草拟各种技术规范、标准，协助评价、鉴定科技成果，帮助总结提高实践经验，并协助教育部门研究高等、中等学校科学技术教育的改革问题。

第五，大力开展国际学术交流。要与国际上相应的学术团体和科技工作者增强友好往来，有重点地派遣专家参加外国和国际的学术会议或进行专业考察，积极创造条件争取在国内多开一些各种形式的国际学术会议。协助做好引进科技人才的工作。

7. 中国科协二大章程对中国科协任务的规定

中国科协二大通过的中国科协第一部章程规定了中国科协的七项任务：

第一，按照百花齐放、百家争鸣的方针，组织和支持会员积极开展学术交流活动，编辑、出版学术书刊。

第二，根据实现四个现代化的需要，采用多种形式，向广大干部和群众普及科学技术知识；开展对青少年的科学技术教育活动；协同有关部门积极开展技术交流和群众性的科学实验。

第三，发动会员和科学技术工作者对中国的科学技术事业和其他各项建设事业提出建议；对政府部门和企业事业单位的科学技术问题发挥咨询作用；接受政府部门和企业事业单位委托的有关任务。

第四，举办各种科学技术普及事业以及其他为会员和科学技术工作者服务的各种事业和活动。

第五，经常向党和政府有关部门反映会员和科学技术工作者的意见和呼声。

第六，加强和协调所属各种科学技术团体之间的关系；加强自然科学界和社会科学界之间的联系。

第七，积极开展国际学术交流活动，发展同国外的科学技术团体和科技工作者的友好联系。

8. 中国科协三大章程对中国科协任务的规定

中国科协三大通过的中国科协第二部章程规定了中国科协的八项任务：

第一，开展学术交流，活跃学术思想，提高学科水平。

第二，普及科学知识，推广先进技术。

第三，为科技、经济、社会协调发展进行决策咨询、技术咨询和技术服务。

第四，开展继续教育，帮助科技工作者补充新的知识；进行技术培训和青少年科技活动。

第五，协调所属团体之间的关系；加强自然科学和社会科学学科之间的联系。

第六，开展国际科技交流活动，发展同国外的科学技术团体和科学技术工作者的友好交往。

第七，编辑出版学术刊物和科普读物；举办为学术活动、科技普及和为科技工作者服务的事业。

第八，向党和政府反映科技工作者的意见和要求，维护科技工作者的合法权益；举荐人才，表彰奖励在科技活动中取得优秀成绩的科技工作者。

9. 中国科协四大章程对中国科协任务的规定

中国科协四大通过的中国科协第三部章程规定了中国科协的十项任务：

第一，开展学术交流，活跃学术思想，促进学科和经济发展。

第二，普及科学知识，推广先进技术，开展青少年科技教育活动。

第三，编辑出版科学、技术和科普书、报、刊。

第四，促进并开展继续教育和技术培训工作。

第五，开展民间国际科技交流活动，发展同国外的科技团体和科技工作者的友好交往。

第六，开展决策论证，提出政策建议；进行科技咨询服务，兴办科技实体；接受委托承担科技项目评估、成果鉴定、技术职务资格评定等任务。

第七，加强所属团体之间的联系，促进自然科学和社会科学的结合。

第八，举办为学术活动、科技普及和为科技工作者、科技团体服务的事业。

第九，表彰奖励优秀科技工作者，举荐人才。弘扬“尊重知识、尊重人才”的社会风尚。

第十，参与科技政策、法规制定，反映科技工作者的意愿和要求，维护科技工作者的合法权益。

10. 中国科协五大章程对中国科协任务的规定

中国科协五大通过的中国科协第四部章程规定了中国科协的八项任务：

第一，开展学术交流，活跃学术思想，促进学科发展。

第二，普及科学知识，捍卫科学尊严，传播科学思想和方法，推广先进技术，开展青少年科学技术教育活动，提高全民族科学文化素质。

第三，反映科学技术工作者的意见和要求，维护科学技术工作者的合法权益。组织科学技术工作者参与国家科学技术政策、法规制定和国家事务的政治协商、科学决策、民主监督工作。

第四，表彰奖励优秀科学技术工作者，举荐人才。

第五，开展科学论证、咨询服务，提出政策建议，促进科学技术成果的转化，接受委托承担项目评估、成果鉴定、专业技术职务资格评审等任务。

第六，开展民间国际科学技术交流活动，发展同国外的科学技术团体和科学技术工作者的友好交往。

第七，开展继续教育和培训工作。

第八，举办符合中国科学技术协会宗旨的社会公益性事业。

11. 中国科协六大章程对中国科协任务的规定

中国科协六大通过的中国科协第五部章程规定了中国科协的八项任务：

第一，开展学术交流，活跃学术思想，促进学科发展。

第二，弘扬科学精神，普及科学知识，传播科学思想和科学方法，捍卫科学尊严，推广先进技术，开展青少年科学技术教育活动，提高全民族科学文化素质。

第三，反映科学技术工作者的意见和要求，维护科学技术工作者的合法权益。组织科学技术工作者参与国家科学技术政策、法规制定和国家事务的政治协商、科学决策、民主监督工作。

第四，表彰奖励优秀科学技术工作者，举荐人才。

第五，开展科学论证、咨询服务，提出政策建议，促进科学技术成果的转化，接受委托承担项目评估、成果鉴定、专业技术职务资格评审等任务。

第六，开展民间国际科学技术交流活动，发展同国外的科学技术团体和科学技术工作者的友好交往。

第七，开展继续教育和培训工作。

第八，兴办符合中国科学技术协会宗旨的社会公益性事业。

12. 中国科协七大章程对中国科协任务的规定

中国科协七大通过的中国科协第六部章程规定了中国科协的十项任务：

第一，开展学术交流，活跃学术思想，促进学科发展，推动自主创新。

第二，组织科学技术工作者为建立以企业为主体的技术创新体系、全面提升企业的自主创新能力作贡献。

第三，依照《中华人民共和国科学技术普及法》，弘扬科学精神，普及科学知识，传播科学思想和科学方法。捍卫科学尊严，推广先进技术，开展青少年科学技术教育活动，提高全民科学素质。

第四，反映科学技术工作者的建议、意见和诉求，维护科学技术工作者的合法权益。促进学术道德建设和学风建设。

第五，组织科学技术工作者参与国家科学技术政策、法规制定和国家事务的政治协商、科学决策、民主监督工作。

第六，表彰奖励优秀科学技术工作者，举荐人才。

第七，开展科学论证、咨询服务，提出政策建议，促进科学技术成果的转化；接受委托承担项目评估、成果鉴定，参与技术标准制定、专业技术资格评审和认证等任务。

第八，开展民间国际科学技术交流活动，促进国际科学技术合作，发展同国外的科学技术团体和科学技术工作者的友好交往。

第九，开展继续教育和培训工作。

第十，兴办符合中国科学技术协会宗旨的社会公益性事业。

13. 中国科协八大章程对中国科协任务的规定

中国科协八大通过的中国科协第七部章程规定了中国科协的十一项任务。和七大章程比较起来，八大章程关于中国科协任务的内容并没有变化，只是将七大章程规定的第四项任务拆分为两项任务，即将“促进科学道德建设和学风建设”单独列项，并在这句话之前加上“推动建立和完善科学研究诚信监督机制”的表述。

根据中国科协八大章程的规定，科协组织的任务有十一项，具体表述如下：

第一，开展学术交流，活跃学术思想，促进学科发展，推动自主创新。

第二，组织科学技术工作者为建立以企业为主体的技术创新体系、全面提升企业的自主创新能力作贡献。

第三，依照《中华人民共和国科学技术普及法》，弘扬科学精神，普及科学知识，传播科学思想和科学方法。捍卫科学尊严，推广先进技术，开展青少年科学技术教育活动，提高全民科学素质。

第四，反映科学技术工作者的建议、意见和诉求，维护科学技术工作者的合法权益。

第五，推动建立和完善科学研究诚信监督机制，促进科学道德建设和学风建设。

第六，组织科学技术工作者参与国家科学技术政策、法规制定和国家事务的政治协商、科学决策、民主监督工作。

第七，表彰奖励优秀科学技术工作者，举荐人才。

第八，开展科学论证、咨询服务，提出政策建议，促进科学技术成果的转化；接受委托承担项目评估、成果鉴定，参与技术标准制定、专业技术资格评审和认证等任务。

第九，开展民间国际科学技术交流活动，促进国际科学技术合作，发展同国外的科学技术团体和科学技术工作者的友好交往。

第十，开展继续教育和培训工作。

第十一，兴办符合中国科学技术协会宗旨的社会公益性事业。

中国科协章程的这个规定，是就科协组织整体而言的，在实际工作中，不同层级的地方科协组织、不同类型的基层科协组织，应当根据各自的情况，在这个总体任务的框架内，确定各自的任务，将这些任务具体化。

第三节 对中国科协任务的认识

以上，我们对历届《中国科协章程》及有关重要文献中对中国科协任务的表述进行了系统梳理，从中看到了中国科协任务发展变化的过程。中国科协的任务一方面是发展变化的，另一方面也是相对稳定的。一个成熟的社会组织，一方面要随着形势的变化而不断对其承担的任务进行适当调整，另一方面也要保持基本任务的稳定，确定自己的任务边际，做自己应当做的工作，做好自己应当做的工作；承担自己应当承担的任务，完成好自己应当承担的任务。到目前为止，中国科协八大章程确定的中国科协的任务，是比较符合中国科协的性质和职能的，应当保持相对稳定。

那么，我们应当如何认识和理解中国科协八大章程确定的十一项任务呢？笔者认为，可以概括为五个主要方面，即学术交流、科学普及、决策咨询、人才举荐、组织建设。

第四节 中国科协的任务决定了加强中国科协组织建设的重要性

任务是要由组织来实施的，由人来实施的。要落实任务，必须有体系健全、运转顺畅、发挥作用的组织系统，有一支高素质的干部队伍和人才队伍。这些，都需要通过加强组织建设来完成、来实现。所以，组织建设就是要有利于各级科协组织任务的确定和实施，为完成任务、实现目标提供组织保证。

组织建设也决定科协组织的战斗力。战斗力作为检验科协组织功能的重要指标，是通过执行和完成任务的效率和质量来体现的。组织建设的作用，就在于健全各级科协组织体系，建立正常的工作秩序和经常性工作，提高队伍素质和工作人员的能力，建设高素质的人才队伍，增强科协组织的凝聚力和战斗力，高效率、高质量地完成各项任务。

第八章 中国科协的工作方式

在相继回答了中国科协“是什么”、“做什么”，即中国科协的性质、职能和任务之后，接下来就要回答“怎么做”的问题，这就是中国科协的工作方式。

第一节 中国科协的工作方式是对中国科协“怎么做”的回答

中国科协的性质和职能决定了,中国科协的根本任务是为科技工作者提供优质高效的服务，包括提高科技工作者的素质，发挥科技工作者的作用，反映科技工作者的诉求，维护科技工作者的权益。这就需要科协组织把广大科技工作者团结和凝聚起来，为他们提高素质、发挥作用创造必要和充分的条件。完成中国科协的这个根本任务，离不开一定的工作方式；工作方式的基本功能是完成任务，没有一定的工作方式，再好的任务也不可能完成。如前所述，中国科协的性质回答的是“是什么”的问题，职能和任务解决的是“做什么”的问题，工作方式解决的是“怎么做”的问题，或者说是对“怎么做”的回答。完成中国科协的任务，离不开一定的工作方式。

第二节 中国科协根本的工作方式仍然是“从群众中来、到群众中去”

群众工作是我们党的政治优势之一，而做群众工作离不开工作方法。我们党历来高度重视工作方法问题，毛泽东同志是其优秀代表。在几十年的革命和建设中，毛泽东同志不仅阐述了工作方法的重要性，在理论上有重大建树，而且多次阐述了先进的工作方法，形成了一笔宝贵的精神财富。毛泽东同志倡导并身体力行、我们党长期坚持并被实践证明行之有效的工作方法，就是“从群众中来、到群众中去”。这是我们党最基本也是最根本的工作方法，是最能体现我们党的全心全意为人民服务的根本宗旨的工作方法，也是最适合于群众工作的最有效的工作方法。

中国科协工作是党的群众工作的重要组成部分，科协工作者是社会工作者、群众工作者的重要组成部分。毛泽东同志倡导和身体力行的从群众中来、到群众中去的工作方法，同样适合于科协组织和科协工作。1983 年 11 月 16 日方毅同志在中国科协 1983 年工作会议上的讲话中就指出：“科协是科技工作者的群众团体。在性质上它既不是党的组织，更不是行政职能部门。它是个群众团体。因此，科协必须密切联系群众，充分发挥团结和联系科技工作者的纽带和桥梁作用，把科协真正办成科技工作者之家。要做到这一点，就必须坚持从群众中来、到群众中去的工作方法。”① 我们应当认真学习和践行从群众中来、到群众中去的工作方法，发挥科协组织的优势和特点，做好新形势下的群众工作。

毛泽东同志最早比较系统地论述工作方法问题，是 1934 年 1 月 22 日至 2 月 1 日在江西瑞金召开的第二次全国工农兵代表大会上所作的结论的一部分，后来以“关心群众生活，注意工作方法”为题，收入《毛泽东选集》。在这篇文章中，毛泽东同志是把关心群众生活作为当时的中心任务提出来的，并据此提出了完成中心任务的工作方法问题。这也为我们提供了一种思考问题的基本思想方法，即中心任务制约和决定工作方法，工作方法为完成中心任务服务。

毛泽东同志指出：“我们现在的中心任务是动员广大群众参加革命战争，以革命战争打倒帝国主义和国民党，把革命发展到全国去，把帝国主义赶出中国去。谁要是看轻了这个中心任务，谁就不是一个很好的革命工作人员。我们的同志如果把这个中心任务真正看清楚了，懂得无论如何要把革命发展到全国去，那末，我们对于广大群众的切身利益问题，群众的生活问题，就一点也不能疏忽，一点也不能看轻。因为革命战争是群众的战争，只有动员群众才能进行战争，只有依靠群众才能进行战争。”

毛泽东同志进而指出：“我们是革命战争的领导者、组织者，我们又是群众生活的领导者、组织者。组织革命战争，改良群众生活，这是我们的两大任务。在这里，工作方法的问题，就严重地摆在我们的面前。”

据此，毛泽东同志从工作方法和任务的紧密联系角度紧接着提出了工作方法的极端重要性：“我们不但要提出任务，而且要解决完成任务的方法问题。我们的任务是过河，但是没有桥或没有船就不能过。不解决桥或船的问题，过河就是一句空话。不解决方法问题，任务也只是瞎说一顿。”“一切工作，如果仅仅提出任务而不注意实行时候的工作方法，不反对官僚主义的工作方法而采取

① 何志平等主编：《中国科学技术团体》，上海科学普及出版社，1990 年。

实际的具体的工作方法，不抛弃命令主义的工作方法而采取耐心说服的工作方法，那么，什么任务也是不能实现的。”①

在 1943 年 6 月 1 日的《关于领导方法的若干问题》中，毛泽东同志完整地提出了从群众中来、到群众中去的工作方法。他指出：“我们共产党人不论进行何项工作，有两个方法是必须采用的，一是一般和个别相结合，二是领导和群众相结合。”他将这种方法概括为从群众中来，到群众中去。他具体地指出：“从群众中集中起来又到群众中坚持下去，以形成正确的领导意见，这是基本的领导方法。在集中和坚持的过程中，必须采取一般号召和个别指导相结合的方法，这是前一个方法的组成部分。从许多个别指导中形成一般意见（一般号召)，又拿一般意见到许多个别单位中去考验（不但自己这样做，而且告诉别人也这样做)，然后集中新的经验（总结经验)，做成新的指示去普遍地指导群众。”

在从群众中来、到群众中去这个总的工作方法下面，毛泽东同志还谈到了与之相关的工作方法。他指出：“对于任何工作任务的向下传达，上级领导机关及其个别部门都应当通过有关该项工作的下级机关的主要负责人，使他们负起责任来，达到分工而又统一的目的（一元化)。不应当只是由上级的个别部门去找下级的个别部门，而使下级机关的总负责人不知道，或不负责。应当使总负责人和分负责人都知道，都负责。这样分工而又统一的一元化的方法，使一件工作经过总负责人推动很多干部、有时甚至是全体人员去做，可以克服个单个部门干部不足的缺点，而使许多人都变为积极参加该项工作的干部。这也是领导和群众相结合的一种方式。”他还指出：“在任何一个地区内，不能同时有许多中心工作，在一定时间内只能有一个中心工作，辅以别的第二位、第三位的工作。因此，一个地区的总负责人，必须考虑到该处的斗争历史和斗争环境，将各项工作摆在适当的地位；而不是自己全无计划，只按上级指示来一件做一件，形成很多的‘中心工作’和凌乱无秩序的状态。上级机关也不要不分轻重缓急地没有中心地同时指定下级机关做很多项工作，以致引起下级在工作步骤上的凌乱，而得不到正确的结果。领导人依照每一具体地区的历史条件和环境，统筹全局，正确地决定每一时期的工作重心和工作秩序，并把这种决定坚持地贯彻下去，务必得到一定的结果，这是一种领导艺术。”② 在 1948 年 4 月 2 日的《对晋绥日报编辑人员的谈话》中，毛泽东同志指出：“善于把党的政策变为群众的行动，善于把我们的每一个运动，每一个斗争，不但领导干部懂得，而且广大的群众都能懂得，都能掌握，这是一项马克思列宁主义的领艺术。”③ 这些

① 毛泽东：《毛泽东选集》，第一卷，人民出版社，1991 年，第 136、139、140 页。

② 毛泽东：《毛泽东选集》，第三卷，人民出版社，1991 年，第 900～901 页。

③ 毛泽东：《毛泽东选集》，第四卷，人民出版社，1991 年，第 1319 页。

工作方法，是从群众中来、到群众中去工作方法的多种表现形态，其本质是一致的。

在坚持从群众中来、到群众中去这个根本的工作方法的同时，毛泽东同志还谈到了许多具体的工作方法。在 1949 年 3 月 13 日的《党委会的工作方法》中，毛泽东同志谈到了 12 种工作方法，包括党委书记要善于当“班长”；要把问题摆到桌面上来；“互通情报”，各委员之间要把彼此知道的情况互相通知、互相交流；不懂得和不了解的东西要问下级，不要轻易表示赞同或反对；既要抓紧中心工作，又要围绕中心工作而同时开展其他方面的工作；学会“弹钢琴”，要“抓紧”，不抓不行，抓而不紧也不行；胸中有“数”，对情况和问题一定要注意到它们的数量方面，要有基本的数量的分析，不可无根据地、主观地决定问题；“安民告示”，开会要事先通知，像出安民告示一样，让大家知道要讨论什么问题，解决什么问题，并且早作准备；“精兵简政”，讲话、演说、写文章和写决议案，都应当简明扼要，会议也不要开得太长；力戒骄傲，这对领导者是一个原则问题，也是保持团结的一个先决条件；划清两种界限革命和反革命的界限、成绩和缺点的界限，记着这两条界限，事情就好办，否则就会把问题的性质弄混淆了。[①] 这些具体的工作方法，可以看作是从群众中来、到群众中去工作方法的具体化或展开。

1958 年 1 月，毛泽东同志写了《工作方法六十条（草案）》。他指出：“一个新的生产高潮已经和正在形成。为了适应这种情况，中央和地方党委的工作方法，有作某些改变的需要。”关于这些工作方法的形成，他说：“这里所说的几十条，并不都是新的。有一些是多年积累下来的，有一些是新提出的。这是中央和地方同志一九五八年一月先后在杭州会议和南宁会议上共同商量的结果。这几十条，大部分是会议上同志们的发言启发了我，由我想了一想写成的；一部分是直接记录同志们的意见；有一个重要条文（关于规章制度）是由刘少奇同志和地方同志商定而由他起草的；由我直接提出的只占一部分。这里讲的也不完全是工作方法，有一些是工作任务，有一些是理论原则，但是工作方法占了主要地位。我们现在的主要目的，是想在工作方法方面求得一个进步，以适应已经改变了的政治情况的需要。这几十条现在只是建议，还待征求意见。条文或者要减少，或者要增加，都还未定。请同志们加以研究，提出意见，以便修改，然后提交政治局批准，方能成为一个正式的内部文件。”[②] 这些工作方法，贯穿其中的仍然是从群众中来、到群众中去这条工作方法主线，很多工作方法是从群众中来、到群众中去这个根本工作方法的具体运用。

---

① 毛泽东：《毛泽东选集》，第四卷，人民出版社，1991 年，第 1440～1444 页。

② 毛泽东：《毛泽东文集》，第七卷，人民出版社，1999 年，第 344～345 页。

作为党的群众工作的重要组成部分，中国科协的工作方式和根本工作方法，仍然是从群众中来、到群众中去。我们应当在这个基本点上，来研究中国科协的工作方式。

第三节　中国科协的性质、职能和任务决定了中国科协工作方式的特殊性

我们说科协的工作方式和根本工作方法仍然是从群众中来、到群众中去，是从中国科协作为党的群众工作的重要组成部分而言的，而中国科协自身的性质、职能和任务的特点，又决定了中国科协工作在实行从群众中来、到群众中去这种根本工作方法时，具有自己的特殊性。也就是说，要采取特殊的工作方式和工作方法。这种特殊的工作方式和工作方法，同从群众中来、到群众中去的根本工作方法是不矛盾的，是从群众中来、到群众中去的根本工作方法在科协工作中的创造性运用，也是在科协工作中的具体体现。

有什么样的性质就有什么样的职能，有什么样的职能就有什么样的任务，有什么样的任务就有什么样的工作方式。中国科协“四个是”的性质，或者“两个重要组成部分”和“三性”的特殊性质，决定了中国科协“四促进”、“三服务”、“一推动”的特殊职能；这种特殊的职能，决定了学术交流、科学普及、人才举荐、决策咨询等 11 项特殊的任务；这种特殊的任务，决定了中国科协特殊的工作方式。

概括地说，中国科协工作方式的特殊性主要表现在以下几个方面。

1. 社会性

中国科协是社会团体，它的工作是面向全社会的，是社会性的工作，具有广泛性，目的在于促进社会和谐、发展和进步。在我们国家，社团组织有三类，第一类是既是社会性的组织，又可以向基层单位延伸，在基层单位建立其基层组织；第二类是不能或不适于向基层单位延伸、不能或不适于在基层单位建立基层组织；第三类是只在基层单位如社区成立并只在社区范围内开展活动的组织。中国科协无疑属于第一类。从中国科协的组织体系看，不仅有全国组织，而且有地方各级组织，还有遍布全国城乡的千百万各类基层组织。全国组织和各级地方组织都拥有自己所属的学会，涉及理、工、农、医各个学科和交叉学科、边缘学科，涉及科学、技术、工程各个方面。基层组织的类型，既有农村乡镇和村、城市街道和社区、企业、高等院校、科研院所基层科协组织，也有广大的城乡基层科普组织，还有广大的基层农技协组织。因此，科协工作是面向全社会的，具有广泛的社会性。

2. 群众性

1980年3月周培源在中国科协第二次全国代表大会上的工作报告中指出："它（科协）具有行政部门所不能代替的群众性的特点。"中国科协的工作是面向群众的，这里既包括科技工作者，也包括广大公众。这里的区别在于，科协工作者面向广大科技工作者开展工作，通过科技工作者面向广大公众开展工作。前者主要和学术交流、科技评价、人才举荐、决策咨询等工作相关，目的在于发挥科技工作者的作用，提高科技工作者的素质；后者主要和科学普及相关，目的在于通过发挥科技工作者的作用，向公众普及科学精神、科学思想、科学知识和科学方法，提高公众的科学素质。科学研究、创新和科学传播、普及，是科学活动两个不可分割的阶段，科技工作者在做好科学研究、创新的同时，向公众普及科学知识，将科研成果用群众能够理解的语言和方式讲述和传达给公众，历来是科技工作者的优良传统，也是中国科协传统的工作方式。这种群众性，不仅体现在科协工作所联系和面对的几千万名科技工作者，而且体现在通过科技工作者所广泛联系和面对的数量巨大的人民群众。

3. 灵活性

中国科协是社会组织、群众组织，采取灵活性的工作方式是符合实际的，特别是科协基层组织更应当采取小型、多样、业余、灵活的工作方式。这一点，其实也是中国科协的传统。早在中国科协的前身全国科普开展活动的过程中，就非常重视采取灵活的方式。《1956年科普协会召开的11省市分会工作座谈会及8省市分会工作座谈会文件》中收入了一份《关于几个问题的意见》，其中谈到与工会俱乐部合作问题时，提出"将来文化活动愈来愈多，我们的工作方式也要愈加灵活"，并且谈到如何灵活："关于与基层俱乐部合作的时间问题，我们不必要求规定固定的讲演日。我们在党日、团日也可以举办，上文化课的日子也可以举办，党团员在党日、团日不能来听，在非党日、团日就可来听。我们必须打破老习惯，一讲就得全厂来听。以后要多办小讲座，几十人也可以讲，不必要求包括全厂工人。""工厂没有讲堂和会场，在饭厅也可以讲。"①

4. 超脱性

中国科协既是拥有200个自然科学学会的代表当今自然科学界最高水平的科技性、学术性社会团体，又是公益性、服务性的社会团体，它所开展的工作和活动没有自身的特殊利益和狭隘的功利目的，表现了宽阔的胸襟，因而比较

---

① 何志平等主编：《中国科学技术团体》，上海科学普及出版社，1990年，第633页。

超脱，所开展的决策咨询、科技评价、人才举荐等工作，既有权威性，又有公正性，有很强的公信力。

5. 科技性

构成中国科协组织主体的学会是科技性、学术性的社会团体，中国科协也是科技性社会团体，只是学会以科技性、学术性为主，以政治性、社会性为辅，而中国科协则以政治性、社会性为主，以科技性、学术性为辅。中国科协的工作方式除了具有一般社会团体的政治性、社会性特征外，还有科技性的特征，也就是将一些适宜的科学技术学科、领域的方法有选择地运用到科协工作中去，成为与政治性、社会性特征有机结合的工作方式的构成因素，使得工作方式更加科学、合理和严谨。

第四节　中国科协工作方式的主要方面

经过几十年的实践和总结，中国科协成功的工作方式有很多，概括起来，主要有以下几个方面。

1. 融入中心，服务大局

中国科协作为党领导下的人民团体，不能回避自身的政治属性，这种政治属性体现在工作方式上，就是融入中心，服务大局。作为以科技工作者为主体的人民团体、社会团体、群众团体，中国科协固然要代表科技工作者的切身利益，独立负责地开展工作，但不能背离党的中心工作和党的工作大局，更不能离开党的中心工作和党的工作大局另搞一套。同时，只有融入中心、服务大局，才能进一步明确科协工作在中心工作和工作大局中的位置，以及科协工作与中心工作、工作大局的关系，也才能赋予科协工作更现实的意义。这样做，不仅不会削弱科协工作的独立性、特殊性，而且会有利于体现科协工作的独立性和特殊性。

2. 顶层设计，规划协调

中国科协作为具有广泛服务对象的全国性的社会团体，必须开展一些面向全社会、面向全体科技工作者和广大人民群众的重大活动和工作，而开展重大活动和工作必须进行科学的顶层设计，做好周密的规划协调。顶层设计包括活动和工作要达到的目标和要求、要遵循的基本原则、主要内容、步骤、参与部门及其责任、时间安排、检查和评估。比如，中国科协为做好人才工作，成立了中国科协人才工作协调小组，党组主要负责同志担任组长、副组长，有关部门和单位主要负责同志为成员，明确职责，各司其职，共同配合；制定了协调小组职责和工作规则，建立联系会议制度，定期召开会议研究讨论重大事项，加强交流、沟通和协调；印发年度人才工作要点，确定人才工作的各项任务，将任务分解到有关部门和单位，并确定牵头单位和参与单位。

3. 大联合、大协作

社会性、群众性工作，需要广泛动员社会各方面的力量共同参与，需要相关的社会各个部门共同配合，这就在客观上要求采取大联合、大协作的工作方式。从实际情况看，这种工作方式既包括内部的联合和协作，也包括外部的联合和协作。

内部的联合和协作，包括中国科协机关职能部门之间、机关部门和事业单位之间的协作，机关部门和学会之间、学会和学会之间的协作；中国科协和地方科协之间、上一级地方科协和下一级之间的协作；中国科协、地方科协和基层科协之间的协作；基层科协和基层科协之间的协作。

外部的联合和协作，包括科协和中央与国家机关有关部门和人民团体的协作，如和有关部门共同落实《全民科学素质行动计划纲要》，和农业部、中国科学院共建全国性学会，和国家发改委、国资委、科技部在企业共同开展“讲理想、比贡献”活动，和教育部共同推进在研究生中开展科学道德和学风建设宣讲教育。

“大联合、大协作”的工作方式虽然是2005年以后明确提出来的，但联合、协作方式本身在中国科协的前身全国科联、全国科普的工作中就已经提出来并在工作中加以运用了。1956年形成的《中华全国自然科学专门学会联合会概况》中谈到科联的任务时提出了四项，其中第二项是“从事于各专门学会间之联系”，第三项是“从事于各专门学会与政府有关业务部门之联系”。全国科普在当时的工作中也采取了与有关方面联合、协作的工作方式。仅在1956年，全国科普就同许多有关部门进行了多种联合和协作。比如，与全国总工会、中国人民解放军总政治部、林业部、共青团中央等9个单位分别发出关于开展科普工作的联合通知12个，与全国总工会发出关于对职工进行科学技术宣传工作协作计划纲要通知，与中国人民解放军总政治部发出关于加强科学知识讲座的通知，与林业部和共青团中央发出关于加强林业宣传的联合通知，与电力部、电力工会发出在电力系统开展科学技术宣传工作的联合通知等。[①] 1956年科普协会在召开的11省市分会工作座谈会及8省市分会工作座谈会时，对科普地方分会与当地工会的合作问题进行了总结：“上海市工会联合会不积极与分会合作，上海

① 当代中国丛书编辑委员会：《中国科学技术协会》，当代中国出版社，1994年。

分会就先与产业分会建立一系列的合作，这就促使市工会联合会不得不积极合作了。天津恰相反，先与是工会联合会建立合作，然后推动产业工会。”① 可以说，大联合、大协作的工作方式是对中国科协工作历史经验的总结和提高、继承和发展。

4. 整合资源、共建共享

同样的道理，社会性、群众性的工作，也需要整合、集成相关的社会各个方面、各个部门的资源。比如科普工作，中国科协是科普工作的主渠道、主力军，但科普工作是需要社会各方面共同来做的，这不仅是因为做科普工作的力量分布在社会的各个方面，而且是因为科普工作的资源也分布在社会的各个方面，在整合力量的同时，必须整合资源。具体地说，比如高校的教师是科普工作的重要力量，在面向社会公众普及科学知识、提高公众的科学素养方面能够发挥重要作用。同时，高校的实验室等科普资源也可以有限度地向社会公众开放。从具体方式来讲，高校可以开展青少年校外科技活动、夏令营活动，还可以到社区大学去做专题讲座。

5. 搭建平台、提供服务

中国科协的根本任务，是为广大科技工作者提供优质、高效的服务；而服务的基本方式，就是搭建各种适合科技工作者需求的不同层次、不同类型的平台，把广大科技工作者吸引、团结、凝聚到这些平台上来，使科技工作者在这些平台上施展才华、发挥作用、提高素质，在这个过程中为广大科技工作者提供及时而有效的服务。反过来说，为科技工作者提供优质、高效的服务，是为了发挥科技工作者作用，提高科技工作者素质，维护科技工作者权益。迄今，中国科协已经搭建了多个为科技工作者服务的系列平台。

一是体现“三服务”的平台：在“为经济社会发展服务”方面有中国科协年会，在“为提高全民科学素质服务”方面有全国科普日，这两项重要活动都是科技工作者发挥作用、施展才华的平台；在“为科技工作者服务”方面有中国科协会员日，这是直接为科技工作者服务的平台。搭建这样的平台是为了更好地发挥科技工作者的作用，实现为经济社会发展服务、为提高全民科学素质服务的目的。

二是各工作领域的平台：在农村有科普惠农兴村计划，在城市社区有科普益民计划，在企业有“讲理想、比贡献”活动，这些都是科技工作者广泛参与的、服务于基层和群众的活动。

---

① 何志平等主编：《中国科学技术团体》，上海科学普及出版社，1990年，第633页。

三是人才举荐的平台：中国科协搭建了从高中生到大学生、研究生，到青年、中青年的不同年龄段科技工作者成长、成才的系列平台，包括青少年科技创新大赛、大学生挑战杯、博士生学术年会、中国青年科技奖、中国青年女科学家奖、两院院士初遴选、国家科技奖励项目推荐等，使有科学家发展潜质的高中生、大学生和研究生能够成长为优秀的科技工作者和科学家，使已经成为科技工作者和科学家的青年、中青年、中老年的学术成就与科技贡献得到同行的认可，在更大范围和更高程度上得到社会的承认和肯定。

四是各种学术交流的平台：中国科协及其所属学会搭建了一系列适合并满足不同层次、不同领域、不同学科、不同行业以及不同兴趣的科技工作者需要的学术交流平台，包括青年科学家论坛、新观点新学说学术沙龙、中国科协论坛，各个学科的学术交流活动，以及各种国际性学术会议、论坛，目的在于启迪创新思维，鼓励不同学术观点的交流与碰撞，鼓励学科发展的交叉与融合，培育新的学术创新点。

6. 加强联系、沟通协商

中国科协的工作是社会性、群众性的工作，这种工作不仅需要面向全社会，而且需要动员全社会的力量共同来做，包括这其间的力量整合、资源整合。但是，科协组织的社会号召力、动员力、组织力又是有限的，自身拥有的资源和手段也是有限的，这是一个不可回避的现实矛盾。解决这个矛盾的最好办法，就是加强与社会有关部门的联系、沟通和协商。钱学森同志 1989 年 3 月在中国科协三届四次全委会上的工作报告中就指出："联络和协调是群众团体经常的基本的活动方式，联络包括联谊活动，这方面的工作过去做得不够，今后应当加强。"[①] 这也是对中国科协工作历史经验的总结。

我们要和工作对象、服务对象保持密切联系，不能靠行政手段，也不可能有权力性因素可以利用，而只能靠日常性的、经常性的、持续不断的联系。这种联系不能急功近利，不能当成权宜之计，不能搞实用主义，而必须从长计议，作为基本的工作方式，不能有事了、需要了才联系，没事了、不需要了就不联系。这里起主要作用的是情感性因素，是科协组织、科协工作者与科技工作者之间建立起来的感情。一句话，就是要善于和科技工作者交朋友，做科技工作者之友。

科协组织和相关组织、机构、部门、单位之间的配合和协作，同样不能靠行政手段，而是要靠经常性的联系，靠日常的沟通、协商，而且态度一定是谦虚的、诚恳的、恭敬的、平等的。通过联系、沟通和协商，这些相关组织、机

---

① 中国科协干部学院编：《中国科协重要文件汇编》，上海科学普及出版社，1991 年，第 338 页。

构、部门、单位对科协组织的性质和职能有了解，对科协工作意义和价值有了解，才能和科协真诚地合作。

7. 示范引导，辐射带动

科协组织自身社会动员力和资源、手段的有限性，使得科协的工作不能靠普遍号召的方式，更不能靠行政手段。在许多时候，科协的工作往往不是告诉人们，更不是号召和要求人们应该做什么、应该怎样做，而是自己先做起来，并且努力做出成效，让人们亲眼看到甚至亲身感受到，以此来影响人们的思想，改变人们的认识，使他们随之效仿，跟着学习，也做起来。这就是示范，就是典型带动。抓点示范、典型带动是普遍适用的工作方式，但对科协来说具有更直接、更现实的作用。这是因为，其他地区、部门和单位的抓点示范、典型带动只是工作大面积铺开、全面开展之前的试点、实验，目的是为了取得经验，找出规律，指导面上的工作，其间仍然可以有行政性手段、指令性计划，而中国科协在面向社会所做的工作、所开展的活动中进行典型示范，则是完全要靠典型本身体现出来的力量，靠典型本身在客观上所起到的示范作用。如果典型本身的力量弱，示范作用不明显，就不可能带动其他方面都跟着学、跟着做，面向社会的工作和活动就不会有实效，甚至会落空。因此，示范引导、辐射带动就成为中国科协非常重要的基本工作方式。

关于典型示范，钱学森同志有过精辟论述。1990 年 2 月 23 日，钱学森同志在中国科协三届五次全委会议上的工作报告中指出："科协工作不是行政性的工作，没有那样多的'硬'任务，伸展余地是很大的，应当集中力量，突出重点，抓好典型。我们科协是智力组织，与其把一般性的工作铺得很宽，不如集中力量抓好少数典型，把工作重点集中在发挥示范作用上，通过典型示范，提高社会认识，推动社会前进。示范方法应当是我们促进社会进步的基本方法。"① 应当说，采取典型示范的工作方式，是由中国科协工作的性质和特点所决定的。因此，"坚持典型示范，是我们开展科普工作的基本方式。特别是在城区和广大农村，一定要通过以点带面、典型示范的形式推动面上的工作"②。其实，不仅是科普工作，科协所有的工作都要采取典型示范的基本方式。

8. 民主办会，去行政化

中国科协是群众团体，不是党政机关，不是权力机构，在工作中必须实行充分的民主，而不能有丝毫的衙门作风、机关作风。因此，民主办会、去行政

---

① 中国科协干部学院编：《中国科协重要文件汇编》，上海科学普及出版社，1991 年，第 418 页。

② 徐善衍：《在中国科协地方科协工作座谈会上的讲话》，《2003 年中国科协文件汇编》。

化是基本的工作方式。从根本上说，民主办会既适用于中国科协所属学会，也适用于各级科协组织。1988 年 2 月 5 日方毅同志在中国科协第三届全委会第三次会议上谈到如何发挥科技群众团体作用时指出，科技群众团体要“加强同会员和广大科技工作者的联系，把工作重点放在基层，克服‘官’气和行政化倾向，办好各项为社会服务的事业，赢得更广泛的社会信任和支持”①。但是，学会的民主办会和科协的民主办会，又是有所区别的。

这种区别在于，中国科协所属学会必须充分实行民主办会，不能有行政化的倾向；而各级科协机关部门则必须实行严格的民主集中制，不能有松散化的倾向。其实，这个问题，很早就引起了中国科协领导同志的重视。1989 年 12 月 23 日时任中国科协书记处书记高镇宁同志在中国科协工作会议开幕式上的讲话中就指出：“我们科协的决策机构是全国委员会或常委会，书记处是执行机构，机关则是书记处直接领导的办事机构，各项事业单位是为团体和科技工作者服务的机构，我们在整个团体中实行的是委员会制，要强调民主办会，但在机关和事业单位中实行的是领导负责制，要加强责任制，强调集中、纪律和效率，要有逐级负责的观念和制度。”② 在实际工作中，我们的一些同志总是笼统地讲民主办会，甚至不加区分地将民主办会的原则简单地引入科协机关部门，使得科协机关部门和学会的差别变得模糊起来。从实际情况看，学会的行政化倾向和科协机关部门的松散化倾向同时存在，都必须下大气力加以切实解决。

第五节　中国科协的工作方式决定加强中国科协组织建设的重要性

中国科协的性质、职能和任务，决定了中国科协的工作方式。进一步说，中国科协性质、职能和任务的特殊性，决定了中国科协工作方式的特殊性。这种特殊的工作方式，体现了中国科协的性质，实现着中国科协的职能，完成着中国科协的任务。由工作方式方法的相对独立性所决定，这种特殊的工作方式在客观上要求必须大力加强中国科协组织建设以强化中国科协特殊的性质、职能和任务，而这种强化的中国科协性质、职能和任务，又会反过来进一步强化中国科协工作方式的适应度。

---

① 中国科协干部学院编：《中国科协重要文件汇编》，上海科学普及出版社，1991 年，第 23 页。

② 中国科协干部学院编：《中国科协重要文件汇编》，上海科学普及出版社，1991 年，第 397 页。

第九章 三级架构的中国科协组织体系

中国科协是一个有着庞大而严密的组织体系的全国性的人民团体和群众组织，是中国目前最大的科技性社会团体。这个庞大而严密的组织体系的最明显特征，是其三级架构的结构构成，各层级科协和同级党委之间、各层级科协之间、各层级科协构成因素之间形成了严密的领导或业务指导关系。而维系中国科协这个组织体系的，是地方组织、团体会员和个人会员三重组合的组织制度。

本章首先讨论中国科协的组织体系。中国科协的概念，具有广义和狭义之分。广义概念的中国科协，是指包括全国组织、地方组织和基层组织在内的整个中国科协组织体系；狭义概念的中国科协，特指中国科协的全国组织。我们这里所讨论的，是指广义概念的中国科协的组织体系。在一定的语境下，我们将中国科协的全国组织称为中国科协，将中国科协的地方组织称为地方科协，将中国科协的基层组织称为基层科协。这样，我们就有了中国科协组织体系的两组概念，一组是中国科协、地方科协、基层科协，一组是全国科协组织、地方科协组织、基层科协组织。这两组概念是一一对应的，是相同的概念，只是在不同的语境下有着不同的使用。

第一节　三级架构的中国科协组织体系纵向的结构构成及其相互关系

中国科协是三级架构的组织体系，即全国科协组织、地方科协组织、基层科协组织的有机构成。

1. 全国科协组织

狭义概念的中国科协特指中国科协的全国组织，当我们使用中国科协的狭义概念时，将中国科协全国组织称为中国科协。当我们使用中国科协全国组织的概念时，是将全国组织与地方组织、基层组织相对应、相区别。当我们使用中国科协的广义概念时，全国组织、地方组织、基层组织都只是中国科协组织体系的一个组成部分。

全国科协组织是整个中国科协组织体系的领导机构、执行机构和职能机构。领导机构包括中国科协的全国代表大会、全国委员会、常务委员会。中国科协书记处作为执行机构，在中国科协常委会的领导下主持中国科协的日常工作。中国科协书记处不是领导机构，但其工作具有领导作用。机关部门作为职能部门，在书记处的主持下开展工作。

在整个国家政治架构中，中国科协在中央书记处的领导下开展工作。全国科协组织在中国科协组织体系中的领导作用，是通过对全国学会的领导关系和对地方科协组织的业务指导关系来实现和体现的。

1988年8月，钱学森同志在全国直辖市、计划单列市科协协作会议上的讲话中指出："我记得，1969年，张鼎丞同志曾给我讲过毛泽东同志的一个思想。毛泽东同志认为领导有三种类型。一种是组织领导，通俗地说，就是我们今天的'红头'文件式的领导，隶属式的领导；另一种领导层次较高，是政策领导，就是它虽然不是你的所属单位，但只要你的政策对，它就会照此办理；最高一个层次的领导是思想领导。我们群众组织如果要说上下有一个领导关系的话，应该是后两种类型的领导，即是一种政策、思想方面的指导性关系。对'指导性'这一点，有些同志在讨论中不太满意，特别是从政府机构来的同志，不习惯这种东西，要求把'指导'改为'领导'。但我认为不能改，我今天仍然宣传这个观点。这是一个带根本性的问题，需要从认识上加以解决。"① 必须十分明确，中国科协和地方科协之间，是业务指导关系，不是领导关系，这是一个带有根本性的问题，要在认识上明确，在实践上坚持。

全国科协组织对地方科协组织的业务指导，体现在三个层面：一是中国科协书记处对省级地方科协组织领导层（由驻会主席或常务副主席和副主席构成）的业务指导；二是中国科协机关各职能部门对省级地方科协组织各职能部门的业务指导；三是中国科协所属全国学会对省级地方科协所属相应学会的业务指导。

需要指出的是，中国科协事业单位对省级地方科协事业单位没有业务指导关系，对地方机关部门更没有业务指导关系。

2. 地方科协组织

地方科协组织又可分为三级，即省、自治区、直辖市科协，简称省级科协；

① 中国科协干部学院编：《中国科协重要文件汇编》，上海科学普及出版社，1991年，第295页。

市、地区、州、盟科协，简称市级科协；县、市、区、旗科协，简称县级科协。每一级地方科协组织的构成与全国科协组织的构成相当，既有全省（市、县）代表大会、委员会、常务委员会，也有学会、机关部门和事业单位。也就是说，每一级地方组织，都有自己的领导机构、执行机构和职能部门。

各级地方科协组织在同级地方党委的领导下开展工作。这正像中国科协的全国组织在中央书记处的领导下开展工作一样，各级党委对各级科协组织的领导，是党对科协组织领导的实现方式。同时，同全国科协组织对省级科协组织具有业务指导关系相适应，省级科协组织对市级科协组织具有业务指导关系，市级科协组织对县级科协组织具有业务指导关系。这种业务指导关系是通过上一级地方科协组织的领导层及其机关职能部门对下一级地方科协组织领导层及其机关职能部门的具体指导来实现的。上一级地方科协组织所属学会对下一级地方科协组织所属相应学会也有业务指导关系。各级党委对各级科协组织的领导，保证了科协组织在党的领导下开展工作，而上一层级科协组织对下一层级科协组织的业务指导，保证了中国科协作为有着严密组织体系的全国性人民团体、群众组织、社会组织、科技社团的紧密联系。

相应地，上一层级地方科协组织的事业单位对下一层级地方科协组织的事业单位没有业务指导关系，对地方科协组织的职能部门更没有业务指导关系。

3. 基层科协组织

基层科协组织是建立在农村、街道社区、企业、高等院校、科研院所等基层单位的科协组织。从领导关系来讲，基层科协组织隶属于所在基层单位党委，基层单位党委对基层科协组织是领导关系，基层科协组织在基层党委的领导下开展工作；从业务指导关系来讲，基层科协组织隶属于不同层级的地方科协组织，地方科协组织对基层科协组织是业务指导关系，基层科协组织接受上一层级地方科协组织的业务指导。省级科协组织、市级科协组织、县级科协组织对所隶属的科协基层组织负责日常联系，进行业务指导。

中国科协全国组织对地方科协组织的业务指导，上一层级地方科协组织对下一层级地方科协组织的业务指导，各级地方科协组织对所隶属的基层科协组织的业务指导，形成了自上而下的业务指导关系，使整个中国科协组织成为具有紧密联系的庞大而严密的组织体系。

第二节　三级架构的中国科协组织体系横向的结构构成及其相互关系

中国科协的全国组织，地方组织中的省级科协、市级科协、县级科协，以及基层组织，共同构成了中国科协完整的组织体系。不仅各层级纵向之间有着严密的相互关系，而且每一层级内部各构成部分之间也有着严密的相互关系，使中国科协成为结构合理、联系紧密的全国性的社会组织。一般都设有党组、执行机构、所属学会、职能机构、事业单位、所属基层组织。

1. 党组

不论是中国科协的全国组织，还是中国科协的地方组织，包括省、市、县三级地方组织，都设有党组。党组分别是中央、省委、市委、县委的派出机构，是建立在作为社会组织的中国科协、省级科协、市级科协、县级科协中的党的机关，体现党的领导，发挥领导核心作用，为科协组织的运行提供政治保证。

2. 执行机构

中国科协全国组织的执行机构是书记处，在中国科协常委会的领导下主持中国科协的日常工作。地方科协的执行机构是由经过常委会选举产生的常务副主席、若干副主席和秘书长构成的领导层。所不同的是，省、市、县三级地方科协的执行机构，越往下人员构成越趋于简化。

3. 所属学会

不论是中国科协的全国组织，还是中国科协的地方组织，包括省、市、县三级地方组织，都有自己的所属学会。全国学会是中国科协的团体会员，接受中国科协的领导；省级学会是省级科协的团体会员，接受省级科协的领导；市级学会是市级科协的团体会员，接受市级科协的领导；县级学会是县级科协的团体会员，接受县级科协的领导。

4. 职能机构

职能部门是中国科协全国组织和地方各级组织的“中枢”，在执行机构的主持下开展工作。所不同的是，在中国科协全国组织和地方各级组织中，越往下，职能机构的设置越简化，不论是职能机构的数量还是规模，都呈递减趋势。到了县级科协，除极个别的情况外，一般没有什么职能机构，只是在主席、副主席之下有个别工作人员。

5. 事业单位

中国科协全国组织、地方组织的事业单位是面向社会、面向社会公众、面向科技工作者提供服务的公益性组织。中国科协全国组织的事业单位比较发育，而省级科协次之，省级科协再次之，县级科协除个别情况外，一般没有什么事业单位。

6. *所属基层科协*

基层科协在所在单位即基层单位党组织（党委、总支、支部）的领导下开展工作，同时，按照隶属关系，分别是批准其成立的上级科协的团体会员，并接受其业务指导。因此，省、市、县科协都有自己隶属的科协基层组织。

第三节　三级架构的中国科协组织体系纵向与横向的结构构成及其相互关系

在中国科协这个庞大的组织体系中，全国组织与全国学会之间横向的领导关系、与地方组织之间纵向的指导关系，地方组织与同级学会之间横向的领导关系、与下一级地方组织组织之间纵向的指导关系，以及全国组织、地方组织与其所属的基层组织之间的指导关系；全国学会对省级学会的业务指导关系、省级科协对市级科协的业务指导关系、市级学会对县级学会的业务指导关系；全国组织职能部门对省级组织职能部门的业务指导关系、省级组织职能部门对市级组织职能部门的业务指导关系、市级组织职能部门对县级组织职能部门的业务指导关系，环环相扣，相互衔接，形成了一个横向联系、纵向贯通的组织网络和严密体系。

第四节　建立更加紧密联系的中国科协组织体系

中国科协是一个庞大的组织体系，需要形成更加紧密的联系。建立更加紧密联系的中国科协组织体系，最重要的是构成这个组织体系的全国学会、各级地方科协组织、各类科协基层组织，都必须承认并遵循《中国科协章程》，在《中国科协章程》的旗帜下汇聚起来，团结起来，凝聚起来。

中国科协通过全国代表大会制定《中国科协章程》，并负责督查章程的贯彻实施。

全国学会承认《中国科协章程》，并以此为基本条件，申请加入中国科协，成为中国科协的团体会员。全国学会依据《中国科协章程》，制定学会章程。

省级科协根据《中国科协章程》，制定实施《中国科协章程》的细则。

市级科协根据《中国科协章程》，结合省级科协实施《中国科协章程》的细则，制定本级科协实施《中国科协章程》的细则。

县级科协根据《中国科协章程》，结合市级科协实施《中国科协章程》的细则，制定本级科协实施《中国科协章程》的细则。

基层科协根据《中国科协章程》，结合其所隶属的地方科协实施《中国科协章程》的细则，制定实施《中国科协章程》的管理办法。

第十章 三重组合的中国科协组织制度

钱学森同志1989年3月4日在中国科协第三届全委会第四次会议上所作的题为“关于中国科学技术协会改革问题”的工作报告中指出：“我们中国科协已经是一个大组织、大系统，因此，在改革中加强组织制度的建设非常重要。组织制度建设中最重要的是要处理好与纵横两类组织的关系。从纵向组织来说，是处理好与地方科协的关系。从横向组织来说，是处理好与各全国性学会（协会、研究会）的关系。”

中国科协的组织体系包括全国组织、地方组织和基层组织；全国组织和地方组织发展团体会员，即所属学会以及隶属于其联系和指导的基层组织，不发展个人会员；全国组织和地方组织所属学会以及隶属于其联系和指导的基层组织发展个人会员，也发展团体会员，但以发展个人会员为主。这样，中国科协、地方科协发展团体会员（学会、科协基层组织），团体会员发展个人会员（学会会员、科协基层组织会员），进而形成了以科技工作者为主体的中国科协组织体系。因此，构成中国科协组织体系的基本成分是地方组织、团体会员和个人会员，而维系中国科协这个庞大而严密的组织体系正常运转和发挥作用的，是地方组织、团体会员和个人会员相结合的组织制度，我们将其称为三重组合的组织制度。

第一节 地方组织

中国科协作为一个具有严密组织体系的全国性的社会组织，地方组织是其基本构成。地方组织本身也是三级架构，即省、自治区、直辖市一级，简称省级；市、地区、州、盟一级，简称市级；县、市、区、旗一级，简称县级。

省、市、县三级科协都是中国科协的地方组织。

同时，县级科协是市级科协的下级组织，市级科协是省级科协的下级组织，省级科协是中国科协的下级组织。

中国科协地方组织是在中国行政体制框架内即按照中国行政区划单位设立的。地方组织构成了中国科协组织体系的基本框架，每一级地方组织都领导着所属的学会，领导着机关部门和事业单位，指导着下一级地方组织，指导着关系隶属的基层组织；每一级地方组织的学会指导着相对应的下一级地方组织的学会，机关部门指导着相对应的下一级地方组织的机关部门。

需要说明的是，地方科协机关部门对下一级地方科协相关部门的指导，必须满足两个条件：一是这个部门必须是业务职能部门，二是这种指导必须是业务指导。有些机关部门比如办公室、计财部、离退休办、机关党委，由于它们的业务只限于本级科协机关范围内，所以没有对下一级地方组织的机关部门进行业务指导的责任。组织人事部的组织建设、人才工作可以对下一级地方科协的相关部门进行业务指导，但其干部人事工作则没有对下一级地方组织的机关部门进行业务指导的责任。这个原则同样适合于中国科协的机关部门。

第二节　团 体 会 员

中国科协作为一个具有严密组织体系的全国性的社会组织，所属学会是其主体，科协基层组织是其基础。学会和科协基层组织都是科协的团体会员，是科协的基本构成。

1. 中国科协团体会员的构成

中国科协的全国组织和地方组织发展团体会员，团体会员包括学会和科协基层组织。学会和科协基层组织也发展团体会员。

中国科协的团体会员为全国学会和按照隶属关系应当由其进行业务指导的科协基层组织；省级科协的团体会员是省级学会和按照隶属关系应当由其进行业务指导的科协基层组织；市级科协的团体会员为市级学会和按照隶属关系应当由其进行业务指导的科协基层组织；县级科协的团体会员为县级学会和按照隶属关系应当由其进行业务指导的科协基层组织。

全国学会和地方学会也可以发展团体会员单位。与学会学科或专业相关，具有一定数量科技人员，愿意参加学会有关活动，支持学会工作的科研、教学、生产、设计等合法设立的企业、事业单位以及社会团体（港澳地区民间社会团体除外），可以成为学会的团体会员单位。

据统计，截至 2012 年年底，全国和省两级学会有团体会员 238 789 个，其中全国学会有团体会员 52 724 个，省级学会有团体会员 186 065 个。

2. 全国学会成为中国科协团体会员的条件

根据 2010 年中国科协七届常委会第七次会议审议通过的《中国科协团体会

员管理办法（试行）》，全国学会成为中国科协团体会员，需符合下列条件：

（1）承认《中国科学技术协会章程》；

（2）按照《社会团体登记管理条例》依法登记的全国性科技团体。其业务原则上应属于国家科学技术学科分类标准规定二级以上学科或与科学技术发展和普及密切相关的领域；

（3）有在相关领域内有重大影响的学术带头人和1000名以上的会员；

（4）能独立开展国内外学术交流、科学普及、继续教育，编辑出版科学技术或科学普及类刊物；

（5）有健全的办事机构及与其业务活动相适应的专职（全日制）工作人员，有固定的住所及每年不低于30万元的合法收入。

非团体会员但由中国科协业务主管的全国学会，或由其他部门作为业务主管单位的全国学会均可向中国科协提出入会申请，经中国科协常务委员会审议通过，接纳为中国科协团体会员。其业务主管单位不变。

3. 团体会员的入会程序

全国学会加入中国科协，成为中国科协的团体会员，需履行以下程序。

（1）符合上述条件的社团，有加入中国科协的意愿，经理事会（常务理事会）讨论通过，可向中国科协提出书面入会申请。

（2）申请加入中国科协，须提交以下书面材料：①《中国科协团体会员申请表》；②经国家社团登记管理部门核准的章程、批准成立该社团的批件（复印件）。③社团法人登记证书（复印件）；④理事会成员备案表；⑤社团自成立以来的工作综述；⑥挂靠单位（业务主管单位）对该社团办事机构办公用房、人员编制及活动经费的意见；⑦业务主管单位同意社团加入中国科协的公函（由中国科协业务主管的社团除外）；⑧理事会（常务理事会）的决议或纪要；⑨其他需要说明的材料。

（3）中国科协学会学术部受理社团的入会申请，并进行审查。经中国科协书记处提出意见、组织建设专门委员会审议后，提交中国科协常务委员会审定。

（4）经批准接纳的社团，由中国科协正式行文批复。

（5）社团加入中国科协后，其业务主管单位不变。

4. 中国科协团体会员的权利和义务

全国学会加入中国科协、成为中国科协的团体会员后，拥有相应的权利和义务。

（1）团体会员享有以下权利：①推选代表参加中国科协全国代表大会，代表有选举权和被选举权；②参加中国科协的活动；③对中国科协的工作提出建议、批评和监督；④获得中国科协的有关资料；⑤获得中国科协的业务活动资助。

（2）团体会员应履行以下义务：①遵守《中国科学技术协会章程》；②接受中国科协领导；③执行中国科协决议和决定；④承担中国科协委托的任务。

5. 团体会员的退出

团体会员出现下列情况之一者，应退出中国科协：

（1）团体会员有退出中国科协的意愿，经会员（代表）大会表决通过，并经其业务主管单位同意后，可提出退会申请，经批准后退出；

（2）不能遵守《中国科学技术协会章程》，不能正常开展活动，经给予警告或限期整顿一年内无明显改进的，中国科协劝其退出；

（3）违反国家法律、法规，造成严重不良后果的，中国科协强制其退出。

中国科协团体会员退出中国科协，须经中国科协常务委员会批准。

第三节　个人会员

中国科协作为一个具有严密组织体系的全国性的社会组织，个人会员是构成这个组织的细胞。中国科协所属全国学会、地方各级科协所属学会，以及各类科协基层组织实行会员制，包括发展团体会员和个人会员，而主体是个人会员。

据统计，截至2012年年底，全国和省两级学会有个人会员1077万人，其中全国学会有个人会员433万人，省级学会有个人会员644万人；各类科协基层组织有个人会员654万人，其中企业科协有个人会员345万人，高等院校科协有个人会员41万人，街道、社区科协有个人会员57万人，乡镇科协有个人会员211万人。

1. 个人会员是学会和科协基层组织的主体

个人会员是构成学会和科协基层组织的细胞和行为主体，是学会和基层组织的生命力所在，因而也是构成地方科协乃至整个科协组织的细胞和行为主体，是地方科协乃至整个科协组织的生命力所在。科协的地位和作用，是通过构成各级各类科协组织的会员的作用来体现和实现的；离开了个人会员，科协就失去了存在的价值和意义，就不可能有生命力。

发展个人会员，是学会的基本制度；为会员服务，是学会的基本任务。舍此，发挥会员的作用就是一句空话。2001年12月3日印发的中国科协六届二次常委会通过的《关于推进所属全国性学会改革的意见》提出：“全国性学会应建立直接吸收个人会员制度。"《社会团体登记管理条例》明确规定："社会团体是指中国公民自愿组成，为实现会员共同意愿，按照其章程开展活动的非营利性社会组织。因此，会员是学会存在的基础和必要条件，建立个人会员制度是中外科技团体的基本共性之一。必须采取有力措施，尽快改变目前相当一部分全国性学会没有个人会员的状况。"

同样，发展个人会员，也是科协基层组织的基本制度；为会员服务，是科协基层组织的基本任务。舍此，发挥会员作用也是一句空话。从实际情况看，科协基层组织凡是作用发挥得好的，都是在发展个人会员、服务个人会员方面做得好的；反之，凡是作用发挥得不好的，都是在发展个人会员、服务个人会员方面做得不好的。道理很简单，没有众多个人会员的广泛参与，没有众多个人会员作用的有效发挥，科协基层组织的作用怎么能够发挥、怎么能够体现？

个人会员和科技工作者是同一个序列的概念，他们是学会和科协基层组织的主人，因而也是整个科协组织的主人。因此，会员制度应当成为学会和基层组织乃至整个科协组织的一项根本制度；着力做好发展个人会员的工作、发挥好个人会员的作用，是学会和基层组织乃至整个科协组织的基本任务。

不论是学会还是科协基层组织，都要坚持以会员为本，保障会员的民主权利，包括参与权、知情权、选举权、选择权、监督权，尊重会员的个性，充分发挥会员的积极性、主动性和创造性，使个人会员真正成为学会和科协基层组织的主体，成为学会和科协基层组织的主人。学会和科协基层组织要增强对会员的吸引力和感召力，使会员在学会和基层科协有归属感与成就感，把为会员提供优质高效服务作为学会和科协基层组织的根本任务，把会员是否满意作为检验协会和科协基层组织工作是否有成绩以及成绩大小的根本标准。

2. 学会发展个人会员要处理好群众性、代表性和学术性、尖端性的关系

作为科学共同体，学会既是科学家（科技工作者）的共同体，也是学术共同体，代表着本学科、本领域当前最高学术水平，是科学家共同体和学术共同体的统一。因此，学会发展个人会员，要处理好群众性、代表性和学术性、尖端性的关系，既要吸引更多的科技工作者加入到学会中来，使学会有相当数量的个人会员来支撑，又要拥有本学科、本领域的高端人才，保持一定的学术水准。

3. 科协基层组织发展个人会员不要设置过高的门槛

科协基层组织发展个人会员，要突出科协基层组织群众性组织的特性，适

当降低加入科协基层组织的门槛，把那些愿意在科协组织内和所开展的活动中发挥作用的各类专业技术人员和技能人才、实用人才，都团结、凝聚到科协基层组织中来。设置过高的门槛，只拥有少量的会员，不利于科协基层组织的生存和发展。这是科协基层组织和学会在发展个人会员问题上的不同之处。

4. 中国科协和个人会员的关系

中国科协不发展个人会员，或者说中国科协没有个人会员。同样，各级地方科协也不发展个人会员，或者说地方科协也没有个人会员。那么，既然如此，为什么还将个人会员作为中国科协组织制度的重要组成部分呢？这是因为，中国科协作为科技工作者的群众组织，作为科技工作者“自己的”组织，联系、团结、凝聚和带领科技工作者是中国科协的天职，而这种联系、团结、凝聚和带领，是通过各级科协所属学会以及科协基层组织发展和联系个人会员即科技工作者来实现的。个人会员既是各级科协所属学会以及科协基层组织的主体，也是中国科协的主体。因此，钱学森同志曾经说过，中国科协不发展个人会员，各个学会会员之和，就是中国科协的个人会员。当然，个人会员只与学会和科协基层组织直接发生联系，履行入会手续，并不需要和中国科协发生直接联系，也并不需要和中国科协履行入会手续。

由此，一个值得注意研究的问题是，中国科协和地方各级科协本身并不直接发展个人会员，怎样建立中国科协和地方各级科协与个人会员之间的广泛而紧密的联系呢？由于中国科协和科技工作者的联系在某种意义上说是通过各级学会和各类科协基层组织发展和联系个人会员来实现的，因此，各级科协所属学会以及科协基层组织做好发展个人会员工作，不断壮大各级学会和各类科协基层组织的力量，对于中国科协做好联系、团结、凝聚和带领科技工作者的工作，为科技工作者服务，发挥科技工作者的作用，关系密切，意义重大，是重要的组织保证。

中国科协和地方各级科协联系个人会员，是通过各级学会和各类科协基层组织联系个人会员来实现的。从这个意义上说，中国科协和地方各级科协联系个人会员是间接联系，而各级学会和各类科协基层组织联系个人会员是直接联系，因此，中国科协和地方各级科协与个人会员的联系，在很大程度上受各级学会和各类科协基层组织联系个人会员情况的制约。从实际情况来看，各级学会和各类科协基层组织的差异很大，体现在不同的学会和科协基层组织联系个人会员的能力、对个人会员的凝聚力和吸引力有很大不同，因此，大幅度地提升各级学会和各类科协基层组织联系和凝聚个人会员的能力，就显得十分重要和迫切。从这个意义上说，中国科协近年来开展的学会能力提升专项和加强科协基层组织建设的工作，有着极大的意义。

第四节　三重组合的组织制度是维系科协组织体系的根本制度

地方组织、团体会员和个人会员相结合的组织制度，是保证中国科协完整而严密的组织体系内部更加紧密联系的重要制度。这个制度的重要性和作用，主要体现在以下几个方面。

一是形成了中国科协各个层级、各个类型组织和会员之间的紧密联系。

二是形成了中国科协与全国学会（团体会员）和省级科协（地方组织）之间、全国学会和省级学会（团体会员）之间、全国学会和科协基层组织与科技工作者（个人会员）之间的紧密联系。

三是形成了省级科协与所属学会（团体会员）和市级科协（地方组织）以及隶属的基层科协（团体会员）之间、省级学会和市级级学会（团体会员）之间、省级学会和科协基层组织与科技工作者（个人会员）之间的紧密联系。

四是形成了市级科协与所属学会（团体会员）和县级科协（地方组织）以及隶属的科协基层组织（团体会员）之间、市级学会和县级学会（团体会员）之间、市级学会和科协基层（团体会员）与科技工作者（个人会员）之间的紧密联系。

五是形成了县级科协与所属学会（团体会员）和隶属的科协基层组织（团体会员）之间、县级学会和科协基层组织与科技工作者（个人会员）之间的紧密联系。

建立更加紧密联系的中国科协组织体系，是中国科协发挥作为党领导下的人民团体、党的群众工作重要组成部分和国家科技工作重要组成部分、中国最大的科技社团重要作用的必然要求，而三重组合的组织制度是维系紧密联系的中国科协组织体系的组织保证。

第十一章 中国科协组织建设的领导体制

加强中国科协组织建设，要建立科学合理、领导有力的领导体制，形成科学合理、运转顺畅的工作机制，遵循和坚持符合中国科协组织建设发展规律的基本原则。这既是我们追求的目标，也是我们在实践中不断实现的现实存在。但就实际情况看，实现建立科学合理的中国科协组织建设的领导体制和工作机制，还任重道远；加强中国科协组织建设所必须坚持的一些基本原则虽然已经形成，但如何在实践中坚持好这些基本原则，特别是通过坚持这些基本原则而推动中国科协科学合理的体制机制的建立，任务同样十分繁重。

本章首先讨论中国科协组织建设的领导体制。领导体制是中国科协组织建设的组织保证。建立科学合理的中国科协组织建设领导体制，是中国科协组织建设追求的重要目标。当前，还远不能说已经建立起了科学合理的中国科协组织建设的领导体制，甚至可以说与建立科学合理的中国科协组织建设领导体制还有相当长的距离。为此，本章着重讨论目前中国科协组织建设领导体制的状况、目前中国科协组织建设领导体制的缺陷，以及今后中国科协组织建设领导体制的设想。

第一节　目前中国科协组织建设领导体制的状况

中国科协目前的领导体制，包括以下几个层级。

1. 中国科协全国代表大会、全国委员会、常务委员会的领导

全国代表大会、全国委员会、常务委员会都是中国科协的领导机构，因而也是中国科协组织建设的领导机构。中国科协五年一次的全国代表大会、大会闭会期间每年一次的全国委员会全体会议、全委会闭会期间半年一次的常务委

员会会议，都要对中国科协的组织建设做出部署，提出要求。其相互关系是，常委会向全委会负责并贯彻落实全委会关于组织建设的部署和要求，全委会向全国代表大会负责并贯彻落实代表大会关于组织建设的部署和要求。

2. 中国科协常委会组织建设专门委员会的协助决策作用

中国科协常委会下设若干专门委员会，其作用在于协助常委会就一些重大问题进行研究，提出意见。组织建设专门委员会是其中之一，主要作用是协助常委会就组织建设的一些重大问题进行研究，提出意见，并提交常委会会议进行审议。

组织建设专门委员会办公室设在组织人事部，组织人事部部长担任办公室主任。凡属组织建设的重大问题，一般由组织建设专门委员会办公室的承担单位组织人事部归口提出方案，提交组织建设专门委员会讨论，做出决议，最后提交常委会审议。

组织建设专门委员会的基本工作方式有四种。一是召开工作会议，就一些重大问题进行讨论，做出决议。二是举办论坛、研讨会，就一些共同关心的问题进行探讨，以期达成共识，形成研究成果。三是开展调研，就组织建设的现状进行调研，总结经验，发现问题，找出原因，提出对策。四是就加强组织建设问题，向有关方面提出意见和建议。

3. 中国科协党组的领导

中国科协党组是建立在作为非党组织的人民团体中国科协领导机构中的党组织，发挥领导核心作用。党组的任务，主要是负责贯彻执行党的路线、方针、政策；讨论和决定本单位的重大问题；做好干部管理工作；团结党外干部和群众，完成党和国家交给的任务；指导机关和直属单位党组织的工作。组织建设中的重大问题，无疑需经过党组讨论和决定。需要强调的是，党组讨论决定的组织建设的重大问题，主要是涉及干部并且根据干部管理权限应当由党组管理的干部的问题。当然，涉及组织建设的重大方针、政策、规划、改革措施等问题，也需要提交党组会议讨论决定。

4. 中国科协书记处的领导

中国科协书记处是执行机构，在常委会的领导下主持中国科协的工作，其作用在于落实全国代表大会、全国委员会、常务委员会的决议。从不严格的意义上说，书记处发挥的也是一种领导作用。除了重大问题之外，组织建设的许多问题都需要经过书记处研究决定。这里面包括两种情况。一是组织人事部按照自己的职能承担的组织建设的任务，属于比较重要的问题，都需要提交书记处会议研究决定。二是组织人事部作为组织建设专门委员会办公室承担的组织建设的任务，在提交组织建设专门委员会审议决定前，需交书记处会议审议。

5. 中国科协组织人事部的职能作用

中国科协组织人事部作为承担指导中国科协组织建设任务的职能部门，负责牵头抓总、规划协调、宏观指导。

6. 中国科协机关有关部门和事业单位的配合作用

中国科协机关有关部门、有关事业单位配合组织人事部，承担不同类型科协基层组织建设的具体指导工作。

第二节 目前中国科协组织建设领导体制的缺陷

需要指出的是，中国科协组织建设是有自身规律的，抓组织建设必须遵循这个规律，不能有随意性。这个规律体现在领导体制上，就是要求由一个工作机构来统一负责管理，不能分割管理，政出多门。这是建立科学合理的中国科协组织建设领导体制的最基本的问题。

目前，中国科协组织建设的领导体制还远没有做到这一点。从实际情况看，组织人事部负责牵头抓总、规划协调和宏观指导，但对不同类型科协基层组织的具体指导却分散在不同的部门和事业单位，这样做表面上看似乎发挥了各个有关部门和事业单位的作用，实际上是把作为有机整体、完整体系的组织建设切割得很零散，工作标准、工作内容和工作方式也极不统一。虽然从理论上讲，有关部门和事业单位的具体指导是在组织人事部的统一宏观指导下进行的，但从实际情况看，有关部门和事业单位是各自为政，组织建设的重要问题并不经过组织人事部审议、统筹和协调，平时也不和组织人事部沟通协调，组织人事部的宏观指导形同虚设，难以实施，事实上形成了政出多门的局面。多年以来，学会学术部分管学会学术工作，同时也分管学会的组织建设工作，组织人事部对组织建设的宏观指导在学会组织建设上实现不了。这种情况虽然是在历史上形成的，但并不符合组织建设的规律，也不是必然要这样做的。如果一个职能部门负责一个方面工作的指导工作，就将这个方面的组织建设指导工作也一并“切”走，那就根本谈不上有对组织建设工作的统一指导，而没有对组织建设的统一指导，加强组织建设就是一句空话。笔者 2007 年 5 月到中国科协组织人事部工作后，曾及时提出学会学术部分管学会学术工作同时也分管学会的组织建设工作的弊端，并力图改变这种现状，但没能奏效。多年以来，组织人事部虽然也力求将组织人事部的牵头抓总的作用和各个有关部门和事业单位的分头抓的作用结合起来，但实际上这样一种积弊已久的体制性的缺陷决定了这两方面的作用不可能结合，而只能是彼此孤立和削弱。要根本改变这种现状，必须回到由一个职能部门统一负责指导中国科协组织建设工作的体制上来。这是由组织建设的客观规律所决定的，舍此，不可能有其他办法。

第三节　今后中国科协组织建设领导体制的设想

关于今后中国科协抓组织建设的领导体制，按照建立科学合理的中国科协组织建设领导体制的要求，至少可以做三个方面的努力。

1. 强化中国科协常委会组织建设专委会的作用

为了进一步发挥中国科协常委会组织建设专委会的作用，可以考虑，在专委会下设立省级科协换届工作指导、学会组织建设、县级科协组织建设、农村科协组织建设、街道社区科协组织建设、企业科协组织建设、高等院校科协组织建设、科研院所科协组织建设等若干工作委员会，把中国科协组织建设的各个方面的工作“统”起来。这里所说的“统”，就是对不同领域、类型组织建设的重大问题，由相应的工作委员会进行研究，提出意见，提交组织建设专委会讨论，形成决议；特别重要的问题，由专委会讨论后提交常委会审议。任何领域的组织建设工作，都不能有例外。

2. 强化中国科协组织人事部的作用

将分散在各个部门和事业单位的指导组织建设的职责由组织人事部“统”起来。这里所说的“统”，就是由组织人事部一个职能部门行使对组织建设的统一指导。我们可以举中央组织部组织局统一指导党的组织建设包括党的基层组织建设的成功例子。中央组织部组织局是中央组织部统一管理基层党组织建设的职能部门，其管理方式是，组织局承担统一管理党的组织建设的职能，但这种职能的实现，是由各个处分别承担地方党委换届、领导班子民主生活会、组织指导以及农村、企业、党政机关、高等院校、科研院所、社会组织、中介组织等领域基层党组织建设的管理。比较起来，中国科协对科协基层组织建设的管理，还显得比较松散。解决的办法，就是“做大做强”作为组织建设指导部门的组织人事部，不仅将指导组织建设的职能明确给组织人事部，将分散在各个部门的指导科学决策组织建设的职能归入组织人事部，而且在人员编制上大大加强，设若干处，实现对组织建设的分类指导。比如，可以设立地方科协组织指导处、学会组织指导处，农村和街道社区科协组织指导处、企业科协组织指导处、高校科协组织指导处。

3. 建立中国科协组织建设协调机构

虽然强化了组织人事部的职能作用，由组织人事部对组织建设实行统一指导，但做好组织建设工作，毕竟需要有关机关部门和事业单位的配合，只是这种配合只能是配合，不应当理解为、更不应当成为切割组织建设的指导职能，形成各自为政、政出多门的理由。这个协调机构由组织人事部牵头，有关机关部门和事业单位参加，就组织建设的一些问题进行沟通、交流和协调，通过这个协调平台，将组织人事部的指导作用和有关机关部门与事业单位的配合作用结合起来，将组织建设工作和业务工作结合起来，真正形成抓组织建设的合力。

第四节　明确地方科协对科协基层组织建设的责任

加强中国科协组织建设，地方科协负有重要责任。只有中国科协和地方科协都负起责任，才能更好地加强科协组织建设。明确地方科协对科协组织建设的责任，实际上要解决的是上一级地方科协对下一级地方科协以及对所属科协基层组织的有效的业务指导关系。地方各级科协组织之间的业务指导关系比较明确，而地方科协对基层科协的业务指导关系的建立，有赖于地方科协和基层科协隶属关系的确立。不同类型的科协基层组织，其与地方科协的隶属关系是不一样的。科协基层组织在所在基层单位党组织的领导下开展工作，同时要接受所属地方科协组织的业务指导。可以按照所在基层单位党组织与地方单位的关系隶属，确立基层科协组织与地方科协组织的关系隶属。也就是说，所在基层单位党组织的关系隶属于哪一级地方党委，基层科协组织就相应地隶属于那一级的地方科协。要按照谁隶属谁负责建立、谁建立谁负责管理的方式，把这个隶属关系的链条建立起来，形成中国科协—地方科协—基层科协的责任链条。

这个关系链条说明，中国科协对基层科协的指导，是通过地方科协来实现的，这样，就将中国科协的统一指导、宏观指导和地方科协的分别指导、具体指导结合起来了。同时，中国科协也要加强对隶属关系在中国科协的基层科协组织的具体指导。虽然目前中国科协尚没有明确哪些基层组织隶属于中国科协业务指导，但这只是时间问题，中国科协应当有自己进行业务指导的企业科协、高校科协、科研院所科协。关于这个问题，在后面的有关章节中还会专门谈到。

第十二章 中国科协组织建设的工作机制

尽管中国科协组织建设的领导体制尚不完善，但在这种尚不完善的领导体制下，还是形成了尽可能科学合理的工作机制。随着今后科协组织建设领导体制的不断完善，这种工作机制也将进一步做到科学合理。目前，中国科协组织建设的工作机制，主要体现在以下几个方面。

第一节 职责明晰、分工明确、各司其职的工作格局

中国科协组织建设工作，在党组、书记处的领导下进行。

组织人事部作为中国科协党组、书记处抓组织建设的职能部门，在党组、书记处的领导下，负责科协组织建设的牵头抓总、宏观指导，实现方式是制定规划、制定政策、制定办法、提出措施、协调各有关部门和单位的关系。

从工作分工上看，组织人事部负责对省区市科协换届工作的指导，负责对县级科协组织建设的指导，负责对各类科协基层组织的分类指导，负责对科协组织设置和活动方式的指导。

有关部门和单位的参与，主要是按照分工，做好各自承担的配合指导科协基层组织建设的工作。具体分工如下：

企业科协工作，由计财部牵头，咨询中心参与配合；

高校科协工作，由组织人事部牵头，发展研究中心参与配合；

乡镇科协工作，由科普部牵头，农技中心参与配合；

社区科协工作，由科普部牵头，青少年中心参与配合。

这种工作格局，是历史地形成的。在尚未建立起事实上由一个职能部门统一管理中国科协组织建设工作的领导体制的情况下，目前只能维持这样一种工作格局，尽可能避免其弊端，发扬其合理因素，做到扬长避短、趋利避害。

第二节　中国科协基层科协组织建设联席会议制度

中国科协基层科协组织建设联席会议制度，是2009年由组织人事部倡导并建立的。联席会议由组织人事部负责牵头召集，联席会议成员单位为机关有关部门和有关事业单位，包括计财部、调宣部、科普部、信息中心、发展研究中心、科普所、农技中心、咨询中心。

联席会议的具体形式是，由组织人事部主要负责同志作为联席会议的召集人，各成员单位的主要负责同志作为联席会议的成员，对科协基层组织建设中的一些重大问题进行讨论研究，沟通协调，达成共识。

从实际情况看，年初部署工作、年终总结工作以及工作过程中遇到的重大问题，都要召开联席会议研究确定。

组织人事部承担联席会议结束后的日常工作，负责落实联席会议确定的重大事项。

第三节　中国科协基层组织建设年度工作要点

从2009年开始，每年由组织人事部制定中国科协基层组织建设年度工作要点，明确年度基层组织建设的各项任务，并将任务进行分解，将责任明确到有关部门和单位，明确牵头部门和参与部门、单位。

工作要点由组织人事部牵头制定，但来源却是中国科协有关职能部门和事业单位。显然，这个工作要点不是组织人事部一个部门的，而是打破了部门、事业单位工作的局限，打破了部门、事业单位之间的界限，是跨部门和事业单位的，是整个中国科协的。这个工作要点的最大作用，是将分散在有关部门和事业单位的科协基层组织建设的工作整合起来，形成整个中国科协的基层科协组织建设的任务。

第四节　中国科协基层建设的工作方式

组织人事部作为中国科协抓基层组织建设的职能部门，切实发挥抓规划协调、抓统筹安排、抓宏观指导、抓制定政策、抓组织设置、抓活动方式、抓解决突出问题的作用，但并不是事无巨细、大包大揽；各有关职能部门抓某领域、类型基层组织建设，并不是将指导组织建设的职能整个切走，而是结合各自的工作来抓组织建设，而且重点是抓基层组织的具体活动，不能以抓科协的具体活动和工作来代替抓组织建设；有关事业单位抓科协基层组织建设不能以职能部门的身份对外、对下，而且科协基层组织建设属于公益性工作，必须和有偿服务分开。

第五节　中国科协和地方科协之间上下联动、形成合力

中国科协的组织建设，涉及各级地方科协组织和各类基层科协组织，是整个中国科协系统的共同任务，需要各级各类科协组织的共同努力。因此，在客观上需要上下联动，形成合力。

必须明确的是，各级各类科协组织都是在同级党委的领导下开展工作的，上级科协组织对下级科协组织只是业务指导关系。因此，中国科协对省区市科协的指导不是采取指令性的手段，而是将中国科协关于组织建设的安排和要求通过通报、沟通和协商的方式使他们了解和知晓，使他们的工作和中国科协的工作衔接和配合起来，通过各自的工作形成上下联动的局面，共同促进科协的组织建设。从实际情况看，主要采取了两种方式：一是从 2009 年开始，在每年召开的省区市、副省级城市组织人事工作座谈会上，分门别类地专题交流科协基层组织建设的经验，研讨科协基层组织建设工作中带有普遍性的问题，达成加强和改进科协基层组织建设的共识；二是将中国科协每年制定的中国科协组织建设工作要点发各部门和单位，同时挂到中国科协网上，让地方科协和基层科协了解和知晓，以便协作和配合，形成工作合力。

自 2012 年省区市、副省级城市组织人事工作座谈会开过之后，根据时任中国科协主要负责同志的意见，今后不再召开年度的省区市、副省级城市组织人事工作座谈会，一个中国科协与地方科协之间比较有效的组织人事工作沟通、交流平台不复存在。在更有效的中国科协和地方科协之间的沟通渠道尚未建立的情况下，今后可以考虑召开或分片召开地方科协组织建设情况通报会。

第十三章 中国科协组织建设的基本原则

在目前中国科协组织建设领导体制和工作机制的基础上，开展组织建设工作、指导组织建设工作必须遵循一些基本原则。遵循这些基本原则的目的，是为了最大限度地避免目前中国科协组织建设领导体制和工作机制的弊端，发扬和放大合理因素的作用，并为逐步过渡到建立科学合理的中国科协组织建设领导体制和工作机制创造条件。

第一节 组织建设要结合思想建设、作风建设、制度建设、文化建设开展

在中国科协“五位一体”的建设体系中，组织建设居于十分重要的地位，发挥着十分重要的作用。从某种意义上说，组织建设是最重要的建设，因为只有落实组织建设，才谈得上其他方面建设的落实；没有组织、没有组织建设，其他方面的建设就无以附着，无以体现，无以实现。这是一个十分浅显的道理。

但是，我们建立组织、进行组织建设，绝不单纯是为了建立组织而建立组织、为了进行组织建设而进行组织建设；加强组织建设离不开其他方面的建设，组织建设并不能离开其他方面的建设而单纯地进行。退一步说，即便能够单纯地进行组织建设，但是由于离开了其他方面的建设，这种建设本身也是毫无意义的。因此，组织建设必须结合思想建设、作风建设、制度建设、文化建设一并谋划，一并进行，一并开展，这是必须坚持的。

当然，组织建设有其自身的发展规律，进行组织建设必须遵循自身规律，但遵循组织建设的规律与其他方面建设的结合并不矛盾，不仅不矛盾，而且组织建设的规律中就逻辑地包含着与其他方面的建设相结合的客观要求。这是因为，组织建设是与其他建设相比较而存在，相依存、相联系而发展的，组织建

设不可能脱离其他建设而孤立地存在和发展。

第二节　组织建设要结合业务工作进行，但不能以业务工作代替组织建设

我们加强中国科协的组织建设，归根结底，是为了把各级科协组织建设好，把队伍建设好，并通过组织和队伍的作用，促进中国科协的各项工作。既然如此，组织建设就要结合中国科协的业务工作一道去做。这里面包含两层意思：一是组织建设的职能部门在抓组织建设时，必须结合业务工作一道进行，不能离开业务工作就组织建设而抓组织建设；二是业务部门在抓业务工作的同时，也要关注组织建设，通过开展业务工作促进组织建设。但是，组织建设结合业务工作一道去做，并不意味着可以用业务工作取代或替代组织建设，也不能将组织建设和业务工作对立起来，变成互不相关的“两张皮”。

关于这一点，其实在中国科协的前身全国科联、全国科普时期就已经注意到了。1957 年《全国科联修改会章草案说明（第二次修正稿）》在谈到组织原则时，特别指出：“学术团体首先需要把分布在高等院校、研究机构、工矿企业中的同一学科的科学工作者组织起来，所以它的组织工作应当是具有先行意义的重要工作。但另一方面学会的组织工作又必须是服务于学会的学术活动，保证实现学会的工作方向，并经常注意通过学术活动组织的巩固与发展，使组织工作与学术活动密切结合起来，使学会名副其实地成为以科学家为主体的专科性的学术团体。这应该是我们组织工作总的原则，只注意搞活动，对会员缺乏必要的组织联系，放弃对组织工作的领导，当然是不对的；忽视学会的学术团体性质和任务，单纯为组织而组织，则更会造成形式主义或改变团体性质的倾向。因此，这两方面我们都是应该注意的。”①

第三节　组织建设要始终围绕中心，服务大局

由组织建设自身的重要性所决定，组织建设必须始终围绕党和国家以及中国科协的中心任务和工作大局来进行，服从与服务于中心和大局，而绝不能离开中心和大局孤立地进行，更不能离开中心和大局另搞一套。由中国科协的性质和职能所决定，中国科协必须围绕党和国家的中心任务和工作大局来谋划、部署和开展自己的工作，组织建设无疑要有助于中国科协围绕党和国家的中心任务与工作大局，因而必须围绕中心和大局来加强组织建设。

① 何志平等主编：《中国科学技术团体》，上海科学普及出版社，1990 年。

第四节 组织建设要实行统一指导，避免政出多门

由组织建设自身的规律所决定，组织建设必须实行统一指导。这种统一指导，包括统一的职能部门、统一的工作任务、统一的工作标准和要求，只有这样形成强有力的组织指导，才能完成建设运转畅通、工作高效的科协组织和高素质的科协干部队伍的根本任务。对组织建设的指导，最忌讳指导部门分散、政出多门、标准和要求各异，形不成统一指导。如果形不成统一指导，就不可能形成组织建设和谐统一的局面，甚至会“打乱仗”，削弱组织建设。目前，虽然各有关部门和单位在组织建设工作都有相应的责任，也承担了相应的工作，但必须明确，统一指导组织建设的职能在组织人事部，各相关部门和单位只是承担具体指导某个领域组织建设的责任，而且这种具体指导责任的行使必须在组织人事部的统一指导的框架下进行，而不能各自为政，另搞一套。

第五节 有关部门和事业单位配合抓科协基层组织建设要有限定

有关部门和事业单位配合抓科协基层组织建设工作，必须限定在“配合”的定位上。首先，必须在每年制定的中国科协基层组织建设工作要点的范围内，严格执行工作要点的要求，按照职责和分工进行，不能随意增减。遇到重大问题，应及时与组织建设牵头抓总部门联系，必要时召开基层组织建设协调会议研究，避免由此而带来的抓科协基层组织建设的“碎片化”。其次，有关部门抓科协基层组织建设，是在牵头抓总部门的统筹安排和统一协调下、按照各自的职责和分工进行的，并不是将整个职能切走，完全独立运行。同时，在工作中，要避免两种倾向。一是不研究组织建设工作的规律、特点和工作方式，简单地以具体业务工作代替组织建设工作；二是不注意组织建设工作的连续性和整体性，既不和以往的工作相衔接，也不和其他方面的组织建设工作相衔接，工作随意性大，轻易提出工作思路。这些做法，使地方和基层感到很为难。最后，有关事业单位抓科协基层组织建设，只是协助有关部门做好相关具体工作，并不意味着行使指导职能。这是一条原则。同时，事业单位协助有关部门做好组织建设的相关工作，属于公益性工作，有经营性活动的单位在工作中一定要将经营性的活动和公益性的工作严格分开。这也是一条原则。

第六节 组织建设要实行分类指导，避免一刀切

中国科协是一个有着复杂结构的庞大组织体系，学会、地方科协、基层科

协情况不同；学会中的理、工、农、医和交叉学科，地方科协中省级科协、市级科协、县级科协，基层科协中的农村科协、街道社区科协、企业科协、高校科协情况也不同；即使是同一类科协（比如高校科协），各个具体科协（比如公办高校科协、民办高校科协，理工科高校科协、综合性高校科协，研究型高校科协、教学型高校科协）的情况也不一样，都需要进行分类指导。分类指导，就是从实际出发，就是具体情况具体对待，就是实事求是，就是有针对性。

第二编

中国科协组织建设的基本内容

第十四章 组织设置

中国科协组织建设的内容十分丰富，涉及许多方面，本编主要论述六个方面，包括组织设置、领导班子建设、干部队伍建设、人才队伍建设、教育培训、组织指导。本章首先讨论中国科协组织建设中的组织设置。

前面已经说过，中国科协的建设，是包括思想建设、组织建设、作风建设、制度建设、文化建设“五位一体”的建设体系。这些建设，相互依存，紧密联系，缺一不可，但基础是组织建设，组织建设不落实，其他各项建设都会落空。因此，必须着力抓好组织建设，首先做到组织落实，而组织设置又是组织建设的基础，是组织建设的基本工作。

第一节 全国科联、全国科普时期的地方和基层组织设置及其对中国科协组织设置的影响

中国科协的前身是1950 年 8 月在中华全国自然科学工作者代表会议（简称科代会）上成立的全国科联、全国科普。全国科联由团体会员即自然科学专门学会组成，全国科普由个人会员即科技工作者组成。

科代会议第四次大会通过的《中华全国自然科学专门学会联合会暂行组织方案要点》规定：“各大区得组织‘科联’分会，在总会领导之下进行工作。”全国科联成立后，及时确立了“科联分会组织应在大行政区所在地及大工业、高等学校集中的城市设立”的原则，立即着手设立地方分会。长春、福州、北京等城市先后成立了科联分会，各科联分会建立起了学会分会，到 1957 年年底（即中国科协成立前），已正式成立了北京、天津、武汉、西安、上海等 35 个科联分会，758 个学会分会。

科代会第四次大会同时通过的《中华全国科学技术普及协会暂行组织方案

要点》规定："全国各大行政区成立总分会，各省市成立分会，各地凡会员满50人者得成立支会，不满50人者得成立小组。"按照这个规定，全国科普的地方组织是按行政区划建立的，即在全国各大行政区成立总分会，各省、自治区、直辖市成立分会，各地、县凡会员达到一定数量的成立支会，不足者成立小组。随着1953年国民经济第一个五年计划的实施和1956年"向科学进军"号召的推动，全国科普的地方组织和基层组织有了很大发展，各省科普协会在厂矿、机关、医院、学校中逐步建立了科普协会的基层组织。到1958年9月（即中国科协成立时），全国除西藏和台湾外，27个省、自治区、直辖市都成立了科普协会组，县科普协会发展到近2000个，在大部分厂矿、乡也都建立了科普协会的基层组织，有的在车间、工段、生产队建立了科普小组。

在1958年9月全国科联、全国科普全国代表大会上两个组织合并成立中国科协后，各地科联、科普组织也进行了合并，成为统一的地方科协组织。地方科协建立在行政区划的架构内，层级与行政区划的层级相应，名称也相应地改为冠以行政区划名称的科学技术协会，如某某省科协、某某专区（地区）科协、某某市科协、某某县科协。

全国科联和全国科普合并成立中国科协后，原科普协会在厂矿、乡（公社）的基层科普协会也逐步改为科协的基层组织。

第二节　中国科协全国组织的设置

对中国科协全国组织的设置，可以从纵向和横向两个方面进行考察。

从纵向上看，中国科协全国组织有全国代表大会、全国委员会、常务委员会，在常委会下一方面设有协助决策的若干专门委员会，另一方面设有作为执行机构、办事机构的书记处，在书记处层面设有党组，为中央的派出机构。

从横向上看，中国科协全国组织有所属全国学会、机关职能部门、事业单位。

这种结构，和全国总工会、共青团、全国妇联的全国组织的结构是大体一致的。只是全国总工会、共青团、全国妇联横向上没有或很少有全国学会。

中国科协全国组织纵向和横向的组织设置，构成了完整的组织结构。中国科协党组、书记处正好处于纵向组织设置和横向组织设置的联接点、交汇点上。

第三节　中国科协地方组织的设置

中国科协全国组织的设置形态、组织结构决定了各级地方科协与之大体相同的组织设置形态和组织结构。

1. 中国科协地方组织设置与行政区划体制的关系

中国科协地方组织的设置层级、形式及其隶属关系，都是与我国目前的行政区划体制相适应、相吻合的。换句话说，中国科协地方组织是在我国目前的行政区划体制架构内设置的，或者说是建立在我国目前的行政区划体制架构内的。这一点，不仅和全国总工会、共青团、全国妇联的地方组织的设置大体一致，而且和党和国家机关部门的设置有很大的相似性。

不仅如此，中国科协地方组织设置的发展变化，也同样受到我国目前的行政区划体制的制约。中国科协地方组织设置的稳定性，主要取决于我国目前的行政区划体制的稳定性。中国科协各级地方组织建立几十年来，除了其间随着地改市、县改市的进程将原来的地区科协、县科协相应地改为地级市科协和县级市科协外，地方科协的组织设置几乎没有什么变化，体现出超稳定的状态，正是缘于我国地方行政区划的稳定性。

2. 中国科协地方组织设置为三级架构

目前，我国的地方政权组织是三级架构，或者说行政区划为三个层级，即省级、市级、县级。与此相适应，中国科协的地方组织也是三级架构或三个层级，即省级科协、市级科协、县级科协。这种格局，在中国科协成立后，就逐步形成了。

据统计，截至2012年年底，全国31个省级行政区划单位（其中直辖市4个、省22个、自治区5个，不包括台湾省和香港、澳门特别行政区）、新疆生产建设兵团、15个副省级城市都建立了科协组织；地级行政区划单位333个（其中地级市285个、地区15个、自治州30个、盟3个），除西藏个别地区外，都建立了科协组织；县级行政区划单位2852个（其中市辖区860个、县级市368个、县1453个），除个别省的极少数县外，都建立了科协组织，但有少数县科协没有独立建制，和科技局等合署办公。

3. 中国科协地方组织设置的结构构成

对中国科协地方组织的设置，仍然可以像中国科协全国组织设置一样，从纵向和横向两个方面进行考察。

从纵向看，中国科协的地方组织，不论是省级科协，还是市级科协、县级科协，每一个层级都有代表大会、委员会、常务委员会，都设有主席、副主席。

从横向上看，中国科协的地方组织，不论是省级科协，还是市级科协、县级科协，每一个层级都有所属学会、科协机关职能部门和事业单位。只是越往下的层级，学会、机关职能部门、事业单位的数量和职能相对越弱一些，特别是到了县一级，除个别或少数县、县级市、市辖区外，不设机关部门，也没有事业单位。

受我国目前的行政区划体制的稳定性的制约，构成各级地方科协的机关、事业单位和学会的设置形式也是相对稳定的。特别是机关，其内部机构的设置虽有调整，但变化不大。随着市场经济的发展和完善，随着科协事业的拓展和发展，随着科学技术和学科的发展，学会和事业单位组织设置的变化相对要大些。这是因为，除了我国目前的行政区划体制的因素外，事业单位的发展要受市场经济规律的制约，学会的发展要受科学技术和学科发展规律的制约，而且事业单位和学会的发展都要受到我国政治体制、行政体制改革的影响。如承接政府转移职能，在客观上也向事业单位和学会的设置提出相应的要求。

第四节　中国科协基层组织的设置

和中国科协的全国组织、地方组织比起来，中国科协基层组织的设置变化就要大得多。科协基层组织设置的变化，主要不是受我国行政区划体制的制约，而是主要受制于科协自身职能任务的调整，基层政权组织、基层单位内部结构的调整，生产力的发展、科学技术的发展、产业结构的调整等。这些因素，比起行政区划的因素来，变化要大得多，对基层科协的组织设置的影响也要大得多。农村的乡镇、村，城市的街道、社区，作为我国行政区划体制的组成部分，作为基层政权组织，其变化比起其他基层组织来相对要小些，因此，乡镇和村、街道和社区的科协组织的组织设置的变化比起其他基层科协组织也相对要小一些。

随着社会主义市场经济的发展，逐步打破按照传统的行政区划、行政级别建立基层科协组织的惯例，基层科协组织的设置方式呈现多样化的趋势。比如，随着农村产业结构的调整、多种经济形态的出现、农民从业情况的变化，农村科协基层组织除了建在乡镇、村之外，还建在产业链上，建在产前、产中、产后的环节上。许多地方城乡进行了乡、村两级的大调整，合村并乡，乡改镇，也对农村科协基层组织的设置提出了要求。比如，传统街道社区的调整、新居民小区的建立、城市外来流动人口的增加，对街道社区科协基层组织的设置提出了要求。比如，随着国有企业改革、改组、改造的进程，随着股份制企业、多元投资企业、非公有制企业的发展，企业科协的组织设置也呈现出多样化的趋势。企业科协的组织设置必须考虑国有企业、非公有制企业的不同情况，规模以上企业和规模以下企业的不同情况，规模以上企业中科技工作者有一定数量和普通员工占主体的不同情况，虽然科技工作者和普通员工有相当数量但有的企业人员分散有的企业人员集中的不同情况，而在高新技术开发区和经济技术开发区的企业建立科协又有不同的情况。比如，一段时间以来建立综合性大学带来的大面积的高等院校的撤并、调整，也对高等院校科协基层组织的设置提出了要求。如果拘泥于原有基层单位的情况而不考虑情况的变化，基层科协的组织设置就不能适应变化需要了。

第五节 组织设置工作中几个值得研究的问题

在中国科协全国组织、地方组织和基层组织的设置中，都有一些需要完善的地方，都有一些需要研究的问题。这里，主要提出两个值得研究的问题。

1. 中国科协和地方科协职能部门是否需要上下对口的问题

中国科协和地方科协的组织设置在总体上是一致的，比如都有所属的学会，都有机关职能部门，都有事业单位。但是，具体到具体职能部门的设置，包括部门的职能，上下并不是一一对口的。究其原因，是由不同层级科协承担的不同任务和各自所处的不同情况决定的。从中国科协作为一个有着严密的组织体系的全国性社会组织的角度来说，从最大限度地发挥这个组织体系的功能和主体效应的高度来说，强调职能部门特别是主要职能部门上下对口是必要的，这样做有利于更好地发挥多层级的全国性社会组织的整体作用，有利于上下配合、形成合力，也有利于各职能部门之间上下沟通联系、上一层级职能部门对下一层级职能部门的业务指导。

但是，在实际工作中，做到职能部门的上下对口是不容易的。从运行体制上说，各级科协组织都在同级党委的领导下开展工作，各地科协都会从各自的实际出发，实事求是地来确定各自的职能部门，上一层级的科协组织没有要求下一层级科协组织建立对口职能部门的权限。从实际工作上讲，职能部门能够上下对口最好，如果做不到上下对口，只要有相应的职能部门承担相应的职能和工作就可以。从工作指导上讲，无论职能部门是否上下对口，上一层级的职能部门都应当加强对承担相应职能和工作的下一层级职能部门相应工作的业务指导，下一层级的职能部门也应当加强与承担相应职能和工作的上一级职能部门相应工作的联系。如果不加强这种指导和联系，再加上本来就有的部门和职能不对口，中国科协的组织体系就是松散的，很难形成紧密联系，其作用也将大打折扣。

2. 基层科协组织设置落后于基层单位调整变化的问题

基层科协组织的设置，必须适应基层单位的实际情况，这是一个基本原则。而基层单位的实际情况是处于发展变化之中的，所以要适应基层单位的实际情况，就包括适应已经发展变化了的情况，或者说适应不断发展变化的情况。因此，基层科协组织的设置不是一劳永逸的，开始设置可能是适应基层单位的实际情况的，但随着基层单位的发展变化，就可能由适应变为不适应了，而要从不适应变为适应，就要对已有的组织设置进行适当的调整。如果基层单位的情况已经发生了变化，而基层科协组织的设置却不随之变化，或者组织设置的变化落后于基层单位变化，都不利于基层科协组织作用的发挥。当然，一定是先有基层单位情况的变化，后有科协基层组织的变化，而且这种变化一定要来得自然，要把基层单位的变化情况研究透，把科协基层组织变化的方案考虑周全，不可匆忙。

第十五章 领导班子建设

任何地方、部门和单位，领导班子建设都是组织建设中第一位重要的建设。这种重要性集中体现在，领导班子是灵魂、统帅，起着统领全局的作用。同样，任何地方、部门和单位，抓班子、带队伍、促工作都是一般工作规律。中国科协当然也是这样。在中国科协组织建设中，领导班子建设始终居于重要地位，发挥重要作用。

第一节 领导机构的领导班子建设

领导机构的领导班子建设，包括中国科协、各级地方科协、学会、科协基层组织的领导机构的领导班子建设，主要是指委员会、常委会。作为领导机构的领导班子，其建设之所以重要，是因为委员会、常委会是作为最高权力机构的代表大会闭会期间的执行机构，承担着落实代表大会确定的重大任务和决策的重要职责。

1. 中国科协的全委会、常委会

中国科协全国代表大会是中国科协的最高权力机构，也是中国科协的最高领导机构。中国科协全委会是中国科协全国代表大会闭会期间的执行机构，中国科协常委会是全委会闭会期间的执行机构，它们也都是中国科协的领导机构。虽然全国代表大会、全委会、常委会都是领导机构，但是，相对于全国代表大会而言，全委会、常委会可以看作是中国科协领导机构的领导班子。

加强中国科协的全委会、常委会的建设，最重要的是要选好配齐全委会、常委会委员，特别是选好配齐主席、副主席；按期换届，按照规定程序做好全委会、常委会委员的增补、更换和撤销工作；按时召开全委会、常委会会议，报告工作，研究决定重大事项。

2. 地方科协的全委会、常委会

地方科协的全委会、常委会，包括省级科协的全委会、常委会，市级科协的全委会、常委会，县级科协的全委会、常委会。地方科协代表大会是地方科协的最高权力机构，也是地方科协的最高领导机构。地方科协全委会是地方科协代表大会闭会期间的执行机构，地方科协常委会是全委会闭会期间的执行机构，它们也都是地方科协的领导机构。虽然地方代表大会、全委会、常委会都是领导机构，但是，相对于地方科协代表大会而言，全委会、常委会可以看作是地方科协领导机构的领导班子。

加强地方科协全委会、常委会的建设，仍然和加强中国科协全委会、常委会的建设一样，最重要的也是要选好配齐全委会、常委会委员，特别是选好配齐主席、副主席，按期换届，按时召开全委会、常委会会议，研究决定重大事项。

3. 学会的理事会、常务理事会

学会会员代表大会是学会的最高权力机构，也是学会的最高领导机构。学会的理事会是会员代表大会闭会期间的执行机构，常务理事会是理事会闭会期间的执行机构，它们也都是学会的领导机构。虽然学会会员代表大会、理事会、常务理事会都是学会的领导机构，但是，相对于学会会员代表大会而言，理事会、常务理事会可以看作是学会领导机构的领导班子。学会包括全国学会和地方各级学会，情况都是如此。

学会是面向社会、面向科技工作者的独立自主开展工作的社会团体，是有独立承担民事责任资格和能力的、能负责、可问责的独立法人，学会要发挥应有的作用，离不开领导班子的作用，这就要加强学会领导班子的建设。要按时召开学会理事会、常务理事会会议，充分发挥学会理事会、常务理事会委员的作用，落实会员代表大会的决定、决议和决策，及时研究和决定重要工作、重要活动和重大事项，对办事机构的工作提出要求，并实行有效的监督。

4. 科协基层组织的委员会、常委会

同样的道理，各类科协基层组织的会员大会（或会员代表大会，下同）是最高权力机构，也是最高领导机构。科协基层组织的委员会是科协基层组织会员大会闭会期间的执行机构，科协基层组织的常委会是委员会闭会期间的执行机构，它们也都是科协基层组织的领导机构。虽然科协基层组织的会员大会、委员会、常委会都是领导机构，但是，相对于科协基层组织会员大会而言，委员会、常委会可以看作是科协基层组织领导机构的领导班子。

一些地方科协基层组织常见的毛病，是领导机构的虚设，不开或不按时开

会员代表大会，委员会、常委会委员长期缺额或无人，当然也谈不上按时召开委员会、常委会会议，重要问题的研究和决策由少数人或个别人决定，不经过领导机构的会议形式。这种现状应当改变。加强科协基层组织建设，必须大力加强领导机构的领导班子建设，切实发挥委员会、常委会的作用。

第二节 党组领导班子建设

《中国共产党章程》规定：“党必须加强对工会、共产主义青年团、妇女联合会等群众组织的领导，充分发挥它们的作用。”同时规定：“在中央和地方国家机关、人民团体、经济组织、文化组织和其他非党组织的领导机关中，可以成立党组。党组发挥领导核心作用。”党对群众组织的领导，正是通过设在这些群众组织领导机关中的党组的领导来体现和实现的。

1. 中国科协党组

中国科协党组是党中央在作为人民团体的中国科协的全国组织的领导机关中建立的党组织。按照《中国共产党章程》的规定，中国科协党组发挥领导核心作用。党组领导班子由党组书记、党组副书记、党组成员组成。党组书记由中国科协常务副主席、书记处第一书记担任，党组副书记由驻会的中国科协副主席、书记处书记担任，党组成员由其他中国科协书记处书记和个别中国科协机关部门、事业单位主要负责同志担任。

2. 地方科协党组

地方科协党组是上一级党组织在中国科协地方组织的领导机关中建立的党组织。具体地说，省级科协党组是省委在省级科协领导机关中建立的党组织；市级科协党组是市委在市级科协领导机关中建立的党组织；县级科协党组是县委在县级科协领导机关中建立的党组织。按照《中国共产党章程》的规定，省级科协党组、市级科协党组、县级科协党组都是发挥领导核心作用的。地方科协党组书记由驻会的科协主席或常务副主席、副主席担任，党组副书记由驻会的科协副主席担任，党组成员由其他驻会的科协副主席和秘书长担任。

3. 党组发挥领导核心作用的方式

那么，党组如何发挥领导核心作用呢？《中国共产党章程》明确规定：“党组的任务，主要是负责贯彻执行党的路线、方针、政策；讨论和决定本单位的重大问题；做好干部管理工作；团结党外干部和群众，完成党和国家交给的任务；指导机关和直属单位党组织的工作。”这五个方面的职责和任务，就是党组领导核心作用的具体体现，或具体实现方式。加强中国科协和各级地方科协党组领导班子建设，也主要是通过加强这五个方面的工作来实现的。

第三节　作为决策机构、执行机构的领导班子建设

1. 中国科协书记处

中国科协书记处在中国科协常委会领导下，主持中国科协的日常工作，其任务是贯彻落实或者说实现中国科协全国代表大会、全国委员会、常务委员会制定的决议和任务。所以，中国科协书记处不是领导机构，而是实现领导机构意图的执行机构、决策机构。但是，书记处仍然是一个领导班子，是实现领导机构的决策的领导班子，是主持中国科协日常工作的领导班子。书记处在对重大问题的研究讨论或审议过程中，仍然需要坚持和执行民主集中制，在充分发扬民主、充分讨论酝酿的基础上，按照少数服从多数的原则，形成决议。所以，书记处作为执行机构、决策机构，仍然具有领导作用，这种领导作用是通过书记处贯彻执行中国科协全国代表大会、全国委员会、常务委员会的决议的过程来体现的。

2. 地方科协领导班子

与中国科协不同，地方科协的决策机构、执行机构是由驻会的主席或常务副主席、副主席和秘书长组成的领导班子。地方科协领导班子由一名驻会的主席或常务副主席、若干副主席和一名秘书长（秘书长的职位，有些地方科协设，有些地方科协不设）组成，一般为 3～5 人，根据科协组织的规模确定。需要注意的是，一是科协组织规模再小领导班子人数也不要低于 3 人，因为人数过少不利于执行民主集中制，不利于讨论决定重大事项，容易形成个人说了算的不正常局面；二是不要出现双数的结构，因为这种结构也不利于对重大事项进行表决、形成决议，说到底也是不利于执行民主集中制的。

地方科协领导班子和地方科协党组领导班子的成员大部分重合，但不是完全对应的关系。地方科协领导班子中可以有党外领导干部的副主席，而地方科协党组领导班子中可以有地方科协非领导班子成员的机关部门、事业单位的负责同志。个别地方科协的驻会主席或常务副主席与党组书记分设，分别主持地方科协领导班子和党组的工作。

第四节　办事机构领导班子建设

1. 中国科协机关各部门

机关部门领导班子，由部门正职和若干副职组成。由于中国科协机关部门

属于中国科协领导机构的内设机构，机关部门领导班子的成员的数量不多，一般在 3 人左右。为了增强机关部门领导班子的力量和加强建设，应当将部门的巡视员、副巡视员列为领导班子成员。

由于整个机关是一个有机整体，是一个不可分割的系统，需要发挥整体功能，所以，作为机关内设机构的部门，不宜过于强调机关部门领导班子的独立性，而应更多地从机关整体功能着眼。但是，仍然要强调部门领导班子的作用，通过发挥领导班子的作用，履行好部门的职能。

需要强调的是，根据《中国共产党章程》的规定，各级党和国家机关中党的基层组织，协助行政负责人完成任务，改进工作，对包括行政负责人在内的每个党员进行监督，但不领导本单位的业务工作。中国科协是人民团体，但其领导机关职能部门实行公务员管理，与党和国家机关的要求相同；其领导机关中党的基层组织与党和国家机关中党的基层组织的功能相同。所以，在日常工作中，我们不将设在中国科协机关部门的党支部视为领导班子。

2. 地方科协机关各部门

地方科协机关部门的性质与中国科协机关部门相同，但越往下部门越少，职数也越少。

3. 学会秘书处

学会办事机构的领导班子由秘书长和若干副秘书长组成。学会要贯彻民主办会的原则，但学会秘书处则要执行民主集中制的原则，提高履行职责的能力。

4. 科协基层组织秘书处

科协基层组织办事机构的领导班子由秘书长和若干副秘书长组成。

第五节　事业单位领导班子建设

1. 事业单位党组织

事业单位的领导体制分为两种情况。按照《中国共产党章程》的规定，实行行政领导人负责制的事业单位中党的基层组织，发挥政治核心作用；实行党委领导下的行政领导人负责制的事业单位中党的基层组织，对重大问题进行讨论和做出决定，同时保证行政领导人充分行使自己的职权。但是，不论哪种领导体制的事业单位，基层党组织领导班子的建设都是基层党组织建设的重要内容，也是事业单位建设的重要内容；加强事业单位党组织领导班子建设，是事业单位改革和发展的重要保证。

中国科协的事业单位，都属于实行行政领导人负责制的事业单位，按照《中国共产党章程》的规定，中国科协事业单位的党组织发挥政治核心作用。事业单位党组织领导班子由事业单位担任正职和副职党员领导干部以及若干党员中层干部、党员干部职工组成。

在实际工作中，事业单位的党组织要发挥好政治核心作用，同时要处理好和事业单位行政领导班子的关系，切实加强事业单位领导班子的建设。

2. 事业单位领导班子

事业单位领导班子由行政领导组成，包括行政领导正职和若干行政领导副职，有些事业单位根据需要还设有总工程师或总会计师、总经济师职位。

第六节　领导班子建设的方式

不论哪一种类型、哪一个层级的领导班子，领导班子建设的内容都应当包括思想政治建设、组织建设、能力建设、作风建设、制度建设和文化建设。这些内容在不同的时期，由于科协组织所面临的形势和任务的不同而有所不同，但是永远需要的。这里对这些具体内容不再赘述，着重谈一下领导班子建设普遍采取的一些方式。

1. 科学配备领导班子，形成互补结构

加强领导班子建设，发挥领导班子的作用，就必须配齐、配强领导班子。配齐领导班子是最起码的要求，试想，连领导班子成员都配不齐、常年空缺的领导班子，如何能够发挥作用？配强领导班子，就是要把那些政治上强、作风上硬、业务上精的领导干部选拔或配备到领导班子中来，同时，还要注意结构构成，使领导班子成员的年龄、文化、专业以及爱好、专长、脾气、性格等形成合理结构，形成互补。

2. 加强政治理论学习，形成风清气正的工作氛围

加强政治理论学习，是加强领导班子思想政治建设的重要方式，也是形成领导班子以至整个单位风清气正的工作氛围的重要途径。领导班子成员不论多少，规格不论高低，形成一个好的风气是十分重要的。

3. 严格执行民主集中制，形成既有民主又有集中的生动局面

抓好领导班子建设，涉及多方面的工作，但最重要的是抓好民主集中制的

贯彻执行。

民主集中制有两种方式。最典型也是最基本的方式是党委制。党委制的核心是集体领导，这是这种体制最先进的地方。重大问题，由党委会讨论决定，这种讨论决定，就是一种集体领导。党委会在讨论决定重大问题时，实行广泛的民主，每个人都要充分发表意见，在此基础上进行表决，按照少数服从多数的原则，形成决议。在表决时，书记也好，委员也好，每个人都是平等的一票。而一旦形成决议，每个人都要执行，谁也不能以任何接口不执行。即使是有不同意见的委员，意见可以保留，但对决议必须执行。

实行行政首长负责制的单位，也要实行民主集中制，是民主集中制的另一种方式。有人认为，行政首长负责制就是个人说了算，这是极大的误解，既不能这样认为，更不能这样做。行政首长负责制的单位实行民主集中制，体现在对重大问题的民主决策上。这些单位的主要负责同志必须有民主作风，在进行重大决策时，必须充分征求和听取各方面的意见，让大家说话，充分发表意见，而且要有一定的会议形式，要有一定的程序，在充分听取并吸收大多数人正确意见的基础上，做出决策。也就是说，行政首长负责制单位的主要负责同志有最后“拍板”权，但必须是建立在充分听取和吸收多数人意见的基础上的“拍板”，而不能个人说了算。比如，我们的事业单位经营的是国有资产，是中央财政的投入，不是私人企业、民营企业，即使是发展好的私人企业、民营企业，也在实行科学决策、民主决策。因此，在实行行政首长负责制的事业单位领导班子建设中坚持民主集中制，其实对主要负责同志提出了更高的要求。这一点应当是明确的，必须坚定不移地坚持。

其他领导班子也不能例外，也必须实行民主集中制。不论什么领导班子，只有严格实行民主集中制，坚持民主基础上的集中和集中指导下的民主，在民主决策的基础上实行科学决策，充分发挥每一个领导班子成员的作用，才能形成既有民主又有集中，既有自由又有纪律，既有统一意志又使个人心情舒畅、生动活泼的政治局面。

4. 加强同人民群众的联系，形成群众参与、群众监督的局面

中国科协是群众组织，是做群众工作的，因此，必须为人民群众服务，接受人民群众的监督。科协面对的群众包括两个方面：一是科技工作者，这是科协的直接服务对象；二是社会公众，科协通过发挥科技工作者的作用，为社会公众服务，这是科协的间接服务对象。作为做群众工作的群众组织，加强同科技工作者的联系，加强同人民群众的联系，对科协组织来说是天经地义的事情，是科协组织安身立命之本，是科协组织须臾不可离开的根。

第十六章 干部队伍建设

中国科协组织建设的核心是人，是队伍建设，包括干部队伍建设、人才队伍建设两个方面。干部队伍是指科协工作者队伍，是科协工作的主体，是做科协工作的，是为科技工作者服务的；人才队伍是指科技工作者队伍，是科协组织的工作对象、服务对象，科协组织建设的最终目标是要建设一支宏大的高素质的科技人才队伍或科技工作者队伍。故此，干部队伍建设即指科技工作者队伍建设，人才队伍建设即指科技工作者队伍建设。这两支队伍建设，都是最重要的建设，本章着重讨论干部队伍建设，包括科协机关部门、事业单位、学会办事机构的干部队伍建设。

第一节 科协机关部门干部队伍建设

科协机关部门干部队伍，包括中国科协全国组织的机关部门干部队伍，省、市、县三级地方科协组织的机关部门干部队伍。关于科协机关部门干部队伍建设，有以下几个特点。

1. 参照公务员管理

根据规定，中国科协和地方各级科协机关干部参照公务员管理。在我们国家，公务员分为两大类，一类是政务类公务员，一类是党群类公务员。中国科协和地方各级科协属于人民团体，其机关部门属于党的部门序列，其机关部门干部属于党群干部；参照公务员管理，属于党群类公务员。

2. 按照《党政领导干部选拔任用条例》管理

中国科协和地方科协机关部门的干部既然是参照公务员管理，则适用《公务员法》和《党政领导干部选拔任用条例》，按照干部管理权限，分别纳入本级党组和组织人事部的干部管理。

3. 各级科协之间在机关干部管理上没有指导关系

各级科协在同级党委领导下、各级科协机关部门在同级科协党组领导下开展工作，这是一个基本原则。根据这个原则，按照干部管理权限，各级科协领导班子及其成员由同级党委及其组织部门管理，各级科协机关部门干部分别由同级科协党组及其组织人事部门管理。中国科协和省级科协之间、省级科协和市级科协之间、市级科协和县级科协之间，没有建立干部协管关系，对干部工作没有指导关系。也就是说，各级科协领导班子和领导干部，由同级党委及其组织部门任命和管理，班子换届、调整和干部任免，都不需征求上级科协组织的意见。近年来，一些省召开代表大会进行换届或领导干部调整前，也会征求中国科协的意见，呈现出一种新的干部管理局面。自然，下一级科协机关部门负责同志的任命、调整，也不需要征求上一级科协及其相应部门的意见。

从长远看，如果能够建立起中国科协协助地方党委（省委）管理地方科协（省级科协）领导班子及其领导干部的格局，对于建立更加紧密联系的中国科协组织体系，加强中国科协组织体系的建设，具有重要意义。所谓协管，并不改变地方党委及其组织部门管理地方科协领导班子及其领导干部的体制，无非是地方科协换届或日常调整领导班子、配备和调整领导干部时，向中国科协通报一下情况，征求一下中国科协的意见，中国科协在一般情况下都会尊重地方党委及其组织部门的意见。但是，这样一种变化，毕竟涉及干部管理的体制机制，应当由中央做出决策。

第二节　科协事业单位干部队伍建设

科协事业单位干部队伍，包括中国科协的事业单位干部队伍，省、市、县三级地方科协组织的事业单位干部队伍。事业单位的干部包括两类，一类是管理干部，一类是专业技术干部。以管理岗位为主的事业单位，管理干部占主体；以专业技术岗位为主的事业单位，专业技术干部占主体。

事业单位的专业技术人员分为两种情况，一种是从事科学研究、工程技术工作的专业技术人员，比如研究系列的实习研究员、助理研究员、研究员，工程系列的助理工程师、工程师、高级工程师、研究员（教授）级高级工程师；一种是从事专业技术管理工作、担任领导工作的专业技术人员，比如中国科协直属以专业技术为主的事业单位，专业技术岗位的副处长（专业技术岗位七级、六级）、处长（专业技术岗位五级）、单位领导副职（专业技术岗位四级）、单位领导正职（专业技术岗位三级）。

管理岗位的等级和领导职务是一一对应的。比如，副处长是管理岗位六级，处长是管理岗位五级，单位领导副职是管理岗位四级，单位领导正职是管理岗位三级。

专业技术岗位的等级和领导职务可以是一一对应的，根据工作需要和专业技术人员的具体情况，专业技术岗位的等级和领导职务之间也可以出现“错位”。但是，这种“错位”，只能是专业技术等级高配，而不能是低配。比如，专业技术领导岗位的副处长，应当是专业技术岗位六、七级，可以配备到专业技术岗位五级；处长岗位，应当是专业技术岗位五级，可以配备到专业技术岗位四级；单位领导副职，应当是专业技术岗位四级，可以配备到专业技术岗位三级。

在实际工作中，我们将事业单位管理岗位六级及以上（即副处长及以上）的人员，担任领导职务的专业技术七级及以上（即副处长及以上）的人员，列为干部管理的范围。对这些事业单位干部的选拔任用和日常管理，在目前没有改变的情况下，仍然适用于《党政领导干部选拔任用条例》，不能另搞一套。

第三节　学会办事机构干部队伍建设

学会办事机构干部队伍，包括中国科协所属全国学会办事机构干部队伍，省、市、县三级科协所属学会办事机构的干部和工作人员。

从目前情况看，学会办事机构干部的来源，主要是三种途径。一是学会办事机构挂靠单位派出的干部，这部分干部的行政关系、工资关系、党组织关系一般仍留在原单位，在办事机构工作，由挂靠单位进行日常管理。二是从有关单位调入，这部分人由于是在职人员，调入后应为挂靠单位的编制管理人员。三是从社会人员聘用，在这部分人中，有的在挂靠单位确定的编制出现空缺时可以通过相关程序成为在编人员，有的则聘用为办事机构非在编的人员，由办事机构管理并发工资。

办事机构干部队伍，既包括担任领导职务的秘书长、副秘书长以及秘书处下设部门的负责同志，也包括一般工作人员。

第四节　科协基层组织的干部队伍建设

科协基层组织的干部队伍，包括各类科协基层组织的专兼职的主席、副主席，秘书长、副秘书长，以及办事机构的工作人员。据此，科协基层组织的干部队伍包括三种情况。一是主席、副主席，属于科协基层组织的领导，一般由基层单位党委或行政的相关负责同志担任，也可以由科技工作者担任副主席。二是秘书长、副秘书长，属于科协基层组织办事机构即秘书处的领导，一般由基层单位相关的中层干部担任，也可以由科技工作者担任副秘书长。三是工作人员，属于科协基层组织秘书处的办事人员，一般由基层单位的员工担任。秘书长、副秘书长和工作人员共同构成了科协基层组织秘书处干部队伍，科协基层组织的干部队伍建设的重点是科协基层组织秘书处干部队伍的建设。一个科协基层组织的工作成效，主要取决于科协基层组织秘书处干部队伍的素质及其工作状态。

第五节　干部队伍建设的主要方式

不论是什么类型的干部队伍建设，其内容都应当包括思想建设、组织建设、能力建设、制度建设、作风建设和文化建设等内容。在不同时期，由于科协面临的形势和任务的不同，干部队伍建设的内容也会随之发生变化，提出不同的要求，但这些基本方面是不会变的。干部队伍建设的内容，是通过干部队伍建设的方式来实现的。干部队伍建设的方式，包括干部教育培训、干部选拔任用、干部日常管理、干部监督等。干部教育培训我们将单独作为中国科协组织建设的重要内容另章论述，这里主要谈谈干部选拔任用、干部日常管理、干部监督三种主要方式。

1. 干部选拔任用

干部选拔任用，是干部工作的核心问题，做好干部选拔任用工作意义重大。在中国科协的干部选拔任用工作中，涉及以下几个重要问题，从实际情况看，许多同志认识并不清楚，需要强调，需要解析，需要统一认识。

第一，党管干部问题。

党管干部，是干部工作的根本原则，是做好干部工作的根本保证。完整的党管干部的原则，落实到工作层面，涉及多方面的要求，但最重要的是两个方面。

一是组织形式。所谓党管干部，就是由党组织管理干部，具体地说，就是由党委、党组及其组织部门，以及由党委、党组授权的组织形式管理干部。此外，任何行政组织、任何个人，都不能管理干部。需要强调的是，不能以行政会议、办公会议等形式讨论决定干部，不能以通讯方式、传批方式讨论决定干部，更不能个人擅自决定或个人指使干部所在部门违反规定程序决定干部的任免。

二是集体讨论决定。集体讨论决定，是最能体现党管干部原则优越性的地方，是党的先进性在干部工作中的体现。所谓集体讨论，就是以会议形式讨论，而不能用传阅批办的办法，也不能用办公会议的办法。会议决定前，要充分酝酿、充分讨论、充分发表意见，通过表决，集中多数人的意见，形成决议，做出决定。讨论决定干部，要逐个介绍拟提拔对象的情况，逐个进行讨论，逐个做出决定，不能成批进行。

第二，干部管理权限问题。

按照干部管理权限管理干部，也是干部工作中的一个重要原则。所谓管理权限，通常是指各级党委、党组及其组织部门，对干部下管一级，对个别重要岗位的干部下延一级。

根据这个原则，中国科协的干部管理权限如下：

中国科协党组管理局级干部，包括机关各部门的部长（主任）、副部长（副主任），巡视员、副巡视员；直属单位的主任（所长、社长）、副主任（副所长、副社长），领导班子成员之外的管理岗位四级及以上职务、担任领导职务的专业技术四级及以上岗位。机关个别重要岗位的处级干部，包括组织人事部干部处长、机关纪委办公室主任、审计室主任。

组织人事部作为干部管理的职能部门，协助党组管理局级干部和个别重要岗位的处级干部，管理处级干部，管理公务员队伍。处级干部包括：机关部门的处长、副处长，调研员、副调研员；直属单位管理岗位五、六级干部，担任领导职务的专业技术岗位五、六、七级干部。此外，管理没有担任领导职务的专业技术岗位四级及以上人员。

设立党委的直属单位管理处级及以下干部，即管理岗位五级及以下人员，担任领导职务的专业技术五级及以下人员，没有担任领导职务的专业技术岗位五级及以下的人员。但处级干部的选拔任用要事先沟通、事后备案，个别重要岗位的处级干部由组织人事部管理。

未设党委的直属单位管理处以下干部，即管理岗位八级及以下人员，没有担任领导职务的专业技术岗位五级及以下的人员。

机关部门没有干部管理权限。

第三，提名权和管理权的区别。

提名，属于在启动干部选拔任用程序之前的酝酿、动议阶段。科协分管领导、组织部、机关和直属单位负责同志，都可以提名。部门和直属单位负责同志提名，必须经过领导班子集体讨论，并征求分管领导的意见，以部门或直属单位名义向组织人事部上请示文。必须明确的是，部门或直属单位的意见只是提名，只是建议，即使是分管领导的意见也只是提名，并不能决定干部的选拔任用。

党管干部的一个基本原则是集体领导，集体讨论决定。所谓集体领导，就是在党委会包括常委会、党组会以及部务会内部，书记也好，委员也好，大家是平等的，既不是上级和下级的关系，也不是领导和被领导的关系，在讨论决定干部时，每个成员都是平等的一票。这种关系保证了在党委会内部能够实行真正的民主，使每一位成员都能以主人的身份畅所欲言，平等讨论，充分发表意见，在充分发扬民主的基础上，通过表决，按照少数服从多数的原则形成决议。

中国科协决定干部选拔任用的，按照管理权限，一定是党组、组织人事部、直属单位党委的会议形式，即集体讨论决定。会议形式分别为党组会、组织人事部干部人事工作会议、直属单位党委会。参加党组会、组织人事部干部人事工作会议、直属单位党委会的同志，要充分发表意见，按照少数服从多数的原则，形成决议，而不是个人说了算，即便是实行行政首长负责制的事业单位，也绝不能个人说了算。

第四，群众公论问题。

群众公论，是党管干部的一个重要原则，这个原则提示的是，多数群众不拥护的人不能提拔使用，反过来说也是一样，就是多数群众拥护的人才能作为拟提拔使用的对象。

这里需要认真研究和把握的是，不能仅仅由票数说了算，更不能以票取人。党组、组织人事部门、直属单位党委，对干部要有充分的了解，拟选拔任用的干部要有组织上的意图和意见，并将这种意图和意见与群众推荐、测评的结果进行对照。如果两方面的意见一致，说明组织的意图反映了群众的意见，如果不相一致，不论是何种情况，都要进行具体分析，实事求是地做出判断，而不能简单地做出决定。对那些敢于负责、敢于批评而得罪了人，或者单位风气不好、正不压邪而出现的票数低的情况，要主持公道，不要让好干部吃亏。但无论如何，在组织选任方式中的民主推荐、竞争上岗方式中的民主测评中得不到多数人拥护、认可的人，一般不能列入考察对象。这应当是一个原则。

在选拔任用干部工作中，坚持党管干部的原则，具体体现为党的各级组织或组织部门按照干部管理权限管理干部，体现的是组织的意图。坚持群众公论的原则，体现的是群众的意愿。从理论上讲，坚持党管干部的原则和体现群众公论的原则应当是一致的，党组织提名的干部应当是群众拥护的干部，群众拥护的干部也应当是党组织中意的干部，但在具体实践中往往会出现二者不尽一致的情况。这里就有一个如何处理好坚持党管干部原则和体现群众公论原则的关系的问题。

在产生委任制干部过程中，也要实行民主，让群众参与，注重群众公论，体现民意。但是，产生选任制干部中的民主、民意，是通过召开座谈会、个别谈话、调查问卷、民意测评，以及开通专线电话、设立意见箱、建立领导接待日等基本途径广泛征求、听取和吸收群众意见来实现的，而不能像选举一样，由群众投票来决定，放弃组织意图。

经验表明，在一个和投票人利益攸关的情况下投票，本身就很难做到完全客观，更不要说在一个风气不正的单位了。由于存在简单以票取人的做法，在民主推荐前当事人通过各种隐蔽的手段联络感情、拉票的现象并不鲜见。要改变这种现状，关键是只能把群众的投票作为确定考察对象的重要依据，而不能作为唯一依据，必须同时体现组织的意见。体现组织的意见，就是具体地坚持党管干部的原则，如果在确定考察对象的问题上没有组织上的意见，不管推荐结果是否反映真实情况，只是简单地以票取人，就是放弃党管干部的原则。

2. 干部日常管理

党管干部的原则不仅体现为各级党委或组织部门按照干部管理权限选拔任用干部，而且具体体现在各级党委或组织部门对干部的日常管理上。干部管理工作的一项重要内容，是对干部的考核，包括年度考核和日常考核。一些地方仅仅依靠短时间的年度考核来对一个干部进行考察评价，而没有日常考核结果作为佐证和补充，事实上很难真实、客观、全面地反映出干部的情况。

年度考核是结合年度总结和述职对干部进行的短时间的、阶段性的集中考核，日常考核是结合日常工作对干部进行的经常性的、连续性的考核。年度考核要形成一次性的考核材料，日常考核则要有经常性、连续性的具体记载。

不论是年度考核还是日常考核，关键问题，一是党的组织对所管理的干部，要按照干部管理权限，由党委或组织部门负责考核，或责成专人负责；二是一定要有记载，而且这种记载应当是写实性的，尽可能量化的；三是在考察评价时，要将这些考核记载作为主要依据。

3. 干部监督

对干部监督问题，应当将其作为一个系统来对待。1995 年 9 月 27 日，江泽民同志在《领导干部一定要讲政治》一文中指出："要加强党内监督，健全对领导干部自下而上、自上而下以及党委内部的监督制度，同时拓宽党内外监督渠道，发挥群众监督和舆论监督的作用。"[①] 这里谈到了不同的监督，都是干部监督体系的重要方面。干部监督的范围，包括对领导干部的日常监督和对干部选拔任用工作的监督。干部监督，是党委组织部门的责任，但在具体方式上要和有关方面结合起来。

一是自我监督。1997 年以来，中央先后出台了一系列有关领导干部廉洁自

---

① 江泽民：《江泽民文选》，第一卷，人民出版社，2006 年，第 457 页。

律的规定，加强了领导干部的自我监督。

二是党内监督。这包括管理干部的组织部门的监督、负责执行党内纪律的纪检部门的监督、党的上级组织对下级组织的监督、党员对党员领导干部的监督。

三是党外监督。这包括监察部门和人大、政协、民主党派的监督。

四是群众监督。群众监督需要加强，要找到有效的监督途径和形式，用制度的形式确定下来，坚持下去。设立举报电话和意见箱、设立领导接待日、接待群众来信来访等，都是很好的办法。问题在于，一方面要把这些经过实践证明是成功、有效的办法，用制度的形式确定下来；另一方面应有专门机构、专门人员受理这些来自群众的意见，将好的建议转化为决策，对群众提出的批评予以反馈，对提出的问题予以纠正。

五是新闻舆论监督。这些年来，舆论监督的作用不小，成效也不小，受到群众的拥护。存在的问题是，曝光的不少，落实改正措施、通报结果的不多，往往是曝光后就没有下文了，没有给群众一个满意的答复。其结果，群众的信心受到伤害，被曝光的当事人没有受到应有的教育。应当对群众关心、反映强烈的问题，一追到底，进行跟踪报道，不能不了了之；同时，应当建立一种政府有关部门与舆论监督相衔接的机制，专门研究和落实舆论监督提出的问题。

我们应当认真总结这些年来干部监督方面的经验教训，从总体上来考虑已经形成的各项制度，使这些制度相互配合，进而形成科学的干部监督体系。

第十七章 人才队伍建设

上一章我们讨论了中国科协队伍建设的一个方面，科协工作者队伍建设即干部队伍建设。本章着重讨论中国科协队伍建设的另一个方面，科技工作者队伍建设即人才队伍建设。人才队伍是中国科协的工作对象、服务对象，加强干部队伍建设是为了更好地实现为科技工作者服务的宗旨，因此，人才工作是中国科协组织建设的重要组成部分，加强人才队伍建设是中国科协组织建设工作的核心。

中国科协联系、团结和凝聚着6700多万名科技工作者[①]，其中有一大批是在国内外享有盛誉的著名科学家，他们都是中国科协的工作对象、服务对象。从一定意义上说，中国科协的工作对象就是人才，中国科协的工作就是人才工作，中国科协的最大优势就是人才优势。当然，不言而喻，这里所说的人才特指科技人才、科技工作者。

概括地说，中国科协人才工作的任务就是为科技工作者服务。具体地说，这种服务主要体现在三个方面，一是提高科技工作者的素质，二是发挥科技工作者的作用，三是维护科技工作者的权益。而中国科协人才工作的根本任务，就是发挥科技工作者作用，其目的在于促进科技工作者成长成才。完成好这个根本任务，就是最大限度地发挥了中国科协的人才优势，这对于建立更加紧密联系的中国科协组织体系，团结和凝聚广大科技工作者，发挥中国科协组织体系的重要作用，关系重大，意义重大。这正是我们将人才工作作为中国科协组织建设工作的主要内容、将人才队伍建设作为中国科协组织建设的核心的根本原因。

---

① 据《中国科技人力资源发展研究报告2012》，截至2011年年底，我国科技人力资源总量为6760万人，总量规模居世界第一位。其中，具备资格即接受自然科学相关专业的高等教育的科技人力资源占94.5%，虽不具备资格但实际在相关岗位工作（职业角度）的科技人力资源占5.5%。

第一节　对中国科协人才工作的基本认识

中国科协“三服务一加强”的职能，即为经济社会发展服务、为提高全民科学素质服务、为科技工作者服务、加强自身建设，核心是为科技工作者服务。因为只有全心全意地为科技工作者服务，调动他们的积极性、主动性和创造性，提高他们的科学技术水平和科学道德素质，才能更好地发挥他们为经济社会发展服务、为提高全民科学素质服务的重要作用。因此，必须在为科技工作者服务这个基点上来思考、谋划和展开科协的工作，而事实上，科协的全部工作也都可以在为科技工作者服务这个基点上，找到和确定自己的位置，找到和确定自己的价值与意义。

为科技工作者服务，最基本的，就是提高科技工作者的素质，发挥科技工作者的作用，维护科技工作者的权益。这三个方面都具体地体现在中国科协的各项工作中；或者说，中国科协的各项工作都体现在这三个方面。

从实践层面上看，我们的学术交流、继续教育、科学道德和学风建设等工作，都是属于为科技工作者服务的任务之一“提高科技工作者素质”方面的工作。我们的建言献策、决策咨询和科技思想库建设、科学普及、人才举荐、科技评价、参政议政等工作，都是属于为科技工作者服务的任务之二“发挥科技工作者作用”方面的工作。我们的科技工作者状况调查、反映科技工作者的意见和诉求、解决科技工作者的困难和问题等工作，都是属于为科技工作者服务的任务之三“维护科技工作者权益”方面的工作。在这些方面，我们都搭建了一些工作平台，也形成了一些工作和活动品牌，有一些工作和活动还有一定的社会影响。而我们的领导班子建设、干部队伍建设、组织建设等工作，则是为了加强科协组织的自身建设，提高科协工作者的自身素质，其目的是为了保证更好地实现和体现为科技工作者服务。

当然，中国科协的各项工作都有自身的特点，做好这些工作要遵循各自的规律，但从“中国科协的工作就是人才工作，中国科协的人才工作就是为科技工作者服务”这样的高度和角度来认识和理解、谋划和部署、检验和评估中国科协的工作，有助于提高中国科协工作的品格和成效，有助于提高中国科协工作的吸引力和社会影响力，有助于提高科技工作者对中国科协工作的认可度和满意度，更好地体现为科技工作者服务的目的，真正做到像胡锦涛同志在2008年12月15日庆祝中国科协成立五十周年大会上的讲话中所要求的那样，为科技工作者提供高效、优质的服务。

中国科协的最大优势是人才优势，而中国科协做人才工作也有着自己独特的优势。这种独特优势主要体现在，中国科协作为社会性、群众性、公益性、服务性的科技性社会团体，以服务广大科技工作者为己任和天职，没有自己的特殊利益，面向科技工作者开展的所有工作和活动都没有自己狭隘的功利目的，能够更好地体现公平和公正，而且比较超脱，有宽阔的胸襟，这就使得中国科协的人才工作不仅对科技工作者有感召力，而且也有很强的社会公信力。也正因为如此，中国科协始终把建设科技工作者之家、当好科技工作者之友、为科技工作者提供高效优质的服务作为自己不懈追求的崇高目标。

第二节　中国科协人才工作的主要特点

中国科协人才工作最大的特点，就是我们所联系和服务的人才，是一个跨学科、跨专业、跨领域、跨地区、跨部门、跨行业、跨群体的概念。

1. 跨学科、跨专业、跨领域

所谓跨学科、跨专业、跨领域，是说中国科协所联系的人才不是某一学科、专业、领域的，而是自然科学范畴的各个学科、各个专业、各个领域的人才。中国科协所联系和服务的人才，囊括了所有自然科学范畴的人才，学科齐全，门类众多，分布广泛。

2. 跨地区、跨部门、跨行业

所谓跨地区、跨部门、跨行业，是说中国科协所联系的人才是不受地区、部门、行业局限的，各个地区、部门和行业的同一学科、专业、领域的科技工作者，都可以参加同一学科、专业、领域的学会，都可以参加科协的活动，成为中国科协的工作对象、服务对象。

3. 跨群体

所谓跨群体，是说中国科协联系的人才不受年龄、性别、职业、民族的限制，只要是科技工作者，都可以成为中国科协的工作对象、服务对象。这一点，和工会、共青团、妇联、侨联、文联、作协、记协等群众组织有很大不同。工会联系的是职工，共青团联系的是青年，妇联联系的是妇女，侨联联系的是归国华侨，文联联系的是文艺工作者，作协联系的是作家（文学工作者），记协联系的是新闻工作者，都有一定的界别、领域或者年龄、性别的限制，而科协联系的科技工作者则不论年轻年长、不论男女、不论从事什么职业、不论什么民族，也不受地区、行业、单位的限制。

4. “人才济济，各有其主”

这种跨学科、跨专业、跨领域、跨地区、跨部门、跨行业、跨群体的特点，决定了中国科协所联系的科技工作者和中国科协之间并没有隶属关系，而只是一种学术、情感方面的联系。也就是说，这些人才都隶属于一定的部门和单位，他们的人事关系、工资关系、党组织关系都在这些相应的部门和单位，并不属于科协管理。用一句形象的话讲就是，科协“人才济济，各有其主”。我们是在各用人单位做人才工作的基础上来做人才工作的。但是，他们或者通过参加全国或地方学会，成为这些学会的会员，或通过参加这些学会组织的活动，而与科协发生联系；或者通过参加所在单位建立的科协基层组织，成为这些基层科协组织的会员，或通过参加科协基层组织的活动，而与科协发生联系。在实际工作中，这两个方面往往是交叉的，许多科技工作者既是全国或地方学会的会员，又是科协基层组织的会员。还有许多科技工作者成为全国和地方科协、学会和各类科协基层组织的领导，与科协的联系就更加紧密了。

这样一些特点，正体现了中国科协作为科学共同体的本质特征，也同时决定了中国科协人才工作的特殊工作方式。

第三节　中国科协人才工作的主要任务

从中国科协联系、团结、凝聚科技工作者的角度来说，或者从科技工作者作为中国科协的工作对象、服务对象的角度来说，中国科协人才工作的主要任务，就是为广大科技工作者服务。从人才队伍建设的角度来说，具体地体现为四支科技人才队伍的建设。

1. 高层次科技人才队伍建设

这包括两院院士和各类高级专家。这方面的工作主要是通过学会工作来实现和体现的。因为任何一个科技工作者，其专业、学术水平发展到一定程度，都要参加一定层次的学会，或者在全国学会，或者在地方学会，中国科协通过抓学会的建设，就把这些科技工作者联系起来了。

2. 各类基层一线专业技术人才队伍建设

这包括企业、农村、社区、高等院校、科研院所等生产、教学、科研等各类一线的专业技术人才，也包括企业的高技能人才和农村实用技术人才。这方面的工作主要是通过各类基层科协组织的工作来实现和体现的。因为任何一个科技工作者都工作在一个具体的基层单位，或者在科研院所，或者在大专院校，或者在企业，或者在乡镇和社区，中国科协通过抓建立在这些基层单位的科协组织建设，就把这些科技工作者联系起来了。

3. 科普人才队伍建设

这包括科普的理论研究人才、科普的实际工作人才，专职科普人才、兼职科普人才，农村科普人才、社区科普人才、企业科普人才、高校科普人才、科研院所科普人才，科普创意人才、科普策划人才、科普研发人才、科普传播人才、科普经营人才，青少年科技教育辅导员、传媒工作者，科普志愿者、爱好者。其中有许多著名的老科学家。科普人才的主体应当是科技工作者，而不是科协工作者，因为科学研究和科学普及是科学活动的两个相互联系的阶段，一个科技工作者在完成了科学研究、形成科研成果之后，以一种为公众所能接受的方式将科研成果转换为科学知识普及到公众中去，是顺理成章的事情。也就是说，广大科技工作者事实上是双重角色，承担双重任务，既是科研工作者也是科普工作者，既承担科研任务也承担科普任务。当然，并不是所有的科技工作者都适合做科普，但构成科普人才的主体一定是科技工作者。科协工作者的任务，则是策划、统筹、组织、协调科普工作。

4. 海外科技人才队伍建设

这主要是由中国科协吸引海外智力为国服务计划（简称“海智计划”）来支撑的，主要是在国外取得一定专业技术职务、手中拥有一定资源和科研成果、短期内没有回国意图甚至已经取得住在国国籍但有为祖国服务愿望的科技人才。在方式上，根据国内需要和个人自身情况，短期回国服务，有项目、基地支撑，时间可长可短，来去自由。通过联系的海外科技人才个人联系他们所在的海外科技社团，再进一步通过联系海外科技社团而联系到隶属于这些社团的更多的海外科技人才。

引进海外高层次科技人才，是中国科协人才工作的主要任务之一——海外科技人才队伍建设的重要内容。引进海外高层次人才，是我们党和政府在国家层面实施的重大人才战略，当前和今后一个时期，这个战略主要通过中央实施的海外高层次人才引进计划即“千人计划”来实现。具体地说，“千人计划”主要是围绕国家发展战略目标，从2008年开始，用5～10年，在国家重点创新项目、重点学科和重点实验室、中央企业和国有商业金融机构、以高新技术产业开发区为主的各类园区等，引进并有重点地支持一批能够突破关键技术、发展高新产业、带动新兴学科的战略科学家和领军人才回国（来华）创新创业。在符合条件的中央企业、大学和科研机构以及部分国家级高新技术产业开发区，建立海外高层次人才创新创业基地，推进产学研紧密结合，探索实行国际通行的科学研究和科技开发、创业机制，集聚一批海外高层次创新创业人才和团队。《国家中长期人才发展规划纲要》进一步明确，重点围绕国家发展战略目标，在中央、国家有关部门与地方分层次、有计划引进一批能够突破关键技术、发展高新技术产业、带动新兴学科的战略科学家和创新创业领军人才。其中，中央层面实施“千人计划”，建设一批海外高层次人才创新创业基地，用5～10年时间引进2000名左右海外高层次人才回国（来华）创新创业。

与其他部门相比，中国科协不是政策制定部门，也基本没有具体人才引进的合适岗位可以提供。但是，中国科协作为中央人才工作协调领导小组确定的5个引进海外高层次人才联系窗口单位之一，在吸引海外人才为国服务方面形成了自己的特色，具有其他部门所不具备的独特优势。一是与海外华人科技社团有着天然的联系，与海外华人科技工作者的交流与合作没有体制上的障碍。二是中国科协的海外人才工作与海外华人科技社团共同发起，平等合作，组织无论大小，地位一律平等。三是中国科协没有部门的特殊利益和功利目的，在做海外人才工作中更公正、超脱。四是工作方式灵活多样。中国科协联系的海外专家根据自己的实际情况和所掌握的资源，可以通过建立基地、确立项目合作开展科学研究、解决当地经济社会发展中的问题、联合培养研究生，也可以通过举办国际会议、回国讲学、协助国内研究人员在国际权威学术刊物发表论文、对国内科技发展建言献策等形式，开展为国服务工作，还可以通过所联系的海外科技社团及其科技人才，对一些渠道推荐的“千人计划”人选进行必要的考察和评估。由于上述这些特点和优势，中国科协在配合实施“千人计划”、引进海外高层次科技人才方面可以发挥自己独特的作用。

中国科协“海智计划”实施以来，在加强与海外科技团体联系、吸引海外科技人员回国服务方面做了大量工作，“海智计划”支持的基地和项目，也取得了很好的效果。中央提出“千人计划”之后，中国科协对“海智计划”进行了改造，形成了新的特色。一是今后的“海智计划”主要配合“千人计划”的实施，发挥科协组织的优势和特色，利用现有资源和手段，重点是配合做好引进海外高层次人才工作；二是与此同时继续做好多年来已经形成的有特色的“海智计划”工作。这两个方面既互相配合，又体现“海智计划”为“千人计划”服务。从实际情况看，如何通过“海智计划”的平台为“千人计划”服务，做更多的工作，还有很大的空间，应当更提高一步。

第四节 关注两个特殊人群

中国科协人才工作的主要任务是四支队伍建设。我们在抓好四支队伍建设的同时，应当关注两个特殊人群。

1.35岁以下青年科技创新人才

要关注35岁以下青年科技创新人才的成长，充分发挥他们的重要作用。可以考虑开展一次35岁以下青年科技人才主持科研项目状况的调查，搞清现状，发现问题，找出原因，提出对策。

2. 跨学科战略性创新人才

要关注跨学科战略性创新人才的培养。中国科协的最大优势是它的跨学科性，它所培育的人才也应当是跨学科的战略性的创新人才。我们过去重视的是各个学科的专门人才，今后要进一步发挥中国科协决策咨询的作用，特别是国家级科技思想库的作用，有赖于一大批跨学科的战略性的创新人才的成长。中国科协要发挥作为独特的国家级科技思想库的作用，在客观上呼唤一大批不仅跨自然科学各学科而且跨自然科学和社会科学学科以至于融贯东西的，具有宏观思维、战略思维、辩证思维能力，并且具有世界眼光和胸襟的具有崇高的社会责任感、道德操守和强烈的人文精神的战略性科学家和复合型人才的成长和成熟。从实际情况看，中国科协作为独特的国家级科技思想库的作用，在很大程度上是通过中国科协所属学会来体现和实现的，是由中国科协及其所属学会所联系的科学家、科技工作者来支撑和承担的。这些科学家、科技工作者主要是自然科学某一学科、领域、专业的领军人物和专家，他们中虽然也有一大批关注世界发展大势、了解中国国情、思维开阔而敏捷、在多个学科卓有建树的科学家和专家，但像钱学森那样的享誉中外的大科学家数量还很少，还远没有形成具有一定规模的战略性科学家和复合型人才队伍，影响了中国科协在国家重大战略决策中咨询参谋作用的发挥，也影响了中国科协作为国家级科技思想库的形成和作用。随着这样一大批战略科学家和复合型人才的成长和成熟，科技工作者的决策咨询作用、由科技工作者支撑的中国科协国家级科技思想库的作用将愈加明显和重要。这将是中国科协的长期任务。

第五节　中国科协人才工作的切入点

我们前面讲过，中国科协的人才工作，就是联系科技工作者、为科技工作者服务，而科技工作者又主要在各级学会和各类科协基层组织。因此，从工作路径看，联系和服务科技工作者有两个切入点：一是学会，二是科协基层组织。

1. 科协基层组织

这是因为，如前所述，任何一个科技工作者都有一个具体单位，即基层单位，或者在科研院所，或者在大专院校，或者在企业，或者在乡镇和社区。我们通过在这些基层单位建立科协基层组织、开展基层科协工作，就把广大科技工作者联系、团结、凝聚起来了。

2. 学会

同样如前所述，从所学学科、所从事专业和加强学术交流、提高学术水平的角度，任何一个科技工作者的学术水平发展到一定程度，都要参加一定层次的学会，或者在全国学会，或者在地方学会，或者在理科学会，或者在工科、农科、医科和交叉学科学会，我们通过抓学会的建设、开展学会的工作，就把广大科技工作者联系、团结、凝聚起来了。

3. 科技工作者的双重身份

这两个切入点决定了做好中国科协的人才工作，必须抓好学会和科协基层组织，包括全国学会、各级地方学会和各类科协基层组织。从实际情况看，学会着眼的是高层次人才，科协基层组织着眼的是广大科技工作者。但这种区分又是相对的，因为在基层单位如高等院校、科研院所也有大量的高层次人才。不论是在大型企业、高等院校、科研院所，还是在从事科普研究和实际科研工作的人群中，都有许多高层次人才。高层次人才既生活在基层单位，参加科协基层组织的活动，也生活在学术活动中，参加学会的活动。

从和科协的联系的角度看，科技工作者实际上具有双重身份。他们既生活在学会中，又生活在科协基层组织中；既是学会的会员，又是科协基层组织的会员。这两种和科技工作者联系方式的交融，使得科技工作者和科协组织的联系更加紧密，也使得科协组织为科技工作者服务更加有效。

第六节　中国科协人才工作的重点

就整个人才工作来说，或者说就四支人才队伍建设来说，重点是高层次科技人才队伍建设，这既是我们中国科协人才工作的优势，也是我们中国科协人才工作的特点。从工作思路和格局来说，我们是以高层次科技人才队伍建设为重点，整体推进各类科技人才队伍建设；以青年科技人才特别是青年创新、创业科技人才队伍建设为基础，不断充实高层次科技人才队伍建设。中国科协的人才工作正是围绕这个重点来设计、来谋划、来展开的。

在突出这个重点的同时，我们必须处理好重点做好高层次人才队伍建设和着眼于大多数科技工作者的关系。这是因为，高层次人才的成长是以大多数科技工作者的成长为基础的，只有大多数科技工作者的不断成长进步，才能源源不断地为高层次人才队伍输送人才。离开了广大科技工作者的成长进步，只把眼睛盯在少数高层次人才上，甚至不惜采取“吃小灶”、“拔苗助长”的办法，是不可能加强高层次人才队伍建设的，即使建立起来了也不可能持久。

在现实生活中，某些领导同志的头脑中存在着狭隘的人才观，认为只有少数好学校、好专业毕业的科技工作者才是人才，即便是做出成绩的科技工作者，也要看他们的第一学历是不是好学校、好专业，把眼睛盯在这些少数人才身上，而对那些大多数未必毕业于好学校、好专业的科技工作者，则不屑一顾，即使做出成绩了，也不予重视。这其实是一种人才观上的“血统论”，就像“文化大革命”中在政治上看“出身”、查“祖孙三代”一样，是非常落后的、狭隘的、偏激的观念和做法，必须彻底摈弃。我们应当在马克思主义实践观的基础上树立科学的“大人才观”，不看“出身”，不查“祖孙三代”，主要看掌握知识的程度，看他们运用知识解决问题的能力，更看他们在实践中做出的贡献。不以“出身”论英雄，而以“实绩”论英雄，谁做出了贡献谁就是人才，谁做出的贡献大、有创新，谁就是拔尖人才。

从长远看，我们的目标是要建设一支规模宏大的科技人才队伍，必须把着眼点、立足点放在广大科技工作者队伍的建设上，这与把加强高层次科技人才队伍建设作为重点是不矛盾的，是相辅相成、相互促进的。科技工作者队伍的规模越大、质量越高，高层次人才的成长就越快，高层次人才队伍就越壮大。

第七节　中国科协人才工作的基本方式

中国科协人才工作的基本方式，就是搭建平台、提供服务。也就是说，搭建适合不同学科、不同领域、不同群体科技工作者特点的，满足各类科技工作者不同需求的各种平台，把广大科技工作者吸引、团结和凝聚到这些平台上来，使他们在这个平台上发挥作用、施展才华、成长成才、服务社会和公众，科协组织在这个过程中为科技工作者提供优质、高效的服务。

这些年来，中国科协在人才工作方面独自或与有关部门共同搭建了一系列促进科技工作者包括科技工作者后备力量成长成才的工作平台，包括青少年科技创新大赛、大学生挑战杯、博士生学术年会、中国青年科技奖、中国青年女科学家奖、两院院士初遴选、国家科技奖励项目推荐。此外，还有一系列适合并满足不同层次、不同领域、不同学科、不同行业以及不同兴趣的科技工作者需要的学术交流平台，包括青年科学家论坛、新观点新学说学术沙龙、中国科协论坛，以及各种国际性学术会议、论坛。

可以看出，中国科协的人才工作已经搭建了从中学生到大学生、研究生以至于中青年各个年龄段的人才成长系列平台，形成了相对完整的各个年龄段的人才培养、成长、发现、举荐链条。今后，要进一步研究和完善这些不同的平台在科技工作者成长成才过程中的不同作用，使之形成一个科学合理的结构，相互衔接和配合，更好地发挥其效能。

从加强中国科协人才队伍建设的高度和全局看，应当强化一些单位作为培养科技人才队伍的职能，发挥好这些单位在培养、提高、举荐科技人才方面的作用。比如，中国科协青少年科技中心的主要职能和任务是做科学普及还是培养科技后备力量？很多人包括领导同志都认为是前者，其实应当是后者。其主办的明天小小科学家奖励活动、全国青少年科技创新大赛、全国大学生课外学术科技作品竞赛等，绝不仅仅是为了向青少年进行科学普及，而是为了通过这些方式培养、发现、举荐具有发展潜质和前途的科技后备力量。因此，像青少年科技中心这样的单位，更多地应当发挥人才工作的作用。

第八节 科技人才发挥作用的渠道和途径

如何有效地发挥科技工作者的作用，是中国科协人才工作的核心内容。中国科协为科技工作者提供优质高效的服务，其目的就是为了有效地发挥科技工作者的作用；检验中国科协为科技工作者提供的服务是否有效、成效大小，也是要看科技工作者发挥作用的情况。

科技工作者在我们国家的经济社会生活中发挥作用的领域广泛，渠道和途径多样。但是，由于中国科协自身的特点和优势，在中国科协人才工作的框架内，科技工作者发挥作用具有独特的领域、独特的渠道和途径。

1. 科技人才之间的学术交流

学术交流绝不仅仅是同一学科内部或不同学科之间科技工作者的相互交流，也不仅仅是科技工作者的纯学术活动，而是科技工作者发挥作用的重要渠道和方式。这种作用主要体现在四个方面：一是通过学术交流，将科技工作者的学术成果转化为现实生产力，推动国家和地方的经济社会发展与科技进步；二是通过学术交流将最新学术研究成果引入学科，促进学科的发展；三是通过学术交流提高从事本学科研究的科技工作者的学术水平，推动科学研究、科技进步和创新；四是通过不同学科之间的学术交流，促进从事不同学科研究的科技工作者对相关、相近以至相距甚远的学科的了解，既是面向科技工作者的高层次的科学普及，提高科技工作者融会贯通、战略思维的能力，也可以促进不同学科之间的交叉融合，以至于建立新的交叉学科。

2. 科技人才面向社会公众的科学普及

科技工作者既是科学研究、科学创新、技术发明的主体，也是科学普及、科学传播的主体。科技工作者在从事科学研究、科学创新、技术发明的同时，将他们的科研成果用易于为大众所接受的语言和方式向公众普及与传播，是科技工作者的社会责任，也是科技工作者发挥作用的重要方式。而事实上，科技工作者在向公众普及科学知识方面一直承担着主力军的重要角色，而且在普及科学知识的过程中，传播科学精神、科学思想、科学道德和科学方法，提高公众的科学素质。

无疑，提高公众的科学素质或科学素养，是通过科技工作者的科学普及过程来实现的。从目前的科学普及现状看，科技工作者所做的科学普及，包括两个方面：一是科技工作者将自己所学的或所熟悉、擅长的学科和专业的知识，向社会公众进行普及，增加公众的科学知识；二是科技工作者将自己所从事的科学研究、技术发明的成果转换为科技知识，从科研前沿、前线向社会公众进行科学普及，使公众了解最新科研信息，加深对科研过程和成果的理解。这两方面的科学普及，都是科技工作者根据自己所从事的学科领域和所进行的科学研究以及自身的特长来进行的，而社会公众则是根据自己的具体需求来有选择地接受的。科技工作者所从事的自然科学的学科、专业、领域及其分支成千上万，他们所进行的科学研究领域、项目也十分广泛，除一些涉密的之外，按照现在的科学普及方式，它们都在普及的范围。这种科技工作者进行科学普及的广泛性和社会公众介绍科学普及需求的具体性之间的矛盾，就使得现在的科学普及实际上处于一种杂乱无章的状况。当科技工作者提供的科学普及铺天盖地的时候，公众实际上处于不知如何选择的茫然状态，而当科技工作者提供的科学普及不够丰富、没有足够选择性的时候，则形成科技工作者提供什么科学知识社会公众就被动接受什么科学知识的局面。

实际上，从提高全民科学素质或科学素养的角度来考虑，公众的科学素质或科学素养是有基本标准和要求的，公众的科学素质或科学素养的提高并不能完全通过这种杂乱无章的科学普及过程来完成。比较可行的办法，是应当将提高公众科学素质或科学素养的标准和要求转换成一些基本的、普遍的科学原理、科学知识和科学概念，这些原理、知识和概念是适宜于全体公众的，只是在向工人、农民、城镇居民、公务员、未成年人等不同人群进行这些原理、知识和概念普及的时候，要照顾到他们各自的特点，针对他们的特点来进行。但有一点是明确的，就是任何公众，要具备科学素质或科学素养，就必须接受这些基本的科学原理、科学知识和科学概念。同样，要考核、测试社会公众是否具备科学素质或科学素养，也必须考核、测试他们是否掌握了这些基本的科学原理、科学知识和科学概念。应当承认，我们在这方面做得还是远远不够的。需要提醒的是，这两年来，中国科协和各省区市政府分别签订协议，根据各省区市目前社会公众科学素质的情况，下达了到“十二五”末要实现的具体目标。总的来说，全国的水平要从“十一五”末的3.27％提高到5％，这是一个需要通过实实在在的、艰苦细致的实践过程来完成的过程。而笔者担心的是，到目前为止，全国还没有对社会公众进行科学普及统一的标准和要求的“蓝本”，并且按照这个“蓝本”对社会公众进行科学普及，而到“十二五”末却要按照统一的标准和要求来对社会公众进行（随机地）考核、测试，如何来完成这个已经由各省区市政府郑重承诺的重要任务呢？但愿笔者的这个担心是多余的。

那些各个学科、专业、领域及其分支的科学知识的普及，那些将各种科学研究过程及其成果转换为科技知识的普及，是在公众接受了这些基本的科学原理、科学知识和科学概念的基础上，才变得有意义。而且要使这种科学普及活动真正发挥作用、取得效果，还必须深入研究和解决针对性的问题，就是一定要考虑不同接受对象即公众的具体需求，对接受人群进行细分，对不同的人群普及不同的内容，采取不同的方式。不仅如此，还要同时考虑当时、当今、当下经济社会发展本身对科学普及提出的要求，并且把社会的这种客观要求和公众的实际需求结合起来。这实际上对科技工作者的科学普及活动提出了更高的要求。

另外，在现实生活中，还会经常出现涉及民生的一些事件，而这样的时候往往会出现各种不同的声音，甚至违背科学常识，扰乱视听，误导公众，比如一时间炒得沸沸扬扬的“吃绿豆治病”的事件。这种时候，实际上是最需要科技工作者及时发出声音、站出来说话的。这就需要科技工作者从良知出发，站在捍卫真理的立场上，秉承科学精神，向公众传播正确的科学知识，对那些误传误导予以驳斥，以正视听。这实际上也是一种非常重要的科学普及工作，做好这样的科学普及工作，也是科技工作者不可推卸的社会责任。其实，从社会责任出发，科技工作者在将自己的科研成果转换为科学知识向公众进行普及的同时，也应当如实地向公众讲清楚有些研究成果可能导致的现实或潜在的负面影响，比如转基因的研究，使公众在了解和接受科学知识的同时也能够参与一些科学研究和应用的讨论。

3. 科技人才面向党委和政府的决策咨询

中国科协作为全国政协的一个重要界别，参加了建国大业，使得科技工作者参政议政成为国家政权建设的不可或缺的重要内容，成为一种政治制度的设计，也形成了科技工作者由来已久的光荣传统。围绕国家经济社会发展中的宏观性、全局性、战略性和前瞻性的重点、热点和难点问题，深入开展调查研究，分析评估，建言献策，提出可供选择的可行性方案，为党和政府的决策提供咨询，做好参谋，是科技工作者的重要职责。这种过程，就是将科技工作者的个体智慧凝聚、提炼为集体智慧的过程，将有助于发挥中国科协作为独特的国家级科技思想库的作用。

4. 同行评议

同行评议是最能体现科学共同体本质特征的、在科技界普遍通行的一种对科学活动过程及其结果潜在或现实价值进行评审、评价、评估的基本方式和方法，也是科技工作者发挥作用的重要渠道。其内容包括科技成果评价、科技人才评价、资格认证等。随着政府职能的转移，由中国科协及其所属学会组织科技工作者来进行同行评议的内容将不断扩大，科技工作者在这方面发挥的作用也将越来越大。

5. 人才举荐

中国科协搭建的从中学生到大学生、研究生以至于中青年各个年龄段的人才成长系列平台，实际上是通过科技工作者来进行人才培养、发现、举荐的。这些平台具有双重功能，一方面，科技工作者通过这些平台使自己成长成才，另一方面，科技工作者也通过这些平台培养、发现、举荐人才。这实际上是一个双向互动、相互促进和提高的发展过程。举荐人才的前提是培养和发现人才。做好青少年科技教育，向大学生、研究生进行科学道德和学风建设教育宣讲，培养科技后备力量；通过参加在企业等单位建立的专家工作站，一方面为企业的技术创新和改革发展提供智力支持，一方面言传身教，为企业培养科技人才；参加企业、高校、科研院所的产学研，发挥智力支撑作用等，都是科技工作者在这方面所做的工作。在培养和发现人才的基础上，向社会举荐优秀的科技人才，推动国家的科技进步和社会发展，是科技工作者发挥作用的重要途径和方式。

第九节　改进中国青年科技奖、中国青年女科学家奖评审办法

人才评价和举荐，是中国科协人才工作的重要内容。从工作层面看，目前，中国科协的人才评价和举荐工作，主要是通过一些重要奖项的评比、国家科技奖的推荐和两院院士初遴选来体现和实现的。做好人才评价和举荐工作，是为了培养、发现、举荐高层次人才，更好地激励科技工作者成长成才，充分发挥科技工作者在推动科技创新、建设创新型国家中的重要作用。从总体看，中国科协在人才评价和举荐方面已经做了不少工作，初步形成了自己的特色，也在社会上赢得了信誉，但是仍然有改进的空间。

中国青年科技奖创立于1987年，每两年评选表彰一次，到2013年已经历时26年，共评选表彰了13届。中国青年女科学家奖创立于2004年，每年评选表彰一次，到2013年已经历时10年，共评选表彰了10届。在笔者的积极建议并

积极推动下，对这两个奖项进行了三次比较大的改进。

第一次是在2009年，将中国青年科技奖的女性科技工作者入选者和中国青年女科学家奖入选者的年龄上限从40岁提高到45岁。

在这里，笔者介绍一下这样做的起因。2008年9月在重庆举办第9届中国科协学术年会期间，组织人事部作为中国科协常委会女科技工作者专门委员会办公室，与有关部门举办了女性高层论坛。一些报告人在论坛上都谈到我国女科技工作者队伍的状况。在低端，女性科技工作者的数量与男性科技工作者差距并不很大，但越到高端，女性科技工作者的数量越少，或者说所占比例越低。究其原因，当然是多方面的，但一个很重要的原因是，青年女性科技工作者在她们的科研生涯中，都会遇到怀孕、妊娠、哺乳等共同问题，使她们的科研生涯在事实上比男性科技工作者大体受到5年时间的影响。这是青年女性科技工作者独有的问题。这次论坛后，在笔者的主导下，开始酝酿并实施将中国青年科技奖女性科技工作者入选者和中国青年女科学家奖入选者的年龄放宽5岁。考虑到当时中国青年科技奖入选者40岁的年龄规定，是由35岁的规定改过来的，经过几年的实践，当时正在酝酿将年龄再改回到35岁，在这种情况下提出将中国青年女科学家奖入选者的年龄放宽5岁，显然时机不成熟，也不可能做到。于是，我们就从中国青年女科学家奖入手，经过与其他举办方的积极沟通和协商，得到他们的支持，从2009年开始，正式实施将入选者的年龄放宽5岁。这项工作完成后，我们再回过头来做工作，以中国青年女科学家奖入选者的年龄已经放宽5岁为由，为了保持一致，建议将中国青年科技奖女性科技工作者入选者的年龄也相应地放宽5岁，经过中国青年科技奖工作委员会批准，从2009年第十一届开始实施。

第二次是在2010年，将中国青年女科学家奖入选者的数量，由5名中国青年女科学家奖（正奖）和5名中国青年女科学家提名奖（副奖），调整为10名中国青年女科学家奖，即取消了副奖，全部变为正奖。

这种改变的考虑是，中国青年科技奖人选的评审是同一个标准和办法，科学而严格，将用同一个标准和办法严格评审出来的10名人选从中间“切一刀”，前5名为正奖，后5名为副奖，成为两组差异很大的荣誉，显得很不科学，也很不公平。从2008年开始，笔者和各主办方多次沟通协商，特别是和中国青年科技奖奖金的出资方欧莱雅（中国）公司沟通协商，达成共识，并积极推动实施。为此，欧莱雅（中国）公司积极与欧莱雅总部沟通，经过大量艰苦细致的工作，正式确定下来。中国青年女科学家奖的奖金，正奖每人10万元，副奖每人1万元。2009年作为过渡的一年，先取消了提名奖，将5名提名奖的奖金合起来使用，增加了1名正奖，使正奖的数量达到6名。经过一年的过渡，从2010年第七届开始，每届入选者10名全部为正奖，取消了副奖。

第三次是在2010年，将中国青年女科学家奖评选的范围从内地扩大到了香港特别行政区和澳门特别行政区。这种扩大，是在评选标准和方式一致的前提下的扩大，不存在照顾的问题。香港以其自身的实力，2010年和2012年都有人员入选。

经过多年的实践，应当说，中国青年科技奖和中国青年女科学家奖的评选愈加成熟，但仍有改进的空间。下一步，在推荐环节和评选环节可以考虑做如下改进：

一是在推荐环节，推荐单位除了全国学会、省区市科协外，增加高等院校、科研院所作为可以直接推荐的单位；除了推荐单位推荐外，确定一些学科领域的专家，可以提名本学科领域的人选。

二是在评选环节，合理划分学科组，构成学科组的评委要有一定的数量；特别是一些大学科的组，大学科所属的小学科，都应有相应的评委。评委大都是院士，但院士也是某个具体学科领域的专家，"隔行如隔山"，这个学科的院士、专家评选不了那个学科领域的人选；在同一个大学科中，这个小学科的院士、专家也评选不了那个小学科的人选。因此，不仅要强调同行评议，还要强调小同行评议。这就需要使每个小学科都能有相应的专家做评委。如果做不到这一点，仅仅照顾到大学科，评审中的盲目性仍然不可避免。

三是在做到科学合理地划分学科组（包括足够的数量和合理的结构）的前提下，可以适时取消全体评委参加的大会投票评审。当学科组的划分做到科学合理的时候，就意味着不仅做到了同行评议，而且做到了小同行评议，在这种情况下学科组的评委经过投票做出的评审结果，就应当有终审的意义，而不需要再经过由各学科组评委参加的大会投票评审。因为大会的评审，根据仍然是各个学科组的介绍，仍然是学科组的主导意见。如果大会的评审根据的仍然是学科组的意见，则大会的评审没有意义；如果大会的评审不顾及学科组的意见，则是外行评议，其结果就会走偏。

第十节　改进全国优秀科技工作者奖及"十佳全国优秀科技工作者"奖评审办法

全国优秀科技工作者奖的评审，到2012年已经进行了五届；其中，经清理规范予以保留后，按照新的办法，也已评选了两届，"十佳全国优秀科技工作者"就是在这两届中才进行评选的。现在提出要改进全国优秀科技工作者奖及"十佳全国优秀科技工作者"奖的评审办法，至少有两点要特别强调一下。一是现在提出要改进，并不是说这个奖的评审办法出了什么毛病，而是实践在发展，时代在前进，根据实践的发展、时代的前进在客观上提出的要求而对原有的规定、做法做适当的调整和改进，是再正常不过的事情了。二是任何事物，总是先有实践再有认识，人们的认识在实践中产生，在实践中发展，并接受实践的检验。我们之所以在这样的时候提出对全国优秀科技工作者奖及“十佳全国优秀科技工作者”奖评审办法进行调整和改进的意见，正是因为我们已经有了两届评选的实践，有了对这两年实践的思考和认识，包括对经验的总结和对问题的探讨，所以才有了调整和改进意见的提出。在此之前，由于没有这两年的实践及其对实践的相应认识，我们就不可能提出改进意见。这是符合认识论或实践论的。我们不能简单地看问题，不能犯形而上学的错误，不能认为事物需要改进就是这个事物错了，也不能认为事物没有错误就不需要改进。事物都是在继承中前进的，继承的过程就内在地包含着改进的过程，我们不能认为有改进就是否定过去的工作。

可以考虑做三点较大的改进。

一是可以考虑改变公众投票的方式，也就是取消公众投票这种方式。这种改进，不仅仅在于网络投票不可避免地会带来用行政手段组织投票，甚至社会上的专业刷票公司也可能介入，关于这一点，已经看得很清楚了，不必说得再多。更重要的在于，优秀科学家不可能像评选明星那样来产生，这才是问题的实质、问题的核心。有些同志总是怀着良好的愿望，希望社会能够像追捧和崇拜歌星、影星那样来追捧和崇拜科学家，使公众追捧和崇拜科学家成为一种时尚，使科学家成为“歌星”、“影星”。其实，公众对科学家特别是对科学家科技贡献的认识，需要通过恰如其分的宣传和科学家与公众的近距离接触，而且需要长时期持续不断地这样才能不断地收到效果。而靠像“追星”、“造星”那样由公众通过网络、报纸、手机投票来评选优秀科学家，其结果是不可靠的，不可避免的随意性、盲目性将使这种评选变得离真实越来越远，变得庸俗化甚至“搞笑”，变得没有意义。

二是取消公众投票，直接由评审委员会评选，就要使评审委员会委员有一个合理构成。构成评审委员会的评委，不仅要有了解和熟悉情况的各个主要学科领域的专家，也要有其他方面的专家，不仅要考察入选者的学术成就和科研贡献，还要考察入选者的科学道德和学风情况。

三是进一步完善评选办法，真正把在基层一线的优秀科技工作者推荐评选上来。设立全国优秀科技工作者的初衷，是为在基层一线从事生产经营、教学科研、技术研发、科学普及、科技管理的优秀科技工作者提供一个平台，用通俗的话说，就是评选科技工作者中的“劳模”。要同时满足两个条件，一要在基层单位，且直接从事生产经营、教学科研、技术研发、科学普及、科技管理等工作，而不是在机关部门，也不是在基层单位的行政管理、后勤服务等非科技性岗位；二要在专业技术岗位，包括专业技术职务和专业技术管理职务，而不是管理岗位，更不是公务员岗位。

第十一节 改进国家科技奖推荐办法

中国科协从2005年开始，作为推荐单位推荐国家科技奖，包括自然科学奖、技术发明奖、科技进步奖，科技进步奖包括科普类和非科普类。开始，中国科协推荐的数量比较多，以后，国家科学技术奖励工作办公室（简称国家奖励办）逐步将推荐单位扩大到一些全国学会，目前已有10个全国学会作为推荐单位可以直接向国家奖励办推荐人选，而由中国科协作为推荐单位的名额就变得越来越少了。

这里，事实上就出现了一个不可回避的问题。当将10个全国学会作为推荐单位后，中国科协就仅仅作为一个与10个全国学会并列或并行的推荐单位，而10个全国学会一般都是大学科领域的学会，中选率相应地会高些，与之相比较，中国科协要面对众多的大学科领域之外的学会，中选率相应地会低些。这是一个在评选之先就可以预料到的情况。在这种情况下进行的评选，出现中国科协的中选率比不上全国学会的中选率的结果，应当是必然的，是符合客观规律的，不应大惊小怪。但中国科协，具体地说就是承办评选工作的组织人事部，就要为此承担工作水平低的“罪名”，承受来自领导和各方面的“指责”。其实，中国科协作为推荐单位所进行的评选工作，也是请全国相关学科著名的院士和专家担任评委，也是按照科学合理的评选标准和程序进行，中选率低完全是由于上述客观原因造成的，和参加评比的评委和评比办法、程序没有关系。

因此，笔者一直以来主张，可以继续扩大作为推荐单位的全国学会的数量，或者扩大现有学会推荐人选的数量，而中国科协可以退出来，不再作为单独的推荐单位承担推荐评选工作。这个意见，笔者在一些不同场合都说过，并且一直坚持这样的观点。但国家奖励办仍然给中国科协下达国家科技奖的推荐指标，比如2013年度共8名，其中自然科学奖、技术发明奖、科技进步奖（非科普类）4名，科技进步奖科普类4名，仍然要求由中国科协负责推荐评选。今后，可以考虑将科技进步奖科普类指标交由科普作家协会评选，在他们每年一次的优秀科普作品评选入选作品中择优推荐；将自然科学奖、技术发明奖、科技进步奖（非科普类）指标，分别交由10个有推荐资格的学会中属于大学科领域而推荐指标又比较少的个别学会推荐评选，或者在10个学会之外另确定几个较大的学会推荐评选，或者将两方面的考虑结合起来综合考虑。

从长远看，笔者还是主张将国家科技奖的推荐评选工作交由全国学会去做，在现有基础上，或者扩大作为推荐单位的学会的数量，或者扩大现有学会推荐人选的数量，中国科协不再作为一个和全国学会并列或并行的推荐单位。

其实，由中国科协推荐评选和由全国学会推荐评选，二者之间并不是相互对立的，或者说并不存在对立关系。道理很简单，中国科协和全国学会之间，是领导被领导、包含被包含的关系，全国学会是中国科协的团体会员，是构成中国科协的主体，离开了全国学会，就无所谓中国科协。中国科协推荐评选，也是由中国科协所属的全国学会进行推荐，由中国科协组织各有关全国学会的院士、专家来评选，推荐评选的对象也主要是作为全国学会的会员的科技工作者。也就是说，中国科协的推荐评选，并不是单独由中国科协推荐评选，而是由中国科协组织协调所属相关学会推荐评选。而由若干学会来分别承担推荐评选任务，从全国学会从属于中国科协这一点来说，也可以说是中国科协在推荐评选。而事实上也是这样，当承担推荐评选任务的学会达到一定数量时，多个学会直接对接国家奖励办，又会出现由中国科协出面组织协调的问题，在我们与国家奖励办有关同志的接触中感到，其实他们也意识到这个问题了。所以，我们如果把中国科协和所属学会的关系理解透了，就不应当简单地讲是由中国科协推荐评选好还是由全国学会推荐评选好，而应当实事求是。即使是中国科协退出来，不再作为和其他全国学会并列的一个评审单位，当承担评审任务的全国学会的数量达到足够多的时候，一定在客观上提出由中国科协出面具体协调的问题。关于这一点，国家奖励办的同志在与我们商议如何做好中国科协的推荐评审工作时，已经提出这样的意图了。而从全国学会为中国科协所属这一点来说，这个责任在事实上也“逃脱”不了。所以，中国科协的领导和有关方面应当想明白，组织人事部作为职能部门也要把问题想透了，提出应对措施。

第十二节 改进中国科学院院士初选和工程院院士遴选工作

中国科协从 1991 年开始作为中国科学院院士候选人推荐渠道，参与中国科学院院士的初选工作。从 1995 年起开始作为中国工程院院士候选人推荐渠道，参与中国工程院院士的遴选工作。2014 年，在院士制度改革过程中，国务院确定中国科协成为除院士推荐外的唯一推荐渠道。对此，社会上出现了两种声音，一种声音认为由中国科协及其所属学会作为院士推荐渠道是回归本位，另一种声音则认为中国科协及其所属学会难担此任，有种种担心、担忧。其实，有这种担心、担忧甚至认为中国科协及其所属学会难担此任的同志，往往是不了解情况。

一是对中国科协的性质不了解。中国科协是人民团体、群众组织、社会组织，但中国科协与工会、共青团、妇联等人民团体、群众组织、社会组织有所不同，最大的不同是中国科协是科技性、学术性的社会团体，是拥有 200 个自然科学领域的全国学会的科技性、学术性的联合会。这是中国科协能够成为两院院士初遴选合适单位的基本条件。由科技部评估中心牵头开展的“中国特色科技评价体系建设研究”，对推荐院士渠道做了调查，在3500余位受访科技人员中，对学术团体认可度最高，占36%；对其他渠道的认可度依次为，专业评价机构占25.8%，政府占18%，社会占10.9%。调查同时显示，受访者学历、职称越高，对学术团体推荐的认可度越高。

二是对中国科协曾经做过的两院院士初遴选工作不了解。在20多年的中国科学院院士初选、近20年的中国工程院院士遴选工作中，中国科协充分发挥学术共同体学科齐全、覆盖面广、人才荟萃的优势，通过全国学会专门委员会、全国学会、中国科协按照科学严谨的程序依次推荐、筛选，形成了两院院士初遴选的评审专家队伍、制度体系、工作平台。截至2013年，中国科协累计推荐两院院士候选人1578人，当选489人，平均当选率为31%。其中，中国科学院院士初选开展了12届，推荐候选人828人，当选248人，平均当选率29.95%，最高当选率为46.3%（1991年），最低当选率为7.55%（2013年）；中国工程院院士遴选开展了10届，推荐候选人750人，当选237人，平均当选率31.6%，最高当选率50%（1995年），最低当选率0（2013年）。总体来说，中国科协推荐的两院院士的当选率，在各推荐单位中是比较高的。中国科协多年来参加两院院士初遴选工作之所以成绩不凡，根本原因就在于中国科协及其所属学会是科学共同体，比较超脱，没有自己的私利，没有狭隘的功利目的，社会公信度高；汇集了各个学科的顶级科学家和高层次专家、学者；有一套科学合理严谨的推荐、评审制度体系。

三是对中国科协曾经做过的两院院士初遴选工作了解不全面。也有一些人总是拿中国科协2013年的低当选率“说事”，以这一年的情况得出中国科协的初遴选水平不高的结论。其实，这个结论是以偏概全，有失偏颇的。之所以出现2013年的情况，原因在于中国科学院提出不提倡多渠道推荐，中国工程院提出不允许多渠道推荐，一个“不提倡”，一个“不允许”，使得许多申请者经过权衡选择了政府部门的渠道，中国科协就出现了中国科学院院士中选率仅有7.55%、中国工程院院士中选率为0“全军覆没”的情况。

应当说，保留中国科协的推荐渠道，特别是在取消政府部门推荐的情况下保留中国科协的推荐渠道，是一个非常明智的举动。中国科协不是政府部门，是社会团体，是由若干全国学会组成的联合会性质的社会团体，是学术共同体。中国科协承担的两院院士初遴选，是以各个全国学会的推荐为基础的。中国科协所属的全国学会是科技性、学术性的社会组织，集中了各个学科、专业、领域的科学家和科技工作者，不仅要推荐的两院院士人选来自于全国学会的会员或学会联系的科技工作者，而且全国学会层面的推荐和中国科协层面的初遴选，也是由作为全国学会会员或全国学会联系的院士、专家进行的。这正是一种同行评议，也是社会团体最有资格作为推荐单位的重要原因。中国科协及其所属学会参与两院院士推荐和初遴选已经多年，在政府部门不再作为推荐渠道的情况下，中国科协渠道的推荐就显得更加重要了，标准和要求也更加高了。那么，如何高质量地做好推荐工作呢？笔者以为需要解决好四个方面的问题。

第一，要明确院士提名推荐和中国科协的推荐两个渠道并行，不要规定“不提倡”双渠道推荐，更不要规定“不允许”双渠道推荐。如果做这种规定，则将无异于取消中国科协推荐的渠道，重蹈2013年的覆辙。道理很简单，中国科协的推荐渠道比较复杂，除了所在全国学会的推荐，还有中国科协的初遴选，而且不论是全国学会的推荐还是中国科协的初遴选，都有一套严格的标准和严谨的程序，而院士推荐，则只需要三名院士联名推荐即可。两相比较，选择院士推荐渠道，就是顺理成章的事情了。

第二，尽管各个全国学会在多年的推荐工作中已经积累了一些成功的经验和做法，但在中国科协作为除院士推荐渠道外仅存渠道的情况下，应当对学会推荐工作提出更高、更严的要求。办法是，由中国科协在认真总结各个学会推荐工作的基础上，提出统一的推荐标准和程序，以规范学会的推荐行为。同时，进一步完善中国科协的初遴选办法，包括初遴选的标准、程序和纪律监督的办法。另外，对参与推荐和初遴选工作的中国科协职能部门及其全国学会办事机构的工作人员也要提出严格要求，规范他们的行为。

第三，改进中国科协层面的初遴选办法，更加体现同行评议。在全国学会推荐基础上进行的中国科协的初遴选，应当进一步体现小同行评议。可以考虑，增加各个学部评委的数量，调整评委结构，使得在一个学部内所涉及的学科尽可能有相应的评委，使得各学部的评委数量足够、结构合理。这样，就可以在一个规定的时间段内，由各个学部召集本学部的评审，按照分配的名额，在认真审读材料、充分讨论的前提下，投票产生本学部的候选人，而不再召开全体评委大会进行投票。因为真正体现同行评议的，是在一个学部评委的范围内，而评委由于受所学学科、所从事专业的局限，对本学部之外的学科、专业仍然是“隔行如隔山”，没有发言权；在这种情况下的全体评委大会的投票，要么是仍然以各个学部在大会上介绍的情况为依据，要么是有很大的盲目性。

第四，使全国学会的推荐、中国科协的初遴选、两院的评审形成一个体系。就全国学会、中国科协和两院共同完成两院院士产生这样一个复杂过程来说，实际上形成了全国学会、中国科协、两院从低到高的梯次结构，每个层面承担不同的任务，最终完成两院院士产生的过程。因此，重要的是，不能使每一个层面都遵循同样的程序，经历同样的过程，而应当突出学会、中国科协和两院各自的特点，承担不同的任务，不至于重复、交叉，而应当使学会的推荐、中国科协的初遴选、两院的评审形成一个互补结构，共同完成两院院士推荐、初遴选、终评的过程。

关于中国科协作为两院院士单一推荐单位到底如何做，中国科协最终会形成一个科学合理的方案。以上只是笔者根据多年来作为承担这项工作的组织人事部主要负责同志在实践和经验基础上所做的思考。

第十三节　改进全国博士生学术年会的方式

从2003年创立到2014年，全国博士生学术年会已经举办了12届，走过了整整12年的历程。

1. 博士生年会的七个特点

经过十几年的不断探索和总结提高，全国博士生学术年会已经形成了自己的特点，概括起来，主要有以下几个方面。

一是体现为当地经济社会发展服务的方针，从当地产业结构的特点和经济社会发展的需求确定学术交流的学科。确定每年年会交流的学科，我们都会认真研究举办地经济社会发展的状况，特别是当地产业的特点和发展的需求，将这种需求转化为学科，再按照这些学科征集论文，确定参会博士生。这样做的益处是，不把年会办成小圈子的活动，而是最大限度地发挥年会服务社会的功能，受到了当地的欢迎。

二是体现中国科协跨学科的特点，组织跨学科的学术交流，扩大研究生的科研视野和知识结构。中国科协是有着200个自然科学范畴的涉及理、工、农、医和交叉学科的，或者说涉及科学、技术、工程各个领域的全国学会的中国最大的科技性社会团体，跨学科是中国科协的一个突出特点。因此，中国科协举办的博士生年会着眼于跨学科的学术交流，即便是同一个学科的交流，也是大学科范围内的交流，仍然有跨学科的意义。中国科协这种跨学科的特点，恰恰满足了博士生应当扩大科研视野的需求。

三是发挥中国科协所属学会自然科学学科齐全的优势，组织相关学会全程参与。拥有200个全国学会，是中国科协的显著优势，是宝贵的财富，是办好全国博士生学术年会的优势资源。年会交流的学科确定后，我们组织相关全国学会从会前的征集、筛选论文开始，全程参与，在学科交流方面起主导作用。在这些全国学会的个人会员中，集中了国内本学科最优秀的高端人才，每次年会都会邀请著名的院士、专家、学者到会做报告，包括大会主旨报告和分会场的专题报告，对博士生的论文进行点评、讲评，评选优秀论文。

四是注重年会质量，以论文选人，规范办会。采用国际惯例，开展壁报交流，在会议交流这种主要方式之外又多了一种交流渠道和方式，扩大了交流的范围和效果。凡入选论文、大会交流论文、年会评选的优秀论文，都分别颁发证书。对入选论文结集出版。推荐优秀论文在学会主办的学术期刊发表。在参会博士生中发展学生会员。这些都成为培养博士生成长成才的具体方式和渠道。

五是将学术交流和加强科学道德修养结合起来。

六是主办单位和博士生培养单位取得联系，就办好博士生年会、发挥博士生年会在博士生培养阶段的作用进行交流，并做好对博士生的跟踪了解和服务，使双方的作用结合起来。

七是开通博士生与举办地联系的通道，向举办地输送人才。组织博士生在当地参观考察，增加对当地经济社会和产业、科技发展状况的了解。举办方和当地科协、人事部门共同举办人才推介会，当地高等院校、科研院所、企业等单位参加，建立展台，利用展板和小册子图文并茂地介绍用人单位情况、用人岗位条件、吸引人才的政策等，博士生和用人单位直接见面、商谈，可以直接签用人协议，也可以达成用人意向，吸引博士生在举办地就业。

2. 对博士生学术年会的改进不能消解其特色

近年来，根据领导的意见，全国博士生学术年会做了两次比较大的改进。一是2013年第十一届全国博士生学术年会增加了“科学大师与博士生面对面”的环节。二是2014年第十二届全国博士生学术年会与第十六届中国科协年会同时举办，作为中国科协年会的一个组成部分。

在2013年第十一届全国博士生学术年会增加“科学大师与博士生面对面”环节的时候，最初的设计是邀请几位获得诺贝尔奖的科学大师，但由于时间比较紧，邀请诺奖大师的初衷没能成行，转而邀请了四位国内科学大师和博士生见面与交流。这样，才有了2014年第十二届博士生学术年会与第十六届中国科协年会同时举办的动作。因为中国科协年会要邀请获得诺贝尔奖的科学大师参加，而且要和大学生见面。之所以要将第十二届博士生学术年会与第十六届中国科协年会同时举办，就是想充分运用诺贝尔奖大师的资源，使参加这一届博士生学术年会的博士生们有和诺贝尔奖大师面对面的机会。同时，也可以充分运用第十六届中国科协年会的资源，包括组织博士生出席年会开幕式和主旨报告会，听取中央领导同志的讲话和高层次专家的报告。就这一特点来说，与往届相比，这一届全国博士生学术年会，不论是内容还是形式，都是最丰富的。

但是，这样做的实际效果到底怎么样，今后的博士生年会是否还要这样做，还有待于实践的进一步检验，还要进行认真的总结和评估，才能得出结论。实事求是地看，将博士生学术年会和中国科协年会一同举办，尽管有上面谈到的好处，但也带来了一些“弊端”。比如，博士生年会的开幕式和报告会与中国科协年会的开幕式和报告会在内容和形式上都显得重复；比如，博士生年会的

“科学大师与博士生面对面”环节与中国科协年会的“科学大师论坛”环节过于相似；比如，博士生年会体现为当地经济社会发展服务的方针、从当地产业结构的特点和经济社会发展的需求确定学术交流学科的主旨，与中国科协年会关于大科普、学科交叉、为举办地服务的方针雷同，使得博士生年会的分科学术交流与中国科协年会的分会场的设立内容交叉。这三个方面的重复、相似、雷同，就在很大程度上消解了博士生年会的特殊性和特色，自然也就消解了博士生年会应有的作用。从小的方面看，也有许多不尽如人意的地方。比如，博士生年会驻地与活动地点距离较远，不得不往返奔波带来了时间上的浪费和身体上的消耗；人才推介活动没有进行。另外，由于博士生年会和中国科协年会同时举办，使参加中国科协年会的人员骤然增加，增加了运行成本，也增加了组织方面的负担，而事实上也在组织方面出现了一些本来应当避免的纰漏。

因此，从多方面综合考虑，笔者认为，全国博士生学术年会还是独立举办为好，这样可以保持多年来逐步形成的博士生年会的基本特点和独特作用，可以集中力量办出水平，办出特色。“科学大师与博士生面对面”的环节可以继续保留，只是能请到诺贝尔奖大师最好，请不到也不必强求，请国内的科学大师也完全能够取得好的效果。关于以上思考，笔者已在一些场合提出。

3. 博士生学术年会要处理好五个关系

总体来说，下一步，全国博士生学术年会仍需着力处理好以下几个关系。

一是学术交流和为当地经济社会发展服务的关系。既然是学术年会，进行学术交流就是第一位的。但是，如果仅仅强调学术交流的重要性，不去考虑举办地的需求，不去考虑年会对当地经济社会发展的作用，那么年会的价值和作用就会大打折扣。这是一个方面。另一方面，学术交流毕竟和为举办地经济社会发展服务是有矛盾的，学术交流是博士生学术年会的生命，是举办博士生学术年会的根据，是保证博士生年会质量的支撑，而过于强调为举办地经济社会发展服务，就会背离博士生学术年会的初衷和主旨。因此，博士生学术年会本身就有一个如何处理学术交流和为举办地经济社会发展服务的关系问题。

我们在这方面的基本做法或基本经验是，举办地确定后，由举办地根据经济社会发展和产业结构的状况，提出需求，举办方将这些需求进行梳理，转换为学科，再找到与这些学科相对应的学会，由这些学会召集高层次的专家、学者，包括院士，负责相应学科的论文的征集、筛选、点评、评比等工作。这么多当地需要的学科、专业的院士、专家和高年级博士生的到来，围绕当地需要的学科、专业进行学术交流，本身就体现了为举办地服务。

当然，我们也在此基础上尝试过进一步的做法，就是负责学术交流的学会的院士、专家在完成学术交流任务的同时，和当地科研院所、高等院校特别是企业的科技人员进行交流，和当地政府部门官员座谈，为科研、生产中的难题“会诊”，为当地的改革发展“支招”，为领导决策提供“咨询”。

这里，必须注意的是，要处理好学术交流和为当地经济社会发展服务的关系。为当地经济社会发展服务，是举办博士生学术年会的内在要求，也是学术交流在客观上应当发挥的作用。但是，必须在学术交流和为当地经济社会发展服务之间保持一定的张力，达到一种平衡。在学术交流和为当地经济社会发展服务的关系上，学术交流是第一位的，这是博士生学术年会举办的根据，也是博士生学术年会的价值所在，舍此，则博士生学术年会就不成其为学术年会，也就失去了举办的意义和价值。因此，我们应当在保证学术交流的基础上来研究和解决为当地经济社会发展服务的问题，如果二者发生矛盾，不应以牺牲学术交流为代价。

进一步说，博士生学术年会固然要体现为举办地经济社会发展、产业结构调整服务，但这种功能的体现必须建立在博士生学术年会学术性的基础之上。为经济社会发展服务，为产业结构调整服务，都体现在年会学术交流的学科的设计上。这种学科设计，取决于国家的需求、举办地的需求和博士生的需求，取决于三方面需求的统一。国家经济社会发展的需求、举办地调整产业结构的需求、博士生自身发展的需求，最终都转换为学科，以学术性来体现。学术性是博士生学术年会的生命，离开了或者降低了学术性，博士生学术年会就失去了价值和意义，为举办地经济社会发展服务的功能也就无从体现。因此，体现学术性，是博士生学术年会最根本的特征，是第一位要坚持的重要原则。

二是培养、发现人才和推介人才的关系。博士生学术年会是培养、发现人才的平台，通过举办博士生学术年会培养和发现人才，以至于提高人才水平，这是博士生学术年会学术交流功能的深化或扩展。培养、发现人才和举荐人才，是一个具有内在必然联系的链条，通过举办博士生学术年会举荐人才，这是博士生学术年会为当地经济社会发展服务功能的深化或扩展。

培养、发现人才，主要体现在院士、专家对博士生的学术论文的筛选，通过审读论文发现有发展潜质的博士生，通过论文入选确定参加年会的博士生；在现场对交流的论文进行点评，讲解，做学术报告，对博士生进行现场指导；对优秀博士生学术论文进行评比，对优秀的博士生进行鼓励，提出中肯建议，对优秀的学术论文向学会的学术期刊推荐。

举荐人才，主要体现在通过人才推介会的平台，向当地用人单位举荐优秀博士生。一般情况下，这种推介会由中国科协组织人事部、年会举办地科协和举办地人事部门共同举办，由用人单位提出用人需求，包括岗位、用人条件、相应待遇，博士生与用人单位直接见面、商谈，选择适合自己的单位和岗位。从历届推介会的情况看，效果不错，有些博士生和用人单位当场签约，有些博士生和用人单位达成意向，也有些博士生留下用人单位的电话，日后再进一步联系。这种举荐人才的工作，实际上也是体现了为当地经济社会发展服务。

这里，也有一个需要处理好培养、发现人才和举荐人才关系的问题。这个问题，也可以看作是学术交流和为当地经济社会发展服务的关系的更进一步体现。培养和发现人才，是举办博士生学术年会的题中应有之义，而举荐人才是举办博士生学术年会的合乎逻辑的一个结果。但是，由于博士生学术年会学术交流居于第一位的缘故，培养和发现人才与举荐人才相比也是居于第一位的。因此，举荐人才是建立在培养和发现人才基础之上的，这正像为当地经济社会发展服务是建立在学术交流基础之上的一样，离开了学术交流，为当地经济社会发展服务就变得没有意义；离开了培养和发现人才，举荐人才也会变得没有意义。正因为如此，我们在学术交流和为当地经济社会发展服务之间保持一定的张力、达到一种平衡的同时，也应当在培养和发现人才与举荐人之间保持一定的张力、达到一种平衡。

三是好学校和一般学校的关系。评估博士生学术年会的质量，博士生来自哪些学校，是一个重要指标。一般地说，一个博士生学术年会办得有名，是因为参加博士生学术年会的博士生的学校有名。因此，尽可能地挑选好学校的学生，主要是“985”高校、“211”高校的学生参加，应当是没有问题的。但是，实际情况是，好学校有好学生，一般学校也有好学生，只是前者数量相对大些、后者数量相对小些而已。如果从好学生这个角度看，好学校和一般学校的关系，其实是好学校和好学生的关系。所以，我们要挑选好学生，而且主要到好学校挑选好学生，但又不能简单地、机械地理解。我们既要注意好学校的好学生，也要注意一般学校的好学生。如果仅仅从好学校挑选好学生，而对一般学校一概排斥，是有失公允、有失偏颇的。

四是学科交叉和学科数量的关系。强调学科交叉，是博士生学术年会学术交流的优势和特点。从一般道理讲，要做到学科交叉，在客观上需要参加学术交流的学科要有一定的量。但是，在参加博士生数量大体不变的情况下，多大量的学科适合于学科交叉，或者说，多大量的学科会保持学科交叉效果最佳，是一个需要科学地回答的问题。对此，笔者没有太大的发言权。但有一点是肯定的，学科量太少形不成学科交叉，而学科量太大又会使学科交叉变得没有意义。

五是学术报告和科学道德报告的关系。在每届博士生学术年会的大会上，我们都安排了高水平的学术报告，几百名不同学科的博士生在同一现场听取同一学术报告，这实际上既是一种大范围的学术交流，也是一种学科交叉和融合，也是一种高层次的科普。从去年（2011 年）开始，我们又在大会上安排了科学道德报告，并且固定下来。进行学术报告，包括整个年会期间的论文交流、点评，都属于学术交流的范畴，体现了博士生学术年会提高博士生学术水平的目的。但提高博士生的学术水平仅仅是年会的目的之一，尽管是主要目的，还不是全部。从研究生阶段就开始培养博士生的科学精神、科学道德、科学伦理、科学规范，杜绝学术不端行为，是博士生学术年会的重要目的，也是博士生学术年会学术交流目的的题中应有之义。在处理学术报告和科学道德报告的关系上，从重要性上讲，要将二者很好地结合起来，相互配合，相得益彰；但从安排上讲，则要突出学术交流，也就是学术交流的量要大，要很大，而科学道德报告则要适当，而且要讲求方式，注重效果。

第十四节　进一步整合人才评价、人才举荐资源，形成科学合理的体系

就现有的资源，着眼于形成科学合理的人才评价、人才举荐体系，发挥整体效应，下一步可以继续做好三方面的工作。

一是进一步建构从中学生到大学生、研究生以至于中青年各个年龄段人才成长的相互衔接的系列平台。包括青少年科技创新大赛、“明天小小科学家”奖励活动、中国青少年机器人竞赛、中学生英才计划、大学生“挑战杯”竞赛、博士生学术年会，构成人才成长过程中的一系列阶梯，不断地从一个台阶到达更高的台阶。

二是进一步整合中国科协设立的奖项、全国学会设立的奖项和地方科协设立的奖项，明确不同奖项的不同功能和激励作用，针对不同的人群，针对人才成长的不同阶段，针对不同层级，使之相互配合、相互补充，成为一个立体结构。

三是研究不同奖项不同的评价标准。比如人物奖和成果奖的不同，针对科学研究的奖和针对技术、工程的奖，都应有不同的评价标准、评价指标。一方面对中国科协及其所属全国学会的奖项建立起科学合理的评价体系，另一方面能够对社会上的奖项的设立和评比发挥导向作用。

第十五节　改进中国科协人才联系和服务工作

联系和服务科技人才，是中国科协人才工作的基本方式，是中国科协人才工作的经常性工作。联系科技人才，是为了更好地了解和熟悉科技人才，更好地为科技人才服务。为此，中国科协搭建了一些平台，产生了很好的社会影响。下一步，需要进一步改进，使之具有品牌效应，特别是要改进日常联系和服务科技工作者的方式。

从2009年起，我们将组织人事部的“专家联络处”改名为“人才工作处”，这在实际上是提出了一个人才工作中带有根本性的问题。这个问题就是，人才工作是着眼于大多数科技工作者，还是着眼于少数高层次科技人才。

正确的做法是，我们应当把着眼点从仅仅重视少数高层次科技人才，转到重视大多数科技工作者，这是我们中国科协作为科技工作者自己的群众组织的责任。但是，我们又必须同时把重点放到高层次科技人才方面。笔者在许多场合一直强调，中国科协人才工作的重点，是高层次科技人才队伍建设，这既是我们科协人才工作的优势，也是我们科协人才工作的特点。从工作思路和格局来说，我们是以青年科技人才特别是青年创新、创业人才队伍建设为基础，不断充实高层次人才队伍建设；以高层次人才队伍建设为重点，整体推进各类人才队伍建设。这就是为高层次科技人才服务和为大多数科技工作者服务的正确关系。我们联系专家的工作，也应当按照这样的正确关系来理解，来安排。

加强和重点专家的联系，是我们人才工作的重点。具体方法，可以利用每年的重大节日，到科学家的工作单位或家中看望、慰问，直接听取他们的意见建议。也可以利用到各地走访看望中国科协全国代表大会代表、参加会议和活动、开展工作调研等机会，到高等院校、科研院所等基层单位看望、慰问科学家，和单位的科技工作者座谈。还可以召开一些专题性的座谈会，了解科技工作者的学习、工作和生活情况，就一些重大问题听取他们的意见。

在突出重点的同时，我们还要加强同广大科技工作者的联系，这是我们人才工作的基础。各级各类科协组织都要加强和各自联系的广大科技工作者的日常联系、经常联系。如果我们仅仅把眼光和资源都投入到少数重点联系的专家身上，而对大多数普通科技工作者不闻不问，我们的专家联系工作、我们的人才工作就会走偏。把和重点专家的联系与和大多数科技工作者的联系结合起来，以和重点专家的联系为重点，推动和大多数科技工作者的联系，应当是我们做好联系专家工作的正确思路和途径。

第十六节　改进科学家暑期考察休假办法

科学家暑期考察休假活动是联系和服务科技工作者的一个专项活动，已经开展了多年。原先只是科学家暑期休假，在笔者的提议和主导下，自2008年开始改为科学家暑期考察休假活动。这不是一个简单的名称的改变，而是具有多方面意义的重大改进，主要体现在以下三个方面。

一是增加科学家考察内容。这是一个带有根本性的改变，过去的休假仅仅是休假，而考察休假则是在休假的同时发挥科学家高端智力的优势为休假地服务。发挥科学家智力优势有两种方式，一个是请科学家为机关干部、高校师生和科技工作者做科技前沿报告或科普报告，再一个是请科学家为当地科技发展、产业结构调整、解决科技难题进行咨询。具体是做一场报告，召开两次科技咨询会议。为了搞好科技咨询活动，事先由考察休假地提出需求和问题，交由科学家研究，做好必要准备。

二是将随机确定改为按照需求和主题确定参加活动的科学家。过去哪些科学家参加休假活动，是随机确定的，没有什么章法，有些科学家不止一次甚至多次参加，而大部分科学家没有机会参加，而且选择科学家基本局限在北京市范围内，京外科学家很少有参加的机会。改为按照需求和主题确定参加活动的科学家后，情况有了根本性改变。具体办法是，将地方提出的需求和问题转换为相关学科和专业的问题，再找到与这些学科和专业相对应的学会，通过这些学会找到合适的院士、专家。比如 2008 年 7 月到宁夏进行的考察休假活动，当地提出了煤化工基地建设和设施农业建设的需求，我们将这些需求转换为学科，再到与这些学科相关的学会去找合适的科学家。与此同时，我们提出了以抗震救灾为主题，将在“5·12”汶川大地震后的抗震救灾中做出突出贡献的基层一线的中青年科学家也作为参加活动的人选。这样，参加休假的科学家就由这两部分人组成。从基层一线选派科技工作者参加科学家休假活动，这在中国科协开展这项活动以来是第一次，具有很重要的现实意义。2013 年在山东威海开展科学家暑期考察休假时，也邀请了基层一线的科技工作者参加。一些不了解情况的同志总是讲这是首次邀请基层一线的科技工作者参加，显然是不符合事实的。

三是将活动地尽可能选择在西部省份。西部地区自然风光独特，特别是夏季适合休假。更为重要的是，西部地区对科技的需求比起中东部特别是东部更加强烈，科学家在西部也更能够发挥作用。将这两方面的因素联系起来考虑，西部地区应当更适合于科学家考察休假活动。从 2008 年起，我们科学家考察休假活动分别放到宁夏、云南、贵州、新疆举办，都是西部省份，既受到特别欢迎，也收到特别好的效果。因此，这种坚持是有实际意义的。后来者由于不清楚这样做的考虑，在确定地点时做了改变。

科学家考察休假活动已经成为深受科学家和地方欢迎的品牌活动，今后仍然要继续做好，同时也要进行适当改进。已经进行的改进，实践证明方向是对的，效果也是好的，要继续坚持，继续完善，不要轻易改变。可以考虑每年确定一两个考察休假地，由我们制订考察休假方案，确定活动主题、参加人员范围和分配名额，由休假地科协组织实施，我们进行指导和协调。休假地要选择工作基础比较好、周边环境有特色、有利于科学家休假的地方，而且考察和休假都在同一地点进行，减少“长途转运”。考察方式，除了召开产业发展咨询座谈会外，还可以举办小型学术沙龙，与当地科技工作者面对面交流、与当地政府官员面对面交流等活动，还可以组织专家到企业、院所、学校去，了解国情和社情民意，和基层群众广泛接触。但要体现以休假为主，活动不要过多。参加的人员，也要在全国考虑，而不能仅限于北京地区，除了满足当地需求的院士、专家外，继续吸收基层一线优秀中青年科技工作者参加。这个问题从 2008 年开始已经注意和改进了，要坚持下去。

第十七节　改进中国科协会员日的方式

中国科协会员日创立于 2008 年中国科协创立 50 周年的时候，其目的在于为中国科协“三服务一加强”的基本职能之一“为科技工作者服务”搭建一个平台。会员日从设立到现在，一届比一届举办得好，已经有了比较大的社会影响，也得到了科技工作者的认可。

1. 创立中国科协会员日的初衷和基本内容

创立中国科协会员日的设想是由中国科协党组提出来的，责成承担中国科协人才工作的组织人事部制订方案。笔者主导并组织制订了最初的方案。考虑设立会员日的初衷，是为科技工作者搭建一个活动平台，也是为各级科协组织提供一个为科技工作者服务的平台。方案指出，学会是自主创新的主体，是建设创新型国家的重要力量，也是科协工作的基础。会员是构成科协的主体，也是科协服务的主要对象。建立会员日，就是要突出学会作为科技团体的优势，充分发挥中国科协的桥梁纽带作用，搭建为会员服务、为科技工作者服务的社会化活动平台，动员广大会员和科技工作者积极参与，开展一系列为会员和科技工作者服务的活动。会员日以“为科技工作者服务，建设科技工作者之家”为活动定位，与科协年会“为举办地经济发展服务”、科普日“为提高全民科学素质服务”的定位一起，共同体现中国科协“三服务一加强”的职能，与中国科协年会、科普日一起形成中国科协的三大品牌活动。

方案还特别提出，参与会员日的人员包括各级科协所属学会的个人会员，各级科协团体会员所代表的人群，以及其他广大科技工作者。这实际上是包含了整个科技工作者队伍，目的在于使更多的科技工作者参与，使会员日活动具有广泛性。

会议在讨论这个方案时，对把会员日打造成为科技工作者服务的平台的设计，没有达成共识，也不主张搞北京活动主场。形成的最后意见是，请各学会、各地科协从各自的实际出发，开展适合各自特点的活动。

实际上，除了暂时不要把会员日打造成为科技工作者服务的平台、北京不搞活动主场外，方案的其他内容都是适宜的。事后看，首届会员日除了没有举办北京活动主场外，具体活动内容和方式都体现了这个方案的设计，或者说事实上是按照方案的设计进行的。从第二届会员日开始，北京地区开始设活动主场，而且一直延续下来。更为重要的是，将会员日打造成为科技工作者服务平台的初衷，也逐渐成为人们的共识，为人们所接受，并体现在历届会员日的活动中，不断提升会员日的品位和层次。

2. 中国科协会员日的定位和主题

过去，我们每一届都会根据当年党和国家的中心工作、经济社会发展的大局提出一个活动主题，2012 年我们做了改进，提出了一个具有更广泛、更长久适应性的主题，叫作"'家'的温馨，节日的祝贺"。这个主题，是根据领导的要求，由笔者提出来的。这其实是会员日的基本定位，可以成为今后每年会员日的主题。每年会员日活动的内容和形式可以有所变化，但不必再提出当年具体的主题。我们可以考虑按照"'家'的温馨，节日的祝贺"这个主题，安排和组织好每年的会员日活动。科协是科技工作者之家，会员日是科技工作者的节日。我们就是要通过会员日这个特殊日子，营造"家"氛围、"节日"的气氛，把各级各类科协组织打造成为科技工作者之家，把党和政府对科技工作者的关心、关怀、关爱送到科技工作者的身边，使科技工作者有一种"回家"的感觉，有一种归属感。这也是为科技工作者服务的一种体现。

3. 中国科协会员日的发展趋势

在中国科协八大上，将会员日写入了中国科协章程，这是中国科协发展史上一个具有重大意义的历史性事件。以此为契机，今后的会员日在过去成功举办的几届会员日的基础上，将会有更好的发展。笔者认为，会体现出以下几个趋势。

一是更多地吸引科协组织和科技工作者广泛参与。除了全国学会、地方科协外，地方各级科协、各类基层科协将会更多地参与；除了全国学会和地方各级学会会员外，广大基层科协的会员以及基层科协所广泛联系的科技工作者将会更多地参与。通过广泛参与，广大科技工作者对作为学会会员、基层科协会员的荣誉感、自豪感，对科协组织的归属感将会不断增强。

二是更好地体现会员日的功能。经过几年的实践、总结和积累，会员日的活动内容和形式既丰富多彩，各具特色，也会越来越集中，越来越成熟，形成继中国科协学术年会、全国科普日之后的又一个具有全国性影响的活动品牌，真正成为为科技工作者服务的平台。同时，通过这个平台，科技工作者亦能发挥服务社会、服务人民群众的作用。

三是更进一步扩大会员日的社会影响。随着会员日活动参与程度的不断提高、功能的日益显现，会员日的社会影响将会越来越大，受到全社会的广泛关注。笔者在 2009 年 12 月 12 日第二届会员日前夕接受由中国科协网和人民网联合举办的 2009 年中国科协会员日在线访谈时，主持人曾问到这样的问题：每年有针对不同行业的节日，比如记者节，网络上很多网友们都在议论，说中国科协会员日的设立可不可以看作是为下一步设立这样一个“中国科技工作者节”所做的酝酿和准备工作？笔者当时回答说，实际上不仅一些网友有这样的想法，很多科技工作者也有这样的愿望。现在国家层面上有青年节、妇女节、教师节等，但人数众多的科技工作者群体，还没有一个属于自己的节日。我们现在的会员日以后会不会成为这样一种节日，是值得进一步研究和探讨的问题，因为作为一个节日，还要在国家法定的层面上走相应的程序。重要的是，我们现在已经把会员日活动做起来了，如果我们能够每年越做越好，影响越来越大，广大科技工作者认可，社会各界欢迎，在今后时机比较成熟的时候，我们也可以朝这方面努力。现在回过头来看，经过几年来开展会员日活动的有益实践，我们可以预料，再经过若干年的努力和积累，会员日必将真正成为科技工作者普遍认可和广大人民群众普遍欢迎的科技工作者的节日。在此基础上，通过国家立法的方式，将每年的 12 月 15 日由会员日提升为科技工作者节，不是没有可能的。

第十八节　加强中国科协人才队伍的科学道德和学风建设

加强人才队伍或科技工作者的科学道德和学风建设，是中国科协人才工作的重要任务。我们所要培育的人才队伍，不仅是有着科学研究、技术工程能力、水平和成果的科技工作者，而且也是有着科学精神、科学道德、科学伦理和科学规范的科技工作者，是全面发展的优秀科技人才。这正是我们在中国科协人才工作中、人才队伍建设中特别重视加强科学道德和学风建设的根本原因。

1. 开展科学道德和学风建设宣讲教育的初衷

中国科协常委会道德权益专委会从 2007 年年初开始，就坚持组织院士、专家每年在几所高校开展科学道德和学风建设宣讲报告，收到了很好的社会效果，产生了很好的社会影响，为以后在全国全面展开科学道德和学风建设宣讲教育奠定了坚实的基础。在此期间，作为中国科协常委会道德权益专委会办公室承担部门，作为科学道德和学风建设职能承担部门，中国科协组织人事部承担了具体策划和组织工作。对这几年的工作和成绩要充分肯定。但是，科学道德和学风建设宣讲教育发生格局性变化、形成全国性规模、产生重大社会影响，是从 2011 年起由中国科协联合教育部共同推动的。从 2012 年开始，共同推动这项工作的单位已经扩展到了中国科协、教育部、中国科学院、中国工程院、中国社会科学院五家。

那么，为什么在这样一个时候要由中国科协和多部门共同联手和持续推进面向高校研究生的科学道德和学风建设宣讲教育呢？其初衷主要有三方面。

第一，2008年中共中央总书记胡锦涛在纪念中国科协成立50周年大会、纪念清华大学建校100周年大会上的讲话，2011年中共中央政治局常委、国家副主席习近平在中国科协八大的祝词，都强调要加强科学道德和学风建设，规范学术行为。特别是十七届六中全会提出要大力加强社会主义文化建设，而科技创新文化和科研诚信文化是社会主义文化建设的重要组成部分。加强科学道德和学风建设，是加强创新文化建设和科研诚信文化建设的重要内容，对加强社会主义文化建设有重要意义。

第二，当前，科学研究领域的浮躁风气和学术不端行为，受到社会各界广泛关注，人民群众反映强烈。解决这些问题，包括教育、制度、监督（包括调查和处理）三个环节，而教育是基础，进行科学道德和学风建设宣讲教育，正是从教育入手解决当前存在的学术不端行为的重要举措。作为科学共同体和教育部门、科研部门，中国科协和教育部、中国科学院、中国社会科学院、中国工程院对此都有义不容辞的责任。

第三，研究生是科技工作者的后备军，是“准科技工作者”，他们在研究生阶段就要接触和从事科研活动，而且他们毕业后会成为科技工作者队伍的重要力量，对他们进行科学道德和学风建设宣讲教育，帮助他们走好迈向科研生涯的第一步，为他们即将迈向科研生涯、进入科技工作者队伍打好基础，有利于从源头上防止和杜绝学术不端行为。

2. 科学道德和学风建设的基本内容和要求

从理论上讲，我们所进行的科学道德和学风建设，包括科学精神、科学道德、科学伦理、科学规范。有人认为，我们所进行的宣讲教育，主要是规范，是告诉人们什么不能做。其实，这种理解是狭隘的、片面的，也是不了解这些年所做的宣讲教育实际工作的。我们所进行的宣讲教育不仅是规范，还有提倡、倡导、导向，是要告诉人们什么是正确的，什么是错误的；什么是应当坚持的，什么是应当避免的；应当怎样做，为什么应当这样做；老一辈优秀的科技工作者是怎样做的。当然也需要规范，但规范只是宣讲教育的一部分。关于这一点，中国科协从2007年开始的宣讲教育就逐步形成了这样的传统，从2011年开始推向全国的宣讲教育，就全国和省一级的集中宣讲教育而言，其实也是以过去几年的宣讲专家为主要力量的，将这种传统继承和延续下来了。

宣讲教育要达到三个方面的目标和要求。一是全覆盖，就是要覆盖到所有高校，覆盖到所有高校研究生新生，并逐步扩大到中国科学院等有研究生培养任务的机构；二是制度化，就是把宣讲教育作为一种制度设计、制度安排，成为研究生教育培养的一个环节，在每年研究生新生入学后的一段时间都要进行，形成长效机制；三是重实效，就是要扎实推进，有部署、有要求、有检查、有评估，确保落实，取得实效，不走过场。

3. 科学道德和学风建设的构成因素

我们现在进行的是科学道德和学风建设，主要还是进行宣讲教育。但是，科学道德和学风建设是一个系统，或者说是一个系统工程，教育只是这个系统的构成因素之一，除了教育之外，还有制度、监督，监督包括调查和处理。无论如何，教育都是科学道德和学风建设的基础，教育的内容包括上面谈到的科学精神、科学道德、科学伦理和科学规范。没有教育是不行的，但是，仅有教育又是不够的，因为教育不是万能的。加强科学道德和学风建设，必须加强制度建设，包括制定科学道德规范。制度具有刚性，违犯了就要受到相应的惩处；道德规范是柔性的，是自律性的，是约定俗成的，是科技工作者普遍认可、共同遵守的，是科技工作者自我约束的行为准则。监督，就是对执行制度、规范的监督，包括对违规行为的调查和处理。我们现在做的，主要是教育，但是，在调查、处理方面也应当做相应的工作，仅有教育而没有制度和监督的配合与保证，教育的效果就是有限的，即使有效果也不会持久。但需要特别强调的是，科协的调查，必须是接受委托。调查，一定是学术认定，科协接受委托调查，可以由相关的学会组织会员中的专家进行，也可以委托一些无利害关系的专家以独立身份参加，组成调查认定小组。而处理则一定要由行政部门做出。因此，调查结果要提供给当事人所在的单位，或当事人所在单位的上级单位，由他们根据管理权限，根据调查认定的结果，做出相应处理。

那么，中国科协是不是在处理上就任何工作都不能做了呢？也不尽然。我们这里主要指的是中国科协的所属学会。学会对自己的会员中出现的学术不端行为，在调查认定的基础上，可以相应地在学会会员的范围内进行相应的处理。方式包括，公开其学术不端行为的事实，并进行通报批评，或者责成其在同样范围内做出检查，可以限制其参加学会的活动，可以限制其在学会举办的刊物上发表学术论文，甚至可以取消其会员资格。同时，中国科协及其所属学会接受委托所做调查并将调查结果提供给相关行政部门后，作为调查方，可以适当方式督促行政部门做出处理。

其实，中国科协还可以做一种工作：就是面对社会上吵得沸沸扬扬但又莫衷一是的学术不端事件，中国科协可以在接受委托调查之后，以常委会科技工作者道德与权益专委会的名义，向社会发出正面的声音，表明对事件的态度，以正视听。实事求是地说，中国科协在这方面做得还远远不够，应当有所作为。中国科协在历史上有这方面的经典事例，是可以有所作为的。

4. 科学道德和学风建设同科技社团的必然联系

中国科协所联系和服务的科技工作者，集中在中国科协的所属学会之中。学会作为科技团体、学术团体，是科技工作者自己的组织，是科学共同体、学术共同体。科学共同体的最大特点，是其成员共同遵循科学道德和学风建设的行为准则和规范，而且是依靠成员的自律，自觉遵守。一个好的或者说成熟的科学共同体，其自身一定有一种自我约束、自我规范、自我调整、自我净化的机制，对某些成员可能出现的学术不端行为具有一种自我摒弃、自我消解、自我淘汰的能力。因此，科技社团与科学道德和学风建设之间，有一种必然的或天然的联系。通过其自身的能力和机制，不断地进行自我约束、自我规范、自我调整、自我净化，进行自我摒弃、自我消解、自我淘汰，是一个成熟的科技社团自我完善、自我发展、作为实现的自然过程，是常态。从这个意义上说，持续地开展科学道德和学风建设，是科技社团的内在要求和自觉行为，而不是外力强加给科技社团的。

5. 科技社团和有关部门在科学道德和学风建设中的责任及其关系

当我们说科学道德和学风建设是一个系统或系统工程的时候，其实还逻辑地包含着另外一个重要问题，就是科学道德和学风建设既是中国科协及其所属学会这样的科技社团的责任和任务，也是科技部、教育部、自然科学基金委员会、中国科学院、中国工程院、中国社会科学院以及科研院所、高等院校等部门和单位的共同责任与任务。因此，认真研究和明确科技社团与这些部门、单位的各自的责任及其相互关系，是搞好科学道德和学风建设工作的一个十分重要的问题。这些部门与单位各自的性质和职能、地位和作用不同，工作方式也不同，在科学道德和学风建设这个大系统中的责任和任务及其实现这种责任和任务的方式也不同，只有将这些部门和单位彼此的关系协调好，作用整合好，才会最大限度发挥科学道德和学风建设这个大系统的效应。至于科技社团和这些部门、单位在科学道德和学风建设中应当具体承担什么责任和任务，彼此是怎样的一种关系，怎样协调这种关系，还需要进行实践总结和调查研究。

6. 搞好科学道德和学风建设宣讲教育的一些有益做法

一提到科学道德和学风建设宣讲教育，很容易会让人联想到枯燥无味。其实，进行宣讲教育并不必然地就枯燥无味，关键是看如何讲，也就是如何设计宣讲教育的内容和方式，以及如何选择适宜的专家。在这方面，中国科协从

2007年开始进行这方面的工作，2011年后推动单位又扩展到五家，已经总结和积累了一些有益经验和做法。

一是编写《科学道德与学风建设宣讲参考大纲（试用本）》。宣讲教育要制度化，形成长效机制，本身就包含着规范化的要求，编写《科学道德与学风建设宣讲参考大纲（试用本）》，正是为着满足这样的要求，力求比较全面、准确地进行科学精神、科学道德、科学伦理、科学规范的宣讲教育。所谓参考，就是说这个大纲只是提供了一个基本的框架和蓝本，并不需要照本宣科，只要具体宣讲内容在这个框架范围之内，基本观点、概念和这个大纲一致，就可以。这个大纲还有一个作用，就是为那些组织宣讲材料有困难的专家提供一个便利，可以直接从大纲中选取有关内容，包括事例和数据。总之，宣讲专家还是要结合当地的实际、学科的实际、宣讲专家个人的实际，在符合大纲基本精神的前提下，生动、形象、具体地进行宣讲，创造性地发挥，尽可以体现个人的风格。

二是宣讲教育的内容要避免空洞说教和言之无物，增强宣讲教育的吸引力和感染力。通过讲一些正反两方面的案例，形象生动地宣讲清楚哪些是该做的，哪些是不该做的，违背了科学道德和规范会产生怎样的不良结果；通过讲自己的科研经历和体会，介绍老一辈科学家的感人事迹，讲解老一辈科学家在几十年科研生涯中形成的优良传统和作风，会收到良好效果。

三是选择那些德学双馨的楷模做科学道德和学风建设宣讲教育的专家，增强宣讲教育的公信力和感召力。加强科学道德和学风建设的教育，不仅要靠宣讲，更要靠带动、引导和示范。榜样的力量是无穷的，参加宣讲教育的专家，都是经过精心挑选的品行端正、治学态度严谨、学术成就突出的院士、教授、研究员等高层次专家，他们本身就是践行科学道德的楷模，很多人都为研究生所熟悉，在研究生中有重大影响，由他们来进行宣讲教育更令人信服。

同时，既要挑选德学双馨的专家进行宣讲，又要注意挑选有过宣讲经历和经验的德学双馨的专家宣讲。这一点在宣讲教育开始的时候尤其显得重要。像杨乐、王乃彦、杜祥琬、黄伯云、杨卫、龚克等一批专家，都参加过前几年中国科协常委会科技工作者道德与权益专门委员会组织的到高校的科学道德和学风建设宣讲教育报告，有这方面的亲身体验，了解哪些内容是学生们所关心的，知道怎样讲才会受到学生们的欢迎。

目前，中国科协和教育部已经组建了一支几十人的首批专家队伍，主要用于承担由中国科协、教育部直接组织的宣讲教育，并支持部分省区市的宣讲教育。同时，各省区市科协和教育厅（教委）已经或陆续组建专家队伍，规模比较大的高校也在组建自己的专家队伍。

四是搞好互动。宣讲教育是针对研究生的，因此，宣讲教育要取得效果，必须考虑受众也就是接受教育的研究生的作用。宣讲教育是面向研究生的，但研究生接受宣讲教育不是被动的，而是积极主动的；不是简单地、单向地“我讲你听”，而是宣讲专家和研究生之间的双向交流和互动。因此，我们在进行宣讲教育的过程中，会充分考虑受众的意见和感受，主要有这样几方面的做法。一是宣讲教育报告结束，会根据需要安排互动环节，由研究生就关心和感兴趣的问题现场提问，专家现场解答。安排互动环节，一般在规模适中的场合，效果会比较好，人数太多、规模过大则不易组织。二是现场开通微博，研究生可以将对宣讲专家宣讲内容的感受、对宣讲专家风范的评价、对进一步搞好宣讲教育的意见建议，实时发送到微博显示屏上，这其实也是一种互动。三是在宣讲教育报告开始前或结束后，让研究生在承诺版上签下自己的名字，或写下承诺的话，以这种庄严的形式参与到科学道德和学风建设中来。

7. 建立科学道德和学风建设的长效机制

从长远看，加强科学道德和学风建设，必须建立长效机制，使之制度化、常态化。这需要做好以下几个方面的工作。

一是顶层设计，加强指导。从现实考虑，主要有两个途径。一是在全国层面搞好顶层设计，制定广泛适用于各高等院校、科研院所、企业等科技工作者加强科学道德和学风建设的制度规定，包括道德规范。制度规定具有刚性、强制性，具有长期性、稳定性，在科学道德和学风建设中起着重要作用。但是，各高等院校、科研院所、企业等情况各异，对生活其中的科技工作者要求也各不相同，在全国层面只能制定比较宏观的制度规定，提出统一的要求，具体的制度规定还需要由各高等院校、科研院所、企业等制定。道德规范具有自律性，为科学共同体、学术共同体成员所自觉遵循，自我约束。在这方面，中国科协在前几年已经制定印发了《科技工作者道德规范》、《学会道德规范》，《科技期刊道德规范》也早已制定完成，也将在适当时候印发。二是总结一些经验、做法和案例。运用制度、规范约束和运用经验、案例指导，是普遍可行的两种基本方法。这两个方面都可以分类去做。分类包括针对高等院校的本科生、研究生、教师、研究生导师，科研院所的科研人员和企业的工程技术人员等各个层次，自然科学、社会科学和文学艺术等各个领域，都应当有针对和适于这些层次与领域的制度规定和道德规范，也应当有针对和适于这些层次与领域的经验、做法和案例。当然，还应当有普适性的、为各个层次和领域所遵守与遵循的制度规定和道德规范，也应当有普适性的、为各个层次和领域所借鉴与仿效的经验、做法和案例。经验和制度之间是有密切联系的，制定制度是建立在总结经验的基础之上的。丰富的实践不断提供着新鲜的经验，来自于实践的经验也不断充实、完善着制度。而制度从根本上讲也来源于实践，在实践中发展，接受实践的检验。制度本身具有稳定性，有其相对独立性，又会对经验提出问题，促使人们在实践中去研究和解决这些问题，并在这种过程中不断总结新的经验，一方面充实、完善着制度，一方面又丰富着实践的内容，推动着实践的发展。

二是搞好“结合”和“延伸”。这实际上是两个方面的工作。所谓“结合”，就是将教育和制度、监督（调查和处理）结合起来，建立教育、制度、监督“三位一体”的科学道德和学风建设体系。我们反复强调，教育是科学道德和学风建设的基础，没有教育是万万不行的，但仅有教育也是万万不行的，必须将宣讲教育和制度建设、调查处理紧密结合起来。所谓“延伸”，就是将宣讲教育从面向研究生新生向全体研究生、高年级本科生、新上岗研究生导师、新入职青年教师和科研院所、企业的青年科技工作者延伸；从自然科学领域向人文社会科学领域、文学艺术领域延伸。在实际工作中，这种“结合”和“延伸”又是紧密联系在一起的，要在“延伸”中搞好“结合”，在“结合”中搞好“延伸”。

三是使宣讲教育成为研究生培养环节，成为培养青年科技工作者的必经环节。宣讲教育不能仅仅依靠在全国层面、各省区市层面搞集中宣讲教育，最终还是要在高等院校、科研院所、企业等层面落实。在高等院校、科研院所、企业等层面落实，也不能仅仅依靠在新生入学、导师上岗、青年教师和青年科技工作者入职时搞集中宣讲教育，而是要将教育纳入研究生和青年科技工作者的培养过程，使之成为研究生和青年科技工作者培养的环节。在这方面，许多高等院校、科研院所、企业都有自己的一些做法，在许多高校更是已经形成了长效机制。这里，仅介绍北京、上海两地一些高等院校的做法。

北京大学将科学道德相关课程列入专业培养方案并优化课程体系，把科学道德教育落实到日常教学工作中。绝大部分院系已经开设了研究生学术规范和研究方法类的基础课程，校本部2012年度共有18个院系开设了37门相关课程，研究生学术道德规范体系日趋完善。北京理工大学开设了“科学道德与学术诚信”课程，共18学时，包括科学道德简介、科技的不确定性与双刃性、责任意识与评判意识、科学家与科学共同体、学术规范、科研诚信、道德伦理困境、推理与判断、科技伦理的重要领域及典型案例等内容。清华大学建立了研究生学术道德规范网站，通过案例教学和文件规范，使学生能够深入了解本学科学术道德规范的具体要求和原则，同时提供了在线自测功能，形成了在线自测题库。校研究生院将网站的在线自测功能覆盖到全体研究生，并将其纳入研究生学术培养的必修环节，每位研究生在做选题报告前须通过在线自测，以此确保研究生掌握科学道德知识。中国石油大学（北京）建立了科学道德与学风建设网络在线考试平台，该平台题库包括600道选择题，嵌入研究生信息管理系统，学生登陆后，系统随机生成无重复试题，学生只有考试合格，才能进入选课系统。这一措施确保了科学道德和学风建设宣讲教育工作全覆盖，保证每一位学生都能受到教育。

上海复旦大学结合2013级研究生入学教育，向全体新生统一发放了全国科学道德和学风建设宣讲教育领导小组编写的《科学道德和学风建设宣讲参考大纲》，并对全体新生进行“入学教育测试”，将科学道德和学风建设作为考核试卷的重要部分。教务处在本科生专项科研计划“望道学者”、“萡政学者”项目的申报、管理、考核环节，将学术规范作为基本要求；通过各种方式，将科学道德和学风建设宣讲融入学生第二课堂。对于教师和科研人员，学校进一步加强了新进教师、新进站博士后岗前培训与师德师风集中教育。学校还将科学道德和学风建设融入到校园文化建设中，通过正面教育和文化活动营造学术氛围。上海交通大学在学生层面通过“五个一”推进科学道德和学风建设。一是开设第一课堂，自2006年起，每年都由学校党委书记亲自为研究生新生上入学教育第一课，将科学精神、学术道德、学术诚信教育列入课程的重要内容，同时进行入学学术诚信集体宣誓、签署《学术诚信承诺书》活动。二是打造一个环节，着力将上海交大博士生学术论坛打造成研究生科学道德和学风建设教育品牌项目。三是推出一个学分，以“大师讲坛”为载体，通过设立专项学分，将科学道德和学风建设教育融入研究生培养全过程。同时，上海交通大学还开设了“研究生学术论文写作”的学习为必修课程。四是依托一个基地，学校重点依托钱学森图书馆为研究生科学道德和学风建设教育基地，通过实地参观学习，感受钱老的科学精神，提升科学道德和学风建设教育实效。五是树立一批典型，坚持把培育典型、宣传典型、关爱典型作为加强和推动研究生科学道德与学风建设教育工作的重要抓手。同济大学重视规范制定，从2007年起，先后出台了《教师学术道德规范》、《研究生学术行为规范》、《学生违反校纪校规处分条例》、《关于加强科研人员行为规范的若干规定》。与此同时，学校重视规范制定和加强教育培养的结合，从2009年起，在本专科生“形势与政策”课中设立诚信教育专题（思想道德与法纪）；2013年，将《研究生学术行为规范》纳入研究生培养方案作为必修环节（1学分），规定从2013年起入学的研究生在中期考核前须满分（100分）通过网上测试。华东师范大学把科学道德和学风建设贯穿于大学生教育的全过程。一是在入学教育期间，以“五个一”（发出一个倡议、开辟一个专栏、许下一项承诺、赠送一本书籍、聆听一次讲座）为基本举措，加强对新生的学风教育；二是在学生培养过程和环节中通过进一步营造学术氛围、建立约束机制、激发创新动力来实现研究生“全过程、重节点、展实效”的学风建设工作思路；三是毕业教育突出“毕业季”的回眸、体验、感恩与传承。

与此同时，高校对新入职青年教师、新上岗研究生导师，科研院所对青年科研人员，企业对青年工程技术人员，也要研究建立常态化的科学道德和学风建设教育方式，形成长效机制。

第十九节　中国科协人才工作的机制和工作格局

经过多年的努力，中国科协基本形成了科学合理的人才工作机制和工作格局，保证了中国科协人才工作的顺利开展。

1. 中央人才工作协调小组成员单位

中国科协是中央人才工作协调小组成员单位之一，以其自身的优势和特点，在国家人才工作规划体系中占有自己的位置，承担着自己的任务，发挥着自己的作用。

《中央人才工作协调小组实施〈国家中长期人才发展规划纲要（2010—2020年）〉任务分工方案》将重点工作分解为91项，其中明确中国科协参与的有6项，与中国科协密切相关的1项。这说明，中国科协的人才工作是全国人才工作的重要组成部分，而且是具有自己独自优势和特点的部分。

2. 中国科协人才工作领导小组

中国科协早在2003年就成立了中国科协人才工作领导小组，2008年、2011年、2013年分别进行了调整和充实。

中国科协人才工作领导小组由中国科协党组主要负责同志任组长，党组负责同志任副组长，有关职能部门和单位主要负责同志任成员。领导小组的主要职责是负责对人才工作的重大问题做出决策。

领导小组下设办公室，办公室主任由组织人事部部长担任，组织人事部承担办公室的日常工作。

中国科协人才工作领导小组由中国科协党组主要负责同志任组长，党组负责同志任副组长，由作为党组重要职能部门的、承担组织人事工作的组织人事部的部长担任领导小组办公室的主任，由组织人事部承担领导小组办公室的日常工作，在组织和工作上具体体现了党管人才的重要原则，并且能够把党管人才的原则落实到具体工作中去。

3. 中国科协人才工作联席会议

2008年建立了中国科协人才工作联席会议制度。联席会议由中国科协有关职能部门和事业单位单位主要负责同志组成，由组织人事部主要负责同志负责召集。联席会议的主要职责，是负责研究全年人才工作要点、重要问题、工作总结。凡属中国科协人才工作的重大事项、重大问题都由联席会议讨论研究。

4. 中国科协年度人才工作要点

从2009年开始，组织人事部每年制定中国科协人才工作年度工作要点。从“大人才工作观”出发，确定中国科协各项人才工作，明确各有关部门和事业单位的责任，进行任务分解，明确牵头部门和参与部门、事业单位。

中国科协人才工作年度工作要点不仅印发机关各部门和直属单位，而且挂到中国科协网上，使各地方科协和基层科协了解，以便上下联动，相互配合，形成工作合力。

5. 每年专题交流和研讨科协基层组织建设工作

从2009年开始，在组织人事部每年主持召开的省区市、副省级城市组织人事工作座谈会上，都专题交流科协人才工作的经验，研讨科协人才工作中的带有普遍性的问题，形成加强和改进科协工作的共识。可惜，根据时任中国科协党组主要负责同志的意见，从2013年起，由部门召开的全国科协系统性的会议不再召开，交流、研讨的平台没有了。今后，可以考虑采取其他有效方式，加强各省区市之间的交流、研讨，促进整个中国科协的人才工作。

6. 中国科协人才工作格局

在党组领导下，组织人事部作为人才工作的职能部门，负责牵头抓总，规划协调，宏观指导，并着重抓好人才评价、人才举荐、奖励表彰、联系专家等重点工作，各有关部门和事业单位各司其职，各负其责，结合各自工作的特点，做好所承担的相关人才工作，形成工作合力。

第二十节　抓好中国科协自身的人才队伍建设

我们上面谈到的人才队伍建设，是作为中国科协服务对象的人才队伍建设；要抓好作为中国科协服务对象的人才队伍建设，就必须抓好中国科协的干部队伍建设，关于这一点，我们已经在上一章专门做了论述。其实，我们换一个角度看，中国科协的干部队伍也是人才队伍，中国科协干部队伍建设也是人才队伍建设。我们从这样一个角度看问题，并且从这一思路来审视和谋划中国科协干部队伍建设，将中国科协干部队伍建设作为人才队伍建设来抓，将有助于加强中国科协的干部队伍建设。从一般的道理讲也是一样，从事人才队伍建设的干部，首先应当成为人才；从事人才队伍建设的干部队伍，首先应当成为人才队伍。

作为重要的人才队伍，中国科协的干部队伍也是一个系统，包括三支人才队伍。一是综合管理人才队伍，主要是组织人事管理、党务管理、计划财务管理、行政管理人才。二是业务管理人才队伍，主要是学会、学术、期刊管理人才，科学普及传播管理人才，国际交流管理人才，还包括科学研究和工程技术管理人才。三是专业技术人才队伍，包括工程技术人才队伍和科学研究人才队伍。中国科协在加强作为中国科协服务对象的人才队伍建设的同时，应当按照建设高素质干部队伍的要求，抓好中国科协自身的三支人才队伍建设，而抓好中国科协自身的三支人才队伍建设，有助于加强作为中国科协服务对象的人才队伍建设。

第十八章 干部教育培训

根据工作的主体和对象的分工，我们将教育培训区分为对科协工作者的干部教育培训和对科技工作者的继续教育。我们这里所说的是属于组织建设范畴的干部教育培训，是对科协工作者而言的，即对科协工作者的教育培训。我们做这样一种区分的根据在于，干部教育培训是面向干部进行的一种过程，属于干部工作的组成部分，因而也是党的组织工作的组成部分，是由党的组织部门负责的。而继续教育则是面向专业技术人员进行的一种过程，属于专业技术人员管理工作的组成部分，是由人力资源部门负责的。在这里，我们不能简单地、宽泛地理解继续教育，认为任何人都要更新知识、接受继续教育，因而混淆干部教育培训和继续教育的概念。

就中国科协的部门分工来说，干部教育培训是由组织人事部来组织实施的，面向的是机关的全体公务员和事业单位中层以上干部，即科协工作者；继续教育是由学会学术部来组织实施的，面向的是全国学会的会员，即科技工作者。由教育培训和继续教育各自的性质所决定，面向干部的教育培训，虽然也有知识教育的内容，但主要是思想政治教育和党性教育；面向科技工作者的继续教育，则主要是知识培训，目的在于知识更新。

自2007年下半年以来，中国科协的干部培训在继续做好面向机关部门和事业单位干部教育培训的基础上，向地方科协延伸，加上有关部门开展的学会干部培训、基层科协干部培训，使干部教育培训工作逐步扩展到整个科协领域。这是中国科协干部教育合乎逻辑发展的必然结果，也形成了干部教育培训工作新的特点。

第一节 教育和培训的关系

教育和培训是既有联系又有区别的两个概念。教育的目的，绝不是像有些人所狭隘地理解的那样，只是简单地传授知识，教授技能，而是为了全面提高干部的综合能力和素质，建设一支高素质的干部队伍。而培训是实现教育目的的基本手段和方式。但是，教育和培训又是紧密联系的，有时是不可分离的，教育的目的通过培训来实现，培训体现教育的目的。因此，在更多的时候，我们是将教育和培训联用，称其为教育培训。

其实，要搞好干部教育培训，离不开干部个人的学习。学习与教育、培训的最大不同，是它的自主性。教育、培训是"他者"的行为，是教育者和培训机构对受教育、培训者个人的行为，这个过程是需要受教育、培训者的积极接受过程来实现的。这个接受过程，其实就是学习的过程。没有这个学习的过程，教育培训是很难有成效的。与此同时，教育培训要有成效，还需要干部加强日常的自主学习、自觉学习，巩固教育培训的内容，扩大教育培训的成效。

因此，教育培训涉及三个要素，即教育、培训和学习，既要处理好教育和培训的关系，又要处理好教育、培训和学习的关系。只有处理好三者的关系，才能搞好教育培训。

第二节　干部教育培训的内容

由干部教育的目的所决定，干部培训必须科学设置培训内容，对干部进行理论教育、知识教育和党性教育，着力提高干部的思想政治素质、知识素养和党性修养。这三个方面的内容是不可分割的，它们同等重要，因而必须同等重视。但是，由干部教育培训的性质所决定，干部教育培训必须突出理论教育，强化党性教育，在这个基础和前提下，知识教育才有意义。这是干部培训的本质特征。

2008 年 7 月 16 日习近平同志在全国干部教育培训工作会议上的讲话中指出："总结实践经验，干部教育培训的内容主要包括理论教育、知识教育、党性教育三个方面。其中，理论教育是根本，知识教育是基础，党性教育是关键。要通过抓好这三个方面的教育，全面提高干部素质，使干部树立坚定的理想信念、掌握过硬的业务本领、坚持优良的思想作风。"这是对干部教育培训三个方面内容相互关系的完整阐述，也是对干部教育培训工作的完整要求，干部教育培训必须完整理解、完整体现。当然，在每一次具体培训中，根据形势任务的要求和培训对象的特点，这三个方面的内容可以有所侧重，相对突出某一个方面。

1. 理论教育

干部教育培训工作必须把马克思主义理论教育作为主课。马克思主义理论作为一个完整而又不断发展的体系，包括马克思主义、列宁主义、毛泽东思想、邓小平理论、“三个代表”重要思想和科学发展观。其中，邓小平理论、“三个代表”重要思想和科学发展观，共同构成了中国特色社会主义理论体系，是马克思主义中国化的最新成果。党的十八大之后，习近平同志系列重要讲话是中国特色社会主义实践和理论的新发展，成为中国特色社会主义理论体系的组成部分。在当代中国，学习马克思主义理论必须重点学习中国特色社会主义理论体系。要把用中国特色社会主义理论体系教育培训干部作为首要任务，在培训内容、教学布局、教材建设上都要更加突出这一理论体系的教育。同时，要处理好学习中国特色社会主义理论体系和学习马克思列宁主义、毛泽东思想的关系，学习和掌握马克思列宁主义、毛泽东思想的基本立场、基本观点、基本方法，提倡读一点儿马克思、恩格斯、列宁和毛泽东的原著。

2. 知识教育

必须抓好干部的知识教育培训。知识是干部素质和能力的基础，是提高理论素质的前提。离开了知识培训，单纯地、简单地、片面地进行理论教育，是不可能达到提高干部素质的目的的。因此，要着眼于广大干部履行岗位职责的需要，有针对性地开展岗位必备知识和能力的培训，加强与业务工作密切相关的新理论、新知识、新规则、新技能的培训，帮助干部及时更新知识、完善知识结构、提高科学文化素养、提高工作能力。

知识教育是一个庞大的、开放的体系，包括自然科学知识、社会科学知识和人文学科知识，要处理好三者关系，帮助干部尽可能多地学习和掌握与干部能力素质要求相吻合的各方面知识，建立科学合理的知识结构，树立科学精神和人文精神。

3. 党性教育

加强党性教育，是干部教育培训的重要特征，也是干部教育培训与继续教育的最大不同。干部教育培训工作必须把提高能力和增强党性统一起来，把党性教育放在更加突出的地位。

第三节　干部教育培训的方式

干部教育培训的目的、内容，是通过教育培训的多种方式来实现的。不解决教育培训的方式问题，提出再好的教育培训目的、制定再好的教育培训内容，也是没有意义的。因此，我们应当像重视干部教育培训内容那样，重视干部教育培训方式，不断创新和改进干部教育培训的方式。

1. 干部教育培训方式的多样化

干部教育培训的方式是由干部教育培训的内容所决定的，有什么样的干部教育培训内容，在客观上就要求有什么样的干部教育培训方式；干部教育培训内容的多元化，决定了干部教育培训方式的多样化。

2008年7月16日习近平同志在全国干部教育培训工作会议上的讲话中指出："这里我要强调的是，一方面，干部教育培训内容的多元化决定了培训手段的多样化，仅靠传统的组织调训和集中办班的形式，已很难适应多项内容培训的需要。另一方面，现代信息技术的迅猛发展，正在引发教育培训手段和干部学习习惯的根本性变革。要以此为契机，创新培训手段，广泛运用广播、电视等载体开展培训，特别要充分发挥网上培训覆盖面广、共享性好、灵活性强、成本低廉的优势，开展在线学习、网络培训和远程教育，以适应现代培训发展的新趋势，并有效解决工学矛盾等实际问题。"只有采取多元化的干部教育培训方式，才能落实多元化的干部教育培训内容。

2. 干部教育培训的基本方式

尽管干部教育培训的方式是多样的，但必定有几种方式是基本方式。一般而言，中心组学习、脱产培训和在职自学，是干部教育培训的基本方式。就整个干部队伍而言，除了参加脱产培训、中心组学习外，更大量、更经常的是搞好在职自学。脱产培训，包括上级组织部门的调训（一般为两个月、三个月、半年）、选学（一般为40个课时，集中一周时间）、本单位的主体班（分各种层次）。在职自学，除了个人的自学外，还有集中的自学。如何综合运用中心组学习、脱产培训和在职自学等多种基本方式开展教育培训，是需要在实践中研究和解决的问题。

3. 干部教育培训的具体方式

干部教育培训需要基本方式，也需要多种具体方式。基本方式是相对稳定的，是普遍适用的，具体方式是相对易变的，是具体适用的。基本方式属于培训的形式，具体方式属于教学的方法，二者共同构成了干部教育培训的方式方法。基本方式需要具体方式的配合，具体方式的创造性运用，才使得干部教育培训丰富多彩。

干部教育培训中的具体方式也是多元化的，比如现场教学、案例教学、形象教学，以及研究式、交流式、体验式、互动式、情景式、模拟式等培训方式。这些都是被实践证明很有效的干部教育培训具体方式或教学方法，在干部教育培训中得到广泛运用，收到了很好的效果。

第四节 干部教育培训教材建设

中共中央颁布的《干部教育培训工作条例（试行）》提出：“干部培训教材建设应当适应不同类别干部教育培训的需要，着眼于提高干部的综合素质和能力，逐步建立开放的、形式多样的、具有时代特色的教材体系。”“坚持干部培训教材的开发与利用相结合，做到一纲多本、编审分开。全国干部培训教材编审指导委员会负责组织制定干部培训教材建设规划和教材大纲，审定全国干部培训教材；有关地方、部门和机构按照教材大纲的要求，可以编写符合需要、各具特色的干部培训教材，并可选用国内外优秀出版物。”据此，中央组织部干部教育局组织编写了系列干部教育培训教材，成为全国干部教育培训的基本教材。

中国科协的干部教育培训，除了选用全国干部培训教材外，应当形成自己的教材体系。为什么要建立科协干部培训的教材体系？因为科协组织、科协工作有自己的特殊性，它既不同于国外的NGO组织，也不同于我们国家一般的中央和国家机关部门，就是和其他人民团体相比也有很大不同，需要进行特殊研究，形成自己的培训体系，而教材就是其中最重要的元素。从需要来讲，科协的干部培训教材体系应当是很庞大的，构成这个庞大体系的，有些可以引进，利用已有的成果，而有些则要立足于自己编写。这些应当立足于我们自己编写的基本教材，至少应当包括科协基本理论、科协发展史、科协工作业务、科协工作方法、国外社团组织的运作和管理。中国科协已经建立了半个多世纪，应当建立起自己的理论体系。现实中出现的很多问题，关键在于基本理论问题不清楚。在这几本教材中，科协基本理论是最重要的，是决定其他几个方面的基础。所以，我们应当着力把这件事做好。

那么，如何建立科协的基本理论体系？有三个参照坐标。一是马克思主义理论。我们要对马克思列宁主义、毛泽东思想、邓小平理论和“三个代表”重要思想，包括党的十六大以来党中央一系列重大战略思想中关于人民团体、群众团体、社会团体的有关论述，进行认真梳理，形成基本立场、观点和方法。二是国外社团组织的经验。三是中国科协半个多世纪以来的实践。在这三个参照坐标中，马克思列宁主义、毛泽东思想、邓小平理论、“三个代表”重要思想和科学发展观，党的十六大以来党中央一系列重大战略思想，特别是这些理论和思想中关于人民团体、群众组织、社会团体的有关论述，是我们建立科协基本理论的理论基础、指导思想和根本原则，是灵魂，是统领。中国科协半个多世纪以来的实践，是我们建立科协基本理论的现实基础，我们应当在马克思主义的指导下，从丰富的实践出发，从鲜活的现实出发，从成功的经验和做法出发，从我们正在做的事情出发，从中找到规律性的东西，找到建立科协基本理论的逻辑起点。而国外社团组织运作和管理的理论与经验，只能是我们借鉴的东西，而不能是根据。

中国科协干部培训教材的建设是重要的，也是艰难的。笔者在刚到中国科协组织人事部工作不久的2007年9月就曾专门召集会议进行研究，在会上提出了建立科协干部培训教材体系的构想，并且开始着手进行准备。但由于工作涉及许多方面，进展缓慢。下一步的目标，仍然是逐步编写出科协基本理论、科协发展史、科协工作业务、科协工作方法、国外社团组织的运作和管理等五本教材。

在中国科协干部教育培训教材体系建立起来之前，可以将各次培训班上专题讲座的讲义制成课件，建立起一个不断吸纳、不断充实、不断完善的干部教育培训课件体系，为建立中国科协干部教育培训教材体系做好准备。

第五节　干部教育培训师资队伍建设

中国科协目前没有自己的干部学院，也没有干部教育培训中心，因而也就没有自己的干部教育培训教师队伍。组织人事部既是干部教育培训工作的管理机构，也是干部教育培训的实施机构；组织人事部的干部既是干部教育培训工作的策划者，也是干部教育培训工作的组织者、管理者，但不是进行干部教育培训的教师。从实际情况看，中国科协也没有必要建立一支干部教育培训的专职教师队伍。根据多年开展干部教育培训工作的实践，比较可行的办法，是建立庞大的、动态的、开放式的师资库。这个师资库主要包括以下几类人员：

（1）中纪委、中组部、中宣部、中央党史办等部门及司局的有关领导同志；

（2）中央党校（包括中央党校中直分校）、国家行政学院的教师，井冈山干部学院、延安干部学院、上海浦东干部学院、大连高级经理学院的教师，全国组织干部学院的教师，北京大学、清华大学、北京师范大学、人民大学等全国12所“全国干部教育培训基地”学校的教师；

（3）中国社会科学院等研究机构的专家、学者和著名高等院校的教师；

（4）优秀科学家、企业家、专业人士、科技管理专家和基层一线优秀科技工作者；

（5）中国科协的领导同志，全国学会的领导同志，中国科协有关职能部门和事业单位的负责同志。

建立师资库，要明确准入资格和条件，完善遴选机制，实行师资联聘、动态管理，完善服务流程，提高服务质量，实现优质师资资源共享。

第六节　干部教育培训阵地建设

如前所述，中国科协目前没有干部学院，也没有干部教育培训中心，因此，也就没有固定的干部教育培训阵地。从实际情况看，中国科协目前尚不具备建立、也没有必要建立固定的干部教育培训阵地。比较可行的办法，是充分利用社会上已有的培训阵地资源，为我所用。这些可以利用的干部教育培训阵地主要是：

（1）中央党校（包括中央党校中直分校）、国家行政学院；

（2）井冈山干部学院、延安干部学院、上海浦东干部学院、大连高级经理学院，全国组织干部学院；

（3）中央组织部确定的北京大学、清华大学、北京师范大学、中国人民大学等“全国干部教育培训基地”；

（4）各省区市科协的培训机构；

（5）中国科协科技会堂、绿化基地。

从长远看，中国科协还是要立足于建立自己的干部学院，目前正在积极准备建立干部培训中心，承担中国科协机关干部、直属单位中层以上干部的培训，承担地方科协干部的培训，承担全国学会办事机构专职干部的培训，承担科协基层组织专职干部的培训。中央国家机关建立自己的干部学院，承担本系统干部培训工作，是一个趋势，中纪委、中组部、中宣部等都已经建立了这样的干部学院，使本系统的干部培训有了培训机构，有了培训阵地。中国科协也应当实现这样的目标。目前，中国科协正在创造条件，在事业单位分类改革过程中，经过有关部门的审批程序，利用已有事业单位机构的建制，进行名称、职能、内设机构、编制的调整，组建中国科协干部培训中心。教育培训阵地建设的落实，将给中国科协的干部教育培训工作带来极大的发展。经过多年的运行和积累，在条件成熟的时候，将干部教育培训中心改为干部学院，应当成为我们追求的目标。

第七节　中国科协干部教育培训的主要班次

在多年的干部教育培训实践中，中国科协逐步建立和完善了多种干部教育培训班次，包括面向机关部门和事业单位干部的班次和面向地方科协干部的班次。

1. 中国科协面向机关部门和事业单位的干部教育培训的班次

经过近几年来的实践，中国科协基本形成了机关部门和直属单位干部教育培训的班次，并且向地方科协延伸，基本形成了地方科协干部教育培训的班次。

在中国科协机关部门和直属单位层面，基本形成了以下干部教育培训的班次：①局级干部培训班；②处级干部培训班；③一般干部培训班；④新任局处级干部培训班；⑤新进科协人员培训班；⑥干部系列讲座。

2. 中国科协面向地方科协的干部教育培训的班次

在地方科协层面，基本形成了以下干部教育培训的班次：①中国科协系统局级领导干部高级研修班。这种培训班从 2008 年开始举办，参加范围为各省区市、新疆生产建设兵团、各副省级城市和省会城市科协的重要负责同志，中国科协机关部门和直属单位主要负责同志。②新任科协主席培训班。2007 年 7 月举办第一次，参加范围为各省区市、副省级城市科协新任科协领导同志。③市级科协主席培训班。2009 年举办。④县级科协主席培训班。从 2009 年上半年开始举办，每年举办两期左右，每期 180 人左右，到 2013 年年底，已经举办了 10 期，培训县级科协主席达到 1800 人左右，占到全国县级科协主席数量的 2/3。举办县级科协主席培训班的初衷，是想用 3 年左右的时间，通过中国科协组织人事部和各省区市科协的共同努力，将全国 2800 个县的科协主席培训一遍。由于培训工作受到各地的广泛欢迎和好评，特别是应各地县级科协主席的要求，3 年之后，中国科协组织人事部继续进行县级科协主席的培训，并且把重点转移到近一两年到科协工作且没有经过培训的县级科协主席。

除了以上由中国科协组织人事部面向机关部门、事业单位和地方科协实施的干部教育培训之外，中国科协有关机关部门和事业单位也开展了一些具体培训。比如，中国科协学会学术部举办的全国学会秘书长培训班，计划财务部和组织人事部共同举办的全国企业科协秘书长培训班。

第八节　加强对干部教育培训的统筹协调

组织人事部根据中央组织部关于干部教育的部署和要求，在党的代表大会之后，制定中国科协干部教育培训工作五年规划，并根据规划的内容，逐年制订干部教育培训工作年度计划。五年规划和年度计划，主体是中国科协机关部门和直属单位的干部，也向地方科协干部延伸。五年规划和年度计划的实施，由组织人事部负责。

从中国科协作为全国性的社会团体的完整的组织体系来说，组织人事部负责制定并负责实施的五年规划和年度计划，毕竟只涉及中国科协机关部门和直属单位，延伸到地方科协，而其他方面的培训并没有被纳入。比如学会学术部开展的对学会理事长、秘书长的培训，计划财务部对企业科协秘书长的培训，科学普及部对科普示范县科协主席的培训，农村科学技术中心对基层农技协的培训，以及办公厅对中国科协机关从事文书工作人员的培训，计划财务部对财务工作干部的培训，青少年科技中心对科技辅导员的培训，等等。从长远发展看，应当将这些培训整合起来。其办法是，年初由相关部门和单位提出培训计划，做出培训方案，经过报批，纳入由组织人事部牵头抓总的干部教育培训的总体规划，统筹协调，由这些相关部门和单位具体组织实施。

需要注意的是，干部教育培训向学会、地方科协和基层科协的延伸，是从建立更加紧密联系的中国科协组织体系来着眼的，并不改变地方科协与基层科协在同级党组织领导下开展工作、其干部教育培训也按照这个领导关系纳入同级党组织统一部署的现实。这种培训，一方面是为了加强中国科协组织体系的紧密联系，另一方面也是为了使这种培训更有指导性。

第十九章 组织指导

加强科协的组织建设，离不开组织指导。所谓组织指导，有两层意思：一是指对科协组织的指导，主要是对科协地方组织、学会和基层组织的指导，包括对地方科协、学会换届的指导，对科协基层组织的组织设置、活动方式的指导；二是指对科协工作的指导，包括对地方科协、学会和科协基层组织工作的内容和形式的指导，这种组织指导是经常的、具体的、大量的。离开了组织指导，组织建设的任务就成为空洞的要求，就不会落实到各级各类科协组织层面。

必须明确的是，中国科协只有和所属全国学会之间是领导关系，而各级地方科协和各类基层科协都是在同级党委领导下开展工作，中国科协对地方科协和基层科协只是业务指导关系，而且这种指导关系也是按照隶属关系（业务指导关系）进行的。即使是中国科协和全国学会之间的领导关系，也是通过联络、协调、指导、服务作用来实现的。所以，我们这里所说的组织指导，不论是对各级地方科协和各类科协基层组织的组织指导，还是对全国学会的组织指导，都只是业务指导。特别需要强调的是，对与中国科协之间是领导关系的全国学会、对与地方科协之间是领导关系的地方学会及其工作的组织指导，必须尊重学会的独立性和特殊性，保证学会按照《中国科协章程》赋予的权利和职责，遵照本会章程，独立负责地开展工作。本章着重讨论对中国科协组织建设进行组织指导的几种主要方式。

第一节 会议指导

会议指导是对面上组织建设工作进行指导而普遍采用的一种方式，也是指导面上组织建设工作的有效方式。一般地说，会议主要有三种类型。

1. 工作会议

工作会议的主要任务是回顾和总结前一段组织建设工作的情况，研究和部署当前和今后一个时期的组织建设工作的任务。工作会议除了总结和部署工作外，也可以交流经验，研究问题。但必须明确的是，工作会议的主要任务是总结和部署工作，特别是部署工作，而总结前一段工作也好，交流经验、研究问题也好，都是为部署工作服务的。因此，强化部署工作的指导性，是非常重要的。

2. 座谈会

座谈会的主要任务是总结和交流经验，有时也可以直接开经验交流会。从实际情况看，座谈会的开法也比较灵活，在以总结和交流经验为主的前提下，有的座谈会也有总结和部署工作、研究问题的内容。从这一点看，座谈会和工作会议之间有很大的重合和交叉部分。虽然座谈会和工作会议都可以有总结部署、交流研讨的内容，但二者的最大区别在于，座谈会一般是专题性的，而工作会议一般是全面性的。另外，座谈会比起工作会议来交流讨论的比重会大些，有时也可以有研讨性的内容。

3. 研讨会

研讨会的主要任务是研究探讨问题。对组织建设中普遍存在的问题，或者说对组织建设中存在的普遍性的问题，进行研究、讨论、探讨，形成共同认识，包括对问题严重性、危害性的认识，对问题产生原因的认识，对解决问题有效办法的认识，对采取对策的认识。与工作会议和座谈会相比，研讨会最大的特点是研究、讨论、探讨问题，通过研讨达成共识，而不是总结和部署工作，不是交流经验。就研讨本身而言，研讨会的研讨也不是具体地研究问题或研究具体问题，而普遍存在的问题或存在的普遍问题。但是，对普遍存在的问题或存在的普遍性问题进行研究、讨论、探讨，也离不开对实践经验的总结，离不开对成功做法的运用，这又需要处理好以研究、探讨问题为主、以总结、交流经验为辅的关系。

第二节 文件指导

文件指导是对面上组织建设工作进行指导普遍采用的一种方式，也是一种有效的方式。一般地说，文件主要有三种功能和类型。

1. 部署工作、提出要求

这是文件的主要功能和类型。体现这种功能的文件有，关于某一项工作的三年（或五年）规划，根据规划制订的年度工作计划，年度工作要点，年度工作安排，当前和今后一个时期的工作部署和要求，就加强和改进某一领域、方面的重要工作提出指导性意见，就开展某项重大活动做出安排部署。

2. 印发领导同志的讲话

这种方式和会议指导相关。召开工作会议、座谈会和研讨会，最重要的文件是领导讲话，包括上级领导讲话、部门领导工作报告和会议总结讲话。会议结束后，一般都会以文件方式印发领导讲话，在相应的范围内印发，并要求遵循执行，贯彻落实。印发领导讲话的文件一般有两种形式：一种是关于印发领导讲话的通知，不仅印发领导讲话，还要就如何贯彻落实提出要求；另一种是以单位通报的形式印发，前面可以加一段按语，对贯彻落实提出要求。通报和通知的效力是一样的。

3. 通报有关情况

通过文件的形式通报有关情况，也是指导工作的有效方式。通报情况的文件也有两种形式：一种是除工作会议、座谈会等较大型会议之外的一些会议形成的会议纪要，会议纪要就是对会议的情况进行通报；另一种是对有关工作情况进行通报。对工作情况的通报又分为两种，一种是对正面情况的通报，一种是对反面情况的通报。正面情况的通报，是为了指导和促进工作；反面情况的通报，是为了进行警示教育，提起警觉，汲取教训。比如对一些典型经验的通报，就属于前者；对违法违纪行为的通报，就属于后者。在组织指导工作中，这两种通报同样都是必要和重要的。

第三节　调 研 指 导

调查研究具有双重目的。一是调查者为了自身的工作而进行的调研，主要目的是总结经验，发现问题，研究对策，推动和改进工作。二是通过调研，对地方科协、基层科协进行面对面的指导。显然，这种调研指导，就是调研者和地方科协、基层科协的同志一道深入基层、深入群众、深入实际，共同总结经验，发现问题，研究对策。从调研指导的具体形式看，有两种可以采取。一是在和地方科协、基层科协同志共同进行的调研中，通过交谈、交流、讨论，对地方科协和基层科协工作进行指导，包括总结工作经验和特点，指出存在的问题及其原因和解决问题的办法，提出今后加强工作的意见和对策。这种指导既可以是调研中面对面进行的，也可以是在小型调查会上来谈的。二是在调研结束时召开座谈会，将调研中形成的工作经验和特点的总结、发现的问题及其原因分析、解决问题的办法以及进一步加强和改进工作的意见，讲述给当地科协。当然，调研结束后，形成的调研报告也是一种指导，特别是调研报告中提出的对策建议，对解决问题、加强工作有很强的指导作用。调研报告的指导作用，要通过印发才能够实现。这也可以算作调研指导的第三种形式。

由中国科协的性质、职能和任务所决定，调查研究应当是科协同志必须具备的基本功，应当成为科协同志的看家本领。但是，科协的许多同志不大会做调查研究，特别是不会运用小型调查会和个别访谈的方式做调查研究。他们习惯于、满足于运用调查问卷的方式进行调查研究，并且乐此不疲。这些同志习惯于、满足于坐在办公室设计若干问题，再对每个问题设计出若干可供选择的答案，发到被调查者手里，由他们做出单项或多项选择；然后由调查者进行分类统计，做出分析。这里的问题在于，由于事先缺乏对所要调查问题的深入了解，更缺少先期调查研究，所设计的问题不能反映客观实际，而被调查者对问题的选择受到设计问题本身的局限，而真实想法又没有人当面听取他们说出来。这样的问卷调查不论是对问题和问题答案的设计，还是对统计结果的分析，都有着极大的主观性，所形成的问卷调查结果对于工作的指导作用，更是要大打折扣的。另外，由于这种调查不需要到实际中、群众中去，所以也谈不上有什么在调研过程中的具体指导。

在中国科协的历史上，一些同志不善于做或不会做调查研究的问题曾引起过重视。1987 年 1 月，时任中国科协书记处书记高潮同志在各省、自治区、直辖市科协办公室主任会议上的书面发言中指出："信息工作中，还有一个重要的工作就是调查研究，特别是战略方面的调查研究，'科协学'的研究。我感到，我们科协在战术方面的工作还是做了不少，也是有成绩的，但战略方面的研究，做得很不够，这和我们的调查研究不深入，不全面，以及调查不多，研究不深，有很大的关系。"① 现在看，学会调查研究，做好调查研究，发挥好调查研究在指导科协组织建设中的作用，特别是运用好调查研究的成果，仍然是需要花大气力解决的问题。

有必要提倡真正深入基层、深入群众、深入实际的调查研究，做"笨功夫"。所谓"笨功夫"，大体有这么几种方法。一是小型调查会，或小型座谈会，可以是不同类型的人一起开，也可以是不同类型的人分别开。每次小型调查会的人数不必太多，但一定是了解情况的人，而且要每个人都有充分发表意见的机会，最好是能够形成讨论。二是个别访谈，面对面地交流、询问、请教。个人访谈的人可以是小型调查会之外的人，以便扩大调查的面；也可以是参加小型调查会的人，只是这些人心中有情况、有想法但在小型调查会没有充分发表

① 中国科协干部学院编：《中国科协重要文件汇编》，上海科学普及出版社，1991 年。

意见的人，或者是在小型调查会的场合不便谈自己意见的人。三是翻阅、查阅历史资料，包括一切有价值的资料。四是实地踏勘，到现场具体观察、询问、考证。在此基础上，进行问卷调查才是必要的。而且问卷调查和小型调查会、个人访谈的结构相互印证，才能发挥其应有的作用。

第四节　政策指导

工作会议、座谈会、研讨会、调研等方式，共同点是对经验的总结和对问题的研讨。这些总结和研讨的成果经过一段时间的积淀之后，一些被实践证明了的好经验、好做法，一些解决问题的好办法，都可以变为具有指导性的政策。

工作会议、座谈会和研讨会上的领导讲话、工作报告中提出的工作部署和要求，调研期间和结束时领导谈的意见和建议，以及形成的调研成果，都可以转化为指导性的政策。

政策来自于实践，来自于基层，来自于群众。工作会议、座谈会、研讨会也好，调研也好，领导在这些会议和场合的讲话也好，都是对实践的总结，都是对基层和群众创造的总结。只有将来自于实践、基层和群众的创造上升到政策层面，才能指导实践，促进实践，推动实践。毛泽东同志曾经说过："政策和策略是党的生命，各级领导同志务必充分注意，万万不可粗心大意。"政策和制度一样，具有根本性、长期性、普遍性、稳定性。因此，政策指导也具有根本性、长期性、普遍性、稳定性，因而是更重要的指导。

第五节　典型指导

典型指导，是中国科协组织指导的基本方式。科协组织不是党政机关，不是权力机构，因而不可能靠权力性因素、靠行政命令、靠指令性来部署工作，提出要求；同时，科协组织也没有强有力的社会动员力、号召力、组织力，因而也不可能用一般性地讲道理、做宣传、发号召的方式去开展工作。由中国科协的性质、职能和任务所决定，也由中国科协几十年发展的历史所证明，中国科协最有效的工作方式和办法是典型示范，即用典型去指导。我们这里所说的典型，不是指简单地树立个人先进典型，而是指以经验形态存在的关于中国科协组织建设各个方面的先进典型。之所以能够用典型去指导中国科协的组织建设，是因为典型本身具有极大的示范作用、影响作用、辐射作用、带动作用。这种示范、影响、辐射、带动作用本身，就是一种现实的、有强大说服力和影响力的指导作用。典型示范是所有组织都会普遍采取的一种工作方式，但对于中国科协来说，更有现实指导意义，因而成为基本的工作方式。

在中国科协的组织指导工作中，往往不是要求人们应当做什么，不应当做什么，也不是一般性地去讲为什么应当这样做、为什么不应当那样做的道理，而是发挥典型的示范作用。典型就是榜样，而我们常说“榜样的力量是无穷的”，当我们把典型推到人们面前时，典型自身所蕴含的力量就会呈现出来，它会告诉人们应当怎么做，为什么这样做，这样做会有怎样的效果。由于典型的这种示范作用，更多的科协组织、更多的科协工作者就会来学习、来借鉴、来效仿，就会使工作有所改观，从而使科协组织建设大大向前推进一步。

树立典型，既要从现实工作需要出发，又要着眼于长远发展，如果只着眼于眼前，典型就没有生命力。树立典型，既要重视重点工作方面的典型，又要重视不同领域的典型，使重点工作和不同领域都有各自的典型，如果只有一种或只有个别典型，就不可能具体地、有针对性地发挥典型的指导作用。典型既要发现、树立，又要培育、培养，不能只管树立、不管培育。发现、树立典型，是为了实事求是，把真实存在着、成长着的典型发现出来、树立起来，而不是人为地按照人的主观意志去加工，去虚构和拔高。培育、培养典型，是为了最大限度地发掘典型的内在价值，显示典型本身的特点、亮色，而且在典型的成长过程中要关心、爱护和帮助，不能让典型自生自灭。重要的是，树立典型也要根据典型自身的发展规律，保持典型本来的独特性。只有在这个基础上，发现和树立、培育和培养典型才是有意义、有价值的。

第六节 舆论引导

中国科协组织建设也需要进行舆论宣传。舆论宣传的功能，除了营造一定的舆论氛围外，同时还可以发挥舆论引导作用，舆论引导也是一种指导方式。

作为一种指导方式的舆论宣传，主要内容应当包括，为什么要加强中国科协组织建设，或者说加强中国科协组织建设的重要意义，中国科协组织建设的基本内容，科协工作面临的新形势、新任务和中央对科协工作的新要求，当前中国科协组织建设的重点工作，中国科协的重大活动，中国科协、地方科协和基层科协加强科协组织建设的先进经验和特色做法，中国科协和各级地方科协所属学会加强能力建设取得的新成绩，加强干部队伍建设和人才队伍建设的新进展，优秀科技工作者和科协工作者的先进事迹，等等。

在一些地方，科协将组织建设、调研宣传工作放在一起，组成一个部门。这样的部门不要把组织、宣传搞成“两张皮”，宣传工作要为组织建设服务，组织建设要促进宣传工作。

第三编

中国科协全国组织、地方组织建设

第二十章 中国科协全国组织的领导机构

本编依次讨论中国科协的全国组织和地方组织。中国科协的全国组织和地方组织本来是两个不同的单元，由于其内部结构的大体相同，故放在同一编加以讨论。

中国科协的全国组织是一个复杂的系统构成，包括领导机构、全国代表大会代表任期制、执行机构、所属全国学会、职能机构、事业单位、全国组织的党组织。

本章首先讨论中国科协全国组织的领导机构。中国科协全国组织的领导机构，包括全国代表大会、全国委员会、常务委员会，以及常务委员会下设的各个专门委员会。

第一节　领导机构的核心地位和作用

中国科协的最高权力机构，是全国代表大会；全国代表大会闭会期间的执行机构是全国委员会；全国委员会闭会期间的执行机构是全国委员会的常务委员会。全国代表大会、全国委员会、全国委员会常务委员会，都是中国科协的权力机构，居于核心地位，发挥核心作用。

要保证中国科协领导机构的核心地位，就要强化并保证全国代表大会、全委会、常委会的作用，搞好它们之间的相互衔接。同时，要强化全国代表大会代表、委员会委员和常委会委员的作用，因为离开了代表和委员的作用，代表大会、全委会、常委会的作用就无从谈起。中国科协全国代表大会代表、委员来自200个理、工、农、医和交叉学科的全国学会，来自全国各省区市科协、市地州盟科协、县市区旗科协，来自企业、高等院校、科研院所以及农村、街道社区等各个方面，汇集了各个学科、领域的优秀科技工作者，许多科协工作者也有良好的专业、学术背景和经历，具有广泛的代表性，是宝贵的人才资源、宝贵的无形资产和宝贵的财富。按照《中国科协章程》的规定，全国代表大会每五年召开一次，全国委员会每年召开一次会议，常务委员会每半年召开一次会议，向代表、委员报告工作，代表、委员就一些重大问题进行审议，做出决策，这是代表、委员发挥作用的基本方式。但是，代表、委员除参加定期召开的代表大会、委员会会议和常务委员会会议之外，在科协的日常工作中发挥什么作用、如何发挥作用，并没有找到适当的方式，应当继续研究。比如，可以考虑建立委员特别是常委联系学会、科协基层组织的制度，联系高级科技人才的制度，考察、调研的制度等。自七大开始，中国科协进行全国代表大会代表任期制的试点，就代表大会闭会期间如何发挥代表作用进行了有益尝试，并积累了成功经验。从八大开始，代表任期制正式确定下来。代表任期制是发挥代表作用的有效方式。关于中国科协全国代表大会代表任期制问题，下一章将专门系统阐述。

发挥好中国科协领导机构的作用，必须贯彻执行民主集中制的原则。只有坚持民主集中制的原则，才能真正建立起联系更加紧密的组织体系，不能以科技社团的特殊性为由而对此有所忽略。有的同志片面地理解民主集中制，认为民主集中制是集中制大于民主制的制度，不适合科协及其所属学会这样的组织。其实，民主集中制的基础是民主，是在民主基础上的集中。对于一个社会团体来说，只有民主，没有民主基础上的集中，是不利于发挥组织体系的优势和作用的。中国科协第五次全国代表大会召开前夕，张玉台同志给钱学森同志写信，问他在会上有什么说的，钱学森同志在 1996 年 2 月 22 日致张玉台的信中谈到："科学技术工作也必须贯彻党的民主集中制。我 1955 年归回祖国后，深感我们党的民主集中制也是科学技术工作的客观规律；我在美国从我的老师 Theodore von Karman 那里学到的也实际上是民主集中制，只是那时在外国还没有明确地阐述。我在周恩来总理领导下从事导弹卫星工作，深感周总理在工作中是执行民主集中制的典范。但我们许多工作，都没有执行这一规定：既不民主，也不集中；讨论工作，既不能让大家在统一目标下充分各陈己见，最后也不能集中到一个目标任务的完成。结果是各干各的，分散而低效。当然也有时候，因为实践不够，对问题还认识不清，那只有分头去试试，不能盲目集中；但经过一段试验，问题弄清楚了，最后还是要集中的。""从前我在科协议事时，我曾多次提起这一问题并建议召开讨论会研究，但未能实现。现在我再提出这一问题。"① 钱老的话具有真知灼见，是对科协组织发展的规律性的认识，切中要害，值得深思。

---

① 《钱学森书信选》编辑组编：《钱学森书信选·下卷（1992.1～200.7）》，国防工业出版社，2008 年。

第二节　全国代表大会

中国科协全国代表大会是中国科协的最高权力机构，因而是中国科协的领导机构。

1. 全国代表大会的任期

根据《中国科协章程》的规定，中国科协全国代表大会每五年举行一次，由全国委员会召集。也就是说，中国科协全国代表大会每五年为一个任期，任届期满，除特殊情况外，要按时进行换届。按时换届，是中国科协全国代表大会作为中国科协最高权力机构保持其合法性的必经形式。

2. 全国代表大会代表的产生

中国科协全国代表大会由全国代表大会代表构成。全国代表大会代表由选举产生。全国代表大会代表的名额和选举办法由常务委员会决定。全国代表大会代表经全国学会和省、自治区、直辖市科协及有关方面民主协商，经选举产生。

3. 全国代表大会代表的任期

中国科协全国代表大会代表实行任期制。

全国代表大会代表的任期与全国代表大会的任期相同，一个任期为五年。也就是说，全国代表大会代表不仅在全国代表大会召开期间拥有代表资格，而且在全国代表大会闭会的整个五年期间，都拥有代表资格，行使代表权力，履行代表义务。全国代表大会代表可以连选连任，但最多可以连任几届，没有明确规定。

4. 全国代表大会的职权

根据《中国科协章程》的规定，中国科协全国代表大会的职权是：

第一，决定中国科学技术协会的工作方针和任务；

第二，审议和批准全国委员会的工作报告；

第三，制定和修改中国科学技术协会章程；

第四，选举产生全国委员会；

第五，决定其他重大事项。

第三节　全国委员会

中国科协全国代表大会闭会期间，由它选举产生的全国委员会领导中国科协的工作。全国委员会是作为最高权力机构的全国代表大会闭会期间的执行机构，因而是全国代表大会闭会期间的领导机构。1988 年 8 月，钱学森同志在全国直辖市、计划单列市科协协作会议上的讲话中指出："领导中国科协的是全委会，在全委会闭会期间是常委会，就到此为止。我们这些主席、副主席都不能干违背全委会、常委会决议的事，更不是什么大官，不能用批条子解决问题。"①因此，必须强调和维护全委会作为中国科协领导机构的地位和作用。

1. 全国委员会的任期

全国委员会的任期与全国代表大会的任期相同，都是五年。也就是说，每一届全国委员会任期五年，任届期满，就要换届，召开全国代表大会，由新一届全国代表大会代表进行选举，产生新一届委员会。

根据《中国科协章程》的规定，全国委员会会议每年举行一次，由常务委员会召集。召开全体会议，是全国委员会作为全国代表大会闭会期间的执行机构行使领导机构权力的基本方式。全国委员会每年召开一次会议，是全国委员会行使领导机构权力的最低限度，也是最低要求。因此，必须保证每年仅有一次的全国委员会会议的如期召开，没有极特殊情况不能延期召开，更不能取消。从中国科协八大之后的实际情况看，由于工作需要，一年中增加一次全委会会议的情况是有的。

2. 全国委员会委员的产生和任期

全国委员会委员在全国代表大会代表中经选举产生。选举全国委员会委员，可以实行差额选举，也可以先进行预选，再进行等额选举。

全国委员会委员的任期与全国代表大会代表的任期相同，一个任期为五年。全国委员会委员可以连选连任，但最多可以连任几届，没有明确规定。

3. 全国委员会委员的增补、变更和撤销

中国科协七大，就全国代表大会闭会期间委员的增补和变更做出规定，但这个规定只适用于七大的五年任期。中国科协八大对这个规定做了进一步修改，作为适用于八大的五年任期的规定。两年后的 2013 年 5 月，中国科协常委会通过了对这个规定较大的修改方案，在原有全国委员会委员增补和变更的基础上，增加了撤销的内容。至此，形成了关于中国科协全国委员会委员增补、变更和撤销的规定，主要内容如下。

第一，关于全国委员会委员的变更。

---

① 中国科协干部学院编：《中国科协重要文件汇编》，上海科学普及出版社，1991 年。

全国委员会委员变更的适用范围是：在各全国学会、协会、研究会，各省、自治区、直辖市、新疆生产建设兵团科协，中国科协机关及直属单位担任专职主要负责人的委员因工作变动等原因不能继续履行委员职责者。

新任全国委员会委员应具备的条件是：新任全国委员会委员人选应符合中国科协第八届全国委员会委员产生的条件。

变更全国委员会委员的程序是：①各全国学会、协会、研究会，各省、自治区、直辖市、新疆生产建设兵团科协，中国科协机关及直属单位的全国委员会委员确需变更时，应提出申请和新任人选。全国学会、协会、研究会的人选由学会理事会或常务理事会推选产生，省、自治区、直辖市、新疆生产建设兵团科协的人选要征得同级党委组织部门同意，中国科协机关及直属单位的人选要征得中国科协党组同意。②中国科协组织人事部对新任全国委员会委员人选提出初审意见，提交中国科协书记处审核。③中国科协书记处审核后将同意变更全国委员会委员的意见报请常务委员会审议。④常务委员会审议决定是否变更。

第二，关于全国委员会委员的增补。

中国科学技术协会全国委员会委员原则上不增补。特殊情况下，根据工作需要，全国委员会委员确需增补的，由中国科学技术协会常务委员会决定。新增补的全国委员会委员人选应符合新任全国委员会委员所具备的条件。增补全国委员会委员按照变更委员的程序办理。

第三，关于全国委员会委员的撤销。

全国委员会委员撤销的适用范围是：①违犯国家法律法规受到刑事处罚的。②违反《中国科协章程》造成严重后果的。

撤销全国委员会委员的程序是：①各全国学会、协会、研究会，各省、自治区、直辖市、新疆生产建设兵团科协，中国科协机关及直属单位等推荐单位一经发现本组织（单位）推选产生的全国委员会委员出现上述两种情形之一者，应及时报告中国科学技术协会。②中国科协组织人事部对撤销全国委员会委员人选提出意见，提交中国科协书记处审核。③中国科协书记处审核后将同意撤销全国委员会委员的意见报请常务委员会审议。④常务委员会审议决定是否撤销。

第四，关于全国委员会委员的代表资格。

全国委员会委员变更时，其代表资格也一并予以变更。增补的全国委员会委员，同时拥有全国代表大会代表资格。撤销的全国委员会委员，同时终止其全国代表大会代表资格。

对以上关于全国委员会委员增补、变更和撤销的规定，有几点需要强调和说明：

一是全国委员会委员增补和变更，只适用于职务性安排的部分委员，主要是担任全国委员会委员的各省、自治区、直辖市和新疆生产建设兵团科协主要负责同志。当这些委员工作变动、离开科协工作、不能继续履行委员职责时，其委员职务就应当相应地予以变更，而改由新任科协主要负责同志担任委员职务。

二是担任全国委员会委员的副省级城市科协的主要负责同志不在增补和变更的范围，因为这些同志担任委员不是职务性安排，名额是分给所在省份的，是由所在省份根据工作需要分配的，所以这些同志的工作变动以后，不存在一对一增补的问题。也就是说，如果这些同志由于工作变动、离开科协工作、不能继续履行委员职责时，其委员职务可以变更，但不能直接增补这个副省级城市新任的科协主要负责同志担任委员职务，而应当在全省范围内通盘考虑进行增补。当然，如果省里从工作需要考虑，名额仍然给这个副省级城市科协，也是符合要求的。

三是其他那些从事科学研究、技术工程、科学普及、科技管理的委员，虽然工作发生变动，但仍然可以履行委员职责的，不在增补和变更范围。

四是全国委员会委员撤销的情形，则适用于所有全国委员会委员。

4. 全国委员会的职权

根据《中国科协章程》的规定，全国委员会的职权是：

第一，执行全国代表大会的决议；

第二，选举主席、副主席和常务委员；

第三，审议中国科学技术协会年度工作报告；

第四，决定授予荣誉职务；

第五，决定其他重大事项。

第四节 常务委员会

中国科协全国委员会闭会期间，由它选举产生的常务委员会领导中国科协的工作。常务委员会是作为领导机构的全国委员会闭会期间的执行机构，因而是全国委员会闭会期间的领导机构。在强调和维护全国委员会作为中国科协领导机构的地位和作用的同时，必须强调和维护常委会作为中国科协领导机构的地位和作用，有区别的只是前者是在代表大会闭会期间，后者是在全委会闭会期间。

1. 常务委员会的任期

常务委员会与全国委员会、全国代表大会的任期相同，都是五年。也就是说，每一届常务委员会任期五年，任届期满，就要换届，召开全国代表大会，由新一届全国代表大会代表选举产生新的全国委员会，再由全国委员会委员选举产生新的常务委员会。

根据《中国科协章程》的规定，常务委员会会议每半年举行一次，由中国科协全国委员会主席召集，也可委托副主席召集。中国科协八大之前，常务委员会每季度召开一次会议，也就是说，每年召开四次常委会会议。考虑到中国科协常委大都是兼职，工作繁忙，每季度参加一次常委会会议负担较重，而如果缺席人员较多，达不到法定人数，又影响正常召开常委会会议，所以在中国科协八大后，改为每半年召开一次常委会会议，也就是说，每年召开两次常委会会议。应当说，常委会每年召开两次会议，是常委会作为全国委员会闭会期间的执行机关行使领导机构权力的最低限度，也是最低要求。因此，必须保证每年两次的常委会会议的召开。

需要强调的是，《中国科协章程》关于常务委员会一般一年召开两次的规定，实际上也留下了空间，就是如遇特殊情况，也可以不受一年两次的限制，可以根据需要增加一次常委会会议。从中国科协八大之后的实际情况看，由于工作需要，一年中增加一次常委会会议的情况是有的。

2. 常务委员会委员的产生和任期

常务委员会委员在全国委员会委员中经选举产生。

常务委员会委员的任期与全国委员会委员的任期相同，一个任期为五年。常务委员会委员可以连选连任，但按照中国科协八大的做法，最多只能连任两届。

3. 常务委员会的主要任务

根据《中国科协章程》的规定，常务委员会的主要任务是：

第一，实施全国委员会确定的任务；

第二，批准全国委员会委员的变更或增补；

第三，批准团体会员的接纳或退出。

第五节　常务委员会各专门委员会

常务委员会实现其领导有两个渠道：一是领导书记处的日常工作（关于书记处的工作，专章论述），二是领导工作委员会和专门委员会的工作。《中国科协章程》规定，常务委员会设置若干工作委员会和专门委员会。目前，中国科协只设有专门委员会，没有设工作委员会。

1996 年，中国科协五届二次常委会审议通过了《中国科学技术协会常务委员会工作规则》；10 年后的 2006 年 9 月 15 日，中国科协七届二次常委会审议通过了对《中国科学技术协会常务委员会工作规则》的修订稿；2014 年 1 月，中国科协八届八次常委会审议通过了对《中国科学技术协会常务委员会工作规则》的修订稿。根据规则的规定，“常务委员会设置若干专门委员会，协助审议需经常务委员会审定的有关事项。专门委员会按中国科学技术协会基本任务和针对需要予以关注和加强的工作任务设置。根据情况，专门委员会还可设置专题组，就某一专题开展调研、提出建议”。

因此，严格起来说，常委会专门委员会不是领导机构，而是协助常委会施行领导的参谋决策机构。但专门委员会是领导机构序列的机构，具有领导机构的性质和作用。

1. 常委会工作委员会和专门委员会设立的历史

常委会工作委员会和专门委员会的设立，最早可以追溯到中国科协的前身全国科联、全国科普时期。1950 年 8 月 25 日，中华全国自然科学专门学会联合会第一届全国委员会第一次会议，讨论了常委会内设工作机构的问题：“常委会内拟设的工作机构，如调查委员会，联络委员会，计划组织委员会，出版委员会等应聘专人负责经常事务以利推动。”会议议定：“由秘书处拟定各委员会草案及聘定专人提请常委会议定。”① 这次会后，各委员会确定了京外委员名单，召开会议研究确定了委员会的工作职责和任务，并开展了相应工作。全国科普也建立了相应的委员会。

1950 年 10 月 7 日，全国科联第一届常务委员会第一次会议通过了《中华全国自然科学专门学会联合会暂行会章》，明确规定：“常务委员会下设计划、组织、联络、宣传四委员会，必要时并得增设各部会。各部会负责人由常务委员会选任之。”同时，具体规定了个委员会的人员构成和职责。计划委员会设主任 1 人、副主任 2 人、委员若干人，负责本会工作方针及计划之拟定；专门学会工作计划之审查；研究各专门学会与有关业务部门生产相结合等问题。组织委员会设主任 1 人、副主任 3 人、委员若干人，负责调查全国科学技术人才；调查现有之专门学会；拟定专门学会会章要点；协助各专门学会总、分会之设立；组织各大城市科联分会；协助各专门学会办理立案手续。联络委员会设主任 1 人、副主任 2 人、委员若干人，负责各专门学会间之联系；各专门学会与有关业务部门之联系；筹办各地区专门学会联合会址；组织考察团；促进国际间科学合

① 见《中华全国自然科学专门学会联合会第一届全国委员会第一次会议记录》，藏中国科协档案《全国科联第一届全委会第一、第二次会议文件》卷。

作及有关事宜。宣传委员会设主任1人、副主任2人、委员若干人，负责出版科学通讯、科协进步报道等刊物；协助专门学会刊物之交换；向国内外新闻界报道本会消息；举办座谈会、讲演会。①

中国科协二大是“文化大革命”结束、中国科协恢复工作后召开的全国代表大会。1980年3月15日，周培源同志在中国科协二大报告中指出：“科协及其所属团体的领导机构，一定要通过民主选举产生。领导成员大部分应当是具有较高水平的专家。”“为了便于专家分工负责地管理各项工作，可根据实际需要设立各种专门委员会，如学术委员会、普及委员会、组织委员会、编辑委员会和国际活动委员会等。”②

同年3月22日，中国科协二大通过的第一部《中国科协章程》规定：“常务委员会根据工作需要，设置普及工作委员会、学会工作委员会、国际活动委员会和相应的办事机构。”

为了充分发挥常委会的领导作用，根据中国科协二大报告的精神和《中国科协章程》的规定，在中国科协第二届常委会期间设立了普及工作、学会工作和国际活动三个工作委员会，对设置工作委员会协助常委会研究重大事项这种方式，进行了有益的实践，并积累了有益的经验。

中国科协第三届常委会成立后，常委会工作委员会这种方式得到了更加广泛的运用。1986年6月27日中国科协三大通过的《中国科协章程》进一步规定：“常务委员会根据需要，可设置若干工作委员会，对有关业务工作进行协调，提出建议。”当时是钱学森同志做中国科协主席。他到中国科协工作后感到，全国委员会一年开一次会，常委会一个季度开一次会，常委在开会时往往又不能全来，有时还不过半数，而许多事又不能等到开常委会时再来定，日常的工作主要是由中国科协书记处的同志负责。所以，钱学森同志一直在考虑在常委会下设工作委员会的问题。

1986年9月2日，钱学森同志在中国科协第三届第二次常委会上的讲话中说：“这次会议，要请大家研究一下在常委会下面设立工作委员会的问题。工作委员会是常委会的一个方面工作，一切问题先由工作委员会认真研究，研究时可吸收认为必要的人参加，运用各种形式来进行工作。为了做好工作委员会工作，书记处同志事先可准备一些材料。常委会的工作要首先经过工作委员会，提出议案。然后提交常委会来讨论，如常委会决定不了的，提交全委会，大家觉得这样是否好。提案要事先研究好，工作委员会主任把情况说清楚，我们常委会就好办了。”③

---

① 见《中华全国自然科学专门学会联合会暂行会章》，藏中国科协档案《全国科联第一届全委会第一、第二次会议文件》卷。

② 中国科协干部学院编：《中国科协重要文件选编》，上海科学普及出版社，1991年。

③ 中国科协干部学院编：《中国科协重要文件选编》，上海科学普及出版社，1991年。

1987年2月27日，钱学森同志在中国科协第三届第二次全委会上的工作报告中总结三大原来工作情况时，专门谈到健全常委工作制度问题。他指出："中国科协坚持常委会议，每季召开一次，重大问题都要经常委会讨论通过。常委分工，由原来的三个工作委员会，增至八个工作委员会，分别就学术、科普、组织、宣传、咨询、财务、继续教育、促进自然科学和社会科学联盟等方面开展工作。这次全委会议上，八个工作委员会将向大会作工作汇报。"①

1987年6月19日，钱学森同志在中国科协机关和直属单位职工大会上的讲话中谈到："我来了以后觉得总还是应该尽量让常委多办一些事情。经反复研究，组成了八个工作委员会，就是：国内外学术交流工作委员会、科学技术普及工作委员会、宣传工作委员会、组织工作委员会、继续教育工作委员会、促进自然科学和社会科学联盟工作委员会、科技咨询工作委员会、财务与基金管理工作委员会。"②以后又成立了少数民族地区工作委员会、青少年科技教育工作委员会，工作委员会的数量达到了10个。

中国科协第四届常委会根据不同业务性质，设置了3类不同的工作委员会，使工作委员会的数量进一步扩大。第一类是面向科协自身建设、指导和推动科协事业发展的工作委员会，共5个，包括财务与基金管理工作委员会、组织工作委员会、学术交流工作委员会、普及工作委员会、国际联络工作委员会。第二类是面向社会，为适应国家形势发展需要，促进和推动科协某一方面业务工作而设立的专门委员会，共10个，包括促进企业技术进步专门委员会、促进科技兴农专门委员会、促进高新技术发展及其产业化专门委员会、促进人与自然协调发展专门委员会、促进科技咨询发展专门委员会、促进继续教育专门委员会、促进自然科学和社会科学联盟专门委员会、促进青少年科技教育专门委员会、促进少数民族地区科技发展专门委员会、促进海峡两岸科技人员联谊专门委员会。第三类是围绕学科发展和与国民经济、社会发展有关的重大问题开展调研、提出建议的专题委员会或专题调研组。这一类组织为非常设机构，由主席办公会议确定设置。

2. 专门委员会的性质

之所以要讨论这个问题，是因为许多同志在这个问题上存在很多模糊认识，有必要通过讨论予以澄清。

钱学森同志在1987年6月在中国科协机关和直属单位职工大会上的讲话中指出："这个体系（指中国科协三大时八个工作委员会——引者注）都是处理大

① 中国科协干部学院编：《中国科协重要文件选编》，上海科学普及出版社，1991年。

② 中国科协干部学院编：《中国科协重要文件选编》，上海科学普及出版社，1991年。

问题。日常的工作是由书记处和我们的机关来办。大问题是全国委员会、常委会和工作委员会来研究处理。”[①] 这段讲话强调了两点，一是工作委员会处理的是大问题，二是大问题是由全国委员会、常委会和工作委员会来研究处理的。在这里，钱学森同志是将工作委员会和全国委员会、常委会并列在一起来谈它们的作用的，这个共同作用就是研究处理重大问题，而日常工作是由书记处和我们的机关来办理。根据钱学森同志的理解，工作委员会的性质应当是领导机构，而不是简单的参谋咨询机构、议事机构。

3. 专门委员会的职责

钱学森同志在设立常委会工作委员会的同时，也对工作委员会的职责做了设计，成为以后常委会工作委员会、专门委员会的基本定位。钱学森同志 1987 年 6 月 19 日在中国科协机关和直属单位职工大会上的讲话中谈到：“所以（工作委员会）是八个方面集思广益、真正深入研究问题的组织。一些重大问题，需要更广泛地征求意见、深入研究的，就交给八个工作委员会分别去研究。”[②] 按照《中国科协章程》的规定，常务委员会设置的若干工作委员会和专门委员会，协助审议需经常务委员会审定的有关事项。这个规定，和钱学森同志的设想是一致的。

4. 专门委员会的主要任务

《中国科学技术协会常务委员会工作规则》对中国科协常委会专门委员会的主要任务做了如下规定：

（1）审议提交常委会讨论和决定的有关报告和建议；

（2）指导、监督同本专门委员会有关的业务工作；

（3）组织并听取同本专门委员会有关的重要工作的情况汇报，进行调查研究，提出建议；

（4）审议本专门委员会有关业务工作的规划和年度计划；

（5）向常务委员会提出本专门委员会的年度工作报告，届期内至少向常务委员会作一次专题汇报；

（6）根据工作需要，调整、充实专门委员会人员组成，决定成立专题组及其人员组成。

5. 专门委员会的组成

中国科协二大时，在常委会下成立了普及工作、学会工作和国际活动三个

① 中国科协干部学院编：《中国科协重要文件选编》，上海科学普及出版社，1991 年。

② 中国科协干部学院编：《中国科协重要文件选编》，上海科学普及出版社，1991 年。

工作委员会。1981年1月28日，中国科协发出了《关于成立普及工作、学会工作和国际活动三个委员会的通知》，指出："中国科协第二届常委会第二次会议决定成立普及工作、学会工作和国际活动三个委员会。三个委员会的成员除科协常委及书记处书记参加外，还吸收理、工、农、医四个方面学会的代表及地方科协的代表参加。"从《通知》所附的三个委员会委员的名单看，主要由四方面人员组成：一是中国科协领导同志，包括中国科协主席、副主席、书记处书记；二是中国科协常委；三是全国学会负责同志；四是地方科协负责同志；五是中国科协机关部门、事业单位负责同志。各委员会的召集人，为中国科协的领导同志。如普及工作委员会召集人为茅以升（中国科协副主席）、裴丽生（中国科协副主席）、孙照寰（中国科协书记处书记）；学会工作委员会召集人为钱学森（中国科协副主席）、刘述周（中国科协副主席）、杨显东（中国科协副主席）、林渤民（中国科协书记处书记）；国际活动委员会召集人为周培源（中国科协主席）、张维（中国科协副主席）、王顺桐（中国科协书记处书记）。

钱学森同志在担任中国科协第三届中国科协主席期间，不仅设立了常委会工作委员会并明确了工作委员会的职责，还对工作委员会的组成做出了设计，实际上是延续了中国科协二大的先例。钱学森同志1987年6月19日在中国科协机关和直属单位职工大会上的讲话中谈到："这八个工作委员会，基本上是由科协常委任主任委员和副主任委员，成员不限于常委，根据需要，请了各有关方面的同志参加。"①

根据《中国科学技术协会常务委员会工作规则》的规定，专门委员会设主任一人，副主任若干人，委员若干人。主任由全国委员会副主席或常务委员会委员兼任，副主任、委员由常务委员会委员、部分全国委员会委员及相关的专家、学者和领导担任。必要时，可设顾问若干人，聘请中国科协荣誉委员担任。

根据情况，专门委员会可设置专题组，就某一专题开展调研、提出建议。专题组为非常设机构，人选由相关专门委员会确定。

6. 专门委员会的工作方式

钱学森同志不仅设立了常委会工作委员会，解决了工作委员会的职责和组成问题，而且还对工作委员会的工作方式进行了阐述。钱学森同志1987年6月19日在中国科协机关和直属单位职工大会上的讲话中谈到："这八个工作委员会的工作又由日常工作的核心书记处来协调。""日常的工作是由书记处和我们的机关来办。"②

---

① 中国科协干部学院编：《中国科协重要文件选编》，上海科学普及出版社，1991年。

② 中国科协干部学院编：《中国科协重要文件选编》，上海科学普及出版社，1991年。

根据《中国科学技术协会常务委员会工作规则》的规定，专门委员会的基本工作方式是设立专门委员会办公室，负责落实专门委员会确定的事项。“根据各专门委员会职责和工作任务，办公室分别设在中国科协相关职能部门和单位，负责专门委员会的日常工作，完成专门委员会的决定的事项。办公室主任由相关部门和单位的负责人兼任。”“专门委员会会议、活动每年不少于两次。有关会议、活动于会前一周由办公室通知委员。”

7. 中国科协第八届常委会设立的专门委员会及其办公室承担部门和单位

中国科协八大设立了14个中国科协常委会专门委员会，并确定了承担专门委员会日常工作的办公室，分别是：

促进企业自主创新专门委员会，办公室设在计划财务部（中国科协七大时设在组织人事部，后来转至计划财务部）；

青年工作专门委员会，办公室设在组织人事部；

科技工作者道德与权益专门委员会，办公室设在组织人事部；

组织建设专门委员会，办公室设在组织人事部；

决策咨询专门委员会，办公室设在调研宣传部；

科技与人文专门委员会，办公室设在调研宣传部；

学术与学会工作专门委员会，办公室设在学会学术部；

继续教育专门委员会，办公室设在学会学术部；

科学技术普及专门委员会，办公室设在科学技术普及部；

促进农村和少数民族地区发展专门委员会，办公室设在科学技术普及部；

促进国际合作专门委员会，办公室设在国际联络部；

促进与港澳台交流专门委员会，办公室设在国际联络部；

女科技工作者专门委员会，办公室设在发展研究中心（中国科协七大时设在组织人事部，八大后一段时间转至发展研究中心）；

青少年科学教育专门委员会，办公室设在青少年科技中心。

第六节　处理好常委会和专门委员会的关系

常委会是中国科协的领导机构，专门委员会是常委会的下设机构，是在常委会的领导下协助常委会进行决策的工作机构。这里实际上有一个怎样处理好常委会的领导作用和专门委员会协助决策作用的关系问题。

1. 专门委员会向常委会负责并报告工作

常委会和专门委员会的关系既然是领导关系，那么专门委员会就应当向常委会负责并报告工作，反过来说，常委会就应当检查、督促专门委员会的工作，并听取专门委员会的工作报告。

1988年2月，方毅同志在中国科协第三届全委会第三次会议上的讲话中指出："中国科协'三大'以后，坚持了每年召开一次全委会的制度，听取主席的工作报告和各工作委员会的汇报，审议和讨论科协工作，体现了民主办会的精神。"① 现在，全委会很少有听取专门委员会工作汇报的情况，常委会听取专门委员会工作汇报也没有形成制度，有时听，有时不听，即使听也是个别专门委员会的工作报告，而且是某项工作的报告，各专门委员会的工作报告一般是提供书面汇报材料。为了发挥常委会的领导作用，同时发挥好专门委员会作为工作机构的作用，应当将专门委员会向常委会负责并报告工作作为制度确定下来、坚持下去。考虑到常委会一年有两次开会时间，可以在年底召开的那次常委会上听取各专门委员会的一年来的工作报告。

2. 常委会向专门委员会下达调研任务

常委会根据会议确定的工作任务，可以向相关专门委员会下达具体调研任务，提出具体要求，责成这些专门委员会通过专题调研、研讨、咨询，形成意见。根据调研任务的情况，确定完成调研任务的时限。既然确定了调研任务，常委会就要检查、督促有关专门委员会完成调研任务的情况。检查、督促的基本方式，就是在常委会会议上专题听取这些专门委员会的工作报告，或者说听取这些专门委员会的专题工作报告。

3. 将专门委员会的意见建议变成常委会的决议

专门委员会既应当按照常委会的要求完成相关专题调研任务，形成意见建议，也可以根据各自的职责范围主动就某些问题进行专题调研、研讨、咨询，形成意见建议。无论是哪一种情况下形成的意见建议，都可以在向常委会报告后，经常委会研究，将其中有普遍意义和价值的意见建议变为常委会的决议。这是发挥专门委员会作用的最集中体现。

第七节　全国代表大会、全国委员会和常务委员会的相互关系

虽然全国代表大会、全国委员会和常务委员会都是中国科协的领导机构，但它们的领导地位和作用是不完全一样的。

---

① 中国科协干部学院编：《中国科协重要文件汇编》，上海科学普及出版社，1991年。

1. 全国代表大会、委员会、常务委员会之间不是并列的关系，而是递进的关系

全国代表大会是中国科协的最高权力机构，具有决策权，也可以说具有中国科协范围内的立法权。当然，这里所说的法，不是国家法律、法规，而是制定和修改《中国科协章程》，以及具有中国科协范围内法规意义的、对整个中国科协范围有约束性的决定、决议、条例、意见、办法、通则、规范、规定等。

委员会是由代表大会选举产生的，向代表大会负责并报告工作。委员会是代表大会闭会期间的执行机构，并以执行机构的身份在代表大会闭会期间行使对中国科协的领导权。委员会的这种领导权，是《中国科协章程》赋予的，是经中国科协全国代表大会授权的。对委员会的这种领导权必须明确三点，一是委员会的领导权是全国代表大会下位的领导权，二是委员会的领导权源于全国代表大会，三是委员会必须接受全国代表大会的领导。

同样的道理，常务委员会是委员会闭会期间的执行机构，并以执行机构的身份在委员会闭会期间行使对中国科协的领导权。常务委员会的这种领导权，是《中国科协章程》赋予的，是经中国科协全国代表大会委员会授权的。

因此，我们在全国代表大会、委员会、常务委员会的关系问题上，必须明确一个观念，即全国代表大会、委员会、常务委员会三者，越往上权力越大，越往下，权力越小，而不是相反。原因在于，常务委员会的权力源于委员会，委员会的权力源于全国代表大会，而全国代表大会的权力源于全体科技工作者。

在现实生活中，最容易出现的问题，恰恰在于把全国代表大会、委员会、常务委员会三者的关系弄颠倒了，往往出现越往上权力越小、越往下权力越大的情况。之所以出现这种情况，究其原因，主要有两个方面。一是全国代表大会、委员会、常务委员会开会的频次。召开会议，由全国代表大会代表、全国委员会委员、常务委员会委员讨论决定重大事项，是三个机构行使权力的基本方式。根据《中国科协章程》的规定，全国代表大会每五年召开一次，全国委员会每年召开一次，常务委员会每年召开两次（不一定是每半年召开一次）。这种安排，实际上是权力越大的机构召开会议的频次越低，形成权力的大小与召开会议的频次呈反比现象。由于召开会议频次的不同，就容易产生召开会议频次高的权力机构替代召开会议频次低的权力机构行使权力的情况。二是全国代表大会、委员会、常务委员会成员的构成。三个机构讨论决定重大事项，是由构成三个机构的成员来进行和完成的。从实际情况看，三个机构的人员构成呈现机构权力越大、机构成员构成的层次越低的状况。具体地说，一般情况是，全国代表大会代表主要由五部分人组成，包括中国科协全国和地方组织的领导同志、著名科学家、基层科技工作者、中国科协全国组织有关部门和单位负责同志、全国学会办事机构负责同志；全国委员会委员主要由中国科协全国和地

方组织的领导同志、著名科学家构成，基层科技工作者、中国科协全国组织有关部门和单位负责同志、全国学会办事机构负责同志数量大大减少；常务委员会主要由中国科协全国组织的领导同志和著名科学家构成，地方科协组织的领导同志的数量大大减少，基层科技工作者、中国科协全国组织有关部门和单位负责同志、全国学会办事机构负责同志几乎没有。这样一种人员构成，往往使一些人形成人员构成层次低的机构决策能力就低的错误观念，再加上这些机构人员构成数量大，又使得一些人往往认为这些机构决策效率低的观念。人员构成不同，就容易产生人员构成层次高的权力机构替代人员构成层次低的权力机构行使权力的情况。这种简单地以所谓的人员层次、决策效率来判断行使权力的能力和效率的观念必须纠正，由此而可能形成的以此为由来削弱中国科协决策的民主化程度、削弱权力机构权力的做法，必须避免。

坚持常务委员会服从全国委员会、全国委员会服从全国代表大会、全国代表大会服从全体或广大科技工作者的观点，根本目的在于坚持中国科协是科技工作者“自己的”组织的性质，保证科技工作者的主体地位，让科技工作者当家做主，而不是为科技工作者“当家”、为科技工作者“做主”。而那种以为从全国代表大会到全国委员会、再到常务委员会，权力应当愈来愈高的观点，将从对人民负责、对广大科技工作者负责，变为对少数领导负责，这是有悖中国科协根本性质的。

2. 全国代表大会、委员会、常务委员会行使权力，不能超越上位权力机构的授权

中国科协全国代表大会也好，全国委员会、常务委员会也好，行使的权力一定在上位权力机构授权的范围内。正确的授权关系应当是，全体或广大科技工作者授权中国科协全国代表大会，全国代表大会授权全国委员会，全国委员会授权常务委员会。

这种授权关系至少规定了三种情形：一是没有上位权力机构的授权，不能擅自行动；二是对上位权力机构的授权，不能超越给定的范围；三是对上位权力机构的授权，不能顶着不办。

这种授权关系还规定了下位权力机构必须向上位权力机构负责并报告工作，具体地说就是，常务委员会向全国委员会负责并报告工作，全国委员会向全国代表大会负责并报告工作，全国代表大会向全体或广大科技工作者负责并报告工作。

现在的问题是，全国代表大会向全国委员会授权、全国委员会向常务委员会授权，常务委员会向全国委员会负责、全国委员会向全国代表大会负责，都好理解，也可以确定相应的组织形式，而全体或广大科技工作者向全国代表大会授权、全国代表大会向全体或广大科技工作者负责，如何理解？又通过怎样

的组织形式实现？这其实还是一个在实践层面没有完全解决的问题。而这个问题如果解决不好，科技工作者在中国科协这个“自己的”组织当家做主的地位就不能实现。

3. 全国代表大会、委员会、常务委员会的权力范围要有规定，做到依法、规范

每一层级的权力机构应当行使什么范围的权力，讨论决定什么问题，要有规定，不能有随意性，既要避免下位的权力机构讨论决定本来应当由上位的权力机构讨论决定的问题，也要避免三个权力机构讨论决定同样的问题。

第二十一章 全国代表大会代表任期制

中国科协代表大会制度是中国科协最重要的组织制度，完善代表大会制度是中国科协组织建设的重要内容。实行代表任期制，是完善代表大会制度的重要举措举，也是一项重要的制度设计。

中国科协从七大开始试点，从八大开始全面铺开，实行全国代表大会代表任期制。今后，各全国学会、地方各级科协及其所属学会，都要逐步实行代表任期制。规模较大的且实行会员代表大会制度的科协基层组织，也应当实行代表任期制。

第一节　代表任期制的内涵及与代表大会常任制的关系

讨论代表任期制，必须首先搞清楚什么是代表任期制，什么是代表大会常任制，代表任期制和代表大会常任制是什么关系。

1. 什么是代表任期制

代表任期制是实行代表大会制度的政权组织、政党、人民团体为了推进民主建设、发挥代表作用而实行的一种基本制度。所谓代表任期制，就是由政党、人民团体全体成员通过民主方式选举从中央到地方的各级代表，各级代表一经产生、获得代表资格后，其任期与同级代表大会当届届期相同，并在任期内拥有相应的权利和义务，履行相应的职责，发挥相应的作用，通过代表行使权力、发挥作用的过程来体现代表大会作为最高权力机关的作用，从而完善代表大会制度，推进政党、人民团体内部的民主建设。

2. 什么是代表大会常任制

实行代表任期制，与实行代表大会常任制密切相关。所谓代表大会常任制，是指每次代表大会完成换届选举后，在委员会任期内，每年举行一次代表大会，行使代表大会的职权，即代表大会年会制，从而使代表大会能够经常性地履行其作为最高权力机关的职责。其目的在于保证代表大会作为最高决策机关、最高监督机关的核心地位，避免用执行机构、办事机构来取代最高权力机构。

3. 代表任期制和代表大会常任制是什么关系

代表任期制和代表大会常任制互为条件。代表大会常任制是代表任期制的载体，也就是说，代表的作用在很大程度上是通过代表大会的载体、平台来体现和实现的，实行代表大会常任制必然要求实行代表任期制；实行代表任期制是实行代表大会常任制的必要条件和前提，也就是说，实行代表大会常任制在客观上要求必须实行代表任期制，离开了代表任期制，代表大会常任制就毫无意义。

4. 实行代表任期制离不开代表大会常任制

在搞清楚了代表任期制和代表大会常任制的关系之后，我们应当建立起一个概念，就是我们在讨论代表任期制的时候，实际上是不能离开代表大会常任制的，因为代表的任期是和代表大会的任期相一致的，而且代表发挥作用是离不开代表大会这种方式的。但是，在现实生活中，有的组织在实行代表任期制的同时也实行代表大会常任制，如人大、政协，有的组织实行代表任期制但并不同时实行代表大会常任制，如中国科协。我们党也是实行代表任期制，而没有同时实行代表大会常任制，代表大会常任制还只是在一定范围内试点。问题在于，这种客观事实本身并不能改变代表任期制和代表大会常任制之间的密切关系。所以，我们在使用代表任期制这个概念时，实际上逻辑地包含着代表大会常任制的概念，如果我们只就代表任期制来谈代表任期制，许多问题就谈不清楚。

5. 中国科协目前实行的是代表任期制

中国科协目前实行的是代表任期制，并没有相应地实行代表大会常任制。也就是说，在代表大会五年的任期内，代表资格都有效，在五年的任期内都要履行职责、发挥作用，但代表大会在完成换届选举后每年不再召开代表大会，包括不再召开代表会议。一般地说，代表任期制与代表大会常任制是紧密联系的，按照代表大会常任制的要求就要每年召开一次代表大会，这种方式在全国和地方各级人大、政协已经实行多年，比较成熟；我们党在实行党代表任期制的同时，一些地方也在进行党的代表大会常任制方面的研究和试点。但是，每年召开一次全国和地方代表大会涉及运行成本、工作效率，以及与其他代表大会的衔接和统筹安排等许多方面的问题，可能至少在目前并不适合中国科协的实际，而保持每五年任期召开一次代表大会可能是目前比较合适的选择。

所以，我们必须明确，我们是在不实行代表大会常任制的前提下来实行代表任期制的，这就要求我们必须特别注重研究在代表大会闭会期间代表如何履行职责、有效发挥作用的问题。这个问题，是中国科协实行代表任期制的核心问题，这个问题后面还要专门讲到。

第二节　建立代表任期制的原因

中国科协的全国和地方各级代表大会，是各级科协的最高权力机构，代表大会代表是各级科协最高权力机构的组成人员，是各级科协代表大会活动的主体，是最高权力的体现者和实现者。各级科协代表大会所做出的重大决定、重大决策、重大决议，都是各个代表大会代表通过广泛深入的调查研究、听取广大科技工作者和社会公众的意见并经过认真思考、研究后，或形成提案，或提出意见建议，最终变为代表大会的意志的。各级科协代表大会的权力和体现这种权力的决定、决策和决议，是通过各级科协代表大会代表履行职责、发挥作用来体现和实现的。离开了各级科协代表大会代表的作用，作为最高权力机构的代表大会的地位和作用就无以体现。

因此，不论是从体现最高权力的角度，还是从实现最高权力的角度，都不是代表大会五天期间可以完成的，而是需要通过整整一届代表大会期间来完成的。也就是说，不仅要在代表大会召开的五天时间里要发挥代表的作用，更重要的是要在代表大会任期的整整五年期间都要发挥代表的作用。这就在客观上要求实行代表大会代表任期制。没有代表任期制这样一种制度设计和组织形式，代表要在代表大会闭会期间的整整五年内都要发挥作用，是很难实现的。

第三节　马克思、恩格斯、列宁关于党代表大会常任制的思想

关于代表任期制的思想，可以追溯到马克思主义的创始人马克思、恩格斯，他们共同提出了实行党代表大会常任制的设想。

1. 马克思、恩格斯关于代表大会常任制的思想及探索

马克思、恩格斯在创立同盟之初，就特别强调和重视党的代表大会的作用，

并且提出要保证党代表大会每年按期召开。这实际上就是要实行党代表大会的常任制。他们参与起草的共产主义者同盟章程明确规定："代表大会于每年 8 月举行。遇紧急状况中央得召集非常代表大会。"1847 年，共产主义者同盟召开一大，一致同意马克思、恩格斯所提出的党代表大会年会制的方案。但是，由于当时共产主义者同盟所处的环境十分复杂，马克思、恩格斯创立的党代表大会年会制在实际实行过程中遇到了很大困难。共产主义者同盟曾于 1847 年 6 月和 11 月底 12 月初举行过两次代表大会，但自 1848 年发生欧洲革命直到 1852 年共产主义者同盟宣布解散，没有再召开过代表大会。

第一国际（1866～1873 年）对代表大会年会制进行了较好的探索，坚持得也比较好，在其存在的 7 年中，除 1870 年因普法战争爆发没有召开代表大会外，每年都召开了代表大会。

第二国际（1889～1914 年）对党代表大会年会制坚持得差一些，在其存在的 25 年间，共召开过 9 次代表大会。

2. 列宁关于代表大会常任制的思想及探索

马克思、恩格斯提出的每年按期召开党代表大会的设想，即党代表大会年会制，是党代表大会常任制的典型形式。列宁在非常复杂的国内、国际形势下，对马克思、恩格斯创立的党代表大会年会制的思想继续进行了积极实践和探索。

1898 年俄国社会民主工党成立时，列宁考虑到党在当时复杂的情况下公开开展活动的难度，暂时没有采用党代表大会年会制。

1905 年 4 月，俄国社会民主工党召开三大，列宁主持通过的《俄国社会民主工党党章》明确规定："党的最高机关是党代表大会。代表大会由党中央委员会召开，每年一次。"以党的章程的方式确立了社会民主党实行代表大会年会制。

1906 年、1907 年，俄国社会民主工党相继召开了四大、五大。此后，年会制又一度被打断，直到 1917 年才召开六大。1918 年，俄国社会民主工党七大将党的名称改为俄国共产党（布尔什维克）。

从 1919 年至 1924 年的五年间，俄共（布）坚持定期召开了党的八大至十三大的七次党的代表大会，每年一次。这样，从 1917 年到 1924 年，连续八年召开了八次党的代表大会，是俄共史上实行党的代表大会年会制最好的时期。1922 年 8 月，列宁还决定每年在两次党的代表大会年会之间召开一次党代表会议，实行党代表会议年会制，以弥补两次年会之间党的代表大会无法发挥作用的不足。党代表会议由党中央召集各省委员会和各民族地区委员会的代表组成，规模和职权比党的代表大会小一些，其目的在于更好地发挥党的代表大会闭会期间党代表的作用。这是列宁对马克思、恩格斯党代表大会年会制思想和实践的一个创造性的发展。

3. 苏联时期关于代表大会常任制的曲折实践

1924年列宁逝世后，斯大林在开始还能坚持党的代表大会年会制，但很快就逐渐抛弃了传统，也没有继续实行列宁所开创的党的代表大会年会制。

1925年召开党的十四大，通过了将党的名称更改为苏联共产党（布尔什维克）的决定，简称联共（布），是紧接上一届党代会而召开的，可以看作是党的代表大会年会制的延续。

以后党代会召开的时间分别是：1927年，联共（布）十五大；1930年，联共（布）十六大；1934年，联共（布）十七大；1939年，联共（布）十八大；1952年，联共（布）十九大，党的名称改为苏联共产党，简称苏共；1956年，苏共二十大；1959年，苏共二十一大；1961年，苏共二十二大。

可以看出，两次代表大会之间的实践相隔，有两年的，有三年的，有四年的，有五年的，没有什么规律。

从1961年苏共二十二大开始，党代会每五年召开一次。

马克思、恩格斯和列宁关于党代表大会常任制的思想和实践，为中国科协的代表任期制提供了理论依据和基础。

第四节 中国共产党对于代表任期制的探索

中国共产党对实行代表任期制，进行了长期的积极探索，其中经历了曲折的过程，而且在一开始提出这个问题的时候，就是和党的代表大会常任制一并考虑的。

1. 从党的一大到六大的党代表大会年会制

中国共产党从一大到六大基本上实行了党的代表大会年会制。一大到六大召开的时间分别是：一大，1921年7月；二大，1922年7月；三大，1923年6月；四大，1925年1月；五大，1927年4～5月；六大，1928年6～7月。

2. 党的七大做出三年召开一次党的代表大会的规定

17年后的1945年，党的七大召开，并做出了三年召开一次党的代表大会的规定。但是，由于各种历史的原因和条件的限制，直到1956年才召开党的八大，中间相隔了11年。

3. 党的八大提出党代表大会常任制和代表任期制

我们党完整提出党代表大会常任制和代表任期制这个问题，是在党的八大的时候。当时，我们党已认识到历史上不及时召开党的代表大会带来的弊端，而且有意识地要采取措施克服这个缺陷，尽管历史上产生这种状况有许多客观原因，甚至是不可避免的原因。

1956 年 9 月，党的八大召开，正式做出了实行党代表大会常任制的决定，并写入了党章，明确规定：

第一，党的全国代表大会每届任期五年。全国代表大会的代表名额，代表的选举、改选和补选办法，由中央委员会决定。全国代表大会会议由中央委员会每年召开一次。党的中央委员会全体会议由中央政治局召开，每年至少两次。

第二，党的省、自治区、直辖市代表大会每届任期三年。省、自治区、直辖市代表大会的代表名额，代表选举、改选和补选办法，由省、自治区、直辖市委员会决定。省、自治区、直辖市代表大会会议由省、自治区、直辖市委员会每年召开一次。党的省、自治区、直辖市委员会的全体会议，每年至少召开三次。

第三，党的县、自治县、市代表大会每届任期两年。县、自治县、市代表大会的代表名额，代表选举、改选和补选办法，由县、自治县、市委员会决定。县、自治县、市代表大会会议由县、自治县、市委员会每年召开一次。党的县、自治县、市委员会的全体会议，每年至少召开四次。

这些规定，有两点特别值得注意。一是从中央到地方，全部实行党的代表大会常任制，即党的代表大会年会制。根据党的八大章程规定，全国代表大会每届任期五年，省一级的代表大会每届任期三年，县一级的代表大会每届任期两年，但这三级代表大会一律每年开会一次。二是在两次党的代表大会之间，增加了全委会的次数。中央全会每年至少召开两次，省委全会每年至少召开三次，县委全会每年至少召开四次。

1956 年 11 月，党的八大刚刚结束两个月后，中央做出了《关于党的第八次全国代表大会以前召开的地方各级党的代表大会实行常任制问题的规定》。1957 年 10 月，中央又做出了《关于党的地方各级代表大会代表名额和代表改选、补选问题的规定》。当时，全国各省、市、自治区一级党代会（除西藏外）和 1500 个左右的县、自治县、市从这届起都实行了党的代表大会的常任制。

4. 毛泽东同志首次提出党的代表大会“常任代表制度”

在党的八大召开前夕，1956 年 4 月 28 日，毛泽东同志在中央政治局扩大会议上的总结讲话中，首次提出了党的代表大会“常任代表制度”问题。他说：

“是否可以仿照人民代表大会的办法，设党的常任代表。我们有人民的国会，有党的国会，党的国会就是党的代表大会。设常任代表有什么好处呢？就是可以一年开一次代表大会。我们已经有十年没有开党的代表大会了，有了常任代表制度，每年就非开会不可。是不是可以考虑采用这个办法，比如五年一任。”①

从毛泽东同志这段话中，我们可以明了，“常任代表制度”的设计是，代表大会和代表五年一个任期，在任期内每年召开一次代表大会。这就是与代表大会常任制相结合的完整的代表任期制。与此相比较，我们也可以明了，马克思和恩格斯时期、列宁时期以及我们党从一大到六大时期所实行的党的代表大会年会制，其实还不是真正意义上的代表大会常任制，也就是说，并不是若干年一个任期、在任期内每年召开一次代表大会，而是每年召开一届代表大会，即一年一个任期、一年召开一次代表大会。毛泽东同志提出的“常任代表制度”，是对马克思、恩格斯和列宁的党的代表大会年会制思想和实践的重大发展。

5. 邓小平同志系统阐述党的代表大会常任制

在党的八大上，邓小平同志做了《关于修改党的章程的报告》，系统地阐述了党的代表大会常任制问题。他在指出了我们党历史上曾经存在的不能定期召开党的代表大会的缺陷之后指出：“为了彻底克服这个缺点，把党的民主生活提高到更高的水平，党中央委员会在党章草案中，决定采取一项根本的改革，就是把党的全国的、省一级的和县一级的代表大会，都改作常任制，多少类似各级人民代表大会那样。”

在谈到实行代表大会常任制这项根本改革时，邓小平同志指出了以下几点：

第一，实行党代表大会常任制有多方面的好处。他指出：“党的代表大会的常任制，大大减少了代表选举工作的负担，代表大会在任期届满以前，可以随时召集。由于每年开会，代表大会的会议也就可以开得简便一些。”他特别指出：“代表大会常任制的最大好处，是使代表大会可以成为党的充分有效的最高决策机关和最高监督机关，它的效果，是几年开会一次和每次重新选举代表的原有制度所难达到的。”

第二，实行党代表大会常任制扩大了党的代表大会的职能，增强了代表大会的作用。他指出：“按照新的制度，党的最重要的决定，都可以经过代表大会讨论。党的中央、省、县委员会每年必须向它报告工作，听取它的批评，答复它的询问。”

第三，实行党代表大会常任制有利于更好地发挥党的代表大会代表的作用。他指出：“代表由于是常任的，要向选举他们的选举单位负责，就便于经常地集

① 毛泽东：《毛泽东文集》，第七卷，人民出版社，1999年，第54页。

中下级组织的、党员群众的和人民群众的意见和经验，他们在代表大会会议上，就有了更大的代表性，而且在代表大会闭会期间，也可以按照适当的方式，监督党的机关的工作。”

第四，实行党代表大会常任制有利于促进党内民主。他指出：“这种改革，必然可以使党内民主得到重大的发展。”①

6. 党的十一届三中全会以后对党的代表大会常任制和党代表任期制重新进行探索的历程

由于历史的原因，八大以后党的代表大会常任制坚持得并不好。资料显示，1958 年 5 月召开的党的八大二次会议是到目前为止党的历史上唯一一次党的代代表大会常任制会议。随着党内民主生活越来越不正常，党的代表大会常任制在事实上被搁浅，不仅没有坚持在五年的任期中每年召开一次党的代表大会，就连每五年任期召开一次党的代表大会也没有坚持。1969 年召开的党的九大，与党的八大相隔了 13 年。1973 年召开的十大、1977 年召开的十一大又均比党章关于五年召开一次党的代表大会的规定提前了一年时间。其实，这不仅仅是党的代表大会召开的时间问题，它反映了我们党在一段时期中党内民主生活不正常的问题。

有鉴于此，党的十一届三中全会以后，我们党在总结和汲取历史上正反两个方面经验的基础上，开始对党的代表大会常任制和党代表任期制重新进行探索。1988 年 12 月，经中央组织部同意，浙江省台州市椒江区（县级）、绍兴市（地级）先后开始党的代表大会常任制试点工作。此后，黑龙江省林甸县、肇东市，山西省大同市矿区、洪洞县、晋中市榆次区、和顺县，浙江省永嘉县、瑞安市，河北省辛集市，湖南省衡山县的试点工作也相继展开。

2002 年，党的十六大提出：“扩大在市、县进行党的代表大会常任制的试点。积极探索党的代表大会闭会期间发挥代表作用的途径和形式。”党的十六届四中全会再次进行了重申。

7. 党的十七大做出实行党代表任期制的决定

2007 年 10 月，党的十七大在总结十六大试点以来经验的基础上，做出了实行党代表任期制的决定，并将其写入党章，明确规定：“党的各级代表大会代表实行任期制”，使党代表任期制作为党的一项基本制度固定下来。党的十七大在将实行党代表任期制写入党章的同时指出，要“完善党的代表大会制度，实行党的代表大会代表任期制，选择一些县（市、区）试行党代表大会常任制”。

九个月以后的 2008 年 7 月，中央发布《中国共产党全国代表大会和地方各级代表大会代表任期制暂行条例》。这是我们党的历史上第一部党代表任期制条

---

① 邓小平：《邓小平文选》，第一卷，人民出版社，1994 年。

例。《代表任期制暂行条例》发布两天之后，中共上海市委九届四中全会召开，党代表列席市委全会。这不仅是上海市首次党代表列席市全委会，就全国省级党的委员会而言，也是第一次。2009 年 9 月，党的十七届四中全会通过的《中共中央关于加强和改进新形势下党的建设若干重大问题的决定》再次强调，要“落实和完善党代表大会代表任期制”。

我们党对于党代表大会常任制和党代表任期制理论的创新和实践，为中国科协代表任期制提供了历史经验和现实指导，中国科协制定的《全国代表大会代表任期制暂行办法》，就学习、吸收和借鉴了《中国共产党全国代表大会和地方各级代表大会代表任期制暂行条例》的精神和内容。

第五节　人大、政协对代表任期制的成功实践

在我们国家，全国和地方各级人大、政协一直实行代表任期制，有着成功的实践，也积累了成功的经验，可资学习和借鉴。

1. 人大对代表任期制的成功实践

我们国家全国和地方各级人大实行的是典型的代表任期制。所谓典型，是说这种人大代表任期制，是和人民代表大会常任制有机结合在一起的。各级人民代表大会每届任期五年，每年召开一次代表大会，人大代表的任期同本级人民代表大会的任期相同，其作用贯穿于整个五年的任期之中。

人大代表任期制，有两层意思。一是人大代表任满了法律规定的任期，就要依法进行换届选举。根据我国宪法的规定，全国人大代表、省级人大代表、设区的市级人大代表、县级人大代表和乡级人大代表每届任期都是五年，到期就要进行换届选举。二是人大代表在五年的任期之内都拥有代表的责任和代表职务。无论在人民代表大会开会期间，还是在人民代表大会闭会期间，人大代表都要执行法律规定的代表职务。这些代表职务是人大及其常委会得以行使权力的重要基础。也就是说，人大及其常委会的权力行使都要通过代表执行代表职务来实现。

从人大实行代表任期制的成功实践来看，至少有三方面的好处：一是通过换届选举，可以不断地将新鲜血液吸收到人大代表队伍中来，使人大代表队伍永远保持生机和活力，使人民代表大会始终同人民群众保持密切的联系。二是对一些不称职的人大代表，可以通过选举予以更换。三是有利于增强人大代表的责任感，激励人大代表忠实履行职责、发挥作用。

2. 政协代表任期制的成功实践

政协委员实际上也是实行的任期制，而且委员任期制是和政协会议常任制

联系在一起的。全国和地方各级政协每届任期 5 年，政协会议每年召开一次。政协委员的任期也是 5 年，同政协会议的任期相当。

政协和人大相比所不同的是，人大是我们国家的最高权力机关，而政协是参政议政、民主监督的机关；人大代表是由选民选举产生的，而政协委员是通过协商产生的。政协委员产生的具体步骤是：由各党派中央、各人民团体、无党派民主人士、各个界别等协商提出全国委员会委员推荐名单；对各方面提出的推荐名单由中共党委组织有关部门进行综合平衡，反复同各推荐方面协商形成建议名单；将委员建议名单提交常务委员会会议进行协商和表决，经全体常务委员过半数同意予以通过；经常务委员会会议通过的委员，由政协办公厅（或办公室）分别通知推荐单位和个人，向委员发委员证书，并通过新闻媒介向社会公布。

3. 人大、政协代表任期制成功实践的共同点

尽管政协和人大的地位和作用有所不同，代表和委员产生的方式有所不同，但都要发挥人大代表和政协委员作用、通过发挥人大代表和政协委员作用来体现人大和政协的作用这一点是相同的。人大代表和政协委员的这种作用，既体现在每年一次的人大会议、政协会议期间，也体现在人大会议、政协会议闭会期间。正因为这一点，政协和和人大一样，既实行人大会议、政协会议的常任制，也实行人大代表和政协委员的任期制，将二者有机地结合在一起。

全国和地方各级人大、全国和地方各级政协几十年来实行人大会议和政协会议常任制、人大代表和政协委员任期制的成功实践和形成的理论、经验总结，为中国科协代表任期制提供了有益的借鉴。

第六节 中国科协对代表任期制的初步实践及《代表任期制暂行办法》 的出台过程

中国科协从七大开始试行代表任期制，或者说开始代表任期制的试点，到八大召开已经五年。实行代表任期制之所以在七大试点了五年之后，才在八大确定下来，并且着手制定关于实行代表任期制的暂行办法，根本原因在于很多事情都是先有试点、先有实践，而后才有对这件事情的认识、总结、概括和提高，这是事物发展的一般规律，也是认识发展的一般规律，这其实是一个实践、认识、再实践、再认识的循环往复以至无穷的过程，符合认识论的基本要求。经过五年的实践，客观上积累了一定的经验，也遇到了一些问题。我们所要做的，就是把地方和基层所创造的成功经验，解决问题的有效办法，以及我们在这个过程中所形成的理论思考，通过暂行办法这种法规的形式固定下来，上升到制

度层面。

现在回过头来看，中国科协七大开始代表任期制试点工作后，中国科协强化了与代表的联系和对代表的服务，主要有这样几个方面：一是走访看望代表，召开代表座谈会；二是开展代表问卷调查；三是实施代表建议案制度；四是搭建代表网络服务平台；五是向代表赠阅相关科技报刊。由于这些工作的开展，科协与代表之间沟通少、联系少的状况得到了很大改观。这些工作都是十分重要和必要的，也取得了很好的效果，今后要继续这样做，并且做得更好。

我们开展代表服务工作的根本目的，是有效发挥代表的作用，保证代表任期制的落实。因此，我们在继续做好这些工作并且不断提高的同时，有必要在制度层面完成对代表任期制的设计，以切实保证代表作用的发挥。而这一点，正是中国科协八大所要完成的重大议题之一。八大做了两件非常有意义的事情：一是把代表任期制正式写入了《中国科协章程》，使得代表任期制作为一种制度，通过章程这种法定的方式确定下来；二是明确要求，制定出台《中国科协全国代表大会代表任期制暂行办法》（以下简称《暂行办法》），把代表任期制真正落实到实践层面。

其实，《暂行办法》的起草工作在八大前已经开始。当时在齐让同志的直接领导下，组织人事部在总结七大以来代表任期制试点的经验、学习借鉴我们党和人大、政协成功实践的基础上，起草形成了一个初稿，曾想作为一个议题提交八大会议审议，但后来考虑到实行代表任期制这件事情特别重大，文件起草的时间还比较仓促，一些内容还感到尚不成熟，一些问题也没有考虑清楚，因此，决定八大后再做深入调查研究，广泛听取各方面意见，进一步修改完善，待时机成熟时再出台。

八大后，在陈希同志的直接领导下，立即启动了《暂行办法》的调查研究和修改完善工作。2011 年 7 月，组织人事部和办公厅共同开展了调查研究。组织人事部、办公厅分别牵头在浙江、安徽开展了调研，广泛听取中国科协八大代表、省市县各级科协负责同志、科技工作者的意见。同月，组织人事部在北京召开部分全国学会负责同志座谈会，听取学会方面的意见。根据调研中各方面的意见、建议，组织人事部和办公厅对《暂行办法》作了进一步修改，形成了征求意见稿，送中国科协党组、书记处领导和齐让同志征求意见。在充分吸收科协党组、书记处领导和齐让同志意见并进行修改后，正式以中国科协办公厅名义发出通知，广泛征求各全国学会、各省区市科协、新疆生产建设兵团科协、解放军总政治部干部部、国务院国资委规划发展局的意见，并通过上述单位征求中国科协八大代表的意见。在此基础上，形成了审议稿。9 月，中国科协常委会组织建设专门委员会、八届 5 次书记处会议分别进行了审议，原则同意。同月，中国科协八届二次常委会审议通过，《暂行办法》正式颁布施行。

需要说明的是，中国科协现在实行的代表任期制，还只是在全国代表大会代表的范围，《暂行办法》只对此做了规定，并不包括地方各级科协代表大会代表。鉴于全国代表大会已经实行了代表任期制，而中国科协又是一个有着完整而严密的组织体系的全国性人民团体，因此，地方各级科协代表大会代表也应相应实行代表任期制。全国学会作为中国科协的主体，也应相应地实行代表任期制。同时，全国学会和各省区市科协可根据《暂行办法》制定本级代表大会代表任期制的实施办法，并报中国科协备案。

第七节　代表任期制的核心是发挥代表在代表大会闭会期间的作用

实行代表任期制，要做的工作很多，包括代表联系和服务工作，但正如前面所说的，我们所做的所有工作的根本目的，都是为了保证代表更好地履行职责、发挥作用。离开了这个根本目的，任何工作都是没有意义的。可以说，这是实行代表任期制的核心问题。

特别需要指出的是，中国科协的代表任期制，是在事实上不实行代表大会常任制的情况下来实行的，代表大会每届五年的任期内只在换届的当年召开一次代表大会，此后直至任期届满都不再召开代表大会，而每届仅有的一次代表大会也最多不会超过五天。显然，代表在五天的代表大会期间发挥的作用，与在五年的任期内发挥的作用相比，显得十分有限。因此，代表发挥作用的重点肯定应放在代表大会的闭会期间。这实际上是要解决“五天”和“五年”的关系问题。我们研究和落实代表任期制问题，核心是闭会期间代表如何行使权利、履行义务、发挥作用。这是我们思考问题和实践的基本出发点。

第八节　发挥代表作用必须明确代表的职责、权利和义务，找到发挥代表作用的路径

代表要发挥作用,就要明确相应的职责，行使相应的权利，履行相应的义务，而且要确定发挥作用的实现方式。对此，《暂行办法》做了相应规定，但也有些内容没有做出具体规定，需要我们在实践中进行总结，进一步充实完善。

1. 全国代表大会代表的职责

《暂行办法》规定，全国代表大会代表的职责是：在大会召开期间，参与决定中国科学技术协会的工作方针和任务，参加审议和批准全国委员会的工作报告，

参与制定和修改《中国科协章程》，参加选举产生全国委员会，参与决定其他重大事项；在大会闭会期间，密切联系科技工作者，了解所在单位、所在选举单位科技工作者的学习、工作、生活情况，反映科技工作者的意见、建议和诉求，向全国代表大会、全国委员会或常务委员会就经济社会发展、科学技术进步、科协事业发展等重大问题提出意见和建议。

2. 全国代表大会代表的权利

《暂行办法》规定，全国代表大会代表享有下列权利：一是全国代表大会召开期间享有表决权、选举权和被选举权；二是参加中国科协及所属全国学会、协会、研究会和省、自治区、直辖市科协组织的活动；三是对中国科协和所属全国学会、地方科协、科协基层组织的工作提出意见和建议；四是对中国科协的工作进行监督。

概括地说，作为代表，重要的不是政治荣誉，不是社会声望，而是责任，而这种责任是通过行使代表权利来体现的。代表除选举权、被选举权、表决权外，还应享有知情权，如阅览有关文件、参加有关会议；享有参与权，参与科协重要活动和重大决策；享有选择权，对涉及科协发展重大问题的方案、议案有选择的权利；享有监督权，监督各级科协组织和领导，包括学会的领导。这些，都是根据中国科协代表大会代表的自身特点而设计的代表的基本权利。

还有一些权利，《暂行办法》中没有谈到，但从代表权利的完整性、实质性来讲，确是今后需要研究的问题。比如，提出罢免或撤换不称职领导机构成员的权利。从理论上讲，科协领导机构成员是经过代表选举产生的，既然有权选举，就同样应当有权对不称职领导机构成员提出罢免或撤换，即罢免权。又比如，质询与询问的权利。从理论上讲，代表作为代表大会的主体，对由其选举产生的全国委员会及其成员的工作提出质询与询问，应当是代表的权利。代表应当有权向全国委员会及其成员的工作提出质询与询问，全国委员会及其成员也应当负责地对代表提出的质询与询问予以答复。质询、询问权，与提案、建议权是不一样的，更能体现代表作为最高权力机关组成人员的作用。但这方面的权利如何确定、如何操作，《暂行办法》还没有涉及。

3. 全国代表大会代表的义务

《暂行办法》规定，全国代表大会代表应当履行下列义务：一是认真学习马克思列宁主义、毛泽东思想、邓小平理论和“三个代表”重要思想，学习和实践科学发展观，学习党和国家关于科技、科协工作的方针、政策和指示，努力提高履行代表职责的能力；二是认真贯彻党的路线方针政策、国家科学技术政策和全国代表大会精神；三是在促进科学技术的繁荣和发展、科学技术的普及和推广、科学技术人才的成长和提高、科学技术与经济的结合，为经济社会发展服务、为提高全民科学素质服务、为科技工作者服务中发挥表率作用。四是模范遵守国家法律法规和《中国科学技术协会章程》，执行全国代表大会的决议和决定；五是带头践行社会主义核心价值体系，恪守科学道德；六是完成全国代表大会、全国委员会、常务委员会委托的有关工作。

按照党的十八大后的新要求，全国代表大会代表还要认真学习、贯彻落实习近平同志系列重要讲话。

概括地说，代表除了有参政议政的能力、能够代表科技工作者的利益、反映科技工作者的诉求、认真履行职责外，还应当是科技工作者之中的先进分子、优秀分子，能够在科技工作者中发挥模范作用。也就是说，代表也要体现先进性。

4. 全国代表大会代表履行职责、发挥作用的渠道和方式

《暂行办法》规定，全国代表大会代表履行职责、发挥作用的渠道和方式是：按照安排参加中国科协全国委员会、常务委员会及其各专门委员会举办的活动；根据工作需要，受邀列席中国科协全国委员会、常务委员会及其各专门委员会会议；受邀参加全国学会、地方科协及所属学会组织的活动及有关会议；在全国代表大会召开和闭会期间提出建议案；在全国代表大会闭会期间向全国委员会及其常务委员会或书记处提出建议；受全国代表大会、全国委员会、常务委员会的委托进行调查研究；及时反映广大科技工作者的意见、建议和诉求。

经验表明，代表要有效地履行职责，行使权利，必须有可行而畅通的渠道，而且这些渠道应当是通过法规形式确定的，是制度设计的重要内容。概括地说，代表最基本也是最重要的工作方式主要是三个方面，一是代表大会期间的提案和闭会期间的建议，二是代表大会期间和闭会期间对重大问题的讨论，三是代表大会闭会期间的调查研究。

第九节　各级科协组织怎样切实保证代表的权利和义务，为代表发挥作用创造必要的条件

代表要有效履行职责，行使权利，发挥作用，除了上面谈到的明确代表职责、权利、义务及其实现路径，还要有物质上的保障。前者可以看作是主观条件，后者可以看作是客观条件。这两个方面同样都是非常重要的。也就是说，既要有代表自身的积极性，也要有各级科协组织的积极性；既要对代表发挥作用提出要求，又要对代表发挥作用予以保证。

在保证代表履行职责、行使权利、发挥作用方面，《暂行办法》规定，中国科协设立代表联络部门，负责代表联络服务工作；中国科协保障全国代表大会代表对科协事务的知情权、参与权、选择权、监督权，及时向全国代表大会代表通报中国科协的决议、决定贯彻落实情况及其他重要情况；中国科协为全国代表大会代表履行职责提供必要的支持；中国科协及各选举单位应当采取多种方式加强与全国代表大会代表的联系；对全国代表大会代表提出的建议案，中国科协机关有关部门和单位、相关全国学会和地方科协应及时研究办理并限时答复；各级科协组织必须尊重和保障全国代表大会代表的权利。《暂行办法》还特别规定，对干扰全国代表大会代表履行职责的科协组织和个人，应予以批评教育。

这些规定，应当说是保证代表履行职责必须具备的、必不可少的基本条件。离开了这些条件，代表发挥作用就会大打折扣，甚至难以发挥作用。这里涉及两个方面的问题：一是保证这些条件，是各级科协的共同责任，必须要由各级科协共同做出努力；二是保证这些条件的落实，还需要进一步细化保证措施。各级科协都要树立为代表服务的自觉意识，落实为代表服务的具体措施。服务不仅仅是一般性的联系、联络，而是要实质性地为代表履行职责创造条件、协调关系、解决困难和问题。比如，代表调研活动的内容安排、时间安排、食宿安排、经费安排等。代表也需要不断学习提高，才能履行好职责，这就有一个代表参加会议、学习文件、参加培训的问题，这些也都需要各级科协组织统筹考虑，合理安排。最重要的是，各级科协组织都要树立代表权利不受侵犯的意识，一旦发现有侵犯代表权利的行为，发生在哪一个层面、哪一个区域，就应当由那个层面、那个区域的科协组织进行批评教育，严重的还要依照有关规定严肃处理。

第十节　明确代表与所在单位、所在选举单位的关系

代表是广大科技工作者的代表，要代表广大科技工作者的利益，体现广大科技工作者的意志。代表不是少数精英，更不是贵族，不能代表少数人或小集团的利益。因此，代表永远不能脱离广大科技工作者，永远不能脱离基层一线，永远不能脱离实际。要做到这“三个不脱离”，首先要做到不脱离所在单位，不脱离所在单位的科技工作者；不脱离所在选举单位，不脱离所在选举单位的科技工作者。

1. 所在单位、所在选举单位是代表工作、活动的“根据地”和“大本营”，是代表工作、活动的基础

代表要对经济社会发展、科技发展和科协事业发展的相关问题进行咨询、

提出建议，不能离开所在单位、所在选举单位的基础；反映科技工作者的意见、建议和诉求，不能离开所在单位、所在选举单位的基础；就一些科技工作者普遍关心的重大问题进行调查研究，也不能离开所在单位、所在选举单位的基础。我们说不能离开所在单位和推荐单位，并不是说只能在所在单位和推荐单位的范围内履行职责、发挥作用，而是说应当立足于所在单位和所在选举单位，这样有利于把深入实际、调查研究、了解情况、反映诉求、联系科技工作者落到实处。当然，这与代表按照全国代表大会、全国委员会、常务委员会的安排参加跨地区、跨领域的调查研究和有关活动，是不矛盾的。

2. 代表要接受所在单位、所在选举单位及其科技工作者的监督

代表与所在单位、所在选举单位的关系中，还有一个十分重要的问题，就是代表接受所在单位、所在选举单位及科技工作者的监督问题。代表是由代表所在选举单位的科技工作者选举产生的，实行代表任期制以后，也有一个代表是否能真正反映选举人的意志、代表选举人的利益的问题，这就有一个代表所在单位、所在选举单位的科技工作者对代表进行监督的问题。

3. 代表应以一定方式向全国代表大会以及所在选举单位、所在单位报告履职情况

要处理好代表与所在单位、所在选举单位和全国代表大会的关系，使代表能够接受所在单位、所在选举单位的监督，代表应以一定方式向全国代表大会报告工作，需要统筹做好多方面的工作。代表应以一定的方式定期向全国代表大会（可以是代表联络机构）汇报自己履行职责的情况，也应同时向所在选举单位报告工作，向所在单位通报有关履职的情况。代表所在单位有责任向代表所在选举单位反映代表的表现情况。推荐单位可以对代表履职情况进行评估，并有权通过民主程序向中国科协提出取消不称职代表的资格的议案。全国代表大会（可以是代表联络机构）也应当将代表在代表大会期间履行职责的情况以及参加全国代表大会安排的活动的情况，向代表所在选举单位反馈，使代表所在选举单位及时了解代表的情况。

第二十二章 中国科协全国组织的执行机构

中国科协全国组织的执行机构是书记处。也就是说，书记处不是领导机构，而是领导机构的执行机构，或者说是执行领导机构决策的机构。一些同志对书记处是执行机构而不是领导机构的道理不理解，在实际工作中存在将书记处当作领导机构的倾向，这种倾向有可能导致科协工作的行政化倾向，这是应当警觉和防止的。但是，书记处在常委会的领导下主持中国科协的日常工作，在其与职能部门和事业单位之间的关系中，具有领导性。

需要十分明确的是，书记处的这种领导性与中国科协常委会的领导地位和作用是根本不同的，绝不能混淆。中国科协原党组书记、书记处书记高潮同志曾经谈到过钱学森同志任中国科协三大主席时的一件事。一次，国务院发一个通知召开国务院会议，要求中国科协的主要领导列席会议。高潮同志带着通知向钱学森同志汇报："钱老，国务院发一个通知，叫科协的领导去列席会议。"钱学森同志问："高潮同志，科协谁是领导？"高潮同志回答说："钱老，您当主席，当然您是领导。"钱学森同志说："我不是领导，常委会是科协领导，我是管理员。"高潮同志说："您是管理员，那我们就是服务员了。"钱学森同志说："对了，科协领导就是常务委员会，我在常务委员会就一票。"钱学森同志对"中国科协常务委员会是中国科协领导"的特别强调，提醒书记处在工作中要防止行政化倾向。[①]

第一节 书记处设置的历史

在中国科协的前身全国科联和全国科普时期，没有书记处的设置。当时，

---

① 高潮：《回顾中国科协三届全国委员会期间的改革与发展》，见《亲历科协岁月》，中国科学技术出版社，2013年。

全国科联和全国科普分别由全国委员会委员互选主席一人、副主席若干人、秘书长一人、副秘书长若干人、常务委员若干人，组织常务委员会主持会务。也就是说，全国科联和全国科普分别由常委会主持日常工作。

在全国科技工作者代表大会即中国科协一大上，全国科联和全国科普合并组成中国科协，会上形成的《关于建立“中华人民共和国科学技术协会”的决议》明确：“全国委员会选举主席一人、副主席及主席团委员若干人组成主席团，并选举书记若干人组成书记处。在全国委员会休会期间，书记处在主席团的领导下，负责处理中国科协的日常业务。”这个规定明确了书记处由主席团（相当于现在的常委会）选举产生，在主席团的领导下，主持中国科协的日常工作。书记处在常委会领导下主持中国科协日常工作这种体制，从中国科协一大建立开始，一直延续到现在，并且日臻完善。

第二节　书记处和常委会的关系

书记处是常务委员会的下设机构，是常委会的办事机构，在常委会的领导下开展工作，执行和落实常委会的决定、决议和决策，负责主持中国科协的日常工作。常委会和书记处之间的关系，是领导和被领导、决定（决策）和执行（落实）的关系。

对于书记处的定位，许多同志认为，既然中国科协的机关部门和事业单位在书记处领导下工作，所以书记处就应当是领导机构。这实际上是一种误解。中国科协的领导机构是全国代表大会、全国委员会、常务委员会，书记处是执行机构，是落实机构，是办事机构，即是负责执行和落实全国代表大会、全国委员会、常务委员会的决定、决议、决策的机构。这应当是十分明确的。书记处负责领导中国科协的日常工作，但并不能因此而认为书记处是中国科协的领导机构。这也应当是十分明确的。书记处必须明确和确立作为执行机构的地位和作用，严格在常委会的领导下开展工作，向常委会负责并报告工作，避免由执行机构变为领导机构。为了明确这一点，可以不再提“书记处负责领导中国科协的日常工作”，而改为“书记处负责中国科协的工作”或“书记处主持中国科协的工作”。

1988 年 7 月，钱学森同志在牡丹江讨论中国科协成立三十周年纪念会上的报告稿时指出：“我到中国科协工作还有个体会，照章程上讲，科协决定问题的机构是全国委员会，全委会一年只开一次会，闭会时，负责的是常委会，常委会也不是常设的机构，真正负责日常工作的是书记处。比方中国科协是公司的话，总经理是高镇宁，副总经理是其他几位书记，‘多中心’是分公司，全委会、常委会相当于董事会。”“方针问题、原则问题一定要全委会、常委会决定，具体办事委托书记处办。”“所有用科协名义，红头文件发出去的东西，都要全委会或常委会通过。”[①]

同年8月，钱学森同志在全国直辖市、计划单列市科协协作会上的讲话中专门谈到书记处和常委会的关系问题。他指出：“中国科协的章程也写得很明确，领导中国科协的是全委会，在全委会闭会期间是常委会，就到此为止。”“书记处与全委会和常委会的关系，打个比方来说，后者就像一个公司的董事会，而各位（书记处）书记则相当于总经理、副总经理。”[②]

钱学森同志用最形象的比喻，深刻而准确地阐明了常委会和书记处之间的关系：常委会是领导机构，书记处是在常委会领导下的办事机构。常委会和书记处之间的这种领导和被领导关系必须明确，这是保证发挥常委会的领导作用、决策作用和书记处的执行作用、落实作用的根本问题。因此，最重要的是，书记处必须置于常委会的领导之下，不能超越常委会的领导，更不能代替常委会的领导。这是一个根本原则。

第三节　书记处的职责

作为中国科协全国组织的执行机构，书记处的主要职责就是负责落实全国代表大会、全国委员会、常务委员会的决议、决定和决策。

中国科协每五年召开一次全国代表大会，对此后五年的工作做出部署，提出要求；每年召开一次全国委员会，根据全国代表大会的部署和要求，对当年的工作做出部署，提出要求；每半年召开一次常务委员会，根据全国代表大会和全国委员会的部署和要求，就一些重大问题进行研究、审议，做出决策。这些部署、要求和决策，都需要通过书记处的工作，予以落实。

在主持中国科协日常工作中，书记处也会经常遇到一些重大事项，需要及时研究和决策。在这种情况下，应当由常委会有关专门委员会及时进行研究，形成意见，经书记处研究后，提交常委会进行审议。

当代中国《中国科学技术协会》卷一中对书记处的职责，概括了六个方面：①根据章程规定的任务，组织调查研究，总结经验，提出科协工作方针、政策和具体任务的意见，报常委会审定，并根据常委会的决定，组织落实；②提出科协工作的规划和年度计划草案，报常委会审定，并根据常委会的决定组织实施，监督、检查执行情况；③提出事业和基建经费的年度预算、决算，提交财务与基金工作委员会审议后报常委会审定，并根据常委会的决定组织实施，监

---

① 见中国科协档案材料。

② 中国科协干部学院编：《中国科协重要文件汇编》，上海科学普及出版社，1991年。

督、检查执行情况；④对申请加入中国科协的全国性学会提出审核意见，经组织工作委员会审议后报常委会审批；⑤根据中共中央有关规定，负责机关机构、事业单位设置和干部任免工作；⑥负责机关工作人员的教育、管理工作。

从实际情况看，这六项职责中，第五项应当是党组的职责，而不是书记处的职责。根据党管干部的原则，根据党章关于党组职责的规定，干部的任免是党组的职责。在中国科协全国组织的实际工作中，按照干部管理权限，局级干部的任免由党组管理，处级干部的任免由党组的职能部门组织人事部管理，其中设立党委的事业单位负责处级干部的任免，但需向组织人事部备案。按照管理权限，中国科协机关部门、事业单位的机构设置、职能的调整，机关和事业单位人员编制、领导职数的调整，需经党组研究，报中央编办批准；机关部门和事业单位内设机构的设置、编制、职数调整，在不突破中央编办批准的编制范围内，由组织人事部提出意见，报党组研究决定。这项工作的职责和权限在党组及其职能部门组织人事部，属于党的工作、党的建设范畴，不应由书记处主导和决定。除这个第五项职责外，其余五项职责都应当是书记处的职责。

第四节　书记处的组成及产生

书记处由第一书记和书记若干人组成。

书记处书记人选由主席提名，经常务委员会通过。这种产生方式说明，书记处是有任期的，其任期与全国代表大会、全国委员会、常务委员会的任期相同，都是五年。任期届满，需重新履行产生程序。书记处书记可以连选连任，但最多连任几届，没有明确规定。

书记处书记的管理，按照干部管理权限确定。目前，中国科协书记处书记的构成是，中国科协常务副主席、党组书记任书记处第一书记，正部长级；一名中国科协副主席、党组副书记任书记处书记，副部长级；三名党组成员任书记处书记，正司局长级。五名书记处书记都是中央管理的干部，但前两名和后三名书记处书记的审批和管理是有所区别的。

第五节　书记处的工作方式

作为执行机构，书记处仍然是一个决策机构，决策是书记处的基本工作方式。与领导机构不同的是，书记处的决策，是在贯彻落实领导机构决策的层面上、基础上和范围内的决策，是对决策的决策。也就是说，领导机构的决策是上位决策，书记处的决策是下位决策，而下位的决策是为了落实上位的决策。因此，书记处的决策是落实层面的决策，属于落实领导机构决策的范畴，这是与书记处作为执行机构办事机构的地位和作用相适应的。书记处在主持中国科协的日常工作中，如果提出一些重大事项、开展一些重大活动，需提交领导机构决策后再行落实。书记处要在职责范围内敢于负责，创造性地开展工作，但不能离开常委会的决定、决议、决策自行决定重大事项，书记处成员也不能超越职权擅自决定重大事项。

第二十三章 中国科协全国组织的全国学会

全国学会是中国科协全国组织的重要组成部分，讨论中国科协全国组织的建设，不能不讨论全国学会的建设。因对学会建设要设专编系统论述，故本章只论述作为中国科协全国组织重要组成部分的全国学会和中国科协的关系、中国科协对全国学会的职能。

第一节 全国学会和中国科协的关系

就中国科协组织体系的构成来说，中国科协是全国学会、地方科协和基层科协的联合组织。在这个构成中，地方学会分别隶属于相应的地方科协，与地方科协之间是领导与被领导关系；基层科协组织也分别隶属于相应的地方科协，与地方科协之间是业务指导关系。而全国学会是中国科协的重要组成部分，是跨行业、跨部门的社会化的科技群众团体，是中国科协的团体会员，接受中国科协的领导，在中国科协的领导下开展工作。

中国科协的作用，在很大程度上是通过全国学会的作用来体现和实现的。中国科协是科技工作者的群众组织，但中国科协本身并不发展个人会员，只发展全国学会作为团体会员，从这个意义上说，中国科协和科技工作者之间并不发生直接联系，中国科协和科技工作者之间的联系，是通过全国学会和会员之间的直接联系来实现的。1990 年 2 月《关于中国科协所属团体与中国科协、挂靠部门关系的几点意见》在谈到全国学会和中国科协的关系时指出：“中国科协通过所属学会根据学科发展和国民经济发展的需要，广泛组织分散在科研、教学、生产部门的广大会员和科技工作者，开展学术交流和科学普及等活动，促进科学技术的繁荣和发展，促进科学技术的普及和推广，促进科技人员的成长和提高，促进科技与经济的结合，为社会主义物质文明和精神文明建设服务。”可以看出，全国学会所承担的这些职能、所发挥的这些作用，正是中国科协所承担的职能、所发挥的作用。这也正说明了中国科协和全国学会追求目标、职能任务的一致性，说明了全国学会和中国科协之间的密切关系。

第二节　中国科协对全国学会的职能

全国学会接受中国科协的领导，中国科协对全国学会的领导，主要体现在发挥联络、协调、指导、服务的作用。根据《关于中国科协所属团体与中国科协、挂靠部门关系的几点意见》，中国科协对全国学会的职能主要是以下几个方面：

（1）制定有关章程条例，加强对学会的宏观管理和业务指导。组织学会工作研讨，总结交流工作经验，促进提高学会工作质量。

（2）积极支持学会开展学术、科普等各项活动和出版刊物，根据有关规定拨给经费。

（3）组织多学科综合性学术交流和科学考察活动，推动和促进个学科间的横向联系与协作。

（4）根据需要与可能，有重点地组织学会开展国际科技交流与国外科技团体的交往活动。

（5）向党和政府反映学会与会员的意见和要求，维护其合法权益。

（6）对学会专兼职干部进行业务培训，提高干部的素质与工作能力。

（7）开展对先进学会、优秀学会专兼职干部以及在科技工作中做出优异成绩和重大贡献的会员的表彰奖励活动。

（8）经常与挂靠单位沟通情况，协商改进共同支持办好学会的措施。

第二十四章 中国科协全国组织的职能机构

中国科协全国组织的职能机构，就是中国科协全国组织的机关部门。中国科协全国组织的职能部门，在党组和书记处的领导下开展工作，行使行政指导职能。中国科协全国代表大会、全国委员会、常务委员会的部署和决议，都要在书记处的日常主持下，通过职能部门的策划、筹备、组织，予以实施和落实。从这个意义上可以说，职能部门是中国科协运转的“中枢”。

第一节　中国科协全国组织职能机构的性质和职能

中国科协全国组织的机关部门是中国科协的职能机构，是办事机构。1982年9月22日中国科协党组书记裴丽生同志在中国科协第二届全委会的工作报告中指出：“科协机关是委员会的办事机构，主要是做好组织工作，把委员会的决定付诸实施。”① 1986年6月周培源同志在中国科协三大上的工作报告中也明确指出：“科协机关是科协全委会和常委会领导下的办事机构。”1989年12月中国科协书记处书记高镇宁同志在中国科协工作会议开幕式上的讲话中，在谈到“加强机关和专职干部队伍建设”问题时再次强调：“首先要明确机关和事业单位的性质。我们科协的决策机构是全国委员会或常委会，书记处是执行机构，机关则是由书记处直接领导的办事机构。”②

关于机关部门的职能，周培源同志在中国科协三届二次全委会上的报告中已经指出：“机关的职能作用主要是：调查研究、掌握情况；总结和推广先进经验；草拟本职范围的文件；负责对有关部门或单位的职员工作；承办以科协名

① 裴丽生：《裴丽生文集》，科学普及出版社，2009年，第294页。

② 中国科协干部学院编：《中国科协重要文件汇编》，上海科学普及出版社，1991年。

义开展的示范性或综合性的活动等等。”①

中国科协机关部门的主要职能，是组织开展科协工作和活动。这里所说的组织，包括设计、策划、组织、实施、指导。中国科协领导机构（全国代表大会、全国委员会、常务委员会）和执行机构（书记处）的决策，都需要经过职能部门的组织行为，变成具体工作和活动，变成一种实践过程，加以实现和落实。组织作用，就是实现机关部门职能的基本方式。中国科协机关部门是为全国学会和事业单位服务的，是为地方科协和基层科协服务的，是为广大科技工作者服务的，而组织和开展适合和满足广大科技工作者需求的各种活动，是体现这种服务的基本方式，或者说，实现中国科协机关部门的职能是通过提供服务来实现的。服务既是中国科协机关部门的基本职能，也是中国科协机关部门实现自身职能的基本方式。因此，绝不能把机关部门变成衙门、官僚部门，机关部门干部也不能有衙门作风、官僚主义作风。只有这样，机关部门和机关干部才能和科技工作者保持更加紧密的联系，真正为科技工作者服好务。

必须强调的是，中国科协职能部门“组织开展科协工作和活动”的主要职能，只是“设计、策划、组织、实施、指导”，目的在于激发全国学会和事业单位、地方科协及其所属学会和基层科协组织的积极性、主动性和创造性，充分发挥全国学会和事业单位、地方科协及其所属学会和基层科协组织自身的作用，保证全国学会和事业单位、地方科协及其所属学会和基层科协组织根据自身的优势和特点独立负责地开展工作，而不是限制，更不是代替它们的工作和作用。

同时必须强调的是，中国科协职能部门为全国学会和事业单位服务、为地方科协及其所属学会和基层科协组织服务所开展的各项工作和活动，其目的是为学会和科协基层组织所联系的广大科技工作者服务，包括提高科技工作者的素质，发挥科技工作者的作用，维护科技工作者的权益。

需要进一步强调的是，中国科协职能部门有一个为地方科协服务的问题，而地方科协职能部门也有一个为下一级地方科协服务的问题，地方各级科协职能部门都有一个为科协所属学会、受其业务指导的科协基层组织服务的问题。因此，各级科协职能部门都应当强化为下一级地方组织服务、为所属学会服务、为受其业务指导的科协基层组织服务的观念和意识，做好相关服务工作，进而实现为广大科技工作者服务的目的。

机关部门实行行政首长负责制。行政首长负责制也是民主集中制的一种形式。那种认为行政首长负责制就是行政首长个人说了算的观点，是错误的。不过，和党委制（党委制是典型的民主集中制）比较起来，行政首长负责制的部

---

① 何志平等主编：《中国科学技术团体》，上海科学普及出版社，1990年。

门、单位在实行民主集中制时情况有所不同。最大的不同在于，党委制的根本特征是集体领导，对重大问题要在充分发扬民主、充分讨论、充分发表意见的基础上，根据少数服从多数的原则，通过表决形成决议；行政首长负责制的根本特征是由行政首长决策，在集中大家意见的基础上进行决策时可以不采取表决的形式。但是，行政首长仍然必须充分发扬民主，让大家充分讨论、充分发表意见，广泛听取各方面的意见，在吸收多数人意见的基础上，进行正确的集中，形成正确的决策。行政首长不一定经过表决来进行集中，表面上看是使事情变得简单了，但实际上是对行政首长提出了更高的要求，既不能泛泛而论、议而不决，也不能不管大家怎样发表意见最终还是个人说了算。

机关部门和学会不同，不能笼统地提“民主办会”，而必须实行民主集中制，实行严格的责任制，逐级负责，逐级督促检查，逐级监督，逐级抓落实。如果说学会的主要问题是民主不够的行政化倾向，那么机关部门的主要问题是集中不够的松散化倾向。因此，在学会要强化民主办会的观念和意识，克服行政化倾向；在中国科协职能部门，则要强化民主集中制观念和意识，克服松散化倾向。只有这样，才能发挥好学会的作用，保证学会独立负责地开展工作；才能使职能部门承担起组织开展科协工作和活动的职责与任务。

第二节 中国科协全国组织职能机构的构成

在中国科协成立之前的全国科联、全国科普时期，1952 年年底，全国科联为了加强自身工作，就设立了宣传部、组织部、国际联络部，分部办事。

“文化大革命”结束、中国科协逐步恢复工作后，国家科委于 1978 年 4 月向国务院上报了《关于全国科协当前工作和机构编制的请示报告》，得到国务院批准。报告提出，为了适应开展工作的需要，全国科协拟设如下机构：办公室（包括政工、秘书、行政工作）；研究室（负责方针、政策、理论研究、整理科技工作者和工农群众经验及建议，综合研究国际学术活动情况，编辑简报）；学会工作部（负责学会组织工作、学术活动、群众技术交流等）；普及工作部（负责科普书刊出版、科教电影、展览、业余教育等）；青少年工作部（负责青少年科技活动、学习竞赛等）；直属学会（如自然辩证法研究会等）；外事工作由国家科委外事局监管（以全国科协根据部名义对外），在研究室下设一外事组，对国际学术活动进行研究。除直属学会外，共设了 6 个职能部门，为以后职能部门的设置和调整奠定了很好的基础。

1987 年 2 月 27 日，钱学森同志在中国科协第三届第二次全委会上的工作报告中总结三大以来的工作情况时，谈到了中国科协三大后机关部门的调整情况。

他指出："科协日常工作机构也作了相应调整。为了发挥纽带作用，增设了组织宣传部。为了加强综合工作，计划基建局为综合计划局，并专门建立了为常委工作服务的机构。"①

目前，中国科协机关由10个职能部门组成，分别是：办公厅、计划财务部、组织人事部、调研宣传部、学会学术部、科学技术普及部、国际联络部、机关党委、离退休干部办公室、反邪教协会秘书处（办事机构）。

这10个职能部门，是根据中国科协的性质、职能和任务设置的，这些职能部门的职责范围、工作任务在客观上体现了实现中国科协的性质、职能和任务的要求。目前这些职能部门的设置，是在历史上一定的形势、任务下逐步形成和确定下来的，其中既有部门数量的增加、裁减，也有部门职能、人员的调整。

需要说明的是，中国科协职能部门的这种排序，与部门自身的重要与否无关。有人以为中国科协职能部门的排序体现了部门的重要程度，排名越靠前说明越重要，排名越靠后说明越不重要。其实，这是一种简单幼稚的理解，既没有任何根据，也没有任何道理。至于在现实生活中存在的不论执行什么任务、在什么场合，也不考虑与部门职能的关联度，部门主要负责同志的出场都按这种部门排序确定的情况，更是没有什么道理的简单处理办法。至于在事实上为何形成这种排序，似乎没有确切的标准，也找不到历史依据，总之是在历史上逐步形成的。

同样需要说明的是，在中国科协的历史上，不仅机关部门的数量有增减，职能也有调整。目前，部门的数量已经趋于稳定，但职能的调整仍然在进行。这种职能的调整是根据中国科协事业的改革和发展而进行的，是必要的。但必须强调的是，适当的、局部的、细微的调整是必要的，而大面积、大幅度的调整则是不可取的，这样的调整只能说明要么中国科协这个组织不成熟，要么是我们的这种调整考虑不成熟。正确的做法应当是保持基本稳定，保持连续性，根据形势的发展、任务的变化，根据自身发展的内在需求，进行适时、适当、适度的调整，避免大起大落、伤筋动骨。

机关职能部门是中国科协的办事机构，在书记处的领导下开展工作，工作人员参照公务员管理。

第三节　中国科协全国组织职能机构的综合部门

中国科协机关有4个综合部门。

① 中国科协干部学院编：《中国科协重要文件汇编》，上海科学普及出版社，1991年。

1. 办公厅

办公厅的主要职责是：负责组织协调、处理中国科协机关日常工作事务和有关重要决定事项的督办；负责公文处理、秘书、机要、保密、文书、档案管理、来信来访、信息等工作；负责中国科协重大活动和重要会议的组织协调。

2. 计划财务部

计划财务部的主要职责是：负责拟定中国科协工作规划、年度计划和科协事业发展规划及基本建设计划；负责布置编制下达年度经费预算计划；负责中国科协机关各部门、事业单位、有关学会等年度财务决算审核批复工作；负责与国家经济、计划、财政等部门的对口业务联系工作；负责组织贯彻执行国家的财经法规，对中国科协有关经济、财务、资产管理、审计等工作进行监督管理；负责科协系统综合业务统计。

3. 组织人事部

组织人事部的主要职责是：指导科协系统组织建设工作；维护科技工作者合法权益；组织表彰科技工作者；负责综合、协调科技工作者之家规划建设工作；按照中央人才协调小组的要求，统筹协调科协系统人才工作。按照干部管理权限，负责中国科协机关和直属单位的干部人事管理工作，规划、协调和指导科协系统专职干部的教育培训工作。

4. 离退休干部办公室

离退休干部办公室的主要职责是：负责拟定中国科协离退休干部工作的有关制度和规定；负责离退休干部的重大活动和重要会议的组织工作；负责机关离退休干部的生活福利、医疗保健等服务工作；负责处理离退休干部的日常事务和来信来访工作；指导事业单位离退休干部工作。

第四节　中国科协全国组织职能机构的业务部门

中国科协机关有 4 个业务部门。

1. 学会学术部

学会学术部的主要职责是：按照《社会团体登记管理条例》，负责对中国科协所主管的全国性学会、科技类社会团体进行监督管理；负责综合性重点学术交流的组织协调工作，指导有关学会的学术活动；负责有关学会学术类期刊的业务指导和管理工作；负责有关学会继续教育工作的组织和管理。

2. 科学普及部

科学普及部的主要职责是：负责承担科学技术普及工作职责，同时履行全民科学素质纲要实施工作办公室的职责，负责推动《全民科学素质纲要》组织实施工作，承担农民科学素质行动、社区居民科学素质行动、科普基础设施工程、科普资源开发与共享工程、科普人才建设工程的牵头任务，协调、推动相关事业单位、全国学会落实完成中国科协承担《全民科学素质纲要》实施工作任务。

3. 国际联络部

国际联络部的主要职责是：负责拟定中国科协实施的国际交流与合作规划和工作计划，负责与国外对口组织的联络工作；负责中国科协机关及直属单位外事工作的管理；为科协系统开展国际活动提供信息、资料，疏通渠道；审核外事活动项目；承办外事联系、申报、签证等工作；发展与香港、澳门特别行政区和台湾地区科技界及海外科学技术团体、科学技术工作者的民间交往和联系。

4. 调研宣传部

调研宣传部的主要职责是：制定中国科协宣传工作规划，承担中国科协与党和国家宣传主管部门的联系工作，指导全国学会和地方科协的宣传工作；负责有关重要文件、报告和讲话的起草；开展面向科技工作者状况的调查研究，指导全国学会和地方科协有关科技工作者状况的调查研究工作；组织开展决策咨询和建言献策活动；参与国家有关法律法规的立法调研以及修订工作；完成科协书记处交办的有关工作。

第五节　中国科协全国组织职能机构的其他部门

中国科协机关有 2 个其他部门。

1. 机关党委

机关党委的主要职责是：负责中国科协机关和直属单位党的建设和纪律检查工作，领导机关工、青、妇等群众组织。

严格地说，机关党委不是机关职能部门，而是一级基层党组织，其上级部门是中央直属机关工委，工作接受中央直属机关工委的指导，在中国科协党组的领导下开展工作。其主要职能应当是负责中国科协机关党的建设工作，包括党的基层组织建设、党员队伍建设。党建工作中领导班子建设、干部队伍建设属于组织人事部负责，不在机关党委的权限和职责范围。目前，中国科协机关党委除了负责指导中国科协机关的党建工作之外，还负责指导中国科协直属单位的党建工作。

2. 反邪教协会秘书处（办事机构）

反邪教协会是中国科协所属的一个全国性社会组织，秘书处是其办事机构。由于工作的特殊性，反邪教协会的秘书处属于中国科协机关部门序列，其工作人员参照公务员管理。

第六节　中国科协全国组织职能部门的工作方式

中国科协是人民团体，是社会团体、群众组织，是科技性社团，坚持民主办会是一条根本原则。但是，中国科协是一个巨系统，是一个庞大而严密的组织体系，其内部有着复杂的结构及关系，其外部也有着多方面的关系。具体地说，中国科协有全国组织、地方组织和基层组织，全国组织和地方组织又都有学会、机关职能部门和直属单位，所以，对不同的单位不能一概而论。对学会，必须坚持民主办会的原则，坚决去除官办色彩、行政化倾向；而对机关职能部门，则必须坚持民主集中制，实行严格的责任制，坚持去除松散化、散漫化倾向。这个问题，不仅涉及机关职能部门的性质问题，实际上也涉及机关职能部门的工作方式问题。

1986年6月23日周培源同志在中国科协三大上的工作报告中，专门谈到了“加强服务思想，加强科协机关建设”问题，其中涉及中国科协职能部门的工作方式问题。1987年6月19日钱学森同志在中国科协机关和直属单位职工大会上的讲话中，专门谈到了机关如何工作的问题。他说：“我请大家考虑一个问题，我们这个机关，在这么一个组织体制下，应怎么工作?”对此，钱学森同志在这次讲话中从严格要求、加强管理的高度谈到了三点。① 这三点，应当成为中国科协机关职能部门最重要的工作方式。另外，高潮同志在《科协的改革与发展》一文中指出，科协机关要做好为学会和基层组织服务的工作。这也应当成为中国科协机关职能部门最重要的工作方式之一。

据此，归纳和概括出中国科协机关部门的以下四个方面的工作方式。

---

①　中国科协干部学院编：《中国科协重要文件汇编》，上海普及出版社，1991年。本节及下节引文均出自该书，不再注。

1. 独立负责，相互配合

中国科协机关部门要承担起组织、指导和开展科协工作和活动，服务学会、服务地方科协和基层科协、服务科技工作者的重任，就必须加强集中统一领导，建立起逐级负责、相互配合的工作秩序。钱学森同志指出：“一个核心的问题，是分头干呢？还是组织起来干？应该是组织起来干。分头干，是小农经济的做法，现代化就是要组织起来干。我们科协各职能部门都要负责一个方面的工作，一定要负责，不能推诿。各部要互相支援，我们不是单干户，我们是横向联合的。这一条，我觉得很重要。我们一个部，接受了一项任务，要去执行，在具体的执行过程当中必然会涉及其他部门的工作，需要协同。本来不是我这个部主办的事，但是主办的部提出来要我这个部协同做一点事情，那一定要积极主动地去干。很多事情都不是一个部门能够单独完成的。这一点很重要，做到了，那就是严密组织起来的，大力协同的。反之，则办不好。”钱学森同志反复强调：“我觉得现代化的集体必须是严密组织起来的集体。尽管我们是群众组织，也不能是散散漫漫的，那不是现代化的。我们一定要是一个严密组织起来的集体，我们各部是连在一起的，每一件事情可能是由一个部门主办，但是其他部要协同，这样的事请同志们好好想一想，恐怕是有经验，也有教训。”

既要独立负责，又要相互配合，独立负责和相互配合相结合，是中国科协机关部门重要的工作方式。强调独立负责，实际上就是实行严格的责任制，这是克服分散主义、松散化倾向的重要制度。1989 年 12 月 23 日高镇宁同志在中国科协工作会议开幕式上的讲话中，就这个问题做了强调：“我们在整个团体中实行的是委员会制，要强调民主办会，但在机关和事业单位中实行的是领导负责制，要加强责任制，强调集中、纪律和效率，要有逐级负责的观念和制度。”1990 年 2 月下发的《中国科协 1990 年工作要点》中强调：“机关工作要实行领导负责制，加强集中统一，强调纪律、效率，克服分散主义，运用系统工程的思想和方法，树立整体观念，加强整体建设，提高整体效益，逐步做到规范化、制度化和程序化。”

2. 执行纪律，令行禁止

中国科协机关部门必须实行严格的责任制，严格管理，严明纪律，严密组织。

钱学森同志指出：“我们日常工作的核心书记处跟我们机关各部的关系，我强调要服从命令听指挥，如果一个集体各自都自作主张，那就坏了，那就不是严密的组织，而是松散的了。各部门要独立负责，也要听从书记处的指挥，书记处的要求一定要贯彻执行，我们科协机关要成为一个严密组织起来的集体。”

周培源同志指出，机关建设要“加强科学管理，提高工作效率，严格组织纪律性”。

1989 年 12 月 23 日，高镇宁同志在中国科协工作会议开幕式上的讲话中指出：“我们科协的决策机构是全国委员会或常委会，书记处是执行机构，机关则是由书记处直接领导的办事机构，各项事业单位是为团体和科技工作者服务的机构，我们在整个团体中实行的是委员会制，要强调民主办会，但在机关和事业单位中实行的是领导负责制，要加强责任制，强调集中、纪律和效率，要有逐级负责的观念和制度。”

执行纪律，令行禁止，既是对中国科协机关部门的严格要求，也是中国科协机关部门的重要工作方式。

3. 勤俭节约，提高效率

必须明确，中国科协机关部门的工作和运转，花费的是中央财政的拨款，是纳税人的钱，通俗地说，是劳动人民的血汗。因此，每一分钱都要花在刀刃儿上，绝不能有半点浪费。对于机关部门及其工作人员来说，“贪污和浪费是极大的犯罪”。要花尽可能少的钱，办尽可能多的事，“少花钱多办事”、“花小钱办大事”就是提高效率。表面上看起来，勤俭节约和提高效率是两回事，实际上是紧密联系的，特别是对于像中国科协这样的社会团体、群众组织来说，更有实际意义。钱学森同志指出：“当然也要勤俭节约，可别忘了我们中国还很穷，所以需要高效率的工作。高效率也是在提高经济效益，事情办得很好，但花钱少，这是我们的出路。我们财务与基金管理工作委员会也说了，不能老是伸手要钱。”

因此，勤俭节约、提高效率也是中国科协机关部门的重要工作方式。

4. 建立机制，提供服务

周培源同志指出，科协机关“要树立服务思想，做好服务工作，办好服务事业，克服行政化、机关化作风，切切实实地为学会、为基层、为科技工作者服务”。高潮同志指出，科协机关要以更好地为学会和基层组织服务为基本目标，在转换和完善服务机制上下工夫。在 1996 年 5 月中国科协五大上，即将卸任的中国科协主席朱光亚同志谆谆告诫中国科协机关工作人员：“认真研究和把握群众团体的工作特点和规律，自觉地在常务委员会的领导之下，认真执行代表大会、全委会和常委会的决议和决定，正确处理在科协机关内部实行逐级负责制与团体中坚持民主办会、突出科技工作者主体地位的关系，改进机关作风，防止和克服行政化倾向，竭诚为全委会、常委会服务，为学会、下级科协和广大科技工作者服务。”

中国科协机关部门的基本职能就是为全国学会、地方科协、基层科协和事业单位服务，为广大科技工作者服务，而中国科协机关部门实现自身职能的基本途径就是提供服务。因此，提供服务既是中国科协机关部门的基本职能，也是实现这种职能的基本方式。也就是说，服务既体现在中国科协的工作内容上，也体现在中国科协的工作方式上。这就需要在客观上形成体现和实现服务的工作机制。必须明了，中国科协职能部门的服务，固然离不开一系列工作和活动，但中国科协职能部门的服务职能，并不是仅仅通过一项一项具体工作和活动来实现的，更为重要是要建立机制，一方面使中国科协职能部门服务职能的体现规范化、制度化和长效化，另一方面把各方面的服务整合起来，形成为科技工作者服务的合力。所以，建立机制、提供服务也是中国科协各部门的重要工作方式。

第七节　中国科协全国组织职能部门存在的问题

中国科协全国组织职能部门存在的问题，主要是松散化、散漫化的问题。松散化指部门的工作及其管理方面，散漫化指部门的工作人员及其作风方面。究其原因，中国科协机关部门的一些同志，长时期没有搞清楚应当在学会实行民主办会而在机关实行严格的责任制这样的道理，没有搞清楚二者之间的区别，简单地在机关工作中强调民主办会，这种错误的观念带来了机关事实上长时期存在的松散化、散漫化倾向。实事求是地说，某些学会在某种程度上存在的行政化倾向和某些机关职能部门及其工作人员在某种程度上存在的松散化、散漫化倾向同时存在，而相对而言，机关部门的松散化和工作人员的散漫化问题则显得更加突出一些，解决这方面的问题也显得更加迫切一些。对此，必须给予极大的重视，并采取切实措施，下大工夫，下大气力，切实加以克服。

概括起来，机关部门的松散化和工作人员的散漫化问题，主要表现在以下几个方面。

1. 缺乏系统思维

缺乏系统思维，是思维散漫化的表现，而思维散漫化是机关部门工作人员作风散漫化的一种表现。一些同志对工作很少从宏观、全局、长远和战略高度去思考与研究，缺乏系统性。不善于将自己所做的工作放置于整个部门工作、整个科协事业的大系统以至于全国的大环境、大背景下去考察，找到自己所做工作在整个部门工作、整个科协事业中的位置，搞清楚自己所做工作与整个部门工作、整个科协事业的相互关系，进而明确自己的角色，确定自己的工作责任和工作方式。研究工作，要么不深入，大而化之，笼而统之；要么又过于关注细枝末节，陷入事务主义。讨论问题，脑子里没有系统，没有整体，海阔天空，漫无边际，空泛议论，思路不清，概念不清，层次不清，边际不清。其实，钱学森同志早在 1987 年 7 月 9 日在中国科协学研讨会开幕式上的讲话中，就曾经批评科协的某些同志说："我碰到很多同志，讨论问题时思路混乱。为什么混乱？因为他脑子里就没这个体系，他讲一个题目而不知道它在这个体系里的位置，所以迷茫了，弄乱了。"之所以缺乏系统思维，原因就在于"脑子里就没这个体系"，其结果就是思路混乱，行动盲目。

一些同志热衷于搞活动，特别是轰轰烈烈的活动，由于脑子里没有体系、没有系统，缺乏宏观思维，只是追求活动表面的轰动效应，而很少去追问为什么要搞这些活动，怎样把活动搞得更有价值和实际意义，更有作用和社会效益，也很少去追问活动的实际效果。由此，他们把极大的精力和时间放在搞活动上，为了活动而活动，而忽视基础工作、经常性工作，甚至搞一些形式大于内容、讲排场、劳民伤财的活动。

2. 缺乏规矩意识

行为上的散漫化，是源于不懂得规矩，不按规矩办事，而反映在思想认识上，是缺乏规矩意识。一些同志摆不正个人和组织的关系，过于强调个人意志，对组织已经决定的事项，随意发表不赞成意见，在非组织场合提出动议，甚至个人擅自改变经过组织程序决定的事项。对组织形成的决议，随自己意的就执行，否则就抵触，消极怠工，甚至不执行。

有的同志违反逐级负责的原则，工作越位，部门副职甚至处长在没有授权的情况下，甚至在部门还没有商量、研究的情况下，擅自向主管领导汇报工作，造成工作变动。一些同志说话随便，超出自己的职权范围，在没有经过授权的情况下对外、对下乱表态。

有的部门工作越界，在不沟通、不协商、不征得同意的情况下，将属于别的部门职能范围的工作拿过来就做。有的部门在工作中遇到与别的部门职能相交叉的工作，不主动和这些部门沟通协商，甚至在完成任务上报材料时连会签的程序也不走。有的部门在工作中本来得到了有关部门的帮助，或者和有关部门合作完成任务，但在上报材料或汇报工作时，对有关部门的工作只字不提，把功劳全部揽在自己身上。更有甚者，有的部门把自己并没有参与的别的部门的工作说成是自己部门的工作，把别的部门的工作成绩说成是自己部门的工作成绩。

有的同志作为领导班子成员，不懂得在班子中按分工做事、按职责和权限做事、按议事规则和程序做事、配合和合作做事的规矩。有的同志做副职，摆不正与正职的关系，要主导正职的工作，过分强调自己分管工作的重要性和独立性，个人的意见不被采纳和吸收就要脾气、闹情绪，不配合工作；对自己分工的工作，搞成独立王国，该请示的不请示，该汇报的不汇报，擅自决定，自作主张，既不尊重班长的作用，也不愿和其他班子成员配合和协助，心怀戒备。有的同志做正职，片面理解和过分强调行政首长负责制，缺乏民主作风，独断专行，该商量的不商量，该征求意见的不征求意见，不善于听取副职的意见，不善于发挥副职的作用，不善于调动下属的积极性，听到不同意见就沉不住气，甚至发脾气，压制意见。

有的做处长的同志不懂得处一级是中国科协内设机构的内设机构，是执行层、落实层，不是决策层的道理，在工作中也过分强调自己处室的独立性，在不请示的情况下擅自对外，擅自答复地方和基层的请示，擅自决定不属于自己权限或者没有授权的事情，甚至事后也不汇报。

3. 缺乏协作精神

一些同志愿意自己单打独斗，搞小圈子，不信任别人，喜欢关起门来自己做事情，不善于形成办事的团队，不善于发挥每一位同志的积极性。有的同志甚至宁愿工作效率低、工作受影响，也不愿意和别人合作共事。

有的部门本位主义严重，搞部门保护主义，过分强调本部门的利益，缺乏全局观念和意识，甚至一些部门的处室都要搞成“独立王国”。有的分管领导研究问题从自己分管的部门利益出发，对调动分管部门的干部、资源过分强调自身的特殊性，不愿配合。有的部门分管领导对部门主要负责同志直接接触分管处室的主要负责同志也心怀不悦，认为自己分管的处室就是自己管，部门主要负责同志接触处室主要负责同志也要经过自己的允许。

有的同志工作以邻为壑，互不通气，更谈不上相互配合。自己的工作只有自己知道，组织观念薄弱，事先不请示，事后不汇报，不问不说，掖着藏着。不同部门之间工作资源形不成共享，甚至在同一个部门，也是个人分别占有工作资源，一项工作或活动结束了，资源就“沉淀”在个人手中，甚至这些同志工作调动或退休离开单位也不交出。

4. 缺乏严谨性

一些同志对工作低标准、低要求，认为科协是群众团体，差不多就行了，出不了大事。这些同志考虑问题不重宏观重细节，而做工作时又不注意细节，粗枝大叶，经常在细节上出问题。

有的部门召开会议、组织活动，筹备工作不充分，经常是“粮草未到，兵马先行”，会议、活动临头了，仍然漏洞百出，直接影响会议、活动的质量。对会议、活动的组织工作不严谨，不按时进行、到会率低、临时更改议程是普遍存在的问题。

有的同志行文经常出纰漏，而且不吸取教训，多次出同一毛病。有的部门的文件质量不高，“带病”一路绿灯，审稿形同虚设。

一些部门基础工作薄弱，工作处于“狗熊掰玉米，边掰边丢”的状况，留不下历史资料，形不成历史积累，过去的工作永远是空白。

5. 缺乏服务意识

有的同志“官”不大，“僚”不小，对地方科协和基层科协的同志不尊重，说话口大气粗，办事摆臭架子，“门难进，脸难看，事难办”。这是人民团体的机关工作人员最要不得的作风。

高潮同志早在1987年1月在各省、自治区、直辖市科协办公室主任会议上的书面发言中就指出：“中国科协的机关工作，要把重点放在调查研究总结交流经验、制定规章制度和宏观管理上。”但是，机关的很多同志不会做调查研究，经常出现的问题是，或者下去一趟拿不回来调研成果，或者坐在办公室里靠拍脑袋、想当然设计调查问卷简单地做问卷调查，或者干脆花一笔钱把调研课题交给第三方去做，经常是钱花了回不来成果，或者回来的成果不可用。

有的部门把本来应当由机关做的工作简单地推给事业单位，自己当“二掌柜”，当“监工”，一方面是自己的干部得不到锻炼成长，另一方面也使得工作质量和水平低下。

这些问题，体现在工作上，就不可避免地导致官僚主义、形式主义的作风，脱离实际，脱离基层，脱离群众。这其实也是一种行政化倾向。有意思的是，一些口口声声反对科协行政化倾向的同志，恰恰是有着这样作风的同志。这是应当引起重视并认真加以克服的。

6. 缺乏纪律观念

纪律松弛的现象在不少机关工作人员中普遍存在。在一些部门，迟到早退、不按时上下班的现象比较普遍。本来是早上八点上班，晚上五点下班，却经常见一些同志毫无窘色地早上八点半才到单位，下午四点半就离开机关。这些同志没有想一想，本来是从早上八点到晚上五点，中间除去一个小时吃午饭、午休的时间，是八个小时，即长期坚持的八小时工作制；而实际情况是，现在机关上午十一点半至下午一点半是吃午饭、午休时间，共两个小时，实际工作时间已经只有七个小时了；即使在这种情况下，一些同志每天上班、下班还要再分别推迟和提前半个小时，一天有效工作时间就只有六个小时了。也有一些同志每天上班来得很晚，工作效率也不高，靠下班后加班完成任务。还有一些同志随意不上班，外出办事不打招呼。前面提到的缺乏时间观念，不守时，开会不按时到会、到会率低，其实也是一种缺乏纪律性的表现。

7. 庸俗习气

在一些部门，没有形成严肃的氛围，开会、研究工作、讨论问题嘻嘻哈哈，漫无边际，东拉西扯。一些同志之间平时吹吹拍拍，拉拉扯扯，称兄道弟，江湖习气。经常把组织的关心当成个人的恩情，把组织行为当成个人的作用，以此讨好，甚至许愿。更有甚者，搞团团伙伙，形成人身依附关系。其结果，消解机关的政治性、严肃性、庄重性，使得机关风气庸俗化。这是十分危险、危害极大的现象。

有的同志自由主义思想严重，讨论不发言，私下乱议论。正像毛泽东同志在《反对自由主义》一文中批评的那样，“当面不说，背后乱说，开会不说，会后乱说”。有的同志会上表态赞成，会下阳奉阴违。有的同志热衷于传播小道消息，道听途说，乱发议论，以讹传讹。

中国科协事实上存在的机关部门的松散化和工作人员的散漫化问题，必须引起高度重视，必须采取切实措施，必须坚决加以克服。否则，将直接影响到中国科协全国组织作用的发挥。

第二十五章 中国科协全国组织的事业单位

从根本上说，事业单位也是一种社会组织，是承担为社会和公众提供公共产品、公共服务的公益性社会组织。但目前全国事业单位的实际情况比较复杂，既有公益性的组织，也有承担行政指导职能的组织，还有经营性的组织。正在进行的事业单位分类改革将改变这种状况，使事业单位回归公益性的本位。无疑，中国科协的事业单位也将随着这种改革的进程，更好地发挥公益性社会组织的作用。可惜的是，很多同志对于事业单位也是一种社会组织的基本定位和属性还没有认识到位，因而对事业单位今后的改革和发展方向缺乏明确的认识。

事业单位的机构编制、岗位设置、人员管理属于中国科协组织建设的重要内容，由组织人事部承担具体任务，在中国科协党组领导下，在人力资源和社会保障部与中央编办的指导下，做了大量工作，也取得了一定成绩。

第一节　事业单位的性质和职能

事业单位是我国的一种特殊组织。2004 年修订的《事业单位登记管理暂行条例》为事业单位下了这样的定义："本条例所称事业单位，是指国家为了社会公益目的，由国家机关举办或者其他组织利用国有资产举办的，从事教育、科技、文化、卫生等活动的社会服务组织。"从这个定义，我们可以看出构成事业单位的几个要素：一是实现社会公益目的；二是由国家机关或者其他组织举办；三是利用国有资产举办；四是从事社会公益性服务活动；五是性质为提供公共服务的社会服务组织。

事业单位是由国家机关或者其他组织利用国有资产依法举办的从事教育、科技、文化、卫生、体育、社会福利等公益服务，不以营利为目的的社会公益性组织。从我国事业单位的实际情况看，事业单位公益性体现在两个方面：一是为社会提供公共产品、进行公共服务的公益性事业单位；二是仅为本部门（即设立事业单位的部门）的运转提供支撑的公益性事业单位。

现实生活中的事业单位，情况要复杂得多，有的公益性程度高些，有的公益性程度低些，有的则几乎没有什么公益性。据此，在过去很长一段时间里，事业单位一般分为三类：一是公益性机构，实行全额拨款；二是经营性机构，实行自收自支；三是介于二者之间的机构，既有公益性部分，又有经营性部分，实行差额拨款。

国家对不同性质的事业单位，实行不同的拨款方式，也就是说，不同性质的事业单位对应不同的拨款方式。后来，按照拨款方式，我们将全额拨款和差额拨款事业单位合为一类，统称财政补贴事业单位，自收自支事业单位称为经费自理事业单位。拨款方式的不同，实际上体现的是事业单位性质的不同。这是我们应当明确的问题。中国科协全国组织的事业单位，既有全额拨款的事业单位，也有差额拨款的事业单位，还有自收自支的事业单位，或者说，既有财政补贴的事业单位，也有经费自理的事业单位，而以财政补贴的事业单位为主。

第二节　事业单位改革的基本思路

以上，我们是据拨款方式来对事业单位进行分类的。从事业单位的职能看，我国现有的事业单位大体分为三类，一是承担行政职能的事业单位，二是生产经营性的事业单位，三是从事公益服务的事业单位。按照中共中央、国务院《关于分类推进事业单位改革的指导意见》，通过分类改革，逐步将第一类即承担行政职能的事业单位划归行政机构或转为行政机构，将第二类即经营性的事业单位转为企业，即转为面向市场的自负盈亏的经济实体，对第三类即从事公益服务的事业单位进一步强化其公益属性。这一类从事公益服务的事业单位将划分为两类：承担义务教育、基础性科研、公共文化、公共卫生及基层的基本医疗服务等基本公益服务，不能或不宜由市场配置资源的，划入公益一类；承担高等教育、非营利医疗等公益服务，可部分由市场配置资源的，划入公益二类。

从目前的实际情况和未来发展看，中国科协、地方科协所属事业单位，没有承担行政职能的事业单位，除个别经营性的事业单位外，总体上都属于公益性的事业单位。因此，在分类改革中，中国科协和地方科协所属的事业单位大多数应当划为公益性的事业单位，而且大多数应当属于公益一类事业单位。

第三节　事业单位岗位设置和人事管理

岗位设置是在事业单位实行全员聘用制度之后实行的一种管理制度，适用于为了社会公益目的，由国家机关举办或其他组织利用国有资产举办的事业单位，2006年开始陆续试行。原国家人事部为此发出的通知指出，试行事业单位岗位设置管理制度，是推进事业单位分类改革的需要，是深化事业单位人事制度改革的需要，也是改革事业单位工作人员收入分配制度的紧迫要求，对于事业单位转换用人机制，实现由身份管理向岗位管理的转变，调动事业单位各类人员的积极性、创造性，促进社会公益事业的发展，具有十分重要的意义。

岗位设置管理制度中的岗位，是指事业单位根据其社会功能、职责任务和工作需要设置的工作岗位，具有明确的岗位名称、职责任务、工作标准和任职条件。一方面，事业单位按照科学合理、精简效能的原则进行岗位设置，坚持按需设岗、竞聘上岗、按岗聘用、合同管理；另一方面，国家对事业单位岗位设置实行宏观调控，分类指导，分级管理，确定事业单位通用的岗位类别和等级，根据事业单位的功能、规格、规模以及隶属关系等情况，对岗位实行总量、结构比例和最高等级控制。

事业单位岗位分为三种类别，分别是管理岗位、专业技术岗位和工勤技能岗位。管理岗位指担负领导职责或管理任务的工作岗位。专业技术岗位指从事专业技术工作，具有相应专业技术水平和能力要求的工作岗位。工勤技能岗位指承担技能操作和维护、后勤保障、服务等职责的工作岗位。

岗位设置是事业单位执行的一项全新的管理制度，在客观上需要建立起一套与这种制度相适应的人事管理制度。为此，原国家人事部和现人力资源和社会保障部进行了多年调研，并且出台了相关制度。

中国科协在2009年年底就基本完成了全国组织中的各事业单位的岗位设置工作，在中央和国家机关、人民团体中是完成得比较早的，整个进程积极稳妥，没有出现偏差。与此同时，中国科协对实行岗位设置这种新的制度下的人事管理办法也进行了积极探索，积累了一些经验。

第四节　改进事业单位专业技术岗位设置和评聘工作

中国科协事业单位实行岗位设置工作以来的实践证明，岗位设置是符合事业单位实际情况、有利于事业单位发展的制度。同时，这项制度在中国科协事业单位的实践中也暴露出了一些问题，有必要根据变化了的实际情况和发展的需要进行适当改进和完善。需要强调的是，这种改进是在坚持岗位设置制度的基本原则、基本规定和基本要求的前提下进行的，并不改变岗位设置制度本身，而且不仅不改变，还是为了进一步完善这种制度。

第一，管理岗位六级以下、专业技术岗位七级以下实行动态管理。所谓管理岗位六级以下、专业技术岗位七级以下，即副处级以下、取得副高级专业技术职务之前。按照岗位设置的要求，事业单位工作人员从一开始就要确定岗位，或者是管理岗位，或者是专业技术岗位。但从实际情况看，事业单位的工作人员从参加工作到取得管理岗位六级、专业技术七级之前期间，不论是对单位现状和未来发展的认识，还是对自身优势和劣势的认识、对自身发展潜力和对工作适应性的认识，都不是固定不变的，甚至是不准确的。如果从一开始就将他们固定在一个岗位上而不允许有所调整、有所变化，是不利于年轻干部的成长成才的。因此，在事业单位工作人员从参加工作到取得管理岗位六级、专业技术七级之前的这个期间，对于将来是从事管理工作，还是从事专业技术工作，应当给予他们一定的选择空间。具体办法是，在此期间，允许年轻干部既有管理岗位，又可以评中级专业技术职称，为将来确定从事管理岗位或专业技术岗位创造条件，提供机会。

第二，管理岗位六级以上、专业技术岗位七级以上实行分类管理，但给出专业技术职务优秀人员进入管理岗位的路径。所谓管理岗位六级以上、专业技术岗位七级以上，即是指副处级以上、取得副高级专业技术职务之后。事业单位的工作人员在具备相应资格和条件的时候，根据工作需要和自身的条件，在这个阶段，给他们一次选择的机会，经过严格的程序，确定他们进入管理岗位六级或专业技术岗位七级。到了这个阶段，应当严格实行分类管理，即管理岗位和专业技术岗位不能混淆，也不搞“双肩挑”。但是，应当为那些优秀的、适宜做领导工作的专业技术人员晋升管理岗位的副处长、处长、中心副主任创造条件。具体地说，取得副高级专业技术职务的人员，具备领导能力和管理水平，且有一定的管理工作经历，在既符合任职年限资格又具备任职条件的前提下，就可以晋升副处长、处长。同样，取得正高级专业技术职务的人员，具备领导能力和管理水平，且有一定的管理工作经历，在既符合任职年限资格又具备任职条件的前提下，就可以晋升中心副主任。当然，这种晋升应严格按照《干部任用条例》的规定或采取组织选任的方式或采取竞争上岗的方式，严格履行干部选拔任用程序。

第三，以管理岗位为主的事业单位，在不突破数额的前提下，允许专业技术岗位的人员在具备条件的时候有上升的空间。在以管理岗位为主的事业单位，专业技术岗位偏少，且专业技术职务偏低。以管理岗位为主的事业单位虽然专业技术人员数量较少，但仍然是一支重要的力量，要认真选择好、发挥好他们的作用。现在的问题是，这些数量比较少的专业技术人员由于专业技术职务等级的限制，没有上升的空间和机会，积极性受到影响。因此，对那些以管理岗位为主的事业单位，在不突破数额的前提下，允许专业技术岗位的人员在具备条件的时候，在原有等级专业技术职务上有上升的空间。这样做，既有利于调动和发挥专业技术人员的积极性，也有利于促进事业单位的发展。

第四，对专业技术岗位空缺少、符合条件的专业技术人员多和专业技术岗位空缺多、符合条件的专业技术人员少的事业单位，允许专业技术人员在中国科协所属的不同事业单位之间合理流动。由于单位性质和历史的原因，以专业技术岗位为主的事业单位在专业技术人员职务晋升上存在较大的不平衡，有的单位高级专业技术职务空缺少，但符合晋升资格条件的人员多，而有的单位高级专业技术职务空缺多，但符合晋升资格条件的人员少，这样，就出现有的单位专业技术人员一旦符合资格条件就有晋升机会，而有的单位专业技术人员虽符合资格条件也不能晋升，甚至多年不能晋升，造成专业技术人员积压。其结果，挫伤了一部分专业技术人员的积极性，也不利于留住人才。因此，为了充分调动广大专业技术人员的积极性，不使人才因专业技术职务不能及时得到晋升而流失，有必要打破单位所有制的限制，使那些因单位空缺少或没有空缺而没有晋升机会的专业技术人员，能够通过双向选择，流动到那些空缺多而符合资格条件的人员较少的单位。这样做，既能做到人尽其才、才尽其用，也能使人才留在科协系统，有利于科协事业的发展。

第五，对个别以专业技术为主、高层次专业技术人员密集的事业单位，实行评聘分开的制度。事业单位实行专业技术职务评聘结合，是实行岗位设置制度的一个原则。多年来，中国科协一直严格坚持了这样的原则。但是，这样一种做法在实践中也出现了一些问题，主要是以专业技术岗位为主的事业单位之间的极度不平衡，有的单位专业技术人员评聘高级专业技术职务的机会多，而有的单位专业技术人员评聘高级专业技术职务的机会少，甚至具备条件后多年没有评聘的机会，长此以往，将极大挫伤这些专业技术人员的积极性，也会影响这些单位的事业发展。因此，中国科协所属事业单位在总体上坚持和实行评聘结合的做法的前提下，对于个别以专业技术岗位为主的事业单位，可以考虑实行评聘分开的做法，在每年度的高级专业技术职务任职资格评审中，按照相同的评审标准，经过相同的评审程序，对于那些符合副高级、正高级专业技术职务任职资格和条件的专业技术人员，给予相应的高级专业技术职务任职资格。这个任职资格不与岗位、工资挂钩，但所在单位可以在使用上、待遇上给予适当倾斜。任职资格可以三年有效，在资格有效期内，单位专业技术岗位有空缺时，可以参加当年的专业技术职务的聘用，如果到了三年有效期结束时仍然没有聘用，则需要重新参加专业技术职务任职资格的评审。

第六，制定专业技术三级、二级岗位的任职资格、条件和评审、聘任程序，鼓励专业技术人员争先。中国科协对专业技术岗位三级及以下的名额相应地分配到了各事业单位，对专业技术岗位二级的名额由党组统一掌握。相对来说，专业技术岗位二级、三级的名额比较少，标准和要求比较高，要获得这些职务难度也比较大。为激励广大专业技术人员成长成才，有必要制定专业技术岗位二级、三级的任职资格和条件，公之于众，激励取得正高级专业技术职务的专业技术人员“创先争优”，在适当的时候，给予那些具备资格和条件的优秀专业技术人员晋升的机会。

第五节　事业单位的工作方式

中国科协、地方科协的事业单位大都属于从事公益服务的类型，承担着服务经济社会发展、普及科技知识、服务科技工作者的任务，其基本功能是提供公共服务，在整个科协组织体系中的地位和作用不可忽视。但具体分析，中国科协的事业单位大体有两种类型，一种是为社会和公众提供公共服务的，一种是为中国科协机关正常运转提供支撑的。而从实际情况看，事业单位大都同时拥有这样两种功能，既为社会和公众提供公共服务，也为中国科协机关正常运转提供支撑。从长远发展看，中国科协事业单位的发展方向，应当是进一步突出为经济社会发展服务、为提高公众科技素质服务、为科技工作者服务的社会性、公益性、服务性功能，强化服务意识，优化服务渠道和手段，为社会、为公众、为科技工作者提供体现优质服务的公共产品。与这种社会性、公益性、服务性的功能相适应，事业单位的工作方式既不是行政性的，也不是经营性的，而应当是公益性的，我们应当研究实现这种功能的工作方式。

中国科协的事业单位在过去一个相当长的发展过程中，存在着规模过小、主业不突出、业务交叉、管理水平低、人员素质有待提高等问题。从总体上讲，没有形成适合事业单位性质、职能和任务的科学的工作方式。2006 年，在中央编办的支持和指导下，中国科协党组、书记处对中国科协所属事业单位进行了初步改革，撤销了一些事业单位，合并了一些事业单位，新建了一些事业单位，相应地对各事业单位的职能进行科学合理的划分，使得经过初步改革后的事业单位规模适度、主业突出、业务互补，管理水平也有了相应提高。为了支持事业单位的发展，中国科协将机关部门的一些工作下放到事业单位，这样做的结果，一方面使事业单位的工作变得饱满，机关部门的工作也有了支撑，但另一方面也使得一些事业单位的业务过于依赖机关部门，并且形成了机关化的工作方式。比如，一些事业单位动辄开会、下发文件、表格统计、浮在面上的调研、“钦差大臣”满天飞。个别事业单位的负责人甚至存在口大气粗、发号施令、指手画脚的现象。久而久之，一些事业单位形成了比较明显的“机关作风”、“衙门作风”，也出现了形式主义、官僚主义的问题，出现了官本位、行政化倾向，这是应当引起严重关注并需切实加以改进的。事业单位必须研究和解决体现公益性社会组织的公益性的工作方式问题。

必须明确，事业单位与机关部门之间性质不同，工作方式也不同。机关是科协的管理部门，具有行政指导职能，根据科协的授权，在某些方面对外可以代表科协。机关下放给事业单位的一些事务性工作，虽然也体现着机关的行政指导职能，但是，事业单位只是承担了一些体现这种职能的事务性工作，而不是承担了这种职能本身。换句话说，机关只是下放了某些具体的事务性的工作，而没有下放行政指导职能本身，尽管这些具体的事务性的工作也在一定程度上体现着行政指导职能。这是必须要明确的。否则，事业单位和机关职能一样，所做的工作一样，界限就模糊了，甚至于事业单位就变成机关了。

所以，我们必须明确机关和事业单位的区别，机关部门承担和履行行政指导职能，事业单位从事一些体现这种职能的具体事务性工作，而不是行政指导职能的承担者和履行者。虽然从表面上看，机关部门和事业单位做着共同的工作，但事业单位并不因为承担了某些机关下放的工作就具备了行政指导职能，它们和机关的性质是不一样的，工作方式也是不同的。

第六节　事业单位今后的发展方向

随着事业单位分类改革的深化和完善，具有行政指导职能的事业单位将回归行政机关本位，具有经营性的事业单位将回归企业本位，而留下的公益性的事业单位，从根本上讲应当是社会组织的性质，即与学会、协会等同属一类性质的社会组织，即回归社会组织本位，亦即回归公益性本位。

在一个成熟的社会里，主要应当有三类组织，从而形成这个社会的合理结构：一是政府组织，二是企业组织，三是在政府和企业之间的广阔地带的社会组织。政府的主要任务是保证社会的正常运转，企业的主要任务是创造社会财富；企业创造的财富，通过税收到政府手里，政府通过向社会组织购买服务的方式实现服务社会和公众的目的。反过来说也是一样，社会组织从政府手里获得经费资助，通过提供公共产品、公共服务，实现对自己所联系的那一部分群众的服务。中国科协所属的社会组织的服务对象是科技工作者，各个不同的社会组织都对自己所联系的群众提供优质高效的服务，我们党为全体人民服务的宗旨也就实现了。

第二十六章 中国科协全国组织的党组织

中国科协全国组织的党组织，包括中国科协党组，中国科协机关党委，中国科协机关部门党支部，中国科协直属单位（主要是事业单位）党组织（党委、党总支、党支部），全国学会办事机构党组织。

第一节 中国科协党组

中国科协党组的确切、准确定位，既不是系统党组织，也不是机关党组织，而是部门党组织。机关党组织属于基层党组织，组织形式是机关党委，只负责机关的党员的教育管理和机关党委所属的党总支、党支部的工作。系统党组织是对下属单位实行集中统一领导的国家工作部门的党组织，组织形式是系统党委，如公安系统党委、铁道系统党委、金融系统党委。部门党组织是建立在中央和地方国家机关部门的党组织，组织形式是党组，负责机关党组织和直属单位党组织的工作。显然，中国科协党组属于部门党组织，不仅领导机关党委，而且领导直属单位党委，但与地方科协、基层科协没有隶属关系，所以也没有领导关系。各级地方科协，都在同级党委领导下开展工作。各类基层科协，都在基层单位党组织领导下开展工作。

根据党章的规定，“在中央和地方国家机关、人民团体、经济组织、文化组织和其他非党组织的领导机关中，可以成立党组。党组发挥领导核心作用。党组的任务，主要是负责贯彻执行党的路线、方针、政策；讨论和决定本单位的重大问题；做好干部管理工作；团结党外干部和群众，完成党和国家交给的任务；指导机关和直属单位党组织的工作”。部门党组和地方党委一样，都发挥“领导核心”作用。

1990年7月，时任中央书记处候补书记温家宝同志到中国科协机关，听取中国科协党组汇报，就加强党对科协的领导谈了一些意见，其中谈到了中国科协党组的工作任务、工作重点。温家宝同志指出："科协党组的工作重点应该放在哪里？我觉得，第一是贯彻党的方针政策；第二是要坚持各级科协和学会正确的政治方向，当然重要的是坚持四项基本原则和坚持改革开放，促进社会、政治、经济的稳定和发展；第三是团结、动员科技工作者发挥积极性、创造性、主动性，为社会主义现代化建设服务；第四是促进精神文明建设，提高干部群众的科学文化素质；第五是坚持双百方针，活跃学术交流，推动科学技术的发展。""科协党组应该经常讨论研究这些重大问题，不要陷到事务中去，要站得高一点，超脱一点。"①

第二节　中国科协机关党委

中国科协机关党委属于基层党组织。根据党章的规定，"各级党和国家机关中党的基层组织，协助行政负责人完成任务，改进工作，对包括行政负责人在内的每个党员进行监督，不领导本单位的业务工作"。据此，机关党组织的作用，可以概括为"协助、监督"。

机关党委和直属单位党委一样，都是基层党组织，接受中国科协党组领导。机关党委和直属单位党组织之间没有隶属关系，没有对直属单位党组织进行指导的权限，因而和直属单位之间没有领导和指导关系。机关党委如要对直属单位进行指导，需由中国科协党组授权。

中国科协机关党委同时是中央直属机关工委的下属组织，接受中央直属机关工委的领导。

第三节　中国科协机关部门党支部

中国科协机关部门是中国科协的内设机构。中央直属机关部门的内设机构称为局，中央国家机关部门的内设机构称为司，人民团体全国组织的内设机构称为部。中国科协是人民团体，其全国组织的内设机构即机关部门称为部。按照规定，中国科协机关部门凡有正式党员3人以上的，应建立党支部。而事实上，中国科协机关部门工作人员中绝大多数为党员，远远超过正式党员3人以上建立党支部的基本条件。

---

① 《温家宝在听取中国科协党组工作汇报时的讲话》（1990年7月），见中国科协调研宣传部编：《中央书记处对科协工作的指示精神》。

中国科协机关部门党支部一般由 3～5 人组成，党支部书记一般由部门主要负责同志（当然应是党员）担任。

机关党委负责机关部门的党建工作，对机关党员进行教育、管理和监督。机关部门党支部是机关党委的基层组织，在机关党委的领导下开展工作。

党章对机关党组织的规定，不仅适用于机关党委，也同样适用于机关部门党支部。机关部门党支部协助行政负责人完成任务，改进工作，对包括行政负责人在内的每个党员进行监督，不领导机关部门的业务工作。

第四节　中国科协直属单位党组织

中国科协直属单位主要是事业单位，个别直属单位为企业。中国科协直属单位都建立了党组织，但根据规模不同，分别建立了党委、党总支、党支部。

1. 中国科协企业的党组织

根据党章的规定，“国有企业和集体企业中党的基层组织，发挥政治核心作用，围绕企业生产经营开展工作。保证监督党和国家的方针、政策在本企业的贯彻执行；支持股东会、董事会、监事会和经理（厂长）依法行使职权；全心全意依靠职工群众，支持职工代表大会开展工作；参与企业重大问题的决策；加强党组织的自身建设，领导思想政治工作、精神文明建设和工会、共青团等群众组织”。国有、集体企业党组织发挥“政治核心”作用，所列举的“保证监督”、“支持”、“加强”、“领导”等方面，都是发挥“政治核心”作用的具体体现。

中国科协的企业无疑属于国有企业，这种企业的党组织发挥“政治核心”作用。

2. 中国科协事业单位的党组织

事业单位的党组织分为两种情况。一种是实行行政负责人负责制的事业单位的党组织，根据党章的规定，“实行行政领导人负责制的事业单位中党的基层组织，发挥政治核心作用”。党章明确了这种事业单位的党组织要发挥“政治核心”作用，但对如何发挥这种作用没有具体列举。

另一种是党委领导下的行政负责人负责制的事业单位的党组织，根据党章的规定，“实行党委领导下的行政领导人负责制的事业单位中党的基层组织，对重大问题进行讨论和作出决定，同时保证行政领导人充分行使自己的职权”。这种事业单位的党组织的作用，可以概括为“讨论决定”和“保证”。

中国科协的事业单位，属于实行行政负责人负责制的事业单位。按照党章的规定，这种事业单位的党组织发挥“政治核心”作用，这是这种事业单位党组织功能的基本定位。至于如何发挥“政治核心”作用，笔者以为可以参照党章对国有、集体企业党组织的表述，结合事业单位的实际情况来具体确定。

3. 中国科协直属单位党组织的设置

按照规定，基层单位的正式党员在 3 人以上、50 人以下，都要成立党的支部，但人数太少的，只成立支部，而不成立支部委员会，人数较多的成立党的支部委员会；50 人以上、100 人以下的，成立党的总支部委员会；100 人以上的，成立党的委员会。目前，中国科协的直属单位中，科技馆、学会服务中心、科技会堂、科普出版社成立有党委。严格来说，中国科协的 4 个直属单位的党员人数都没有达到成立基层党委的标准，但根据工作需要而成立了党委。其他直属单位由于党员人数少，而分别成立党总支和党支部。

中国科协直属单位党委属于基层党组织，包括事业单位党委和企业党委，在科协党组领导下开展工作。

第五节　全国学会办事机构党组织

中国科协目前有所属 200 个全国学会作为团体会员，其中一部分学会的办事机构成立了党组织。中国科协和所属学会之间是领导关系，但学会办事机构党组织并不属于中国科协党组或机关党委领导。学会办事机构党组织的隶属关系的确定，大体可以采取四种方式。一是办事机构挂靠在中国科协的学会，党组织的关系可以隶属于学会服务中心党委。二是办事机构挂靠在有关国家机关部委和单位的学会，党组织的关系可以隶属于这些部委和单位的党组织。三是办事机构没有挂靠单位的学会，党组织的关系可以隶属于机关党委或学会服务中心党委。四是办事机构虽挂靠在有关国家机关部委和单位，但这些部委和单位不愿意管理或暂时没有条件管理的学会的党组织，经这些部委和单位党组织委托，党组织的关系也可以隶属于机关党委或学会服务中心党委。

关于全国学会办事机构的党组织，在学会组织建设一编中，将进行具体论述。

第二十七章 省级科协组织

中国科协的地方组织是中国科协组织体系的重要组成部分。地方科协组织建设，是中国科协组织建设的重要内容。中国科协的地方组织，分为省级科协组织、市级科协组织、县级科协组织。每一层级的地方科协组织都有自己的组成要素，纵向有代表大会、委员会、常务委员会，横向有所属学会、职能部门、事业单位，连接二者的是领导班子。每一层级的地方科协组织都有自己的组织建设的任务，都需要切实加强。

本章首先讨论中国科协地方组织中的省级科协组织。从行政区划来讲，省级是地方最高一级的行政区划单位，在中央和中央人民政府（国务院）的领导下开展工作，同时领导市级和县级工作。从所居层级看，省级上接中央，下接地方，是最重要的地方行政区划单位。与此相适应，由地方科协组织建构与地方行政区划相一致的特性所决定，省级科协在地方科协组织架构中居于重要地位，发挥重要作用。

第一节　省和省级的区别

省是一级行政区划，省级是包括省、自治区、直辖市在内的省一级的行政区划。省、自治区、直辖市虽属同一级行政区划，但三者之间是有区别的。

1. 省

省是我国最高一级的地方行政区划单位。在我国，省的建制最早可以追溯到秦代。秦始皇统一六国建立中央集权的封建帝国后，建立了郡县制。所谓郡县制，就是将地方政权划分为郡和县两级，其中郡相当于现在的省，县相当于现在的县。当时，将全国划分为36郡。

目前，中国大陆地区共有22个省，分别是黑龙江省、吉林省、辽宁省、河北省、山东省、山西省、河南省、陕西省、安徽省、湖北省、湖南省、江苏省、浙江省、江西省、福建省、贵州省、云南省、四川省、青海省、甘肃省、广东省、海南省。

2. 自治区

自治区是相当于省一级的行政区划单位，是我国为少数民族实行区域自治所特设的地方行政单位。

民族区域自治制度，是我国一项基本的政治制度，是中国共产党在带领中国人民取得全国政权后在少数民族地区实行的一种具有中国特色的基本政治制度。所谓自治，就是在国家的统一领导下，以少数民族聚居的地方为基础，建立相应的自治机关，行使自治权，由少数民族自己当家做主，管理本民族内部地方事务。民族自治区享有宪法、民族区域自治法和其他法律规定的民族自治权。

1954年中华人民共和国宪法规定，我国的民族自治区域分为自治区、自治州和自治县（自治旗）三级。目前，我们国家实行的仍然是三级民族自治区域，其中自治区是相当于省一级的最高民族自治区域。

目前，我国共有5个自治区。分别是内蒙古自治区、宁夏回族自治区、新疆维吾尔自治区、广西壮族自治区、西藏自治区。

3. 直辖市

直辖市是由中央政府即国务院直接管辖的市，是相当于省一级的行政区划单位。建立直辖市一般需要较多的居住人口，且在全国的政治、经济和文化等各方面具有重要地位。

在我国，直辖市的概念最先源自于1930年中华民国的《市组织法》，称为院辖市。民国时期最多时共设有12个直辖市，分别是：南京、重庆、上海、汉口、青岛、大连、沈阳、哈尔滨、西安、北平、天津、广州。

新中国成立初期，我们国家曾经先后建立了15个直辖市。1949年10月1日新中国成立的当天，北平改为北京市，定为中华人民共和国首都，同时设立了其他直辖市，分别是沈阳、鞍山、抚顺、本溪、上海、广州、南京、西安、武汉。1949年11月设立天津中央直辖市。1950年11月旅大行署区改为旅大直辖市（旅大即现在的大连，由旅顺和大连两个地区构成，名称取旅顺、大连的各一个字）。1950年12月南京降为省辖市。1952年8月恢复四川省，重庆仍为直辖市。1953年7月设立哈尔滨直辖市。1953年9月设立长春直辖市。1954年6

月哈尔滨、长春、沈阳、旅大、鞍山、抚顺、本溪、武汉、广州、西安、重庆降为省辖市。1958 年 2 月天津降为省辖市，1967 年 1 月恢复。1997 年重庆恢复直辖市。

目前，中国大陆地区共有四个直辖市，分别是北京、上海、天津、重庆。

4. 省、自治区、直辖市之间的主要区别

省的主要特点是构成的多样性，一般地说，在一个省的范围内，城市、农村、牧区、林区，工业、农业、服务业各种元素都有，只是比重不同而已。有些省工业化、城镇化的发展程度高些，因而工业、服务业比重高，非农业人口比例高，大城市多。有些省工业化、城镇化的发展程度低些，因而农业比重高，农业人口比例高，大城市少。有些省山区、牧区面积大，因而林业、牧业比重高。

自治区也呈现出多样性的特点，这方面与省的特点有相似之处。除此之外，自治区的主要特点还体现在少数民族群众聚居，信教群众众多，甚至全民信教，一般地处边疆，有与外国接壤的边境线。就总体发展水平来看，相对于省特别是直辖市来说，自治区大都处于经济欠发达地区。

直辖市的主要特点是高度发达的城市化水平，城市人口密集，农村、农业、农民占很小比重。与省、自治区的多样性不同，直辖市呈现出明显的整体性。但就直辖市之间比较，发展水平也呈现出差异性，就总体来看，重庆市的城市发展水平要弱于北京、上海和天津的发展水平。

第二节　省科协和省级科协的区别

省科协是建立在省行政区划内的地方科协组织，是最高一级的地方科协组织。省级科协包括省科协、自治区科协、直辖市科协三种类型，同属于建立在省级行政区划内的地方科协组织，都是最高一级地方科协组织，但三者之间是有所区别的。

1. 省科协

如前所述，省的特点是多样性、综合性，有城市、有农村，有工业、农业（牧业、渔业）和服务业，只是有的省城镇化程度、城镇人口比例高些，有的低些。省科协的工作必须充分考虑到这种多样性、综合性的特点，在工作内容、形式和工作对象方面，都不要单打一，不要偏废，不要顾此失彼，而要满足城市、农村、牧区等不同地域的需要。同时，省级科协的工作又要有重点，满足省级突出特点、工作重心的需求。特别重要的是，省级特点的多样性，决定了

省科协的工作必须实行分类指导。

2. 自治区科协

如前所述，自治区的特点是少数民族聚居，而且一般都和宗教、边疆因素相联系。自治区科协的工作要充分考虑少数民族地区的特点，考虑到宗教、边疆等因素，考虑到少数民族科技工作者和群众的文化心理、宗教信仰、民族习惯、接受需求等因素。比如，在向群众开展科普工作时就有一个很现实的问题，对少数民族群众进行科普，就是要用少数民族语言，而使用的科普资料也要翻译成少数民族文字。这就需要科协的同志，包括进行科普教育的科技工作者，能够掌握和运用少数民族语言。同时，还必须了解和熟悉少数民族的生活习俗，了解他们的文化心理和接受习惯，了解他们所信仰的宗教，尊重和顺随他们的生活习俗，尊重他们的宗教信仰和宗教情感。另外，相对来说，边疆少数民族地区一般是经济发展较慢、经济欠发达的地区，给在这些地区开展科协工作增加了难度，这也是这些地区的科协组织在工作中需要考虑的因素。

3. 直辖市科协

如前所述，直辖市的特点是高度发达的城市化，和省、自治区相比，多样性的特点要弱得多，而更多地体现出城市功能的整体性特征。但是具体到一个具体的直辖市，城市化的程度是有差异的，甚至差异还比较大。比如，后起的重庆市，农村的比重还相当大，而且贫困面也比较大，比起上海、北京、天津来，城市化的程度要明显偏低。作为高度发达的城市化的直辖市，城市功能比较集中，所属各个区（直辖市也有县，但根据城市化的程度不同，县的数量多少差异很大）联系比较紧密，所以，直辖市科协的工作必须充分考虑城市化高度发达的特点，从城市的整体功能着眼。一般地说，无疑应当把工作重心放在城市，放在城市的科技工作者身上，但同时也要考虑到差异性，兼顾城市之外的其他方面，做到既突出重点，又统筹协调。

第三节　省级科协的构成

省级科协的构成与中国科协的构成大体相当。

省级科协在同级党委即省委、自治区党委、（直辖）市委的领导下开展工作。同时，省级科协是中国科协的地方组织，接受中国科协的业务指导。

省级科协的最高权力机构是全省（自治区、直辖市）代表大会，省级代表大会闭会期间的执行机构是全省（自治区、直辖市）委员会，省级委员会闭会期间的执行机构是全省（自治区、直辖市）委员会常务委员会。因此，省级代表大会、委员会和常委会，都是省级科协的领导机构。

省级科协由省级学会，市、地、州、盟科协，以及隶属于其并接受其业务指导的科协基层组织组成。省级学会是省级科协的团体会员，接受省级科协的领导，也就是说，省级科协和省级学会之间是领导关系。省级学会同时是相应的全国学会的团体会员，在业务上受相应的全国学会的指导，也就是说，省级学会和相应的全国学会之间是业务指导关系。市、地、州、盟科协在业务上受省级科协的指导，也就是说，省级科协和市、地、州、盟科协之间是业务指导关系。隶属于省级科协的科协基层组织是省级科协的团体会员，接受省级科协的业务指导，也就是说，省级科协和隶属于省级科协的科协基层组织之间是业务指导关系。

省级科协党组是省委、自治区党委、（直辖）市委的派出机构，是省级党委设在作为非党组织的省级科协中的党组织，发挥领导核心作用。省级科协领导班子由驻会的省级科协常务副主席、副主席、秘书长组成，负责主持省级科协的日常工作。

第四节　省级科协的主要任务

关于中国科协的任务，《中国科协章程》有明确规定，共 11 条，但概括起来，主要的、基本的、经常性的、最能体现科协自身优势和特点的，是学术交流、科学普及、决策咨询、人才举荐和组织建设五大任务。这五项任务，在省级科协应当有组充分的体现。确定省级科协任务，既要着眼于省本级科协，又要着眼于全省，即着眼于市级科协、县级科协，从整体上考虑问题。省本级的工作通过省级科协的工作认真做好，市级科协、县级科协的工作，通过省级科协的业务指导和示范、引导、带动而实现。

1. 面向科技工作者的学术交流活动

学术交流是省级科协的基本任务。不论是经济社会比较发达的省份，还是相对欠发达的省份，都有一定数量的城市，而城市是科技工作者密集的地方，特别是大中城市，大型企业、科研院所、高等院校汇集了大量科技工作者，包括大批高层次科技人才。即使是在县城，甚至农村也活跃着一定数量的科技工作者，依托这些科技工作者中学术水平较高者，形成了众多的省级科协所属学会。组织众多学会开展面向科技工作者的学术交流活动，既是学会为科技工作者（会员）服务的主要方式，也是省级科协发挥科技工作者作用的重要工作。省级科协要鼓励各学会搞好本学科的学术交流活动，同时要组织好跨学科的学术交流活动，充分发挥科协组织跨学科的优势。即使是各个学会的学术交流活动，也要注意不同学科之间的学术交流。通过跨学科的学术交流活动，促进本地区的产业结构调整，促进重大科技问题的解决，促进学科的交叉融合，促进跨学科人才的培养和成长。为达此目的，不断提高学术交流的质量，特别是发挥学术交流成果的作用，促进学术交流成果的转化，显得特别重要。这也是省级科协需要不断解决的重要问题。

2. 面向社会公众的科学技术普及活动

科学普及是省级科协的又一基本任务。省级科协要充分履行全民科学素质工作领导小组办公室的职能，动员、协调各方面社会力量，整合各方面社会资源，推进实施《全民科学素质行动计划纲要》。加强科普阵地建设，发挥科技馆、各类博物馆、科普教育基地、科普网站、科普画廊等的作用。鼓励、协调高等院校、科研院所和大型企业的科技馆、实验室、标本室向社会公众开放。大力发展科普信息化，运用现代传播手段，创新科普方式，创建科普品牌，强化科普效果。组织科技工作者举办科普讲座，进中学、进社区、进农村，面向社会公众开展多种形式的科学普及活动。开展科普活动要依托省级科协所属学会，也要依托高等院校、科研院所和大型企业的科协基层组织，充分发挥广大科技工作者开展科普活动的积极性。

3. 面向当地党委和政府的决策咨询活动

省级科协要发挥科协学科齐全、人才济济特别是跨学科、横向联系的优势和特点，组织各个领域高层次科技专家为当地党委和政府的重大决策提出意见和建议，提供咨询和参谋，提出可供选择和借鉴的可行性方案。这种决策咨询，可以是相关学科、领域的高层次专家针对某一学科、领域重大问题所进行的，也可以是跨学科、跨领域的战略性科学家针对跨学科、跨领域的重大问题所进行的。通过决策咨询活动，把科技工作者的个体智慧凝聚成科学共同体的集体智慧，进而成为当地党委和政府科学决策的必要环节。在发挥高层次专家、战略性科学家作用的同时，还要发挥好广大科技工作者的作用，围绕当地党委和政府的重大决策，围绕地区、单位的热点和难点问题，组织广大科技工作者开展建言献策、提合理化建议的活动。

4. 面向社会的人才评价、举荐工作

省级科协应当依托所属各学会，更多地参与人才评价、科技评估、奖项评审、成果鉴定、资格认证等活动，培养、发现和举荐各种人才。可以预见，随着行政体制改革的深化和政府职能的转变，省级科协在这方面具体参与和发挥

作用的空间将会越来越大。

5. 抓好科协组织建设

落实好《中国科协章程》确定的各项任务，必须有坚实的组织基础，这就需要切实抓好科协的组织建设。省级科协抓组织建设，有三重任务。一是干部队伍建设，即从事科协工作的主体科协工作者队伍建设。科协工作者是直接从事科协组织建设工作的，只有切实加强科协工作者队伍建设，充分发挥科协工作者的作用，加强科协组织建设的工作才能落到实处。二是人才队伍建设，即省级科协所联系的科技工作者队伍建设。加强人才队伍建设是中国科协组织建设的核心任务，包括提高科技工作者素质，发挥科技工作者作用，维护科技工作者权益。我们过去对发挥科技工作者的作用提得比较多，对提高科技工作者的素质提得相对少一些，而对维护科技工作者的权益提得不够、重视不够，今后需要注意和加强。三是各级各类科协组织建设，包括抓好省级科协自身的组织建设，抓好市级科协、县级科协的组织建设，抓好所属学会的组织建设，抓好隶属的科协基层组织的建设。

第二十八章

市级科协组织

从行政区划来讲，市级是次一级地方行政区划单位，在省委和省级人民政府的领导下开展工作，同时领导县级工作。从所居层级看，市级是介于省级和县级之间的地方行政区划单位。与此相适应，由地方科协组织建构与地方行政区划相一致的特性所决定，市级科协处于省级科协和县级科协之间，在地方科协组织架构中居于承上启下的重要地位，发挥承上启下的重要责任。

第一节　市、市级和城市的区别

我们在讨论市的概念时，必须首先区分“市”、“市级”与“城市”这几个不同概念。具体地说，就是区分作为行政区划的市、市级和作为城市的市的区别。作为行政区划的市、市级和作为城市的市，是两个既有联系又有区别的概念。搞清楚它们之间的区别，对于确定市级科协的地位和作用、任务和方式，是十分重要的。

1. 市

我们这里所讨论的市，是指作为一级行政区划单位的地级市，即我们通常所说的设区的市，介于直辖市（省级市）和不设区的市（县级市）之间的层级。

设区的市，通常是指我们常说的地级市，而实际上包括我们下面将要讨论的副省级城市、省会城市、首府城市和地级市。省会城市、首府城市也是地级市。副省级城市是某些原来的地级市提高了规格，我们仍然将其放置于地级市的范畴。较大的市是历史上曾经存在过的现象，实际上就是现在的某些副省级城市、省会城市、首府城市和某些规模较大的地级市，仍然属于地级市的范畴。

现在已经不再使用较大的市这样的概念了，所以我们在本章讨论中也不再使用较大的市的概念。

与市的概念相适应，我们所说的市科协，特指建立在地级市这一行政区划单位的一级地方科协。

2. 市级

我们通常所称的市级，是包括设区的市（地级市）、地区、自治州、盟这四种类型行政区划在内的一个层级。因为这四种类型同属于地级市的层级，而且在这四种类型中又以地级市为主体，所以，我们将这四种类型统称为市级。从行政级别上来说，直辖市所辖的区，也属于地级市一级，这样，我们也可以将市级分为五种类型。

过去，我们将地级市、地区、自治州、盟这四种行政区划（或者加上直辖市所辖区，五种行政区划）构成的层级称为地市级，原因在于在过去很长时期内这个层级以地区为主、地级市次之。自 20 世纪 80 年代后，情况有了很大变化，地级市成为主体，我们也随之将地市级改称为市地级，以后直接称为市级。据民政部《2012 年社会服务发展统计公报》，截至 2012 年年底，全国有市级行政区划单位 333 个，其中地级市 285 个、地区 15 个、自治州 30 个、盟 3 个。可见，将这四种类型行政区划构成的层级称为市级，是有道理的。

与市级的概念相适应，我们所说的市级科协，是指建立在地级市、地区、自治州、盟，以及直辖市所辖的区这一行政区划单位的一级地方科协。与市级行政区划以地级市为主体这一实际情况相适应，市级科协也是以市科协为主体的。

3. 城市

城市和市并不是同一个概念。具体到一个城市，可以是地级市的行政区划单位，也可以是其他层级行政区划单位的市。

中国的城市从行政级别上，可以分为直辖市、设区的市（或称省辖市，包括地级市与副省级城市）和不设区的市（县级市）三个层级。这是和中国目前三级行政区划体制相匹配的，直辖市属于省级，设区的市（省辖市）属于市级，不设区的市（县级市）属于县级。如果再细分，可以分为四个层级、六种类型。四个层级，即直辖市、副省级城市、地级市、县级市；六个类型，即在四个层级的基础上再加上省会城市（首府城市）、较大的市。

一是直辖市。全称应为中央直辖市，直属中央人民政府，与省、自治区同一层级。我国目前有 4 个直辖市，北京、上海、天津、重庆。

二是副省级城市。副省级城市是我国改革开放的产物，介于直辖市与地级市之间，但仍属于省管辖。我国目前有15个副省级城市，包括10个省会城市：沈阳、长春、哈尔滨、济南、杭州、南京、武汉、广州、西安、成都；5个非省会城市：大连、青岛、宁波、深圳。副省级城市一般都是具有较长的发展历史、规模比较大、在国家经济社会中的地位和作用比较重要的城市，其中许多城市在历史上曾经做过中央直辖市，包括沈阳、长春、哈尔滨、南京、武汉、广州、西安、大连。

三是省会城市、首府城市。省会城市是省人民政府所在地，首府城市自治区人民政府所在地。省会城市和首府城市属于同一类型。我国目前有27个省会城市、首府城市，包括22个省会城市和5个自治区首府城市。省会城市、首府城市中除了副省级城市外，都属于地级市。

四是较大的市。较大的市是历史上曾经存在过的一种城市类型。1959年，国务院批准青岛、徐州、唐山、齐齐哈尔、淄博等18个市为“较大的市”。如果加上27个省会城市、首府城市，全国共有45个“较大的市”。不过，现在已经不大运用“较大的市”这个概念了。

五是地级市。地级市即省辖市，我们一般称之为设区的市。截至2012年年底，我国共有地级市285个。

六是县级市。县级市即市辖市，我们一般也称之为不设区的市。目前，我国共有县级市368个。

关于城市的类型，按照过去的标准，我们可以根据市区非农业人口的数量把城市分为四等：人口少于20万人的为小城市，20万～50万人的为中等城市，50万人以上的为大城市，100万人以上的为特大城市。根据2014年11月20日中国政府网公布的新标准，将城市划分为五类七档：城区常住人口50万人以下的城市为小城市，其中20万人以上50万人以下的城市为Ⅰ型小城市，20万人以下的城市为Ⅱ型小城市；城区人口50万人以上100万人以下的城市为中等城市；城区常住人口100万人以上500万人以下的城市为大城市，其中300万人以上500万人以下的城市为Ⅰ型大城市，100万人以上300万人以下的城市为Ⅱ型大城市；城区常住人口500万人以上1000万人以下的城市为特大城市；城区常住人口1000万人以上的城市为超大城市。

4. 区分市、市级、地级市城市的意义

研究市、市级、地级市城市的不同，意义首先在于研究市科协和市级科协的不同，将市科协的工作与地区科协、自治州科协、盟科协，以及直辖市所辖区科协的工作区别开来；其次在于研究市科协之间的不同，将不同类型或不同发展水平的地级市城市的科协工作区别开来。只有做了这种区别和区分，才能根据不同类型的市级科协的基本特点，具体做好市级科协的工作。

第二节　地级市城市的差异性

我们所说的市科协，特指建立在地级市的科协；我们所说的市级科协，四种类型中也是以地级市科协为主体的。所以，我们必须研究作为地级市的城市或者作为城市的地级市的基本特征，特别是作为地级市的城市之间的差异性。

作为城市的地级市，或者说自以为地级市的城市，它所反映的是这个城市发展到一定阶段的城市化水平和工业化水平，其主要指数是非农业人口占总人口的比重、人均 GDP 水平和非农业 GDP 占 GDP 总量的比重。从理论上说，地级市的城市化水平、工业化水平应当比较高，表现在非农业人口占总人口的比重超过农业人口，非农业 GDP 占 GDP 总量的比重超过农业 GDP。但是，从实际情况看，作为行政建制的地级市，并不能完全反映一个地区的城市化与工业化发展水平。同样作为地级市的城市，其中的差异性是非常之大的。从实际情况看，大体可以分为三种类型：

一是城市化程度和工业化水平较高的城市。这类城市一般都有较长的发展历史，如省会城市和一些特大城市。这种城市，非农业人口占总人口的比重超过农业人口，非农业 GDP 占 GDP 总量的比重超过农业 GDP。

二是城市化和工业化有一定发展，但程度和水平不高，尚处于向城市化和工业化过渡的城市。这种城市，非农业人口和农业人口占总人口的比重、非农业 GDP 和农业 GDP 占 GDP 总量的比重大体相当，或比较接近。

三是城市化程度和工业化水平较低的城市。这种城市，农业人口占总人口的比重超过非农业人口，农业 GDP 占 GDP 总量的比重超过非农业 GDP，更像一个较大的县。

从实际情况看，我国的地级市后两种情况占了绝大多数，其中第三种情况的地级市也有相当数量。一些简单地由地区改成市的城市，只是将原来的行署所在地（一般为县级市）改为城区，只有一两个城区甚至只有一个城区，主体仍然是农村，主导产业仍然是农业，主要人口仍然是农民。这种城市，其实仍然是过去的地区，只是由派出机构变成了一级政府，空有城市的虚名。为此，有学者指出："首先，我国的许多城市已不再是一个城市型行政区，而是一个以广大农村为主体的区域型行政区。其次，许多市仍是农业主导，第二、三产业比重偏低。这种所谓的城市，实质仍然是一个农业功能或至少是半农业功能的超级'县'，而非真正意义上的城市。"[①]

在现实生活中，将行政区划的市和城市概念混为一谈的情况比比皆是，直

---

① 闫恩虎：《中国县制改革的思考》，《嘉应学报〈哲学社会科学〉》，2009 年第 2 期。

接影响到我们对情况的分析判断，影响到决策的科学化和可信度。进入 2014 年，微信中曾流传着一个“中国城市人口排名最新版”，简单地以行政区划的市所有人口排名，颠覆了一直以来的按照城市人口即城区人口排名的做法，这实际上是偷换了行政区划的市和城市的市、行政区划的市的人口和城市人口的概念。我们知道，几十年来我们国家一直以来有一个八大城市的排名，就是按照城市人口即城区人口的多少所作的排名，分别是上海、北京、天津、沈阳、武汉、广州、成都、西安。按照现在这个所谓“最新版”的“中国城市人口排名版”，重庆变成了比上海还要大的城市，而河北省的保定市也跻身全国第七大城市，原来的沈阳、武汉、西安都被挤出了八大城市行列。从整个排名看，那些高度发达的副省级城市排名几乎全部靠后，一些管了很多县的以农村、农业、农民为主的城市却排名靠前。道理很简单，这里所说的城市人口并不是城市建成区的人口，而是作为行政区划的市所辖的整个人口，我们知道，一些所谓的大城市是以农业人口为主的。所以，一定要区分作为行政区划的市和作为城市的市，一定要区分工业化、城镇化发达的地级市和工业化、城镇化不发达或欠发达的地级市。

我们之所以要特别指出地级市的差异性这一点，是因为城市化程度和工业化水平的不同，将作为一种给定的现实，直接影响到市级科协组织建设的任务和工作方式的确定。认真研究和搞清楚所在地级市经济社会发展的实际状况，是我们做好市级科协工作的基本前提。

第三节　市与地、州、盟、直辖市所辖区的区别

上一节我们研究了地级市经济社会发展水平的差异性，这一节我们研究同属于市一级的地级市、地区、自治州、盟、直辖市所辖区的差异性。它们虽同属于地级市范围，但有很大的不同，也是我们在地级科协工作的同志需要认真研究的问题。也就是说，要研究地级市科协和地区科协、自治州科协、盟科协、直辖市所辖区科协之间的区别，以便有针对性地做好不同类型的市级科协的工作。

1. 市

显然，我们这里所说的市特指设区的市，即地级市。如前所述，从理论上讲，地级市应当是工业化和城市化发展到一定程度和水平的城市，第二、三产业比较发达，以非农人口为主。市可以设若干不同的功能区，这些不同的功能区一般就是作为行政区划的市辖区。但同样如前所述，我国相当数量的地级市目前尚达不到这样的标准，还带着由地区转化而来的明显痕迹。

据民政部《2012年社会服务发展统计公报》，截至2012年年底，全国有地级市285个。

2. 地区

地区是指中国省、自治区根据行政管理的需要而划分的区域，一个地区包括若干个县、自治县、县级市。地区不是一级行政区域，而是省、自治区人民政府的派出机关，设立行政公署，最高行政长官称为地区行署专员。

"地区"原称"专区"。"文化大革命"期间"专区"的法律地位发生重大变化，其行政管理机构——"专区行政公署"改为党政合一的革命委员会，专区改称为"地区"，1970年全国对专区全面改称"地区"。1975年颁布的《中华人民共和国宪法》规定，地区设地方国家权力机关——人民代表大会，地方各级革命委员会既是地方各级代表大会的常设机关，又是"地方各级人民政府"，从而以根本大法的形式规定了地区作为一级行政区划建制，至此中国行政区划三、四级制并存以三级制为主的体制演变为以四级制为主体。1978年颁布的《中华人民共和国宪法》恢复地区行政公署作为省、自治区派出机构的法律地位。

从20世纪80年代起，推行"市管县"的经验，在原有的比较发达的市管理个别县的同时，有些地区撤销，改为市的建制，原来地区所管理的县、自治县、县级市改由地级市领导。由此，一批工业化、城市化水平很低的地区改为市，最终将市作为一级行政区划的格局确定下来。

目前，我国的地区已经很少了。据民政部《2012年社会服务发展统计公报》，截至2012年年底，全国仅有地区15个。

3. 自治州

在我国，自治州是一级民族自治地方，自治州的行政地位是省或自治区所属的民族聚居区的相当于地一级的行政区域。

早在中华人民共和国成立之前的1947年，中国共产党就在解放的蒙古族地区建立了中国第一个省级少数民族自治地方——内蒙古自治区。中华人民共和国成立后，中国政府开始在少数民族聚居的地方全面推行民族区域自治。1952年，政府发布《中华人民共和国民族区域自治实施纲要》，对民族自治地方的建立、自治机关的组成、自治机关的自治权利等重要问题做出明确规定。1954年召开的第一届全国人民代表大会，把民族区域自治制度载入《中华人民共和国宪法》之中。此后历次《宪法》修改，都载明坚持实行这一制度。1984年5月，第六届全国人民代表大会第二次会议通过了《民族区域自治法》。截至2003年年底，中国共建立了155个民族自治地方，其中包括5个自治区、30个自治州、120个自治县（旗）。

自治州的自治机关是人民代表大会和人民政府。根据规定，自治州州长由实行区域自治的民族的公民担任。

据民政部《2012 年社会服务发展统计公报》，截至 2012 年年底，全国有自治州 30 个。

4. 盟

盟为内蒙古自治区特有的行政区划，行政地位相当于自治州，为地级行政区。其行政机构为盟公署，行政首长是盟长。盟没有一级人大，只有政府，也就是没有盟一级的权力机关，只有行政机关。另外，也没有盟一级的检察机关。

随着城市化的进程，盟的建制也受到“冲击”，这其中既有内地“地改市”风潮的影响，也有“盟的称谓不利于发展”的观念作祟，许多原来的盟改为了市。内蒙古自治区原有 8 个盟，已有 5 个盟先后由盟改为了地级市，分别是：原伊克昭盟改为鄂尔多斯市，原哲里木盟改为通辽市，原呼伦贝尔盟改为呼伦贝尔市，原巴彦淖尔盟改为巴彦淖尔市，原乌兰察布盟改为乌兰察布市，盟改市的比例占到了 2/3。

据民政部《2012 年社会服务发展统计公报》，截至 2012 年年底，全国仅有 3 个盟，即内蒙古自治区仅存的 3 个盟，分别是锡林郭勒盟、阿拉善盟、兴安盟。

5. 直辖市所辖区

中央直辖市所设的区，和地级市、自治州、盟同属一个行政级别。目前，我国的北京、上海、天津、重庆所设的区属于市级建制。同样是直辖市，由于城市化、工业化发展水平的差异性，同属于直辖市的区的差异性也是很大的。上海、北京、天津都有一些数量不等的县改为了区，这些由县改成的区与原来的城区的发展水平有程度不同的差异，有些由县改成的区仍然像县。特别是重庆市是背着沉重的农村包袱其中包括相当大数量的贫困地区负担而变为直辖市的，一些由地区改成的区的发展水平差异更大。

第四节　地区的沿革

这一节我们专门讲一讲由地区改为市的情况。

在地级行政区划改革之前，地级行政区包括地级市、地区、自治州、盟。这一时期的省辖市即地级市的数量远没有现在这么多。1983 年开始推行地级行政区划改革，“省辖市”改称“地级市”，除之前在少数省辖市（省会城市为主）已实行“市管县”外，全面推行“市管县”体制，并将“地级市”纳入“地级行政区”。实行“市管县”的体制后，在中国掀起了“地改市”的热潮。所谓“地改市”，就是撤销地区建制，改为地级市建制，包括地市合并和撤地建市，而“地改市”成为自1983年开始的“地级行政区改革”的主要内容。

（1）地市合并，指将原有的“地区”和“地级市”合并。对“地区行政公署”和“地级市政府”同驻一个中心城市的情况合并为一个“地级市”。

（2）撤地建市，指撤销地区、地区行政公署驻地城市，成立新的地级市。

（3）地改市，指将“地区”建制改为“地级市”建制，新的地级市承袭原地区的辖域。

1982年及之前，地区是地级行政区的主要形式，随着地市合并、撤地建市、地改市进程的加快，地区的数量急剧减少。1982年，全国地区数为170个，占当时318个地级行政区的53.5%，超过了一半；至2004年，全国仅存地区17个，占当时333个地级行政区的5.1%，20年间下降了10倍；到2012年年底，全国地区仅存15个，占地级行政区的比例进一步下降到4.5%。

第五节 市在国家行政体制架构中的地位和作用

地级行政区改革之前，我国行政区划是三级，即中央政府一级，省、自治区、直辖市一级，市、县、自治县、旗一级，省不仅管辖市，而且直接管辖县。也就是说，在地方，实际上是省县两级，市和县都归省管，市并不管县。地级行政区改革之后，市管县的经验和做法得到普遍推广，市成为一级行政建制。至此，我国行政区划就由原来的三级变为四级。在地方，实际上变成了省、市、县三级架构，省不再直接管县，而是直接管市；市一级除了管市辖区外，还要管一部分县。从实际情况看，除极少数大城市（如沈阳市）外，市一级管辖的县、县级市的数量高于甚至大大高于市辖区的数量。这样，市一级就“做实”了、“固化”了，成为一级行政区划，处于省和县之间，而原有的省管县的体制被割断了。

地级市作为一级行政区划单位固化后，市就在地方三级行政架构中处于承上启下的地位。这是一种特殊的承上启下的地位。省一级在中央政府和地方政权之间处于承上启下的地位，处理的是中央和地方的关系；县一级在地方政权和基层单位之间处于承上启下的地位，处理的是地方和基层的关系；而市一级在省和县之间处于承上启下的地位，处理的是（上一级）地方和（下一级）地方之间的关系。

第六节 我国城市的不同类型

按城市综合经济实力和世界城市发展的历史来看，城市分为集市型、功能型、综合型、城市群等类别。从空间上看，这些城市是不同的城市类型，共处于一个空间。从时间上看，这些城市类别又是城市发展过程中的各个阶段。任何城市都必须经过集市型的初始阶段，然后再发展到其他阶段。

一是集市型城市。属于周边农民或手工业者商品交换的集聚地，商业主要由交易市场、商店和旅馆、饭店等配套服务设施所构成。处于集市型阶段的城市在中国主要为集镇。

二是功能型城市。通过自然资源的开发和优势产业的集中，开始发展其特有的工业产业，从而使城市具有特定的功能，不仅是商品的交换地，同时也是商品的生产地。但城市因产业分工而形成的功能单调，对其他地区和城市经济交流的依赖增强，商业开始由封闭型的以城内交易为主转为以开放性的城际交易为主，批发贸易业有了很大的发展。这种类型的城市主要有工业重镇、旅游城市等。

三是综合型城市。一些地理位置优越和产业优势明显的城市经济功能趋于综合型，金融、贸易、服务、文化、娱乐等功能得到发展，城市的集聚力日益增强，从而使城市的经济能级大大提高，成为区域性、全国性甚至国际性的经济中心和贸易中心，即我们常说的“大都市”、“国际大都市”。商业由单纯的商品交易向综合服务发展，商业活动也扩展延伸为促进商品流通和满足交易需求的一切活动。这类城市在中国比较典型的有直辖市、省会城市以及其他一些特大城市。

四是城市群。大城市功能的多元化，带动了周边卫星城的出现和发展，或者把周边稍远一些的县、县级市纳入城市发展的范围，变为城市的区，在此基础上形成城市群。

第七节　城市在经济社会生活中的重要作用

改革开放之前，我国的城镇化进程比较缓慢，改革开放后，我国的城镇化进程进入快速发展期。其结果是，城市数量和城市人口数量快速增加，城市在经济社会生活中发挥着重要作用。

有数据显示，到 2007 年年底，中国城镇人口 5.94 亿人，城市化水平达到 44.9%，比 1982 年的 21.1%提高了 23.8 个百分点，25 年间年均增长 0.95 个百分点。

在 2009 年 11 月 2 日开幕的“中国-亚行知识共享平台：城市可持续发展区域研讨会”上，财政部国际司副司长吴晋康援引数据说，中国的城市个数由新中国成立前的 132 个增加到 2008 年的 655 个，城市化水平由 1949 年的 7.3%提高到 2008 年的 45.68%，成为世界城市化发展史上“实现城市化高速增长延续时间最长的国家之一”。

中国社会科学院在2010年4月发布的首部《宏观经济蓝皮书》中预测，中国将在2013年左右（2011～2016年）结束高速城市化过程。蓝皮书称，2008年中国的城市化率为45.68%，正处于加速阶段。但高速城市化进程将在2013年左右结束，此后城市化增长逐步放缓。这部由社会科学文献出版社出版的蓝皮书预测，到2015年，中国的城市化率为52.28%，2020年为57.67%，2030年为67.81%。而68%左右可能是中国未来20年城市化发展的顶部，此后城市化水平将在较长一个时期维持在这一水平。①

据国家统计局公布的统计数据，2013年末，我国城镇化率达到53.7%。有预测认为，2030年我国城镇化率将达到70%，这意味着将有10亿人口生活在城镇。

改革开放30多年来，我国城市化进程很快，城市化率由1978年的17.92%提高到2013年的53.7%，提高了35.78个百分点，平均每年提高一个百分点。但是，必须看到，我们就城镇化来说的城市化率虽然很高，市民化程度却不高，还存在2.36亿农民工。这些农民工并没有被城市所接纳，或者随工程居住在工地，或者迁徙和游走于城市与乡村之间，过着“候鸟”式的生活，没有真正的市民资格。如果扣除这部分流动人口，真实的城市化率则大打折扣。因此，国家统计局最新公布的统计数据同时显示，2013年中国“人户分离人口”达到了2.89亿人，其中流动人口为2.45亿人，“户籍城镇化率”仅为35.7%左右。

有资料显示，发达国家城市化率都高于95%，中等发达的国家和地区，例如韩国、中国台湾的城市化率已经达到85%。我们国家要在21世纪中叶，也就是共和国成立100周年的时候，达到中等发达国家的水平，那时真正的城市化率应该达到或者接近85%。可见，我们推进城市化的任务还很重，不要说眼下的53.7%城市化率并不很高，而且去除“水分”后真正的城市化率才仅仅35.7%左右，加快城市化进程任重道远。

第八节　我国城市化进程的设想

联合国人居署2008年10月23日公布的报告《2008/2009年度世界城市状况：和谐城市》中指出，尽管目前全球人口的一半已居住在城市，但城市化进程远未结束。到2050年，预计全球城市化率将达到70%，城市人口将由2005年的23亿人增加到53亿人。目前，欧洲、北美和拉美城市化率已超过70%，而亚洲和非洲的城市化率分别为41%和39%。因此，今后40多年新增城市人口

① 《社科院蓝皮书：中国或在2013年结束高速城市化进程》，中国新闻网，2010年4月14日。

将主要来自这两个地区。到 2050 年，亚洲地区城市化率将达到 63%，城市总人口为 33 亿人。中国将成为推动亚洲城市化水平迅速提高的主要动力。到 21 世纪中叶，中国城市化率预计将达到 70%。

在国家自然科学基金的资助下，清华大学教授顾朝林课题组对我国今后的城市化问题进行了深入研究。课题组首先综合研究了中国城市化研究的进展，重点研究长三角、珠三角、京津冀、辽中南、成渝等大区的城市化格局和过程，在分析了上海市、江苏省和浙江省城市化发达地区的基本格局和过程，以及城市化欠发达地区、边界地区的城市化格局和过程后认为：中国城市化规模巨大，基本形成巨型城市连绵带、大城市群和都市区等多样性空间格局。

课题组根据城市人口分布 Kernel 密度分析，中国城市集聚区自 1949 年的京津、辽中和长三角 3 个城市集聚区开始发育，到 2003 年已形成长三角—山东半岛—苏鲁皖边界、京津冀—中原—晋中和珠三角等三大城市连绵区、11 个城市集聚区和 9 个城市集聚发育区。从中国城市密集区的空间演变过程可以推测，中国在未来几十年内发育新的城市集聚区的可能性和数量都较有限。城市密集区的演变趋势主要表现在：原有处于发育阶段的城市集聚区的进一步形成，原有城市密集区之间通过空间拓展出现空间衔接，并形成地域范围更大的城市连绵带。

课题组研究发现：全球化正在影响中国城市化的过程。在未来 30～40 年内，中国城市化水平可以达到 70%左右。到 2020 年，城市化水平将达到 52%左右，全国设市城市将增加到 1000 个以上。2005～2020 年，应重点建设以沪宁杭和港穗深为核心的全球城市区域，集中力量培育上海和香港作为全球城市区域的核心城市，北京、深圳、青岛、大连等发展成为国际性城市，珠海、满洲里、东兴、阿拉山口和二连浩特等国家内陆地区的沿边贸易和出口基地建设，对带动中国城市参与全球经济重建、尽快实现与世界城市体系的接轨等具有特别重要的意义。

课题组认为，枢纽城市是国家城市体系建设的主体，我国应重点建设大区中心城市、区域性中心城市、省域中心城市和地区中心城市四种类型城市。重构适应全球化趋势的国家城市体系空间结构，主要包括：构造对接全球城市体系的空间结构，“三纵两横”国家城市体系发展轴线和由 6 个城市密集区、7 个城市群和 17 个城市发育区组成的次区域城市体系；建设与全球化相配套的国家城市体系支撑系统。

近几年，学界包括官方逐步形成了关于我国珠三角、长三角、京津冀三大城市群的观点，而放弃了许久以来就有的环渤海城市群的观点。笔者认为，这里需要澄清一个概念，即“京津冀一体化”是一个经济概念，其目的是为了促进京津冀三地区的协调发展。这是一个非常有远见卓识的重大战略，将会对我们国家的未来发展起到特别重要的作用。但是，一些人简单地将这个经济概念理解成城市群的概念，尽管这两个概念之间有密切联系，甚至有某些重合，京津冀一体化的发展也离不开城镇化的进程，但简单地将经济概念理解成城市群概念是不妥当的，而放弃环渤海城市群，或者用京津冀城市群取代环渤海城市群，更是一个很不明智的做法。

事实上，在提出京津冀一体化或京津冀经济区的概念之前，我们国家曾先后提出了东部率先发展、中部崛起、西部大开发、东北振兴四大发展战略，还提出了中央苏区和革命老区发展战略，以及海峡西岸经济区，这些都是经济概念。党的十八大之后，党中央、国务院又相继提出了六大区域发展战略，包括丝绸之路经济带、21世纪海上丝绸之路、京津冀经济区、长江流域经济带、东北—内蒙古东部地区经济区、北部湾经济区，这些也都是经济概念。而一直以来就存在的珠三角、长三角、环渤海城市群，与这些经济区是不矛盾的。一般的情况是，经济区建立在和依托于城市群，城市群拉动和促进经济区，二者相互促进，良性互动，经济区发展的同时城市群得到发展，反过来也是一样，城市群发展的同时经济区得到发展。京津冀一体化或京津冀经济区，本来就是作为经济概念而不是作为城市群概念提出来的，不能简单地转换为城市群概念，更不能简单地取代环渤海城市群的概念。

本来的环渤海城市群的概念，就包括北京、天津和秦皇岛、唐山等河北的一些沿海城市，而且可以辐射到河北、山西其他城市。环渤海城市群概念的最大优越性在于，它将包括一些具有长期发展历史的城市在内的众多特大城市、大城市，如辽宁的沈阳、大连、鞍山、抚顺、锦州、营口、葫芦岛、丹东等城市，山东的济南、青岛、烟台、威海、日照等城市，而京津冀城市群的概念则将这些城市排除在外，这是不适当的。笔者认为，这是一个需要提醒学界和官方重新考虑的问题。比较可行的办法，如果将京津冀一体化或京津冀经济区作为一个经济概念，同时也形成一个京津冀城市群的概念，继续保留环渤海城市群的概念，这样，就在全国形成了珠三角城市群、长三角城市群、京津冀城市群、环渤海城市群四大城市群。总之，绝不能取消环渤海城市群的概念，也不能用京津冀城市群的概念取代环渤海城市群的概念，不论是从历史看，还是从现实和未来发展看，这样做都是不合适的。笔者认为，四大城市群概念的形成和确立，不论是从现实考虑，还是从长远考虑，都是适当的。

第九节　市级科协的构成

市级科协的构成与省级科协的构成大体相当。

市级科协在同级党委即市委、地委、自治州委、盟委、（直辖市）区委的领导下开展工作。同时，市级科协是中国科协的地方组织，是省级科协的下一级组织，接受省级科协的业务指导。

市级科协的最高权力机构是全市（地区、自治州、盟、直辖市的区）科协代表大会，科协代表大会闭会期间的执行机构是全市（地区、自治州、盟、直辖市的区）委员会，市级委员会闭会期间的执行机构是全市（地区、自治州、盟、直辖市的区）委员会常务委员会。因此，市级代表大会、委员会和常委会，都是市级科协的领导机构。

市级科协由市级学会，县、自治县、县级市、（地级）市辖区科协，以及隶属于其进行业务指导的科协基层组织组成。市级学会是市级科协的团体会员，接受市级科协的领导，也就是说，市级科协和市级学会之间是领导关系。市级学会同时也是相应的省级学会的团体会员，在业务上受相应的省级学会的指导，也就是说，市级学会和相应的省级学会之间是业务指导关系。县、自治县、县级市、（地级）市辖区科协是中国科协的地方组织，也是市级科协的下一级组织，在业务上受市级科协的指导，也就是说，市级科协和县、自治县、县级市、（地级）市辖区科协之间是业务指导关系。隶属于市级科协的科协基层组织是市级科协的团体会员，在业务上接受市级科协的指导，也就是说，市级科协和隶属于它的科协基层组织之间是业务指导关系。

市级科协党组是市委、地委、自治州委、盟委、（直辖市）区委的派出机构，是市级党委设在作为非党组织的市级科协中的党组织，发挥领导核心作用。市级科协领导班子由驻会的市级科协常务副主席、副主席、秘书长组成，负责主持市级科协的日常工作。

第二十九章 县级科协组织

从行政区划来讲，县级是最低一级的地方行政区划单位，在市委和市级人民政府的领导下开展工作，同时领导街道、乡镇等基层政权机关的工作。从所居层级看，县级是介于市级和基层之间的地方行政区划单位，是直接面向基层的地方组织，这是县级的重大特点。与此相适应，由地方科协组织建构与地方行政区划相一致的特性所决定，县级科协处于市级科协和基层科协之间，在地方科协组织和基层科协组织之间居于承上启下的重要地位，发挥承上启下的重要作用。

第一节 县与县级概念的区别

县与县级是不同的概念。县是一级地方行政区划单位，是最低一级的地方行政区划单位，而县级则包括县、自治县、旗、县级市、市辖区，是一个集合概念。县、县级市、市辖区与市的关系，与基层的关系，都有很大不同。

1. 县

在我们国家2800多个县级行政区划单位中，县占了绝大多数，是县级行政区划单位的主体。一般地说，县以农村为主，城市为辅。

2. 县级市

县级市和县在行政级别上是一样的，都是县级单位。但又有很多不同。理论上讲，县级市应当是经济比较发达，以城区人口为主，GDP主要来源于非农产业，已经由传统的以农业为主转到以工业和城市化发展方向为主。概括地说，就是县级市以城市为主，农村为辅，或者说以城市工作为重点，兼顾农村。但是，从实际情况来看，县级市的差异很大。由于县级市一般是由县属镇发展设立或撤县建市设立的，一般有较强的农业地区行政管理的色彩。对于许多县级市来说，要完成工业化和城市化的进程，还有相当长的路要走。

县级市政府在国家行政组织体系中的地位，大致可以分为以下三种情况：一是在设立地区行政公署的地方的县级市政府，受省、自治区政府的直接领导，并受地区行政公署的监督指导；二是在没有设立或不再设立地区行政公署的地方的县级市，受省、自治区政府的直接领导；三是在实行地级市管理县、县级市体制和民族自治地方的县级市政府，受地级市、自治州政府的领导。从实际情况看，第三种为主要情况，即多数县级市受地级市政府领导。

3．自治县

在我国，自治县是一级民族自治地方，自治县的行政地位是地一级或自治州所属的民族聚居区的、相当于县一级的行政区域。除民族区域自治的情况外，自治县与县的特点相当，也是以农村为主，城市为辅。

4．旗

旗，为内蒙古自治区特有的行政区划，行政地位相当于自治县，为县级行政区。

5．市辖区

市辖区是地级市（或设区的市）的行政区划，地位等同于县。市辖区与县、县级市有很大不同，是城市的有机组成部分。严格来说，市辖区只是从行政区划上属于县一级建制，但其自身的独立性比起县和县级市来要小得多。

第二节　中国县制的历史沿革及其现状

一般人认为，中国的县制开始于秦始皇统一六国后所实行的郡县制。其实，据考证中国的县制的历史要早于秦朝。早在春秋时期，一些诸侯国便设置了郡县，如《左传》记载，楚国灭九国后，就设置了县，有九国之称；商鞅在秦国变法时，曾设 31 县。秦始皇统一中国后，设天下为 36 郡，后增至 49 郡，开启了延绵两千多年的封建社会地方行政建制的先河。

县级政权是地方政权的基础，介于地方政权与基层组织之间。在我们国家，由于县的数量巨大，县域经济与整个经济建设和发展的关系重大。据有关资料显示，目前，我国县域面积占全国的93%，人口占全国的74%，但GDP仅占全国的50%多一点，2007年县域财政收入占全国财政总收入的23.6%、县域年末金融机构存款占全国总数的28%、县域经济年度实际利用外资占全国总数的36%、基本建设投资占全国总数的1/3。2008年，全国平均每个县的赤字约1亿元，全国赤字县占全国县域的比重达3/4。目前，县域人均社会总产值仅相当于大中城市的1/4，人均收入仅相当于大中城市的1/3。①

第三节　县级科协的构成

县级科协的构成与省级科协、市级科协的构成大体相当，但又有所不同。

县级科协在同级党委即县（自治县）委、（县级）市委、（地级市辖）区委的领导下开展工作。同时，县级科协是中国科协的一级地方组织，是市级科协的下一级组织，接受市级科协的业务指导。

县级科协的最高权力机构是县级（包括自治县、县级市、市辖区，下同）代表大会，县级代表大会闭会期间的执行机构是县级委员会，县级委员会闭会期间的执行机构是县级委员会常务委员会。因此，县级代表大会、委员会和常委会，都是县级科协的领导机构。

县级科协由县级学会以及隶属于其业务指导的科协基层组织组成。县级学会是县级科协的团体会员，接受县级科协的领导，也就是说，县级科协和县级学会之间是领导关系。县级学会同时是相应的市级学会的团体会员，在业务上受相应的市级学会的指导，也就是说，县级学会和相应的市级学会之间是业务指导关系。隶属于县级科协业务指导的科协基层组织是县级科协的团体会员，在业务上接受县级科协的指导，也就是说，县级科协和这些科协基层组织之间也是业务指导关系。

县级科协党组是县级党委的派出机构，是县级党委设在县级经济、文化、社会等非党组织中的党组织，发挥领导核心作用。县级科协领导班子由驻会的县级科协主席、副主席、秘书长组成，负责主持县级科协机关和直属单位的日常工作。

县级科协处于地方科协和基层科协之间的特殊地位，决定了县级科协直接面向基层和群众，这是县级科协与市级科协、省级科协最大的区别。市级科协、省级科协虽然也有隶属于其联系和指导的科协基层组织，但其主要面对的是下一级地方组织，即市级科协主要面对县级科协，省级科协主要面对市级科协。而只有县级一级科协没有面对下一级地方科协的任务，而直接面对基层科协组

---

① 闫恩虎：《中国县制改革的思考》，《嘉应学院学报（中学社会科学）》，2009年第2期。

织，直接面对科技工作者，直接面对社会公众。县级科协的主要工作对象是乡镇、村科协，街道、社区科协，其次是企业科协、中小学校科技教育。乡镇、村，街道、社区科协是重点。

第四节　县级科协的组织设置

县级科协是一级地方科协，其组织设置与省级科协、市级科协大体相同。但由于县级本身的复杂性和各地发展的不平衡，县级科协的组织设置也呈现出多样性。

1. 独立建制

由科协自身的性质、职能任务、工作方式所决定，县级科协应当独立建制。从实际情况看也是这样，全国绝大多数的县级科协为独立建制，这样一种独立建制的体制，保证了县级科协作为党领导下的人民团体、科技工作者的群众组织的性质，能够发挥自身的优势和特点，独立负责地开展工作。

2. 合署办公

在一些地方，县级科协与县级科技局（有的县级还要加上知识产权局等部门）合署办公。从了解的情况看，这些地方的合署办公又分为几种不同情况：有的地方所有的县级科协都是和县级科技局等部门合署办公；有的地方市级科协和县级科协都是科技局等部门合署办公；新疆生产建设兵团的兵团、师一级都是和科技局等部门合署办公，团场一级没有建立科协组织，而仅建有科普工作站。

3. 没有机构

这种情况是极少数。

第五节　县级科协组织建设存在的主要问题

总体上看，县级科协工作在地方各级科协组织建设中存在的问题相对多些。

1. 没有贯彻民主办会的原则

作为一级地方科协组织，民主办会是一个必须坚持的根本原则。贯彻和坚持民主办会的原则，最基本的要求，是建立健全县级科协代表大会制度、县级科协委员会制度、县级科协常务委员会制度，实行代表任期制。具体地说，就是要按照程序召开代表大会、委员会、常务委员会，按时换届；代表大会代表、委员会委员、常务委员会委员、副主席、主席，都要经过选举产生；充分发挥代表、委员、常委的作用；通过代表大会、委员会、常务委员会讨论决定重大事项。从了解掌握的情况看，相当多的县级科协民主办会的意识比较弱，不按时召开代表大会、委员会、常委会，有的县级科协甚至十几年不换届，科协主席、副主席直接任免，不经过委员会的选举。一些中途通过直接任命到科协工作的领导同志，不了解科协的领导机构是代表大会、委员会、常务委员会，不了解科协主席、副主席应当选举产生，不了解重大事项应当经过代表大会、委员会、常务委员会讨论决定，不了解科协工作应当按照科协章程办事、贯彻民主办会的原则，保证科技工作者当家做主，而习惯于用行政化的手段和方式开展工作，致使县级科协与行政机构没有什么区别。

2. 领导班子和办事机构不健全

县级科协领导班子和办事机构不健全，是一个普遍存在的问题。从了解掌握的情况看，相当多的县级科协领导班子一般是一正两副，有的还是一正一副，办事机构一般也只有两三名工作人员。这样一种状况，与县级科协承担的职责和任务很不相称。

由科协组织的性质、职能和任务所决定，县级科协机构应当独立建制，个别暂时做不到独立建制的地方，可以暂时采取和科技局（有的县还有知识产权局等）合署办公的方式。和独立建制的县级科协相比较，合署办公的县级科协领导班子和办事机构不健全的问题显得更加突出。一般情况下，和县科技局合署办公的县级科协，科技局和科协组成一个党组，领导科技局和科协的工作；领导交叉分工，一般科技局局长兼任科协副主席，科协主席兼任科技局副局长，再分别配一两名科技局副局长、科协副主席；配备一定数量的工作人员，分工做科技局和科协工作。

必须强调的是，所谓合署办公，一定是两套独立的机构合署办公，是“两套机构、两套人马”，而不是“一套机构、两块牌子”。具体地说，合署办公的前提是科协和科技局的机构是分开的、独立的，有各自的领导班子和工作人员，有各自的工作经费，只是合在一起办公，并且独立或相对独立地开展工作；平时要加强沟通协调，遇到其中一方暂时工作任务繁忙或有阶段性重要工作任务时，可以打破分工，集中双方人员共同工作，但不能将双方的编制和职数混淆，不能将双方的职责和任务混淆。从实际了解的情况看，许多县级合署办公的科协机构和科技局的机构实际上很难分开，不论是领导还是工作人员的分工都不明确。这种情况，其实更像是“一个机构、两块牌子”，而不是合署办公。这种情况无异于取消科协组织，应当纠正。

从实际情况看，需要认真研究和发掘在科协和科技局合署办公的情况下发挥这种体制机制优越性的问题，扬长避短，趋利避害，最大限度发挥这种体制机制的优越性，使科协工作、科技工作相互配合，相互补充，相得益彰。

有必要指出的是，科协组织是群众组织、社会组织、科技性社团，而科技局是政府部门，它们之间的差别是显而易见的。因此，从长远看，合署办公只能是一种暂时办法，是一种过渡形式，我们应当积极创造条件，逐步实现县级科协的独立建制。

3. 工作基础薄弱

县级科协工作受制于所在县级经济社会发展的水平，这是重要原因，当然，和县委、县政府的重视程度以及县级科协自身的努力程度也密切相关。县级科协工作基础薄弱，是普遍存在的问题，主要表现在，工作人员数量少，办公条件差，工作经费紧张。

4. 学会工作薄弱

不重视县级学会工作，是县级科协普遍存在的问题。产生这个问题的原因，除了相对来说县级本身科技工作者数量少、层次低外，主要原因是对组建县级学会组织、加强县级学会工作认识不高、重视不够，认为县级科协的主要任务是科普工作，组建县级学会不具备条件。其实，不仅开展学术交流，进行决策咨询，需要将科技工作者组织起来，发挥科技工作者的作用，而且即使是对社会公众开展科普工作，也是以科技工作者为主体、通过科技工作者来实现的，也需要将科技工作者组织起来。而将科技工作者组织起来的最好形式和方式，一是建立科协基层组织、开展科协基层工作，二是组建学会组织、开展学会工作。而比较起来，组建学会组织、开展学会工作，在县级是一个薄弱环节。

5. 基层组织建设薄弱

不重视基层科协组织建设工作，包括组建科协基层组织、开展科协基层组织工作，也是县级科协普遍存在的问题。特别是一些地方，长期以来重视在乡镇和村、街道与社区的科普组织建设工作，而对企业等科协基层组织建设则重视不够。

第六节　县级科协的主要任务

中国科协的主要任务是科学普及、学术交流、决策咨询、人才举荐和组织建设五大任务。县级科协有自己的特殊性，但基本任务仍然是这五大任务，只是在具体实施这些任务时会显示出自己的特点。

从历史上看，县级科协在一个相当长的时期内，把主要精力放在科普工作上。比如，1990 年 2 月 23 日中国科协第三届全国委员会第五次会议通过的《关于进一步发挥科协组织在科技兴农中作用的决定》就指出："县科协的主要任务是开展农村科普工作，要把工作的重点放到为科技兴农方面来，充分发挥承上启下的枢纽作用和农村科普网络的整体功能，做好县委、县政府的参谋助手。"把科普工作作为县级科协的主要工作，有其理由，既有其历史依据，也有其现实需要，应当作为重要任务、主要工作，切实完成好。但是，作为中国科协的一级地方组织，县级科协在继续将科普工作作为主要工作外，还必须开展其他方面的工作。也就是说，要完成好五大任务，只是要结合县级科协的特点，区别情况，有所侧重。

1. 科学普及

县级科协直接面向基层、面向群众，向社会公众普及科学知识，提高公众的科学素质，是县级科协的重要和主要任务。

2. 学术交流

总的来说，在县一级，学术交流是比较薄弱的环节，而且在相当多的县一直以来都是薄弱环节。从实际情况看，目前多数县级科协对这个问题还没有给予足够重视，工作并没有抓起来。这里面既有认识问题，也有实际工作中的问题，需要有一个大的改变。

首先，要解决认识问题，充分认识在县级开展学术交流活动的重要性。有些同志认为，县级科协的主要任务是科普，学术交流不是重点，有条件就抓，没条件就不抓，待以后具备了条件再抓。其实，这是一种模糊认识。科协是科技工作者的组织，开展学术交流活动，是团结和凝聚科技工作者的力量、提高科技工作者的素质、发挥科技工作者的作用的重要方式，也应当成为科协组织的重要而经常性的工作，县级科协也不例外。任何一个县都有科技工作者，只是数量的多少、层次的高低的区别，以及学科、专业的结构和分布的区别。因此，县一级的学术交流活动一定要抓，但一定要从县级科协的实际出发。

其次，要摸清情况，创造条件，建立学会组织。要开展学术交流活动，不仅要有科技工作者，还要有组织起科技工作者的组织，这种组织除了科学基层组织，就是学会。因此，必须把相应的学会组织建立起来。这其实是一个十分浅显的道理。就了解和掌握的情况看，县级科协的学会建设比较弱，一些县很少有学会组织，相当数量的县级科协甚至没有学会组织。这其实正是县一级学术交流活动薄弱的根本原因。建立学会，首先要进行调查研究，摸清和掌握本县域内科学技术工作者的数量、分布，学科类别、层次等状况。在此基础上，可以将农业技术推广、医疗卫生、中小学教育、中小企业等领域的有一定层次的科技工作者，比如说具有中级及其以上专业技术职务的科技工作者组织起来，成立相应的学会。

值得指出的是，在县一级成立学会，一定不要简单地和全国学会、省级和市级学会“套”，而要适应科技工作者所学和从事的学科与专业情况，适应县域经济社会发展、科技发展和产业结构的状况，形成自身的特殊性。但是，一定要与上一层次相应的学会进行联系，参加其组织的学术交流活动，接受其业务指导。这样做，有利于促进县级学会的成长，有利于提高县域科技工作者的学术水平。

第三，要开展学术交流活动。成立学会，就要开展学术交流。但在县一级开展学术交流活动，一定要围绕县域科技工作者的学科、专业和当地产业结构的状况，体现为当地经济社会发展和科技发展服务的要求，提高科技工作者的学术水平，促进本学科、本专业学术水平和本地区科技水平的提高。

3. 决策咨询

围绕当地党委和政府的中心工作和大局，围绕当地经济社会发展的重点、热点、难点问题，组织科技工作者建言献策，提出建议，为党委和政府决策做好咨询和参谋工作，提供可供选择的可行性方案。

开展决策咨询工作，是发挥科技工作者智力优势的重要方式，一方面可以发挥科技工作者的作用，一方面可以提高县级科协的社会形象，更好地服务党委和政府中心工作与大局。

4. 人才举荐

学科齐全，人才荟萃，是科协组织的优势，在县一级科协组织仍然是这样。科协组织的根本任务，就是为科技工作者服务，促进科技工作者成长成才。培养、发现、举荐各方面科技人才，包括培养科技人才后备力量，是县级科协组织的重要任务。

5. 组织建设

除了加强自身建设之外，加强学会组织建设、科协基层组织建设，对于县级科协具有特殊重要的意义。

县级科协抓基层科协组织建设的主要领域是：乡镇、村科协组织，农技协组织；街道、社区科协组织；中小企业科协组织。这些领域的科协基层组织建设都要抓好，包括组建组织、开展工作、发挥作用。在县一级，离开了这些科协基层组织，发挥县级科协的作用就要大打折扣。从实际情况看，一些地方对传统的农村乡镇和村、城市街道和社区的科协基层组织建设比较重视，抓得也比较顺手，但对随着社会主义市场经济的发展和产业结构的调整而不断发展的企业的科协组织建设就不那么重视，抓得也不那么顺手。这是需要加强和改进的。

目前，在中小学尚不宜提出建立科协基层组织的要求，但应普遍建立科技辅导员制度，把科技辅导员组织起来，建立科技辅导员队伍，开展科技辅导员工作，组织科技辅导员面向中小学生开展科技教育。必须明确，科技辅导员队伍是科技工作者队伍的重要组成部分，科技辅导员工作是科协工作的重要组成部分。因此，目前在中小学，建立科协组织，就是建立科技辅导员队伍；开展科协工作，就是开展科技辅导员工作，就是组织科技辅导员开展面向中小学生的科技教育工作；发挥科协组织和科协工作的作用，就是发挥科技辅导员队伍建设和科技教育工作的作用；发挥科技工作者的作用，就是发挥科技辅导员的作用。

第四编

中国科协所属学会组织建设

第三十章 学会是中国科协存在的基础和根据

从中国科协的历史看，学会是中国科协产生和存在的基础与根据。先有学会而后有科协，中国科协是学会组织发展到一定阶段的产物，是学会的联合组织。可以说，没有学会就没有科协，离开了学会，中国科协的存在就变得没有价值和意义了。从中国科协的现实看，学会是中国科协的主体，是构成中国科协的基本元素，离开了学会，中国科协就变成"空壳"，也就无所谓科学技术"协会"了。学会既是科协全国组织的主体，也是各级地方科协组织的主体，即使在科协基层组织中，也有作为学会延伸的学组。既然如此，加强学会组织建设就成为中国科协组织建设中的一个十分重要的问题。作为中国科协组织建设的重要组成部分，学会组织建设是一个有着复杂结构构成的体系，包括学会的分类、学会的领导机构、学会的会员、学会的办事机构、学会党组织及学会党建工作，以及学会与登记管理部门、业务主管单位、挂靠单位（支撑单位）和中国科协的关系。本章首先讨论学会是中国科协存在的基础和根据。

第一节 学会是中国科协的主体

中国科协与其他单个的学会、协会、研究会最大的不同，在于中国科协是由多个学会、协会、研究会构成的联合会。无疑，构成中国科协的各个学会是中国科协的主体，如果离开了一个一个的学会，中国科协就成为空洞的"外壳"，成为没有内容的简单称谓。学会在中国科协的主体地位，是在中国科协的历史发展中历史地形成的。中国科协成立于 1958 年，其前身有两个，全国科联和全国科普。全国科联是全国各自然科学专门学会以团体会员的方式加入其中而组成的组织，主要任务是进行学术交流，主要目的在于科学技术的"提高"；

全国科普是全国自然科学工作者以个人会员身份加入其中而组成的组织，主要任务是向社会公众进行科学普及，主要目的在于科学技术的“普及”。由全国科联和全国科普合并而成立的中国科协，就逻辑地将这两个组织的学术交流和科学普及基本职能和任务继承下来、延续下来，而成为中国科协的两大基本职能和任务。从全国科联和全国科普合并而成的中国科协的构成上看，原来作为个人会员身份加入全国科普的科技工作者成为各个相应学会的个人会员，原来以团体会员身份加入全国科联的各个专门学会以独立身份成为中国科协的团体会员，中国科协就成为各个专门学会的联合会、集合体，而学会也就顺理成章地成为中国科协的主体。这一点，成为中国科协有别于其他社会团体的重要特征。中国科协二大通过的第一部《中国科协章程》就明确规定：“中国科协是在中国共产党领导下的各种科学技术工作者群众团体的联合组织。”周培源在中国科协二大上的报告中也明确提出：“三十年来的经验说明，学会、研究会、协会是科学技术工作者自己的群众团体，科协是各种科学技术工作者群众团体的联合组织。”中国科协三大通过的《中国科协章程》也明确规定，中国科协“是全国性学会和地方科协的联合组织”。

由对学会发展的历史考察可知，学会的全称应当是“自然科学专门学会”，简称学会。同样，全国学会的全称是“全国性自然科学专门学会”，简称全国学会（此前相当长一段时间称“全国性学会”）；相应地，地方学会（如某某省学会）的全称是“地方自然科学专门学会”（如“某某省自然科学专门学会”）。我们在运用这些简称概念时必须明确，我们所说的学会是“自然科学专门学会”，是自然科学范畴的学会，是科技性、学术性的社会团体，而不是一般性的学会、一般性的社会团体，是特指。

从实际情况看，任何一个科技工作者，其学术水平发展到一定程度，都会相应地加入到一定学科、领域的学会。一般是一个人加入一个相应学科的学会，有些则是一个人同时加入多个不同学科的学会，或者是同一学科几个不同层级的学会。因此，从一定的意义上说，科技工作者是存在于各类学会之中的。建立更加紧密联系的科协组织体系，就要把广大科技工作者或者说广大会员团结、凝聚在各个学会之中。科技工作者或者说会员是学会的基本构成，而学会是中国科协的基本构成。

第二节　学会的主体地位决定了中国科协的两大基本功能

学会作为中国科协的主体，决定了中国科协作为科学共同体有两个显著的功能定位：一是中国科技工作者的共同体，是科学家的组织、科技工作者的组织、人的组织，是群众组织、社会团体、人民团体；二是科学共同体、学术共同体，是学术团体的联合会，体现中国当今自然科学的最高学术水平，是体现自然科学最高学术水平的学术性、科技性组织。正如1989年3月中国科协第三届第四次全委会通过的《中国科协改革的基本设想》所说的："各自然科学、工程技术科学和交叉学科的全国性学会是国家在该学术领域的高智力集团，是汇集各该学科领域优秀科技人才的宝库。"① 中国科协的"科技工作者共同体"和"科学共同体"这两个方面的功能是不可分割的，二者共同构成了学会的完整功能。而这一点，正是由各个不同学科、领域的学会来体现的。

我们还可以换一种说法，科协既是党的群众工作的重要组成部分，又是国家科技工作的重要组成部分。这两个方面缺一不可，不可偏废。如果只强调科协是科学技术工作者的共同体，是人的组织，是群众组织、社会团体、人民团体，科协就和工青妇等群众组织、社会团体、人民团体区分不开了；如果只强调科协是自然科学最高学术水平的学术组织，是学术性、科技性团体，科协就和其他自然科学学术团体区分不开了。只有把这两个方面结合起来，才完整地构成了中国科协的功能定位。而这一点，也是由各个不同学科、领域的学会来体现的。

在现实生活中，一些同志总是把中国科协作为"科技工作者共同体"和"科学共同体"或"学术共同体"这两个不可分割的功能对立起来、割裂开来，或者片面地强调前者而否定后者，或者片面地强调后者而否定前者，但总体上来说，对中国科协作为体现中国当今自然科学最高学术水平的功能、对中国科协作为国家科技工作的重要组成部分重视不够，有的同志甚至为了强调、突出中国科协作为科技工作者的群众组织的功能、中国科协作为党的群众工作的重要组成部分的地位和作用，而有意回避中国科协作为体现中国当今自然科学最高学术水平的功能、中国科协作为国家科技工作的重要组成部分的地位和作用。这是有失偏颇的。

正确的态度和做法无疑是，应当完整地、有机地将中国科协的"科技工作者共同体"和"科学共同体"或"学术共同体"的功能、"党的群众工作的重要组成部分"和"国家科技工作的重要组成部分"的功能结合起来，相辅相成，不可分割和偏废。中国科协既是科技工作者的群众组织、社会组织、党领导下的人民团体，又是代表自然科学最高学术水平的学术性组织、科技性组织；既是科技工作者的共同体，又是科学共同体、学术共同体；既是党的群众工作的重要组成部分，又是国家科技工作的重要组成部分。科协的这种功能，是由各个自然科学不同学科、领域的学会集合而成一个系统而产生的。所以，归根结底，中国科协的功能是由学会的主体地位所决定的。

---

① 中国科协干部学院编：《中国科协重要文件汇编》，上海科学普及出版社，1991年。

第三节 中国科协重视学会组织建设的历史情况

由于学会作为中国科协主体的重要地位和作用，中国科协发展的历史上，始终重视学会的组织建设。这种重视，最早可以追溯到中国科协成立前的全国科联、全国科普时期。特别是中国科协三大后，进一步建立健全了学会管理的条例和制度。

1950 年 10 月，全国科联一届一次常务会议根据科代会通过了《暂行组织方案要点》和《中华全国自然科学专门学会联合会暂行会章》，对科联的宗旨、任务和会员的表述做了补充。

1950 年 12 月，全国科联一届四次会议通过《中华全国自然科学专门学会联合会会员学会通则》，对会员学会条件做出规定。

1954 年 2 月，全国科联在北京举行农业科学各学会学术讨论会。

1955 年 1～2 月，全国科联在北京举行农林学科各学会学术讨论会。

1957 年 7 月，全国科联在北京召开第一届全国委员会第二次（扩大）会议，通过《中华全国自然科学专门学会联合会会章草案》。

自 1950 年 8 月成立至 1958 年 9 月并入中国科协的八年间，全国科联及其所属团体有了很大发展。成立初期的 1950 年，全国科联有 19 个学会，学会会员 1.7 万人。至 1957 年年底，全国科联的学会发展到 42 个，科联分会 35 个，学会分会 758 个，学会会员达到 9.25 万人。

1963 年 11 月，中国科协在北京召开全国学会工作会议。

1964 年 2 月，中国科协主席团会议通过《中华人民共和国科学技术协会自然科学专门学会试行通则（草案）》。

“文化大革命”期间，学会组织和学会工作受到严重冲击。“文化大革命”结束后，学会组织和学会工作迅速得以恢复。

1977 年 5 月，中国科学院、中国科协、国防工办联合向国务院和中央军委提出《关于恢复和加强国防工办系统学会活动的报告》。

1977 年 9 月，中共中央发出《关于召开全国科学大会的通知》，指出：“科学技术协会和各种专门学会要积极开展工作。”

1978 年 3 月，周培源同志代表中国科协及所属全国学会在全国科学大会上发言。

1979 年 9 月，中国科协在北戴河召开了中国科协“文化大革命”后恢复活动以后的第一次全国工作会议，对科协和学会如何加强组织建设和思想作风建设，以及中国科协章程草案和学会组织通则修改草案进行了讨论。

1980 年 3 月，中国科协二大通过了《中国科学技术协会自然科学专门学会组织通则》，分为总则、会员、组织机构、领导关系、经费、附则六章，对学会的性质、职能和任务，会员的资格和条件、权利和义务，全国会员代表大会(或会员大会)、理事会、常务理事会的职责，工作委员会和办事机构，学会与科协和上一级相应学会的关系，经费来源，都做了明确具体的规定。

1981 年 2 月，中国科协下发了《关于在学会、地方科协建立科技咨询服务机构的通知》。

1982 年 1 月，中国科协所属 51 个全国学会在人民大会堂举办学术座谈会。

1982 年 12 月，中国科协学会组织工作讨论会在北京举行，会议研究了学会的性质、特点和任务，以及全国性学会调整的原则。

1983 年 5 月，中国科协与国务院技术经济研究中心共同组织开展“2000 年的中国研究”，70 多个全国学会和部分地方科协参与。

1986 年 3 月，中国科协召开学会工作座谈会，围绕如何增强学会的活力这一主题进行了交流和研讨。

1986 年 12 月，中国科协三届三次常委会议通过了《中国科学技术协会全国性学会组织通则》和该通则的补充说明。

1987 年 6 月，中国科协三届五次常委会议通过了《中国科学技术协会接纳全国性学会暂行办法》。

1989 年 12 月，中国科协三届十四次常委会议通过了《关于中国科协所属团体与中国科协、挂靠部门关系的几点意见》、《关于中国科协接纳新学会方针的意见》、《中国科协全国性学会组织通则有关细则》、《中国科学技术协会联系团体暂行条例》。

2002 年 10 月，经中国科协六届六次常委会议审议通过，《中国科学技术协会所属全国性学会组织工作条例》、《中国科学技术协会所属全国性学会分支机构、代表机构管理办法》颁布，从 12 月 11 日起施行。2003 年 3 月，中国科协印发《中国科学技术协会全国性学会管理工作、条例（征求意见稿）》。

2006 年 11 月，中国科协召开全国学会组织建设工作座谈会，通报推进学会组织建设方面的政策和思路，交流学会在组织建设方面的经验和做法。

2007 年 4 月，中国科协在北京召开全国学会工作会议。

2007 年 5 月，民政部、中国科协联合印发《关于推进科技类学术团体创新发展试点工作的通知》。

2007 年 6 月，中国科协七届全国委员会第二次会议授权七届常务委员会第四次会议审议通过了《中国科协全国学会组织通则（试行)》，明确规定了全国学会的主要任务，成立、接纳、变更和退出，会员的条件、权利和业务，领导机构的职权、组成和负责人的条件和职权，办事机构的设立及工作人员的管理，分支机构、代表机构的设立和管理、变更和注销，经费及资产管理等，使学会管理更加规范。会议还通过了《中国科协关于加强学会工作的若干意见》。

2007年11月，中国科协与中国科学院签署《关于共建学会的协议》。

2008年6月，经中国科协七届七次常委会审议通过，《中国科协团体会员管理办法（试行）》正式发布实施。

2010年1月，中国科协与农业部签署《关于合作共建中国农学会等九家学会的协议》。

第四节 学会的性质

根据中国科协八大通过的《中国科协章程》的规定，学会是按照自然科学、技术科学、工程技术及其相关科学的学科组建或以促进科学技术发展和普及为宗旨的学术性、科普性社会团体。我们也可以用更加通俗的语言来定义学会的性质：学会是中国自然科学范畴的，按照理、工、农、医和交叉学科、综合学科组建的，涉及科学、技术、工程以及管理、普及各个方面的科技性社会团体，是科技工作者的群众组织，是科学共同体。

1980年3月中国科协二大通过的《中国科学技术协会自然科学专门学会组织通则》对学会的性质是这样表述的："全国性自然科学专门学会是中国共产党领导下的科学技术工作者的学术性群众性团体，是中国科学技术协会的组成部分。"

1982年12月时任中国科协书记处书记王顺桐在中国科协学会组织工作讨论会上的讲话中专门谈到了学会的基本性质问题。他指出："我国的科协和学会是党领导下的科学家和科技工作者的群众团体，这就是它的性质，是我们科协和学会区别于其他部门、其他团体的质的规定性。""我国的学会同资本主义国家的学会有本质上的区别。资本主义国家没有科协这样的科学家和科技工作者统一的组织。它们的学会是民间的学术团体，而我们是党领导下的科学技术群众团体。科协和学会不仅是科学家和科技工作者自己组织起来从事学术活动的团体，而且有明确的、强烈的政治愿望，是为了更好地为祖国社会主义现代化建设贡献聪明才智而组织起来的团体。""我们这样一个团体应成为党联系广大科技工作者的纽带和桥梁，成为党领导科技工作的助手。我国的科协和学会具有社会主义的性质和特点，它有开展学术活动，促进科学技术进步的任务，但首先要着眼于做好人的工作，充分发挥科技工作者的社会主义积极性，为社会主义现代化建设贡献聪明才智，来完成自己的任务。在组织上，我国的学会与资本主义国家的不同，资本主义国家的学会是由科技工作者自发组织起来的，有些是在大企业的资助推动下建立起来的，我们的学会则是根据社会主义建设和科学技术发展的需要，以及广大科技工作者的要求，有领导、有计划地组织起来的。”①

1983年7月制定的《中国科学技术协会自然科学专门学会组织通则》有关细则（修订稿）对学会的性质做了进一步明确表述：“全国性自然科学专门学会（以下简称全国性学会）是中国共产党领导下的科学技术工作者的学术性群众团体，是党联系广大科技工作者的桥梁和纽带，是党领导科技工作的助手，是中国科协的组成部分。”“学会是按自然科学划分，具有跨行业、跨部门的特点，由一定数量、具有较高学术水平的科学技术工作者自愿组织起来的学术性群众团体。”②

1986年12月时任中国科协书记处书记陈绳武在全国性学会、协会、研究会秘书长座谈会上的讲话中指出：“学会的性质是学术性、群众性、民主性。它的特点是民间的、开放的、超脱的、横向联系的。这个特点说明，学会是个科学技术的、民间的学术团体，不是官办的，这点十分重要。另外一点，学会是搞科学技术的。”“第三，学会又是个群众团体，因此，我们要追求的应该是群体效应、团体效应，而不是个人的什么。”“另外要看到一个特点，它是一个科学技术的群众团体。”③

2007年6月中国科协七届全国委员会第二次会议授权七届常务委员会第四次会议审议通过的《中国科学技术协会全国学会组织通则（试行）》对学会的性质做了这样的表述：“全国学会是按科学技术领域中的基础科学、技术科学、工程技术及相关科学的学科组建，或以促进科学技术发展和普及为宗旨的学术性、科普性社会团体。”

在同一次会议上通过的《中国科学技术协会全国学会组织通则（试行）》指出：“学会作为科技工作者自愿组成的社会团体，是科学共同体的重要组织形式，负有孕育创新思想、激发创造活力的重要功能，承担着促进学科发展和人才成长、推进自主创新、传播科学文化、规范学术行为、推动学术生态建设、提供服务和反映诉求的重要职责，在国家创新体系建设中发挥着不可替代的作用。充分调动广大科技工作者投身创新型国家建设的积极性、主动性和创造性，加快构建社会主义和谐社会，必须充分发挥学会的重要作用。”

实际上，2007年6月的《中国科学技术协会全国学会组织通则（试行）》对学会的性质的表述，是根据中国科协七大通过的《中国科协章程》而来的，2011年5月中国科协八大通过的《中国科协章程》基本保持了这样的表述，只是做了个别文字修改。其表述是：“全国学会是按自然科学、技术科学、工程技术及其相关学科组建或以促进科学技术发展和普及为宗旨的学术性、科普性社

① 中国科协干部学院编：《中国科学技术团体》，上海科学普及出版社，1991年。

② 中国科协干部学院编：《中国科学技术团体》，上海科学普及出版社，1991年。

③ 中国科协干部学院编：《中国科协重要文件汇编》，上海科学普及出版社，1991年。

会团体。”应当说，这是迄今为止关于学会性质的最权威表述。根据这个表述，我们可以得出这样的结论：学会是社会团体；学会是学术性、科普性的社会团体；学会是按自然科学、技术科学、工程技术及其相关学科组建的学术性、科普性社会团体，包括以促进科学技术发展和普及为宗旨的学术性、科普性的社会团体。

第五节 学会的职能

关于学会的职能，中国科协章程并没有明确规定。从中国科协是学会的联合会、学会是中国科协的主体这个基本定位考虑，中国科协的职能也就应当同时成为学会的职能。据此，根据中国科协章程的规定，学会的职能主要是以下三个方面：

一是团结和动员广大会员和科学技术工作者，促进科学技术的繁荣和发展，促进科学技术的普及和推广，促进科技人才的成长和提高，促进科学技术与经济的结合；

二是反映会员和科学技术工作者的意见，维护会员和科学技术工作者的合法权益；

三是为经济社会发展服务，为提高全民科学素质服务，为科学技术工作者服务，推动社会主义经济建设、政治建设、文化建设和社会建设。

这个表述，可以看成是学会的基本职能，各个不同的学会，根据各自的实际情况，在履行这个基本职能时，可以有体现各自特点的具体体现。关于这一点，各个学会在各自的章程中都有具体表述。

中国科协二大通过的《中国科学技术协会自然科学专门学会组织通则》没有明确提出学会职能的概念，但其第二条可以看作是对学会职能的表述：“学会要提倡辩证唯物主义，坚持实事求是的科学态度，认真贯彻‘百花齐放，百家争鸣’的方针，充分发扬民主，开展学术上的自由讨论。团结广大科技工作者，为繁荣发展我国的科学技术事业，为促进科技战线出成果，出人才，为加速实现我国四个现代化作出贡献。”

中国科协七届全国委员会第二次会议授权七届常务委员会第四次会议审议通过的《中国科学技术协会全国学会组织通则（试行）》，对学会的职能做了这样的表述：“全国学会要团结和动员广大会员和科学技术工作者，促进科学技术的繁荣和发展，促进科学技术的普及和推广，促进科技人才的成长和提高，促进科学技术与经济的结合；反映会员和科学技术工作者的意见，维护会员和科学技术工作者的合法权益；为经济社会发展服务，为提高全民科学素质服务，为科学技术工作者服务，推动社会主义经济建设、政治建设、文化建设和社会建设，为建设创新型国家、构建社会主义和谐社会，为实现中华民族伟大复兴而努力奋斗。”这段关于学会职能的表述与中国科协章程关于科协职能的表述是一致的。

第六节　学会的任务

学会有多方面的任务，但基本任务是学术交流和科学普及。这是由学会自身的性质和职能所决定的，也是学会历史发展的客观现实。

茅以升同志在1988年9月23日为纪念中国科协成立30周年而发表的题为“为科学大众化、大众科学化而奋斗”文章中，回顾了我国学会发展的历程，论述了学术交流和科学普及是学会的基本任务的观点。他指出：

“‘研究学术，普及知识’是我国近百年来众多科技团体的共同宗旨，也是我国科技团体为振兴中华服务的具体体现。”

“从戊戌维新以后，伟大的革命先行者孙中山先生于1895年在广州首创农学会开始，历经辛亥革命、五四运动直至抗日战争时期，我国相继成立的许多科技团体，包括许多学会和在延安、晋察冀等解放区成立的科技团体，都不约而同地、自觉地肩负起这两方面的使命。当然也有的科技团体侧重于学术交流，还有一些科技团体更多地致力于科学普及。如1914年成立的中国科学社的主旨是：‘提倡科学，鼓吹实业，审定名词，传播知识’，并于1933年创办了科普刊物——《科学画报》，至今已有55年历史。1917年成立的中华农学会，1922年成立的中国天文学会，1932年成立的中国物理学会，1934年成立的中国数学会等，都是以研究学术，普及知识为主旨的。1927年成立的中华自然科学社认为，从科学工作者的角度来说，救国有三条路可走，即研究、应用和普及。由于当时的历史条件，研究、应用都碰了壁，于是决心走‘科学大众化的道路，从事普及科学的运动’。中国科学化运动、中华卫生协会、中华防痨协会和陕甘宁边区自然科学研究会等团体更是把宣传普及科学卫生知识，开展自然科学大众化运动，进行自然科学教育，破除封建迷信和愚昧盲从作为自己的首要任务。”

“新中国的成立为我国的科技事业开辟了一个新的时代。早在1949年全国政协“共同纲领”第43条就提出了‘努力发展自然科学，以服务于工业农业和国防建设。奖励科学的发现和发明，普及科学知识’的要求。1982年五届人大五次会议又进一步把‘国家发展自然科学和社会科学事业，普及科学和技术知识，奖励科学研究成果和技术发明创造’写进了国家的根本大法——宪法总纲第20条。这充分说明党、政府和各界代表对于科学技术的提高和普及一直都很关注。科技团体更是如此，从‘科联’、‘科普’时期到中国科协成立以来，始终把这两方面的工作，作为我们这个团体的基本任务。”①

作为学术性、科普性的社会团体，学术交流和科学普及无疑是学会的两项基本任务。此外，学会还有其他方面的任务。

1980 年 3 月中国科协二大通过的《中国科学技术协会自然科学专门学会组织通则》，对学会的主要任务，做出如下规定：①开展国内外学术交流，编辑出版科技书刊；②对国家科技发展战略、政策和经济建设中重大决策进行科技咨询，接受委托进行科技项目论证、科技成果鉴定、技术职务水平评定、科技文献和标准的编审；③提供技术咨询和技术服务；④开展对会员的继续教育，普及科学技术知识，传播先进技术；⑤发现并推荐人才；⑥反映会员的意见和呼声；⑦举办为会员服务的事业和活动。

1986 年 12 月中国科协三届三次常委会议通过的《中国科学技术协会全国性学会组织通则》，规定了学会有以下主要任务：①开展国内外学术交流，编辑出版科技书刊；②对国家科技发展战略、政策和经济建设中的重大决策进行科技咨询，接受委托进行科技项目论证、科技成果鉴定、技术职务水平评定、科技文献和标准的编审；③提供技术咨询和技术服务；④开展对会员的继续教育，普及科学技术知识，传播先进技术；⑤发现并推荐人才；⑥反映会员的意见和呼声；⑦举办为会员服务的事业和活动。

1996 年 12 月 10 日中国科协五届常委会第三次会议通过的《中国科学技术协会全国性学会组织工作条例》规定的全国学会的主要任务是：①开展国内外学术交流，促进学科发展；②普及科学技术知识，传播科学精神、思想和方法，推广先进技术；③编辑、出版、发行科技书籍报刊及相关的音像制品；④反映科技工作者的意见和要求，维护科技工作者的合法权益；⑤组织科技工作者参与国家科技政策、科技发展战略、有关法律法规的制定和国家事务的科学决策工作；⑥举荐人才，表彰、奖励在科技活动中取得优秀成绩的会员和科技工作者；⑦对国家经济建设中的重大决策进行科学论证和科技咨询，提出政策建议；⑧接受委托承担科技项目评估、科技成果鉴定、技术职务资格评审，组织、举办科技展览，科技文献和标准的编审，提供技术咨询和技术服务；促进民间国际科技合作；⑨认定会员资格，开展对会员和科技人员的继续教育和培训工作；⑩举办为会员服务的事业和活动。

2007 年 6 月中国科协七届全国委员会第二次会议授权七届常务委员会第四次会议审议通过的《中国科协全国学会组织通则（试行）》，规定的全国学会的主要任务是：①开展学术交流，活跃学术思想，促进学科发展，推动自主创新；②弘扬科学精神，普及科学知识，传播科学思想和科学方法。捍卫科学尊严，

---

① 中国科协干部学院编：《中国科协重要文件汇编》，上海科学普及出版社，1991 年。

推广先进技术，开展青少年科学技术教育活动，提高全民科学素质；③开展民间国际科学技术交流活动，促进国际科学技术合作，发展同国（境）外的科学技术团体和科学技术工作者的友好交往；④编辑、出版、发行科技书籍报刊及相关的音像制品，传播科学技术信息；⑤反映会员和科学技术工作者的建议、意见和诉求，维护会员和科学技术工作者的合法权益，促进科学道德和学风建设；⑥促进科学技术成果的转化，促进产学研相结合，促进行业或产业科技进步。组织会员和科学技术工作者为建立以企业为主体的技术创新体系，全面提升企业的自主创新能力作贡献；⑦组织会员和科学技术工作者对国家科学技术政策、法规制定和国家事务，提出科技建议，推进决策的科学化、民主化；⑧开展表彰奖励、继续教育和培训工作，培养和举荐人才；⑨开展科学技术方面的论证、咨询服务，举办科技展览，支持科学研究；接受委托承担项目评估、成果鉴定、技术评价，参与并承担技术标准制定、专业技术资格评审和认证等工作；⑩兴办符合学会章程、有利于科学技术发展的社会公益事业；⑪促进学会办事机构工作人员队伍建设，使其适应工作的需要和学会的发展。

有必要提及的是，2007 年 6 月通过、同年 9 月下发的《中国科协全国学会组织通则（试行)》最后特别申明："本通则经中国科协七届全国委员会第二次会议授权七届常务委员会第四次会议审议通过，自下发之日起试行。《中国科学技术协会全国性学会组织工作条例》、《中国科学技术协会所属全国性学会分支机构、代表机构管理办法》、《全国性学会召开全国会员代表大会及理事会换届工作办法》、《中国科学技术协会接纳全国性学会暂行办法》等文件同时废止。"也就是说，这个《通则》是迄今为止关于中国科协所属全国学会的唯一执行的法规性文件。

与《中国科协全国学会组织通则（试行)》一起在同一次会议上通过的，还有一个重要文件，即《中国科协关于加强学会工作的若干意见》。这两个文件功能有所不同，《通则》着眼于长远，《意见》着眼于当前和今后一个时期，可以看作是根据当前面临的形势、任务对《意见》内容的重申、强调、具体化，因而更有现实针对性和指导性。因此，应当将贯彻《通则》和《意见》结合起来，相互印证，把学会的任务落到实处。《中国科协关于加强学会工作的若干意见》共谈了七个方面的意见，其中第一条是"充分认识新时期学会工作的责任和使命"，可以看作是谈重要性或重要意义；最后一条即第七条是"充分发挥科协组织作用，为学会发展创造良好环境"，可以看作是在谈加强组织领导；中间五条分别谈到学术交流工作、人才工作、科普工作、服务会员工作、组织建设工作，可以看作是中国科协所属学会的五项基本任务。这些任务，概括起来是：①加强学术交流，推动学科发展。促进学术建设，培育创新人才；创新活动方式，提高学术交流成效；提高论文质量，提升期刊影响力；提高学会在国际科技界的地位与作用。②发挥人才智力优势，服务经济社会发展。为经济社会发展建言献策；为增强企业自主创新能力和新农村建设服务；③增强科普能力，为提高全民科学素质服务。开展形式多样的科普活动；创新学会科普工作机制。④努力为会员服务，不断增强学会凝聚力。把会员满意作为衡量学会工作的主要标准；建立完善会员沟通服务制度；建立学会诚信制度和会员诚信档案；为会员专业发展服务。⑤加强组织建设，提升服务能力。进一步深化学会改革；加强组织基础建设；坚持民主办会；提高服务能力；加强办事机构建设。

第七节 学会的特点

1986年12月，中国科协书记处书记陈绳武在全国性学会、协会、研究会秘书长座谈会上的讲话中指出："学会的性质是学术性、群众性、民主性。它的特点民间的、开放的、超脱的、横向联系的。这个特点说明，学会是个科学技术的、民间的学术团体，不是官办的，这点十分重要。另外一点，学会是搞科学技术的。""第三，学会又是个群众团体，因此，我们要追求的应该是群体效应、团体效应，而不是个人的什么。""另外要看到一个特点，它是一个科学技术的群众团体。"①

根据这段精彩的论述，我们对学会的特点可以概括如下。

1. 民间性

学会不是官办的，而是科技工作者自愿组织起来的团体，是科技工作者"自己的"组织。学会不是党政机关，没有行政权力，没有行政手段，靠非权力因素、靠情感、靠个人魅力开展工作，靠平等沟通、协商开展工作，靠学会本身的民主、自由、和谐吸引会员。

2. 学术性

学会是由科技工作者组成的，是学术共同体，主要任务是进行学术交流，促进学科发展，推动科技进步。学会凝聚会员的主要因素，在于会员对学术的共同兴趣和追求。各个学会将本学科、本领域的优秀人才和顶尖人才都吸引到学会中来，因此，学会代表了本学科、本领域的最高学术水平。

3. 群众性

学会是科技工作者的群众组织，是科技工作者自己的组织，而不是官办的组织，不是行政组织；科技工作者加入这样的组织是基于自愿，而不是被迫的。

---

① 中国科协干部学院编：《中国科协重要文件汇编》。上海科学普及出版社，1991年。

这种群众性有可能将科技工作者的个人智慧凝聚起来，上升为群体的共同智慧。

4．开放性

学会作为人的组织，大门永远是敞开的，不断吸纳有志于在学会中成长成才、通过学会服务于社会和公众的科技工作者加入学会，成为学会的会员，不断壮大学会的力量。作为学术组织，学术交流、学科融合不是在封闭状态进行的，学术的进步、学科的发展也是永无止境的，需要科技工作者以自由的心态、姿态加入和参与。

5．超脱性

学会没有自己的部门利益、团体利益，没有狭隘的功利目的，也不受任何机构的利益制约，在客观上秉承公平、公正、公开的原则，比较超脱，有公信力。

6．横向联系性

学会是按照学科、专业、领域形成的，但学会又是打破地区、部门和单位界限的，也是打破职业、年龄和性别界限的，不论来自什么地区、什么部门、什么单位，也不论是什么职业、什么年龄、什么性别，只要是这个学科、专业和领域的科技工作者，都可以加入其中，成为这个学会的会员。所以，横向联系性是学会的一个重要特点。

第三十一章 学会的构成

学会的构成有两重意思：一是学会的内部构成，即单个学会的内部结构；二是学会的外部构成，即学会的分类或类型。学会的分类，或者说划分学会的类型，又有不同的标准。按照学科分类，学会可以分为理科学会、工科学会、农科学会、医科学会、交叉学科学会；按照领域分类，可以分为科学领域学会、技术领域学会、工程领域学会、普及领域学会、管理领域学会；按照层级分类，可以分为全国学会、省级学会、市级学会、县级学会；按照管理方式分类，可以分为直属学会、主管学会、非主管学会、委托管理学会、无主管上级学会。目前中国科协对所属学会的划分，是理科学会、工科学会、农科学会、医科学会、交叉学科学会、委托管理学会。本章将逐一加以论述。

第一节　学会的内部构成

尽管学会的情况千差万别，但作为科技工作者的群众组织，作为科技性、学术性的社会团体，作为科学共同体、学术共同体，中国科协所属的学会有着大体相同的内部构成。

学会内部构成的基本要素主要有五个方面。一是学会的领导机构，包括会员（代表）大会、理事会、常务理事会。二是分支机构，常务理事会下设的工作委员会或专门委员会等分支机构。三是学会的会员，包括团体会员、个人会员，以及团体会员单位。四是学会的办事机构，包括学会秘书处，以及秘书处下设的办公室、会员部、学术部、普及部等。五是学会的工作人员，即学会办事机构的工作人员，包括秘书长、副秘书长，专兼职工作人员。学会内部构成涉及的这些内容，我们将在接下来的章节中专门论述。

第二节　按照学科分类的学会类型

按照学科，我们将中国科协的学会分为理科学会、工科学会、农科学会、医科学会、交叉学科学会。

1. 理科学会

说到理科，人们一般都认为就是数学、物理、化学、天文学、地理、生物。现在，人们将地理扩大为地球科学，将生物扩大为生命科学。概括地说，理科就是基础理论的各个学科和基础理论研究的各个领域，目的是培养人的研究能力。理科学会就是按照这些基础理论学科和基础研究领域而建立起来的学会。

理科主要包括以下学科。

一是数学，包括应用数学。

二是物理学，包括理论物理学、实验物理学、计算物理学、数学物理学、粒子物理学、核物理学、原子分子物理学、固体物理学、结晶学、表面物理学、热学、光学、电磁学等。

力学也是物理学的组成部分，包括理论力学、实验力学、固体力学、弹性力学、塑性力学、流体力学、振动力学、声学等。

三是化学，包括理论化学、计算化学、实验化学、元素化学、无机化学、有机化学、高分子化学、分析化学、合成化学等。

四是天文学，包括观测天文学、理论天文学、光学天文学、射电天文学、X射线天文学、红外天文学、紫外天文学、γ射线天文学、粒子天文学、结构天文学、宇宙天文学、天体演化论等。

五是地球科学，包括外层空间科学、大气科学、海洋科学、地质学、自然地理学等。

六是生命科学，包括分子生物学、细胞生物学、个体生物学、形态学、生理学、生物化学、生物物理学、前生物学、微生物学、植物学、动物学、人类学、遗传学、胚胎学、进化论、时间生物学、古生物学、生态学、生物地理学、病理学、药理学、免疫学等。

2. 工科学会

如果将工科和理科作一个比较，理科属于基础理论范畴，而工科则属于技术科学、工程技术的范畴。工科学会就是按照这些工科学科和领域建立起来的学会。

工科的范围比起理科来还要广泛，包括地矿类、材料类、机械类、仪器仪表类、能源动力类、电气信息类、土建类、水利类、测绘类、环境与安全类、化工与制药类、交通运输类、海洋工程类、轻工纺织食品类、航空航天类、武器类、工程力学类、公安技术类等，每一个类别都可以细分为若干具体学科。

3. 农科学会

农科是一个大概念，其中包括若干农学学科和领域，农科学会就是按照这些农科学科和领域建立起来的学会。

除林业科学和水产科学有相对独立的学科体系外，农业科学可以大体概括为五个主要门类：

一是农业环境科学，包括土壤学、农业气象学等；

二是作物生产科学，也称农学或农艺学；

三是作物育种学和作物栽培学，包括植物病理学、农业昆虫学、杂草学和农药科学等，植物病理学又细分为植物病原真菌学、植物细菌病学、植物病毒学、植物线虫病学、植物免疫学等；

四是畜牧科学、兽医学，兽医学包括兽医微生物学兽医寄生虫学、家畜传染病学、兽医内科、兽医外科、兽医产科和兽医药物学等；

五是农业工程科学。

4. 医科学会

医科也是一个大概念，包括基础医学、临床医学、法医学、检验医学、预防医学、保健医学、康复医学麻、醉学、护理学、口腔医学、药物制剂、药学、针灸推拿学、制药工程等，医科学会就是按照这些医科学科和领域建立起来的学会。

对于医科的分类，可以有两种方式。

一是可以将医科分为基础医学和临床医学两大类。

基础医学包括：医学生物数学、医学生物化学、医学生物物理学、人体解剖学、医学细胞生物学、人体生理学、人体组织学、人体胚胎学、医学遗传学、人体免疫学、医学寄生虫学、医学微生物学、医学病毒学、人体病理学、病理生理学、药理学、医学实验动物学、医学心理学、生物医学工程学、医学信息学、急救学、护病学、新中心法则。

临床医学包括：临床诊断学、实验诊断学、影像诊断学＋放射诊断学＋超声诊断学＋ 核医诊断学 、临床治疗学、职能治疗学、化学治疗学、生物治疗学、血液治疗学、组织器官治疗学、饮食治疗学、物理治疗学、语言治疗学、心理治疗学、内科学、外科学、泌尿科学、妇产科学、儿科学、老年医学、眼科学、耳鼻喉科学、口腔医学、传染病学、皮肤医学、神经医学、精神病学、

肿瘤医学 、急诊医学、麻醉学护理学、家庭医学、性医学、临终关怀学、康复医学、保健医学、听力学。

二是可以将医科可分为现代医学和传统医学。

现代医学，即通常所说的西医学。

传统医学，即民族医学。除中医外，还包括藏医、蒙医、维医、朝医、彝医、壮医、苗医、傣医等多种医学体系。

5. 交叉学科学会

交叉学科是由不同学科之间相交叉而形成的学科，交叉学科学会就是按照这些交叉学科和领域建立起来的学会。

当今世界，新学科的产生，大都是不同学科交叉的结果；学科交叉，已经成为新学科产生的主要方式。交叉学科主要有三种情况：一是自然科学学科和社会科学学科之间相交叉而形成的学科；二是不同的自然科学学科之间相交叉而形成的学科；三是同一自然科学学科下不同子学科之间相交叉而形成的学科。另外还有两种情况，一种是某一自然科学学科与另一自然科学学科下某一子学科之间相互交叉而形成的学科；二是某一自然科学学科下的某一子学科与另一自然科学学科下的某一子学科之间相互交叉而形成的学科。因此，在很多时候交叉学科并不能独立存在，而是根据形成交叉学科的学科情况归入相关的学科中。

在20世纪80年代中国学会成立大潮中，出现了一批自然科学和社会科学相交叉的科学学会。据统计，从1977年至1990年，中国科协共接纳了29个交叉学科学会，占中国科协所属全国学会总数（1990年学会总数为159个）的18%。① 目前，中国科协所属学会200个，其中交叉学会31个，占中国科协所属全国学会总数的16%。

第三节　按照领域分类的学会类型

按照领域分类，我们可以将学会分为科学领域学会、技术领域学会、工程领域学会，以及普及领域学会、管理领域学会。

1. 科学领域学会

这里所说的科学，是指基础科学研究。科学领域学会，就是按照基础科学

---

① 见中国科协档案资料，转引自王国强：《二十世纪八十年代学会潮》，中国科学技术出版社，2014年。

研究领域建立起来的学会。

科学的本质是发现，即发现客观规律，追求客观真理。规律是客观存在的，科学研究、基础研究的目的，就在于发现这种客观存在的规律。基础研究有其自身的规律，不能定时间，不能下指标，不能搞预测，只能创造宽松的环境，使科学家心无旁骛地去研究，而且要保证投入，允许失败。

2. 技术领域学会

这里所说的技术，是指应用研究。技术领域学会，就是按照应用研究领域建立起来的学会。

技术的本质是发明，即运用科学原理去发明作用于客观世界的工具、手段。

3. 工程领域学会

这里所说的工程，是指产业开发。工程领域学会，就是按照工程领域建立起来的学会。

工程的本质是创造，即遵循科学的原理，运用技术手段，进行工程化的过程，将设计对象化、物态化。

4. 普及领域学会

这里所说的普及，是指科学和技术的普及、传播。普及领域学会，就是按照普及领域建立起来的学会。中国科协所属的科普作家协会、青少年科技辅导员协会、自然博物馆协会、中国科教电影电视协会，都属于科学普及性的学会。

5. 管理领域学会

这里所说的管理，是指科学管理、技术管理、工程管理，或基础研究管理、应用研究管理、产业开发管理。管理领域学会，就是按照管理领域建立起来的学会。

第四节　按照层级分类的学会类型

学会的层级构成，包括全国学会和地方学会，地方学会又包括省级学会、市级学会、县级学会。这样，中国科协组织体系中学会就有四个层级，即全国学会、省级学会、市级学会、县级学会。每一层级的学会，都有理、工、农、医和交叉学科的学会。

这种按照层级建构起来的多级学会体系，是由我国现行行政区划决定的。全国科协组织、地方各级科协组织建立在现行行政区划的架构中，形成了从中央到地方四级科协组织，也同时形成了四级科协组织所属的学会。

1. 全国学会

全国学会经中国科协常务委员会批准，可成为中国科协的团体会员。全国学会接受中国科协的领导。同时，全国学会对下一层级相应的省级学会进行业务指导。

2. 省级学会

省级学会是省级科协的团体会员，接受省级科协的领导。同时，每一学科的省级学会，是相应学科的全国学会的团体会员，接受这个全国学会的业务指导。这样，就某一具体省级学会而言，既是省级科协的团体会员，也是相应全国学会的团体会员；既接受省级科协的领导，也接受相应全国学会的业务指导。同时，省级学会对下一层级相应的市级学会进行业务指导。

3. 市级学会

市级学会是市级科协的团体会员，接受市级科协的领导。同时，每一学科的市级学会，是相应学科的省级学会的团体会员，接受这个省级学会的业务指导。这样，就某一具体市级学会而言，既是市级科协的团体会员，也是相应省级学会的团体会员；既接受市级科协的领导，也接受相应省级学会的业务指导。同时，市级学会对下一层级相应的县级学会进行业务指导。

4. 县级学会

县级学会是市级科协的团体会员，接受市级科协的领导。同时，每一学科的县级学会，是相应学科的市级学会的团体会员，接受这个市级学会的业务指导。这样，就某一具体县级学会而言，既是县级科协的团体会员，也是相应市级学会的团体会员；既接受县级科协的领导，也接受相应市级学会的业务指导。

比较起来，从全国学会到县级学会，呈现越向下学会数量越少的趋势，而且学科、专业、领域也并不是一一对应的关系。相对地说，县级学会的数量最少，而且学会的学科性质也有地方特色。但尽管如此，县级学会还是要找到与之相关的上一层级的学会，成为其团体会员，接受其业务指导。

对于学会来说，形成业务指导关系非常重要。这是因为，下一级学会成为上一级学会的团体会员，接受上一级学会的业务指导，可以在上一级学会的业务指导下开展学术交流活动，一方面可以组织下一级学会会员参加上一级学会的学术交流活动，或者将上一级学会的学术资源引到下一级学会，提高下一级学会学术交流活动的质量，一方面也可以利用上一级学会的人才资源，为下一级学会培养人才，提高下一级学会人才队伍的质量。而学会能力和水平的提高，将为学会开展学术交流、科学普及和决策咨询提供支撑。

分层级建立学会，是中国特有的一种情况。需要说明的是，按层级建立或者划分的学会，只是表明这些学会所居的不同层级，只是表明这些学会隶属于不同层级的科协，并不是表明它们有什么不同的行政级别，也不表明上下层级学会之间有什么领导关系，更不是表明它们本身有什么高低、优劣之分。

第五节　按照管理方式分类的学会类型

这里所说的管理方式，涉及三个因素：一是是否是中国科协的团体会员；二是中国科协是否是其主管上级或业务主管部门；三是学会的办事机构属于哪里管理，或者说学会的办事机构“挂靠”在哪里。根据三个方面因素的不同结合关系，我们将全国学会划分为四种类型。

1. 直属学会

严格来说，“中国科协直属学会”的称谓并不科学，准确的说法应当是“办事机构挂靠在中国科协的学会”。而在具体操作中，这些学会也不是直接“挂靠”在中国科协，而是分别“挂靠”在中国科协的某个事业单位。

直属学会一般需满足三个条件，或需具备三个因素。一是这些学会必须是中国科协的团体会员；二是中国科协是这些学会的主管上级；三是这些学会的办事机构分别挂靠在中国科协的事业单位。不严格地说，满足了这三个条件或者说具备了这三个因素的学会，称之为“中国科协直属学会”也是可以的。从实际情况看，大多数直属学会是具备了这三个条件的，但也有非中国科协团体会员的全国学会因其办事机构挂靠在中国科协事业单位，而被视为中国科协直属学会，如中国女科技工作者协会（简称女科协）。这个协会的主管上级是全国妇联，挂靠在中国科协下属事业单位发展研究中心，在 2010 年时曾提出加入中国科协的申请，中国科协常委会组织建设专委会在讨论时认为，女科技工作者协会吸收的个人会员较少，没有通过其申请，没有提交中国科协常委会审议。但是，女科协还是一个活动比较经常、运转比较正常的学会，在团结、凝聚女性科技工作者为社会服务、为公众服务做了不少工作，在发挥女性科技工作者作用、维护女性科技工作者权益方面也做了不少工作。目前，这个学会在吸收会员方面已经有了很大改进。

目前，中国科协有 16 个学会办事机构“挂靠”在中国科协有关事业单位，具体情况是：

中国光学会，办事机构挂靠在中国科协学会服务中心；

中国能源学会，办事机构挂靠在中国科协学会服务中心；
中国自然辩证法研究会，办事机构挂靠在中国科协学会服务中心；
中国技术经济学会，办事机构挂靠在中国科协学会服务中心；
中国未来研究会，办事机构挂靠在中国科协学会服务中心；
中国农村专业技术协会，办事机构挂靠在中国科协农村专业技术服务中心；
中国科普作家协会，办事机构挂靠在中国科普研究所；
中国自然科学博物馆协会，办事机构挂靠在中国科学技术馆；
中国青少年科技辅导员协会，办事机构挂靠在中国科协青少年科技中心；
中国科教电影电视协会，办事机构挂靠在中国科协学会服务中心；
中国科学技术期刊编辑学会，办事机构挂靠在中国科协学会服务中心；
中国国土经济学会，办事机构挂靠在中国科协学会服务中心；
中国科技新闻学会，办事机构挂靠在中国科协学会服务中心；
中国老科学技术工作者学会，办事机构挂靠在中国科协学会服务中心；
中国女科技工作者协会，办事机构挂靠在中国科协发展研究中心；
中国反邪教协会，办事机构为中国科协机关序列编制。

近几年，为了加强和做好直属学会的工作，中国科协对直属学会办事机构从组织设置上采取了特殊方式：在事业单位设立相应的内设机构，有职数、有编制，对内是事业单位的一个内设机构，对外是直属学会的办事机构秘书处；由事业单位提供相应的办公场所、活动经费、工作条件，确定工作人员编制，对工作人员实行统一管理，也可以向学会推荐秘书长、副秘书长；但挂靠单位不干预学会的正常工作，保证秘书长、副秘书长经过选举产生，保证办事机构在学会理事会的领导下开展工作，保证学会按照章程的规定办事，民主办会，独立运转，独立负责地开展工作。

2. 主管学会

这里所说的主管学会，是指中国科协作为其主管单位的学会。成为中国科协主管学会的前提，是首先成为中国科协的团体会员，但在这个前提下，主管学会又包括两种情况。

第一种情况，学会是中国科协的团体会员，中国科协是其业务主管单位，但它们的办事机构挂靠在中国科协之外的相应单位。这些挂靠单位中有些是国家有关部委，有些是科研院所，有些是高等院校。一般地说，理科学会大都挂靠在高等院校和科研院所，工科学会大都挂靠在国家有关部委和大型企业。

和中国科协直属学会比较起来，主管学会满足了两个条件，或者说具备了两个因素。因此，主管学会是指学会是中国科协的团体会员、由中国科学作为其业务主管单位，而其办事机构“挂靠”在相应单位的全国学会。可见，所谓中国科协直属学会，也是一种主管学会，只是因为其挂靠单位在中国科协，因而和中国科协的关系更加密切。

第二种情况，学会是中国科协的团体会员，但以相关部门作为其业务主管单位，办事机构也挂靠在中国科协之外的相应单位。一般地说，一个全国学会一旦成为中国科协的团体会员，中国科协就应同时成为其主管上级或业务指导部门。但一些全国学会在成为中国科协团体会员之前，就已经由某些部门作为其主管上级或业务主管部门，当这些学会成为中国科协的团体会员之后，也没有改变某些部门作为其主管上级或业务主管部门的状况，而是在保持原有业务主管单位不变的同时，又形成了中国科协作为其业务主管单位的关系。比如，中国口腔医学会在成为中国科协团体会员之前的主管单位是卫生部（后来的卫生和计划生育委员会），成为中国科协团体会员并和中国科协形成新的业务主管单位关系之后，也没有改变原来的业务主管单位，其挂靠单位在北京大学口腔医院。

其实，这后一种主管学会也可以称为双重主管学会。这是因为，虽然这些学会在成为中国科协团体会员之前就有了业务主管部门，而且在成为中国科协团体会员之后也没有改变和原来业务主管部门的关系，但这些学会一旦成为中国科协的团体会员，中国科协就成为它们的业务主管单位，而且按照中国科协章程的规定，它们应当接受中国科协的领导，我们只是把这种领导理解为业务指导。因此，原来有业务主管单位的学会在成为中国科协团体会员之后，没有必要改变与原来的业务主管单位的关系，这些部门仍然可以继续成为这些学会的业务主管单位，只是必须同时明确中国科协作为它们的业务主管单位，接受中国科协的领导即业务指导。

主管学会目前占了中国科协所属学会的绝大多数，是中国科协所属学会的主体。

3. 委托管理学会

有一些全国学会，履行了在民政部登记的手续，是独立法人，办事机构也有相应的挂靠单位，但不是中国科协的团体会员，也没有业务主管部门，民政部将它们委托给中国科协管理，即委托中国科协做它们的业务主管单位。目前，我们将这种学会称为委托管理学会。

所以，委托管理学会是民政部委托中国科协作为其业务主管单位的、办事机构挂靠在中国科协之外相应单位的、非中国科协团体会员的全国学会。从这个意义上说，将这种学会称为委托管理学会也是不确切的。这是因为，既然民政部已经委托中国科协作为这些学会的业务主管单位，就说明中国科协已经得到了作为业务主管单位的授权，也就是说中国科协已经具备了作为这些学会的业务主管单位的资格，那么中国科协也就应当成为这些学会的业务主管单位，中国科协和这些学会之间的关系就应当是业务主管的关系，而不是什么委托管理的关系。只是中国科协在成为这些学会的业务主管单位之后，这些学会还没有成为中国科协的团体会员，中国科协与这些学会之间还仅限于业务指导关系，还有形成领导关系。

鉴于历史的原因，在实际工作中，委托管理的称呼可以继续保留，但中国科协和这些学会之间的业务主管关系必须建立起来，承担其作为业务主管单位的责任，而不能以委托管理为名放弃责任。

4. 无主管上级学会

无主管上级学会只满足了一个条件，或者说只具备了一个因素，即它们都是中国科协的团体会员，但它们没有主管上级，即没有业务主管单位，不论是中国科协还是其他部门或单位，都不是它们的主管上级或业务主管单位。这类学会又分为两种情况。

第一种情况是，一些全国学会是中国科协的团体会员，办事机构挂靠在中国科协之外的相应单位，但没有主管上级，它们只是因为是中国科协的团体会员而成为中国科协的所属学会。这种学会可称为“有挂靠、无主管”学会。

第二种情况是，也有个别全国学会是中国科协的团体会员，但不仅没有主管上级，而且办事机构也没有挂靠单位，它们只是因为是中国科协的团体会员而成为中国科协的所属学会。这种学会可称为“无主管、无挂靠”学会。

第六节　目前中国科协对全国学会的分类

目前，中国科协有200个所属全国学会，分为理科学会、工科学会、农科学会、医科学会、交叉学科学会、委托管理学会六个大类。这种分类，已经实行了几十年，基本符合中国科协所属学会的实际情况，也在实践中发挥了积极作用。

根据《中国科协学会、协会、研究会统计年鉴2014》的统计，六个类型全国学会的基本情况如下。

1. 理科学会

理科学会共42个，分别是：中国数学会，中国物理学会，中国力学学会，中国光学学会，中国声学学会，中国化学会，中国天文学会，中国气象学会，中国空间科学学会，中国地质学会，中国地理学会，中国地球物理学会，中国矿物岩石地球化学学会，中国古生物学会，中国海洋湖沼学会，中国海洋学会，中国地震学会，中国动物学会，中国植物学会，中国昆虫学会，中国微生物学会，中国生物化学与分子生物学会，中国细胞生物学学会，中国植物生理与植物分子生物学学会，中国生物物理学会，中国遗传学会，中国心理学会，中国生态学学会，中国环境科学学会，中国自然资源学会，中国感光学会，中国优选法统筹法与经济数学研究会，中国岩石力学与工程学会 ，中国野生动物保护协会，中国系统工程学会，中国实验动物学会，中国青藏高原研究会，中国环境诱变剂学会，中国运筹学会，中国菌物学会，中国晶体学会，中国神经科学学会。

2. 工科学会

工科学会共 68 个，分别是：中国机械工程学会，中国汽车工程学会，中国农业机械学会，中国农业工程学会，中国电机工程学会，中国电工技术学会，中国水力发电工程学会，中国水利学会，中国内燃机学会，中国工程热物理学会，中国空气动力学会，中国制冷学会，中国真空学会，中国自动化学会，中国仪器仪表学会，中国计量测试学会，中国标准化协会，中国图学学会，中国电子学会，中国计算机学会，中国通信学会，中国中文信息学会，中国测绘地理信息学会，中国造船工程学会，中国航海学会，中国铁道学会，中国公路学会，中国航空学会，中国宇航学会，中国兵工学会，中国金属学会，中国有色金属学会，中国稀土学会，中国腐蚀与防护学会，中国化工学会，中国核学会，中国石油学会，中国煤炭学会，中国可再生能源学会，中国能源研究会，中国硅酸盐学会，中国建筑学会，中国土木工程学会，中国生物工程学会，中国纺织工程学会，中国造纸学会，中国文物保护技术协会，中国印刷技术协会，中国材料研究学会，中国食品科学技术学会，中国粮油学会，中国职业安全健康协会，中国烟草学会，中国系统仿真学会，中国影视技术学会，中国振动工程学会，中国颗粒学会，中国照明学会，中国动力工程学会，中国惯性技术学会，中国风景园林学会，中国电源学会，中国复合材料学会，中国消防协会，中国图像图形学学会，中国人工智能学会，中国体视学学会，中国工程机械学会。

3. 农科学会

农科学会共 15 个，分别是：中国农学会，中国林学会，中国土壤学会，中国水产学会，中国园艺学会，中国畜牧兽医学会，中国植物病理学会，中国植物保护学会，中国作物学会，中国热带作物学会，中国蚕学会，中国水土保持学会，中国茶叶学会，中国草学会，中国植物营养与肥料学会。

4. 医科学会

医科学会共25个，分别是：中华医学会，中华中医药学会，中国中西医结合学会，中国药学会，中华护理学会，中国生理学会，中国解剖学会，中国生物医学工程学会，中国病理生理学会，中国营养学会，中国药理学会，中国针灸学会，中国防痨协会，中国麻风防治协会，中国心理卫生协会，中国抗癌协会，中国体育科学学会，中国毒理学会，中国康复医学会，中国免疫学会，中华预防医学会，中国法医学会，中华口腔医学会，中国医学救援协会，中国女医师协会。

5. 交叉学科学会

交叉学科学会共31个，分别是：中国自然辩证法研究会，中国管理现代化研究会，中国技术经济学会，中国现场统计研究会，中国未来研究会，中国科学技术史学会，中国科学技术情报学会，中国图书馆学会，中国城市科学研究会，中国科学学与科技政策研究会，中国农村专业技术协会，中国工业设计协会，中国工艺美术学会，中国科普作家协会，中国自然科学博物馆协会，中国可持续发展研究会，中国青少年科技辅导员协会，中国科教电影电视协会，中国科学技术期刊编辑学会，中国流行色协会，中国档案学会，中国国土经济学会，中国土地学会，中国科技新闻学会，中国老科技工作者协会，中国科学探险协会，中国城市规划学会，中国产学研合作促进会，中国知识产权研究会，中国发明协会，中国高新技术产业开发区协会。

6. 委托管理学会

委托管理学会共17个，分别是：中国农业历史学会，中国微循环学会，中国创造学会，中国密码学会，中国经济科技开发国际交流协会，中国睡眠研究会，中国高科技产业化研究会，中国微量元素科学研究会，中国国际经济技术合作促进会，中国基本建设优化研究会，中国科技馆发展基金会，中国生物多样性保护与绿色发展基金会，中国反邪教协会，中国总会计师协会，国际粉体检测与控制联合会，国际数字地球协会，国际动物学会。

1990年10月17日《民政部关于社团登记管理工作若干问题的复函》指出："根据民政部《关于〈社会团体登记管理条例〉有关问题的通知》（民社发〔1989〕59号文件）第三条关于'有些社会团体的业务主管部门不便由政府工作部门或党的工作部门承当时，经民政部门与有关业务部门协商同意后，也可以委托有能力进行资格审查和业务指导的其他单位承担这一职责'的规定，考虑到科协的历史作用，经与科委协商一致后，可以委托科协负责自然科学学术性团体的资格审查和业务指导。经科协论证并确认的学科性团体，由其进行日常管理。”这是中国科协成为委托管理单位的依据。根据这个文件，中国科协的委托管理，就是“日常管理”，因此，中国科协对委托管理的学会应与其他学会一样，不应当有什么实质性的区别。

第七节　目前全国学会分类需要注意研究的问题

从科学分类的要求看，中国科协目前对所属全国学会的这种分类，存在着把不同分类标准相混淆的问题，不利于有针对性地对学会实行有效指导。

第一，理科、工科、农科、医科、交叉学科学会与委托管理学会之间，不是遵循同一划分标准。理科、工科、农科、医科、交叉学科学会的分类，是依据学科所做的分类，而委托管理学会则是根据管理方式所做的分类，其相对应的应当是直属学会、主管学会、无主管上级学会。

第二，委托管理学会其实是一个集合概念，不可一概而论。在委托管理学会中，包括理科、工科、农科、医科、交叉学科学会，在指导上并不存在一个委托管理的统一标准，也应当体现分类指导的原则。

第三，即使是理科、工科、农科、医科、交叉学科的分类，也只是目前对学科的一般分类，其实这种分类本身也有相互交叉的情况。比如，理科和工科是一种基本分类，但农科、医科中的学科本身也有的属于理科，有的属于工科，有的则既有理科又有工科。

第四，交叉学科是相对于理科、工科、农科、医科的一种分类，但理科、工科、农科、医科中也都有很多属于交叉学科，一些学科是属于相应的理科、工科、农科、医科学科还是属于交叉学科，有时界限也是很模糊的。从实际情况看，目前分类的理科、工科、农科、医科中，都有相当数量的交叉学科。即使是将这些交叉学科仍然放置于相应学科，那么是放到这种学科还是放到那种学科，也是需要认真研究的问题。

第五，就交叉学科本身来说，情况也相当复杂，既有自然科学学科和社会科学学科之间的交叉，也有同属于自然科学范畴的理科、工科、农科、医科之间的交叉，还有同一学科之间的不同分支学科之间的交叉，甚至还有某一一级学科和某一二级学科之间的交叉。

我们提出这样的问题，并不是说这种分类本身有什么问题，也不是说要对这种分类做什么改进，而只是指明了一种实际存在着的情况，提醒我们在目前这种分类的情况下对学会进行指导时加以注意，使我们的指导更加符合实际，更具有针对性。

第八节　全国学会和中国科协的关系

就目前中国科协和全国学会的关系而言，可以将全国学会大体分为两大类，一是主管学会（团体会员学会），一是委托管理学会（非团体会员学会）。

我们这里主要讨论一下中国科协和主管学会的关系。所谓主管，就是中国科协对作为团体会员的全国学会的业务指导；所谓主管学会，就是由于成为中国科协团体会员而在业务上接受中国科协指导的学会。中国科协和作为团体会员的全国学会之间的关系，就是业务指导关系。那么，怎样理解和处理这种业务指导关系呢？笔者理解，这里所说的业务，是在学会这个层面而言的，是指学会本身的工作业务，而不是和学会所在的学科、专业、领域的业务。因此，中国科协对于学会按照学会章程运转的过程应当予以指导，包括按时换届，理事会、常务理事会的组成，理事长、副理事长、秘书长的人选，办事机构及其工作人员队伍建设，开展学术交流、科学普及、决策咨询等重大活动等工作业务。

在中国科协所属的全国学会中，有一部分学会既是中国科协的团体会员，接受中国科协的业务指导，也就是说，中国科协是它们的业务主管部门，同时，它们还有自己的主管部门。形成这种情况的原因是，全国学会建立并到民政部门登记时，必须征得主管部门的同意，也就是说，成立全国学会必须有主管部门。这些全国学会通过成为中国科协的团体会员而和中国科协形成业务指导关系后，仍然由原来的部门、单位作为其主管部门，并接受其业务指导。但是，全国学会接受主管部门的业务指导，同接受中国科协的业务指导是不矛盾的。主管部门的业务指导，主要是和学会所在的学科、专业、领域相关的业务，以及对派出的人员进行管理，并不干预学会的具体工作。比如学会换届，中国科协负责会员代表的产生、理事会和常务理事会的组成、人选的通盘考虑，而主管部门则负责推荐有关人选。

按照我们对委托管理学会、对与委托管理学会关系的理解，中国科协无疑应当成为委托管理学会的业务主管单位，无疑应当与委托管理学会之间建立起业务指导关系。这种业务指导关系应当区分为两种情况。一是中国科协经民政部授权后作为委托管理学会的业务主管单位，对委托管理学会所进行的业务指导，应当是和委托管理学会所在的学科、专业、领域相关的业务。二是当委托管理学会成为中国科协团体会员后，中国科协将在另外一种意义上成为委托管理学会的业务主管单位，并相应地与委托管理学会之间形成另外一种意义上的业务指导关系，这时，中国科协对于委托管理学会的业务指导则应当是对其按照学会章程运转过程的指导。在实际过程中，中国科协的这两种业务指导是结合在一起的。

第九节 全国学会和地方学会的关系

全国学会和地方学会都是同级科协的团体会员，接受同级科协的领导。具体地说，全国学会是中国科协的团体会员，省级学会是省级科协的团体会员，市级学会是市级科协的团体会员，县级学会是县级科协的团体会员，分别在中国科协、省级科协、市级科协、县级科协的领导下开展工作。在整个中国科协组织体系中，只有中国科协和地方各级科协与所属学会之间是领导关系，而中国科协和省级科协之间、省级科协和市级科协之间、市级科协和县级科协之间是业务指导关系，没有领导关系；同样，全国学会和省级学会之间、省级科协和市级学会之间、市级学会和县级学会之间也是业务指导关系，没有领导关系。

需要强调的是，省级学会只有成为相应的全国学会的团体会员时，才和相应的全国学会之间发生业务指导关系，接受相应的全国学会的业务指导。也就是说，全国学会并不必然地拥有对省级学会进行业务指导的资格，只有省级学会成为全国学会的团体会员时，全国学会才拥有这种对其进行业务指导的资格。同样，省级学会对市级学会、市级学会县级学会也并不拥有必然的业务指导资格，县级学会、市级学会只有成为上一层级相应学会的团体会员时，才能和上一层级相应学会之间发生业务指导关系，并接受其业务指导。

同时需要强调的是，即使上一层级学会和下一层级相应的学会之间形成了业务指导关系，上一层级学会对下一层级相应的学会进行业务指导，也必须尊重其作为独立法人存在的学会的地位，保证其独立负责地开展工作，协商办事，提供支持和服务，通过业务指导本身的有效性发挥作用。

还有一个需要强调的问题，省级学会加入中国科协所属全国学会、成为其团体会员的前提，是必须首先加入省级科协、成为其团体会员。也就是说，中国科协组织体系中的学会，应当首先是同级科协的团体会员，然后再是上一层级相应学会的团体会员。这样，中国科协组织体系中的学会就拥有了双重身份，既是同级科协的团体会员，又是上一层级相应学会的团体会员。

第三十二章 学会的领导机构

学会的领导机构包括会员代表大会、理事会、常务理事会。

第一节 会员（代表）大会

会员大会或会员代表大会是学会的最高权力机构，会员（代表）大会制度是学会的基本制度。学会依照章程的规定按期召开会员（代表）大会，履行相关的民主程序，体现会员的意志，实现会员对学会事务的参与和重大事项的决策。

1. 应按期召开会员（代表）大会

2007年9月12日《民政部关于社会团体登记管理有关问题的通知》（民函〔2007〕263号）指出："社会团体会员大会（会员代表大会）、理事会（常务理事会）的召开，领导成员的任期都应遵照章程规定。社会团体会员大会（会员代表大会）因特殊情况需提前或延期进行换届的，应事先以书面形式报业务主管单位和登记管理机关批准同意，社会团体应当在批准期限内完成换届。"按期召开会员（代表）大会，是发挥会员（代表）大会最高权力机构职能、贯彻民主办会原则的基本形式，也是检验学会发育成熟度的基本"指标"。一个学会如果连按期召开会员（代表）大会都做不到，发挥学会的作用就成为一句空话。

2. 会员代表大会代表的产生

经过多年的实践，多数学会的会员（代表）大会制度已经比较成熟，会员代表的产生符合民主程序，有广泛的群众基础，呈现出多元化的结构，具有广泛的代表性。实践证明，会员代表的多元化和广泛性有利于形成会员在学会的主体地位，有利于会员参与学会的重大决策和学会事务，有利于增强学会的群众基础。

根据中国科协全国代表大会代表实行任期制的制度设计，全国学会、地方各级学会的会员代表大会代表亦应相应地实行任期制，并通过适当的形式和方式，实现会员代表对学会工作更加有效的参与和监督，更有效地发挥会员代表的作用。为了有效地实行代表任期制，发挥代表的作用，中国科协在八大后制定颁布了《中国科协全国代表大会代表任期制暂行办法》，全国学会、地方各级学会亦应相应地制定实施细则，把代表任期制落到实处。

3. 会员（代表）大会的任期

会员（代表）大会每 3～5 年举行一次，特殊情况下，可以通信方式进行。遇特殊情况，会员（代表）大会可提前或延期召开，但须由理事会（常务理事会）做出决议，报同级科协批准。会员（代表）大会提前或延期召开的时间，一般不得超过 1 年。

会员（代表）大会须有 2/3 以上的会员（代表）出席方能召开，其决议须经到会会员（代表）1/2 以上表决通过方能生效。制定或修改章程，须经到会会员（代表）2/3 以上表决通过。

4. 会员（代表）大会的职责

1996 年 12 月中国科协五届常委会第三次会议通过的《中国科学技术协会全国性学会组织工作条例》规定，全国会员代表大会的职责是：①制定工作方针和任务；②审议理事会的工作报告；③审议学会经费收支情况；④制定、修改章程；⑤选举新的理事会；⑥举行学术活动。

2007 年 9 月中国科协七届常委会第四次会议审议通过的《中国科协全国学会组织通则（试行）》规定，会员（代表）大会的职责是：①制定、修改章程；②选举和罢免理事会理事；③审议理事会的工作报告和财务报告；④制定会费标准；⑤决定章程规定的其他重大事宜。

第二节　理　事　会

理事会是会员（代表）大会闭会期间的执行机构，因而是领导机构，负责领导会员（代表）大会闭会期间的学会工作，对会员大会或会员代表大会负责并报告工作。

1. 理事会的产生

理事会是会员（代表）大会闭会期间的领导机构。理事会理事应在充分酝酿、民主协商的基础上，采用无记名等额或差额投票方式经选举产生。

2007 年 9 月 12 日《民政部关于社会团体登记管理有关问题的通知》（民函〔2007〕263 号）规定："社会团体换届产生新一届理事长（会长）、副理事长（副会长）、秘书长后，无论是否发生人员、职务变动，均应按照相关规定，及时到登记管理机关办理负责人变更备案手续。其中属于党政领导干部届满后继续兼任的，需事先根据《关于审批中央管理的干部兼任社会团体领导职务有关问题的通知》（组通字〔1999〕55 号）精神，重新按照干部管理权限履行审批手续。"

2. 理事会的组成

1996 年 12 月中国科协五届常委会第三次会议通过的《中国科学技术协会全国性学会组织工作条例》规定，理事会的规模不宜过大。理事人选应是学术上有成就、学风正派、热心学会工作的科学家、专家和科技工作者，以及热心和支持学会工作并从事有关学科组织工作的管理工作者。理事会组成要体现老、中、青结合，理事要认真履行自己的职责。

3. 理事会的召开

2007 年 9 月中国科协七届常委会第四次会议审议通过的《中国科协全国学会组织通则（试行）》规定，理事会原则上每年至少召开一次会议。理事会须有 2/3 以上理事出席方能召开，其决议须经到会理事 2/3 以上表决通过方能生效。理事不能到会，可委托代表参加，并有委托投票权。

4. 理事会的任期

1996 年 12 月 10 日中国科协五届常委会第三次会议通过的《中国科学技术协会全国性学会组织工作条例》规定，理事会成员每届更新不少于 1/3。理事长原则上任期一届，不得兼任中国科协所属其他学会理事长职务。常务理事兼任职务不超过两个学会。

2007 年 9 月中国科协七届常委会第四次会议审议通过的《中国科协全国学会组织通则（试行）》规定，全国学会理事长（会长）、副理事长（副会长）、秘书长连续任期不得超过两届。对任期内业绩突出，会员认可度高的秘书长，经常务理事会提名，理事会 2/3 以上理事表决通过，学会内公示后，报经中国科协书记处审批同意，并履行民主选举程序后，可再延长一届任期。

5. 理事会的职责

1996 年 12 月中国科协五届常委会第三次会议通过的《中国科学技术协会

全国性学会组织工作条例》规定，理事会承担职责是：①执行全国会员代表大会决议；②制订学会活动计划；③领导所属组织开展活动；④制定、完善财务管理制度并监督其执行情况；⑤召开下届会员代表大会；⑥进行奖励和表彰活动。

2007年9月中国科协七届常委会第四次会议审议通过的《中国科协全国学会组织通则（试行）》规定，理事会行使下列职权：①执行会员（代表）大会的决议；②选举、罢免常务理事、副理事长（副会长）、理事长（会长）；选举（或聘任）、罢免（或解聘）秘书长；③筹备召开会员（代表）大会；④向会员（代表）大会报告工作和财务状况；⑤负责会员的吸收和除名；⑥决定设立办事机构、分支机构、代表机构和实体机构；⑦决定副秘书长、各机构主要负责人的聘任；⑧领导学会各机构开展工作；⑨制定管理制度；⑩履行章程规定的其他职权。

第三节　常务理事会

学会根据需要，可设立常务理事会。常务理事会在理事会闭会期间行使相关职权，负责领导理事会闭会期间的学会工作，对理事会负责。

1. 常务委员会的组成

2007年9月中国科协七届全国委员会第二次会议授权七届常务委员会第四次会议审议通过的《中国科协全国学会组织通则（试行）》，对理事会及常务理事会组成做出了如下原则规定：①理事会人数原则上根据学会会员数量按一定比例确定，理事会规模不宜过大；常务理事会人数不得超过理事会人数的1/3；②理事（常务理事）在本专业领域应有一定的代表性、权威性；③专家、学者、在产学研第一线工作的科技工作者与管理人员比例适当；④年龄结构合理；⑤每届成员调整不得少于1/3。

2. 常务理事会的职责

根据《中国科协所属全国性学会、协会、研究会常务理事会职责与议事规则》的规定，常务理事会拥有以下职权：①执行全国会员代表大会的决议；②筹备召开全国会员代表大会；③决定会员的吸收与除名；④决定设立分支机构、办事机构、代表机构及实体机构；⑤决定副秘书长、各机构主要负责人的聘任；⑥审批年度工作计划；⑦审议学会主要经费预算、决算，并监督使用情况；⑧审定学会的有关表彰和奖励事项；⑨审定学会各工作委员会、分支机构及职能部门提交的讨论事项；⑩审定学会参加国际组织及活动；⑪审定向有关部门推荐学科带头人、优秀人才及各种代表；⑫其他须经常务理事会讨论决定的重要事项。

2007 年 9 月中国科协七届常委会第四次会议审议通过的《中国科协全国学会组织通则（试行）》规定，常务理事会在理事会闭会期间行使本通则规定的理事会职权中除②、④之外的其他八项职权，即①、③、⑤、⑥、⑦、⑧、⑨、⑩项的职权，对理事会负责。

3. 常务委员会的议事规则

根据《中国科协所属全国性学会、协会、研究会常务理事会职责与议事规则》的规定，常务理事会按照以下规则运行：①常务理事会会议由理事长（会长）主持；特殊情况可由理事长（会长）委托副理事长（副会长）或秘书长主持；②常务理事会会议原则上每季度召开一次，须有 2/3 以上常务理事出席方能召开；③提请常务理事会审议的有关文件应在会前一周内发给与会人员；④常务理事会实行民主集中制原则，各项提案须经 2/3 以上常务理事充分讨论，通过表决做出决定。如遇紧急情况亦需由在京常务理事半数以上同意方能做出决定；同时，必须书面告之其他未与会的常务理事；⑤常务理事因特殊情况不能与会时，须通过回执请假，并对提交的讨论文件提出书面意见。如会前未收到回函，则按“弃权”处理；⑥非常务理事的学会副秘书长及各部门主要负责人可列席常务理事会会议；⑦常务理事会会议后，应及时将会议纪要印发全体理事，并报送业务主管部门及挂靠部门。

根据 2002 年 10 月中国科协六届六次常委会审议通过的《中国科学技术协会所属全国性学会组织工作条例》的规定，常务理事会至少每半年召开一次，同样须有 2/3 以上的理事出席，决议须有 2/3 以上到会理事通过。这种规定是根据发挥理事、常务理事作用的需要做出的，应当说要求并不高，但从实际情况看，执行得并不好。由于理事会、常务理事会成员来自不同的地方、部门和单位，有自己的工作，往往造成不能按时召开理事会、常务理事会，或者即使召开了也不能保证规定的到会人数。这已经成为一些学会多年来难以解决的问题。从表面上看，这个问题是一个开会和到会人数问题，其实是一个涉及如何实现会员对学会事务参与和重大事项决策的问题，是一个能否体现会员的意志和主体地位与作用的问题，应当切实加以解决。除了定期参加会议这种方式外，还要研究理事会、常务理事会闭会期间发挥理事、常务理事作用的具体方式。

2007 年 9 月中国科协七届常委会第四次会议审议通过的《中国科协全国学会组织通则（试行）》规定，常务理事会原则上至少半年召开一次会议。常务理事会须有 2/3 以上常务理事出席方能召开，其决议须经到会常务理事 2/3 以上表决通过方能生效。

第三十三章 学会的分支机构

学会的分支机构包括工作机构和学术机构，前者称为工作委员会，后者称为专业委员会（或分科学会），在学会的领导机构理事会、常务理事会领导下开展工作。

第一节 学会分支机构的构成和设立

学会根据自己的性质和职能任务、会员组成的特点、开展活动的需要，可以成立分支机构。分支机构是学会的有机组成部分，是学会的组织基础，是行使学会领导机构权力的实现方式。

1. 分支机构的构成

学会的分支机构包括学会分会、专业委员会、工作委员会、专项基金管理委员会等。

学会分支机构是学会的组成部分，不具有独立法人资格，接受所属学会理事会（常务理事会）的领导，其法律责任由设立该分支机构学会承担。

由于分支机构是学会不可分割的组成部分，不是独立法人，所以，分支机构在对外开展工作时应使用全称，表明属于哪个学会。全国学会分支机构应在名称前冠以全国学会的全称，而不能单独冠以“中国”、“中华”、“全国”等字样；地方学会分支机构应在名称前冠以地方学会的全称，而不能单独冠以某省（市、县）的字样。

2. 分支机构的设立

1998年10月发布施行的《社会团体登记管理条例》规定：“社会团体成立

后拟设立分支机构、代表机构的，应当经业务主管单位审查同意，向登记管理机关提交有关分支机构、代表机构的名称、业务范围、场所和主要负责人等情况的文件，申请登记。”“社会团体的分支机构、代表机构是社会团体的组成部分，不具有法人资格，应当按照其所属于的社会团体的章程所规定的宗旨和业务范围，在该社会团体授权的范围内开展活动、发展会员。社会团体的分支机构不得再设立分支机构。”“社会团体注销的，其所属分支机构、代表机构同时注销。”学会出现“擅自设立分支机构、代表机构，或者对分支机构、代表机构疏于管理，造成严重后果的”情形，登记管理机关将给予警告，责令改正，可以限期停止活动，并可以责令撤换直接负责的主管人员；情节严重的，予以撤销登记。

根据 2007 年 9 月中国科协七届常委会第四次会议审议通过的《中国科协全国学会组织通则（试行）》规定，分支机构的设立应具备下列条件：①有规范的名称；②有学术带头人和一定规模的专家学者群体；③有符合章程所规定的业务范围；④能独立开展相应的业务活动；⑤有固定的住所；⑥有合法和相对稳定的经费来源。

分支机构应当按照所属学会的规定按时换届。其负责人可以连选连任，但不得超过两届。党政机关副处级以上干部兼任学会分支机构负责人的，应按干部管理权限报批。

第二节　工作委员会

根据工作需要，在常务理事会下可以设立若干工作委员会，协助常务理事会研究决定一些重大事项。工作委员会属于学会的分支机构。

1. 工作委员会的组成

1980 年 3 月中国科协二大通过的《中国科学技术协会自然科学专门学会组织通则》规定，学会理事会根据工作需要，可酌情设立各种工作委员会（或小组）：①学术工作委员会；②普及与教育工作委员会；③编辑工作委员会（全国性学报、刊物编委会名称须向中国科协备案）；④国际学术交流委员会；⑤其他工作委员会。各种工作委员会的委员均由理事会或常务理事会决定。

1983 年 7 月制定的《中国科学技术协会自然科学专门学会组织通则》有关细则（修订稿）规定，理事会根据工作需要，可酌情设立各种委员会（或小组），作为理事会领导下的工作机构，如：①学术工作委员会；②普及与教育工作委员会；③刊物编辑工作委员会；④组织工作委员会；⑤国际学术交流工作委员会；⑥咨询工作委员会。

1986 年 12 月中国科协第三届第三次常委会通过的《中国科学技术协会全国

性学会组织通则》规定，理事会根据工作需要，可设立若干工作委员会协助理事会工作。委员会成员由理事会或常务理事会聘任。

设立什么样的工作委员会，由各学会根据需要确定。比如，可以设立组织工作委员会，负责指导学会的组织建设和会员工作；设立学术交流工作委员会，负责学会的学术交流工作；设立科学普及工作委员会，负责组织会员面向社会公众开展科学普及工作；设立学会发展工作委员会，负责承接政府转移职能的落实工作，等等。

2. 工作委员会的性质与任务

根据《中国科协所属全国性学会、协会、研究会各工作委员会工作规则》的规定，各工作委员会是理事会、常务理事会领导下的工作机构，与各专业分会及各地方学会非隶属关系，不直接对外行文。

工作委员会主要任务是：①贯彻执行常务理事会的有关决议；②制定本工作委员会的规划和年度计划，并报学会常务理事会；③提出本工作委员会的有关重要报告或建议；④研究、指导、协调与本工作委员会有关的业务工作；⑤承办常务理事会交办的工作。

3. 工作委员会的组织设置

根据《中国科协所属全国性学会、协会、研究会各工作委员会工作规则》的规定，工作委员会的设置如下：①各工作委员会设主任委员 1 人，副主任委员 2～3 人，秘书 1 人；②各工作委员会的成员由常务理事会聘任，其主任委员从学会常务理事中产生，副主任委员从理事中产生，必要时亦可聘请会员担任；③学会副秘书长及有关部门负责人按分工参加相应的工作委员会的工作，各工作委员会的秘书可由学会推荐专职工作人员担任；④各工作委员会委员的任期为 4～5 年。

4. 工作委员会的职责

根据《中国科协所属全国性学会、协会、研究会各工作委员会工作规则》的规定，各工作委员会的职责由各工作委员会制订，并报学会常务理事会批准后行使。

第三节　专业委员会（或分科学会）

1986 年 12 月中国科协第三届第三次常委会通过的《中国科学技术协会全国性学会组织通则》第一次做出规定，学会根据学术活动的需要，可设立若干专业委员会（或分科学会）作为理事会领导下的学术组织。专业委员会也是学会的分支机构。

1. 专业委员会（或分科学会）的组成

根据1986年12月中国科协第三届第三次常委会通过的《中国科学技术协会全国性学会组织通则》的规定，专业委员会（或分科学会）的名称不直接冠以“中国”、“中华”、“全国”等字样。不另订章程。专业委员会（或分科学会）实行委员制，其正、副主任委员由理事会聘任或由委员会选举产生。为避免重复设置，其设立应与有关学会商量后，由理事会或常务理事会讨论决定，并报中国科协备案。

1986年12月中国科协第三届第三次常委会同时通过的关于《中国科学技术协会全国性学会组织通则》的补充说明，对专业委员会做了进一步说明：专业委员会（或分科学会）是在理事会领导下负责组织学术活动的学术组织，不是一级学会组织，因此其领导成员为委员制，由正、副主任委员若干人组成委员会。不另订章程。

2. 专业委员会（或分科学会）的职责

根据1986年12月关于《中国科学技术协会全国性学会组织通则》的补充说明，专业委员会（或分科学会）的职责是：①编制本专业委员会的学术活动计划，报学会理事会审定；②承接有关部门委托的咨询及科技评审工作；③组织、评审本专业有关的学术论文，协助学会刊物征、审有关专业稿件；④举办各种培训班，发现和推荐优秀科技人才；⑤也可向常务理事会推荐会员。

3. 专业委员会（或分科学会）的组织设置

根据1986年12月关于《中国科学技术协会全国性学会组织通则》的补充说明，专业委员会（或分科学会）可根据工作需要，设学术秘书1～2人，人选由正、副主任委员提名。专业委员会在正、副主任委员领导下负责处理日常工作。亦可根据本专业的情况，设置若干学组。

第三十四章 学会会员（一）

会员是构成学会的细胞，是学会的行为主体；离开了会员，学会的生命就停止了。学会会员包括团体会员和个人会员，而团体会员本身也是由个人会员构成的。因此，我们说会员是构成学会的细胞，是学会的行为主体，主要指的是个人会员。加强学会组织建设，在很大程度上就是加强会员队伍的建设；发挥学会的作用，在很大程度上就是发挥会员的作用。本章主要讨论个人会员问题。

第一节　会员是学会之本

中国科协的主体是学会，而学会的主体是会员。在一定的意义上可以说，没有学会就没有科协，没有会员就没有学会。离开了会员而谈学会，就和离开了学会而谈科协一样，都是没有任何意义的。

重视发展会员，重视发挥会员的作用，重视为会员服务，是中国科协及其所属学会由来已久的传统，这既是中国科协及其所属学会存在和发挥作用的基础，也是中国科协及其所属学会存在和发挥作用的基本方式。1961 年 4 月 10～23 日，中国科协在北京召开全国工作会议，中央宣传部副部长周扬同志在会上做了重要讲话，其中专门谈到了学会问题。他指出："学会要有会员而且要有一定的标准，要知道够全国水平的会员到底有多少？会员不要太多，多了就没有界限了。工农先进分子可以吸收的应当吸收，但要有标准，全国性学会会员要有条件，有一定的水平，一定的工作，一定的表现。才能做全国性学会会员。加入全国性学会应当成为一种荣誉，要'抬高身价'，这样才能衡量一个国家的科学水平。至于各地，条件可以放宽一些。"①

① 《中国科学技术协会》编辑委员会编：《当代中国丛书·中国科学技术协会卷》，当代中国出版社，1994年，第70页。

会员也是构成学会的基本元素，是建立学会的基本条件。1998 年 10 月发布施行的《社会团体登记管理条例》明确规定，社会团体“是指中国公民自愿组成，为实现会员共同意愿，按照其章程开展活动的非营利性社会组织”。显然，会员是构成社会团体的主体。因此，成立社会团体的第一个条件，是“有 50 个以上的个人会员或者 30 个以上的单位会员；个人会员、单位会员混合组成的，会员总数不得少于 50 个”。

既然会员是学会的主体，那么学会的生机和活力，就在于会员的积极参与和投入，而会员的参与和投入程度，取决于学会在事实上能够为会员提供什么样的服务。学会为会员提供服务的程度，与会员参与和投入的程度，成正相关关系。也就是说，学会为会员提供的服务越多、越好，会员对学会的参与与投入的热情和积极性也就越高。这是被学会的实践所证明了的。因此，表面上看，学会的生机和活力在于会员对学会的参与和投入，而实质上在于学会对会员提供的服务。没有有效的服务，学会对于会员就没有吸引力、向心力和感召力，会员也就不会有积极的参与和投入。

根据 2010 年清华大学 NGO 研究所接受中国科协学会学术部委托而开展的一项调查，学会为会员提供的服务主要有：提供信息和寄送材料，设立成果奖励，减免会议费，提供教育机会，优先发表文章，提供会员日活动服务，以及搭建会员与政府、企业沟通的桥梁。但值得注意的是，学会在提供就业流动、反映诉求、资格认定、知识产权认定、搭建与政府沟通的桥梁、搭建与企业沟通的桥梁等高级服务方面，却明显弱些。学会对会员的服务水平决定了学会对会员的吸引力，而会员缴费率是衡量学会对会员吸引力的一个重要指标。调查显示，会员缴费率低于 30%的学会，提供的会员高级服务种类很少，有些甚至没有任何针对会员的高级服务。会员缴费率在 30%～50%的学会，会员高级服务种类构成逐渐增多。会员缴费率在 50%以上的学会，针对会员的高级服务最为丰富。

由此，我们可以得出结论，会员是学会之本，学会必须以会员为本。

第二节　个人会员的构成

学会会员包括团体会员和个人会员，而个人会员是学会的基本构成。我们说会员是学会的主体，实际上主要是指个人会员。

学会的个人会员具有多重结构构成。个人会员的多重结构构成，是中国科协所属一些发育成熟的学会的传统，是学会普遍采取的做法。成立于 1927 年的、作为科代会发起单位之一的中华自然科学社，其章程规定：“本社社员分下列四种：（一）普通社员，（二）永久社员，（三）赞助社员，（四）名誉社员。”

同时，规定了各种社员的条件："普通社员：凡研究自然科学，或从事自然科学事业，赞成本社宗旨，得本社普通社员二人之介绍，经社务会之选决者，得为本社普通社员。""永久社员：凡普通社员在一年内一次或两次缴足五十元社费者，即为永久社员，以后不再缴常年费，其他权利与义务与普通社员同。""赞助社员：凡捐助本社经费、产业、书籍、仪器或其他之赞助，经社务会提出，得年会社员过半数之选决者，得为本社赞助社员。""名誉社员：凡于自然科学之学术或事业上有特别成绩，经社务会之提出，得年会社员过半数之选决者，得为本社名誉社员。"①

中国科协二大通过的《中国科学技术协会自然科学专门学会组织通则》，规定了个人会员的构成：个人会员；学生会员，"有条件的学会可以吸收学生会员"；通讯会员，"在学术上有较高成就，对我国友好，并愿意与对口学会联系、交往和合作的外籍科技工作者"；名誉会员，"凡对某一学科的发展有重要贡献，具有较高学术威望，热心参加或组织与我国相应学会的科学技术交流的外籍专家、学者，经学会常务理事会讨论通过，可授予名誉会员等称号"。

1996 年 12 月中国科协五届常委会第三次会议通过的《中国科学技术协会全国性学会组织工作条例》规定，会员有个人会员、团体会员、外籍会员；有条件的学会经理事会同意，可吸收学生会员和接纳高级（资深或终身）会员。

2001 年 12 月印发的《关于推进所属全国性学会改革的意见》，提出个人会员构成为：高级（资深）会员；会员；学生会员；外籍会员。"探索建立多元结构的会员制度。适应我国科技队伍的结构、流向、分布和就业出现多样性的趋势，扩大会员覆盖面，努力吸收不同科技机构、不同地区、不同年龄段的科技工作者，以及与本学科相关的事业、企业单位加入学会。重视发展非公有制经济组织的科技工作者入会。实行包括高级（资深）会员、会员、学生会员和团体会员以及外籍会员等分类分级管理的会员组织体制。"

2007 年 6 月中国科协七届全国委员会第二次会议授权七届常务委员会第四次会议审议通过的《中国科协全国学会组织通则（试行）》，进一步规定了个人会员的构成：个人会员；荣誉会员，"对本学科或专业科学技术发展和学会工作有重大贡献的专家、学者，经全国学会常务理事会推荐、理事会通过，可授予荣誉会员称号"；名誉会员，"对本学科或专业的发展有重要贡献，具有较高学术威望，热心参加或协助组织与我国相应学会的科学技术交流的外籍专家、学者，经全国学会常务理事会推荐，理事会通过，可授予名誉会员称号"；名誉会员，"在相关学术领域有较高造诣，对我国友好，愿意与对口全国学会联系、交流和合作的外籍科技工作者，经本人申请或经全国学会个人会员、分支机构、

① 何志平等主编：《中国科学技术团体》，上海科学普及出版社，1990 年。

代表机构推荐，全国学会依据章程，经理事会（常务理事会）批准吸收为外籍会员”。

根据一些学会的成功经验，把会员区分为资深会员、高级会员、普通会员、学生会员等多种层次和类别，构建层次化、多元化的个人会员结构，实行分类管理和服务。从实际情况看，学会个人会员层次化、多元化的结构已经建立起来。根据《中国科协年鉴》的统计，截至2012年年底，共有125家学会设立了3种以上的会员类别，占全部学会总数的65%。一些学会对会员种类的划分达到7种之多。据《中国科协全国学会发展报告（2013）》提供的情况，45%的全国学会区分了高级会员与普通会员，进行分类发展、管理、服务；34.1%的学会设立了荣誉会员；57%的学会专门设立了学生会员，注重对未来科技工作者的吸引和培养；接近1/4的学会开始发展外籍或海外会员，增强我国学会对海外人才的辐射和吸引力。

第三节　个人会员的资格条件

我们说会员是学会的主体，主要是就个人会员而言的，所谓会员是主体，就是说会员在学会中居于主人的地位，发挥主人的作用；通俗地说，就是会员要在学会中当家做主，包括参与民主选举、民主决策、民主管理、民主监督。而这种当家做主的地位和作用，是通过会员的资格条件、权利和义务来体现的。会员的资格条件、权利和义务是一个有机整体，不可分割，也不可偏废。没有相应的资格条件、权利和义务，会员当家做主的地位就不能保证，作用就不能发挥。

学会是科技工作者的组织，但不是所有的科技工作者都可以成为学会会员。要成为学会会员，必须具备基本的资格条件，也就是加入学会的“门槛”。关于学会个人会员的资格条件，在中国科协的历史上多次做过规定，体现在一系列的文件中。以下做一个大致梳理，使我们对关于个人会员资格条件的形成、调整过程有一个深入的了解，而以最后、最新的文件为准。

早在中国科协的前身全国科联、全国科普时期，全国科联就对所属专门学会的会员资格问题做出规定。全国科联1950年拟订的学会会员要点中规定，学会会员的资格是：“甲、专科以上学校毕业，从事于××工作或其有关之科学技术工作者；乙、对××学有兴趣并在××工作上有成绩者。”

1954年1月，《关于科联方针任务及今后工作意见要点》指出，学会“会员应限于在科学研究工作上有一定水平和成就人员。因此，学会的会员资格应规定为：甲、从事××科学工作并有专门性的价值的科学论文或著作者；乙、从事××科学工作对本门科学的发展有特殊贡献者（指具有丰富的教学、技术经验的老教授、工程师、医师等)”。

1954 年全国科联常委会制订的工作计划要点中，对学会会员资格标准的规定是：“高等学校本科毕业或具有相当于高等学校本科毕业的学术水平，从事本门科学工作两年以上，对本门科学工作有一定表现者。”但实际上各个学会的情况不同，要求也不同。①

1957 年 7 月全国科联第一届全国委员会第二次扩大会议通过的《全国科联会员学会组织通则》提出：“学会的会员申请入会，应由学会分会根据学会总会的要求负责进行审查，其中具备规定学历的，由学会分会批准报总会备案；相当学术水平的，由学会分会签注审查意见，报总会标准。”

1957 年《全国科联修改会章草案说明（第二次修正稿）》专门讨论了会员资格标准，认为：“学会会员资格标准如何确定，如何掌握，这是全国科联在协助学会进行组织工作中的一个重要问题。”“从今天学会会员总的情况看，在总的数量上可能冒了一些。在另一方面，有一部分应当吸收进来的教授、工程师、主治医师和研究人员却没有入会。这是当前必须及时解决的问题。”为此，明确了以下几点：①学会会员必须具备一定的学术水平，要对本门科学技术工作有一定的创造，能在学术刊物上发表文章，或是对学术问题有自己的见解，能参加学术讨论。这是学会发展会员应当掌握的主要精神。②1954 年所规定的“高等院校本科毕业 2 年以上在本门科学工作中有一定表现”，基本上是能够达到上述要求的，也照顾了当前科学队伍的实际情况。当前仍应采用这一规定，今后在具体掌握上还应根据科学发展的情况逐步提高，但原规定中“一定表现”的提法拟修改为“在本门科学技术工作有一定成绩者”，以后发展会员时应注意防止忽视这一规定的现象。③“相当程度学术水平”的规定仍然需要，原因是确实有些人具有学会要求的上述学术水平，但并不具备什么学历的资格。把这些人关在门外，当然是违背科联宗旨和任务的要求的。但如果发展会员时离开了第一条所说的精神，吸收过多的人入会，也没有好处。因此，保持一定的比例是必要的。④关于“一定成绩”与“相当程度”的具体说明，应由各学会依据第一条的原则，按照不同学科的特点，自行拟定，惟应注意力求避免降低水平。

1964 年通过的《中华人民共和国科学技术协会自然科学专门学会试行通则（草案）》规定，凡拥护中国共产党领导，拥护社会主义，承认学会章程，并具有下列条件之一者，得申请为会员：①讲师、助理研究员和相当于讲师、助理研究员的工程师、技师、医师等以上的科学技术人员；②高等院校本科毕业，在生产、教学、研究单位、科学组织管理部门从事本门科学技术工作 3～5 年以

① 《关于中华全国自然科学专门学会联合会及所属专门学会的情况、问题和初步方案》，见何志平等主编：《中国科学技术团体》，上海科学普及出版社，1990 年。

上（以上各全国学会自行规定），而且有一定的科学技术水平者，或非高等院校本科毕业，但已具有相当于本条规定人员的工作经验和学术水平者；③工农革新家对本门科学技术工作有突出成绩和贡献或对本门科学技术问题有特殊经验和见解者；④热心本学会工作并积极支持本学会工作发展的有关部门的领导干部；⑤全国学会可以根据特殊情况，按一定的核准手续聘请外国著名科学家为“名誉会员”。

1980 年 3 月中国科协二大通过的《中国科学技术协会自然科学专门学会组织通则》，规定凡具备下列条件之一者，可为学会会员：①助理研究员、讲师、工程师、农艺师、主治医师等以上的科技人员；②取得硕士以上学位的科技人员；③高等院校本科毕业生，在研究、教学、生产、企事业单位、科学教育组织管理部门从事本学科工作三年以上，并有一定学术水平者；或虽非高等院校本科毕业，但已具有相当于本条规定的工作经验和学术水平的科技人员和工农革新家；④热心和积极支持学会工作，并从事有关学科工作的领导干部；⑤外籍学者，经全国性学会常务理事会通过，得吸收为名誉会员。

1983 年 7 月制定的中国科学技术协会自然科学专门学会组织通则》有关细则（修订稿），规定具有下列条件之一者，可申请为全国学会会员：①具有助理研究员、讲师、工程师、农艺师、主治医师等以上技术职称的科技人员；②取得硕士以上学位的科技人员；③高等院校本科毕业，在研究、教学、生产、企事业单位、科学教育组织管理部门从事本学科工作三年以上，具有一定学术水平和独立工作能力者，或虽非高等院校本科毕业，但已工作多年并具有相当于本条规定的学术水平和工作经验的科技人员和技术革新家；④热心和积极支持学会工作，并从事有关学科组织管理工作的少数领导干部。

1986 年 12 月中国科协第三届第三次常委会通过的《中国科学技术协会全国性学会组织通则》，对全国学会个人会员的条件是这样规定的：“本学科具有相当助理研究员、讲师、工程师、农艺师、主治医师等以上水平的科技人员；高等院校本科毕业或自学成才，从事本学科工作三年以上并有实际工作经验和一定学术水平者；获得硕士学位者；热心和积极支持学会工作的领导干部。”

《关于〈中国科学技术协会全国性学会组织通则〉的补充说明》指出：“学会是科学家和科技工作者自己的组织，既要使科技工作者能较广泛地加入自己的组织，又要使学会会员的条件保持一定的学术水平。考虑到国家对科技人员实行技术职务聘任制办法，因此将原通则个人会员条件比较强调学位和职称改为具有相当工程师……等以上水平的科技人员或自学成才者。”

1996 年 12 月中国科协五届常委会第三次会议通过的《中国科学技术协会全国性学会组织工作条例》规定，具备以下条件的人员可以成为全国学会个人会员：具有中级或相当于中级以上专业技术职务或职称的科技人员；获得硕士学位以上者；热心和积极支持学会工作并具有相应专业知识的管理工作者。

2007年6月中国科协七届全国委员会第二次会议授权七届常务委员会第四次会议审议通过的《中国科协全国学会组织通则（试行)》，对全国学会个人会员的条件，做了如下规定：具有一定专业技术职务或专业知识的科技人员，高技能人才，热心和积极支持学会工作并具有相应专业知识的管理工作者，可以成为全国学会会员。同时规定，其中，对本学科或专业科学技术发展和学会工作有重大贡献的专家、学者，经全国学会常务理事会推荐、理事会通过，可授予荣誉会员称号；对本学科或专业的发展有重要贡献，具有较高学术威望，热心参加或协助组织与我国相应学会的科学技术交流的外籍专家、学者，经全国学会常务理事会推荐，理事会通过，可授予名誉会员称号；在相关学术领域有较高造诣，对我国友好，愿意与对口全国学会联系、交流和合作的外籍科技工作者，经本人申请或经全国学会个人会员、分支机构、代表机构推荐，全国学会依据章程，经理事会（常务理事会）批准吸收为外籍会员。

第四节　个人会员的权利

关于学会个人会员的权利，在中国科协的历史上多次做过规定，体现在一系列的文件中。以下做一个大致梳理，使我们对关于个人会员权利的规定、调整过程有一个深入的了解，而以最后、最新的文件规定为准。

1980年3月中国科协二大通过的《中国科学技术协会自然科学专门学会组织通则》，规定了会员四项权利：①有选举权、被选举权；②对学会工作有建议、批评权；③参加本学会有关的学术活动；④优先取得本会有关的学术资料。

1983年7月制定的《中国科学技术协会自然科学专门学会组织通则》有关细则（修订稿)，规定了会员四项权利：①有选举权、被选举权；②对学会工作有建议、批评权；③优先参加本学会有关的学术活动；④优先取得本会有关的学术资料。除个别文字外，这个规定与《中国科学技术协会自然科学专门学会组织通则》的规定是一致的。

1988年2月中国科协第三届第三次常委会通过的《中国科学技术协会全国性学会组织通则》，对会员的权利和义务共做了八条规定，其中前四条为个人会员的权利：①有选举权、被选举权；②对学会的工作有建议、批评权；③优先参加学会有关学术活动；④优先取得学会有关学术资料。这个规定，与《中国科学技术协会自然科学专门学会组织通则》和《中国科学技术协会自然科学专门学会组织通则》有关细则（修订稿）的规定是一致的。

1996年12月中国科协五届常委会第三次会议通过的《中国科学技术协会全国性学会组织工作条例》，规定了会员的九项权利和义务，其中第二项至第五项为会员的权利：①有选举权、被选举权；②对学会工作有建议权、批评权；③优先参加学会有关学术活动；④优惠取得学会有关学术资料。

2007年6月中国科协七届全国委员会第二次会议授权七届常务委员会第四次会议审议通过的《中国科协全国学会组织通则（试行）》，规定个人会员有如下权利：①选举权、被选举权和表决权；②参加学会的活动；③获得学会服务的优先权和优惠权；④对学会工作的批评建议权和监督权；⑤入会自愿，退会自由；⑥学会章程规定的其他权利。

这些权利是学会个人会员的基本权利，不同层级、类型的学会可以根据自身的情况做出具体规定，但这些基本权利必须明确，必须保证。

第五节　个人会员的义务

关于学会个人会员的业务，在中国科协的历史上多次做过规定，体现在一系列的文件中。以下做一个大致梳理，使我们对关于个人会员业务的规定、调整过程有一个深入的了解，而以最后、最新的文件规定为准。

中国科协二大通过的《中国科学技术协会自然科学专门学会组织通则》，规定了会员四项义务：①遵守学会会章；②执行学会的决议和学会所委托的工作；③积极撰写学术论文和参加科普活动；④缴纳会费。

1983年7月制定的《中国科学技术协会自然科学专门学会组织通则》有关细则（修订稿），规定了会员四项义务：①遵守学会会章；②执行学会的决议和完成学会所委托的工作；③撰写学术论文和进行科普工作；④缴纳会费。

1988年2月中国科协第三届第三次常委会通过的《中国科学技术协会全国性学会组织通则》，对会员的权利和义务所做的八条规定中，后四条为个人会员的义务：①遵守学会会章；②执行学会决议，完成学会所委托的工作；③积极撰写学术论文和参加科普活动；④按规定缴纳会费。

1996年12月中国科协五届常委会第三次会议通过的《中国科学技术协会全国性学会组织工作条例》，规定了会员的九项权利和义务，其中第一项和第六项至第九项为会员的义务：①遵守学会章程；②执行学会决议，完成学会所委托的工作；③弘扬科学精神，遵守科学道德，不断更新知识；④积极参加学会各项活动；⑤按规定缴纳会费。

2007年6月中国科协七届全国委员会第二次会议授权七届常务委员会第四次会议审议通过的《中国科协全国学会组织通则（试行）》，规定个人会员有如下义务：①遵守学会章程，执行学会决议；②依学会章程规定按时缴纳会费；

③完成学会交办的工作；④维护学会合法权益；⑤向学会反映情况，提供有关资料；⑥学会章程规定的其他义务。

第六节　保证会员权利与义务的统一

会员享有什么样的权利，就必须相应地履行什么样的义务，权利和义务对等，密不可分。任何学会都不可能有只有权利而没有义务的会员，反之亦然，任何学会也都不可能有只有义务而没有权利的会员。是否正确行使会员权利、履行会员义务，是检验一个会员是否合格的基本标准。能否做到权利和义务的统一，是能否发挥会员的主体作用的关键，而会员能否发挥主体作用涉及学会的生存，因此，保证会员权利与义务的统一，是学会的重要任务。

保证会员权利与义务的统一，学会首先要做好会员服务工作，为会员正确行使权利、履行义务、维护会员的利益，创造良好的环境。为此，《中国科学技术协会全国性学会管理工作条例》提出，全国学会应加强对会员的管理和服务，并具体提出了三条要求：①会员应做到权利与义务的统一，会员的权利为有选举权和被选举权，对学会工作有建议权和批评权，优先参加学会有关学术活动，优惠取得学会有关学术资料。会员的义务为遵守学会章程，执行学会决议，完成学会所委托的工作，参加学会各项活动，按规定缴纳会费。②应制订会员会费收取、使用和管理的规章制度，做好为会员服务的工作。③建立健全会员档案信息库，发挥会员作用，努力把学会办成会员之家。

保证会员权利与义务的统一，学会也要加强对会员的管理。为此，中国科协七届全国委员会第二次会议授权七届常务委员会第四次会议审议通过的《中国科协全国学会组织通则（试行）》，对会员不履行义务的情形提出了处罚措施："会员1年不缴纳会费，全国学会应书面通知会员补交；不履行学会章程规定的缴纳会费义务，视为自动退会；再次申请入会需重新审批。不缴纳会费者，不能成为学会理事（常务理事）候选人。""会员严重违反学会章程，经理事会（常务理事会）或其委托的机构决定，予以除名。"

保证会员权利与义务的统一，目的在于发挥会员在学会中的主体作用，这既要加强对会员的管理，更要做好为会员服务的工作。做好会员服务工作，这是学会工作的根本。1987年2月27日，钱学森同志在中国科协第三届第二次全委会上的工作报告中，专门讲到为会员服务工作。他指出："要加强同会员的联系，做好为会员服务的工作。切实贯彻民主办会的原则，在党的领导下充分发挥科技工作者的主体作用，推行群众化、社会化的工作方法和工作作风。要按照会章，使每个会员都能享受到应有的权利，承担应尽的义务。努力组织好学术活动和科普活动，使这些活动成为科技工作者与社会交流的场所、为社会服务的场所、提高会员自身科学技术水平的场所，对优秀的学术和科普成果，给予鼓励与表扬。加强宏观学术交流、继续教育和科技培训工作，帮助会员了解掌握科技新成就，扩大知识面。充分发挥科技馆、站、中心的功能。会员应努力为实现本会宗旨作出贡献，积极参与有关活动，提出建议，并按期交纳会费。要敞开大门吸收青年科技工作者和在校大学生、研究生参加学会的活动，为青年尽快成才创造良好的社会条件。组织好'科学月谈会'等座谈会，办好《科技工作者建议》等刊物和专栏，开拓多种渠道，组织科技工作者与党政领导对话，当好党和政府联系科技工作者的纽带，办好'科技工作者之家'。"① 钱学森同志这些语重心长的话，至今仍然适用，我们应当继续贯彻好。

① 中国科协干部学院编：《中国科协重要文件汇编》，上海科学普及出版社，1991年。

第三十五章 学会会员（二）

本书在第二编第六章关于“三重组合的中国科协组织制度”中，讨论了中国科协的团体会员问题。中国科协的团体会员是所属全国学会，同样，地方各级科协的团体会员分别是地方各级科协所属的学会，以及隶属于中国科协和地方各级科协的基层组织。本章讨论的是学会的团体会员问题，包括全国学会的团体会员，以及地方各级科协所属学会的团体会员。

第一节 团体会员的构成

学会团体会员的构成包括两个方面。一是下一层级学会是上一级相应学会的团体会员，比如省级物理学会是全国物理学会的团体会员，市级物理学会是省级物理学会的团体会员，如此等等。二是团体会员单位，与学会关联度大的企事业单位、科研院所、高等院校和学术性社会团体等，通过相应的程序可以成为学会的团体会员单位。这两种团体会员同样重要，但从学会组织建设的角度来看，作为学会加入的团体会员更加重要，因为学会发展个人会员，中国科协通过学会发展个人会员而和科技工作者形成密切联系。

1983 年 7 月制定的《中国科学技术协会自然科学专门学会组织通则》有关细则（修订稿），专门列出了团体会员内容，提出“有条件的学会可试行”。这个细则规定：“凡企事业、科研、教学单位和学术团体，可向有关的全国性学会或省、市、自治区学会提出申请，经全国性学会常务理事会批准为全国性学会的团体会员。”

1986 年 12 月关于《中国科学技术协会全国性学会组织通则》的补充说明指出：“近几年来有些学会已开始吸收一些与学会专业有关的科研、教学、生产等单位为学会的团体会员。实践证明，这样做可使科技工作者与需要解决问题的单位建立起更直接的固定联系渠道，有利于学会面向经济建设，为经济建设服务，也有利于争取社会对学会活动的支持。”

可见，吸收企事业单位作为学会的团体会员是学会的传统做法，由来已久。据有关资料统计，到1990年年底，中国机械工程学会等110个全国学会吸收了21 307个企事业单位为团体会员。2001年12月印发的《关于推进所属全国性学会改革的意见》进一步明确提出，努力吸收“与本学科相关的事业、企业单位加入学会”。

吸收企事业单位作为学会的团体会员，也有法律依据。1998年10月发布施行的《社会团体登记管理条例》明确规定：“国家机关以外的组织可以作为单位会员加入社会团体。”

为了做好吸收团体会员的工作，许多全国学会专门做出规定。比如中国建筑学会团体会员条例指出，为了建立本会与建筑界中有影响、有实力单位之间的直接和固定的联系渠道，积极实现本会的宗旨，同时取得这些单位对本会的支持，根据中国科协关于全国性学会组织通则的规定，本会会章规定设有团体会员。比如中国电源学会团体会员单位入会说明指出，凡是在中国大陆注册的企事业单位，包括合资企业和外资企业，都可以申请加入中国电源学会各个档次的会员单位，会员单位分以下四种类别：会员单位、理事单位、常务理事单位、副理事长单位。其中高档次的类别包含了低档次的类别，如常务理事单位自然也是理事单位和会员单位，以此类推。

第二节　团体会员的条件

1996年12月中国科协五届常委会第三次会议通过的《中国科学技术协会全国性学会组织工作条例》规定，具备下列条件的单位和组织，可以成为全国学会的团体会员：与全国性学会学科（或专业）有关，具有一定数量科技人员，并愿意参加学会有关活动，支持学会工作的科研、教学、生产、设计等企、事业单位以及依法成立的有关学术性社会团体。

2007年6月中国科协七届全国委员会第二次会议授权七届常务委员会第四次会议审议通过的《中国科协全国学会组织通则（试行）》，对全国学会团体会员的条件做了如下规定：“与全国学会学科或专业相关，具有一定数量科技人员，愿意参加学会有关活动，支持学会工作的科研、教学、生产、设计等合法设立的企业、事业单位以及社会团体（港澳地区民间社会团体除外）。”

2007年9月中国科协七届全国委员会第二次会议授权七届常委会第四次会议审议通过的《中国科协全国学会组织通则（试行）》规定，全国学会成为中国科协团体会员，需符合下列条件：①承认《中国科学技术协会章程》；②按照《社会团体登记管理条例》依法登记的全国性科技团体。其业务原则上应属于国家科学技术学科分类标准规定二级以上学科或与科学技术发展和普及密切相关的领域；③有在相关领域内有重大影响的学术带头人和1000名以上的会员；④能独立开展国内外学术交流、科学普及、继续教育，编辑出版科学技术或科学普及类刊物；⑤有健全的办事机构及与其业务活动相适应的专职（全日制）工作人员，有固定的住所及每年不低于30万元的合法收入。

2008年6月中国科协七届常委会第七次会议审议通过的《中国科协团体会员管理办法（试行）》，对团体会员的条件有如下规定：①承认《中国科学技术协会章程》；②按照国务院《社会团体登记管理条例》依法登记，按基础科学、技术科学、工程技术及相关的学科组建或以促进科学技术发展和普及为宗旨的学术性、科普性社会团体。其业务原则上应属于国家科学技术学科分类标准规定二级以上学科或与科学技术发展和普及密切相关的领域；③具有在相关领域内有重大影响和重要贡献的学术带头人和1000名以上个人会员或一定数量的团体会员；④能独立开展国内外学术交流、科学技术普及、继续教育；编辑出版科学技术或科学普及刊物；⑤有健全的办事机构及与其业务活动相适应的专职（全日制）工作人员；有固定的住所及每年不低于30万元的合法收入。

各全国学会对吸收团体会员的条件，也都做了相应规定。比如，中国建筑学会团体会员条例规定，凡与本会专业范围有关的，并具有一定科技力量的科研、科学、设计、生产、管理等企事业单位，以及有关学术性群众团体，愿意参加本会有关活动，并支持学会工作的，均可申请为团体会员。中国电源学会团体会员单位入会说明中确定的团体会员条件是：①会员单位。凡是与本学会专业有关，愿意参加学会活动，按时缴纳会费的单位，都可以申请成为学会的会员单位。②理事单位。申请理事单位，要具备下列条件之一：电源及电源配套产品年销售额5000万元以上；某项产品或技术在同行业中处于领先地位。③常务理事单位。申请常务理事单位，要同时具备下列条件：电源及电源配套产品年销售额1亿元以上；有知名自主品牌产品。④副理事长单位在电源行业处于领军地位，而且热心电源行业的公益活动。

第三节　团体会员的权利和义务

1983年7月制定的中国科学技术协会自然科学专门学会组织通则》有关细则（修订稿），规定了团体会员的四项权利和四项义务。团体会员的权利是：①选派代表参加有关的学术活动；②优先取得学会有关的学术资料；③该单位有关的技术问题，可请学会优先承接技术咨询；④根据科学技术发展需要，可请学会协助举办技术培训班。团体会员的义务是：①遵守会章；②缴纳会费；③执行学会决议，完成学会所委托的工作；④资助学会活动经费。

1996 年 12 月中国科协五届常委会第三次会议通过的《中国科学技术协会全国性学会组织工作条例》，规定了团体会员的七项权利和义务，其中前四项是团体会员应当享受的权利，后三项是团体会员应当履行的义务：①优先参加学会的有关活动；②优惠取得学会的有关学术资料；③可要求学会优先给予技术咨询；④可请求学会协助举办培训班等；⑤执行学会决议及接受学会委托的工作；⑥协助开展有关的学术和科普活动；⑦按规定缴纳会费。

2007 年 6 月中国科协七届全国委员会第二次会议授权七届常务委员会第四次会议审议通过的《中国科协全国学会组织通则（试行）》，对个人会员和团体会员参加全国学会的条件分别做了规定，但在规定会员的权利和义务时却没有区分个人会员和团体会员，因此，可以认为，这个《通则》关于会员权利和义务的规定是适用于个人会员和团体会员的。关于会员权利和义务的这个规定，我们已经在上一章介绍过了，这里不再赘述。

2008 年 6 月中国科协七届常委会第七次会议审议通过的《中国科协团体会员管理办法（试行）》，对团体会员的权利和义务做了明确规定。团体会员享有的权利是：①推选代表参加中国科协全国代表大会，代表有选举权和被选举权；②参加中国科协的活动；③对中国科协的工作提出建议、批评和监督；④获得中国科协的有关资料；⑤获得中国科协的业务活动资助。团体会员应当履行的义务是：①遵守《中国科学技术协会章程》；②接受中国科协的领导；③执行中国科协决议和决定；④承担中国科协委托的任务。

第三十六章 学会的办事机构

对于一个学会来说，会员代表大会的决议也好，理事会、常务理事会的决策也好，都需要通过学会办事机构的工作来贯彻落实；学会的日常工作也好，经常性活动也好，都需要学会办事机构来统筹、来规划、来组织实施；为会员服务，发挥会员的作用，也需要通过办事机构在理事会、常务理事会的领导下开展的工作和活动来实现。因此，建立配置精干、运转高效的学会办事机构，加强学会办事机构的建设，就显得非常重要。从实际情况看，相当多数的学会办事机构还显得比较弱，加强学会办事机构的建设，具有现实性和紧迫性。

第一节　学会办事机构的职能和任务

办事机构是学会常务理事会或理事会领导下、授权秘书长具体负责的常设专职业务机构。有挂靠单位的学会，其办事机构在行政上接受挂靠单位领导。

1996 年 12 月中国科协五届常委会第三次会议通过的《中国科学技术协会全国性学会管理工作条例》，专门规定了“全国性学会办事机构的管理工作”，涉及学会的职能和任务：①全国性学会办事机构应在学会常务理事会领导下开展工作，认真贯彻执行常务理事会的决议。在党、政、财务、外事、人事等方面，受挂靠单位的领导。②具备条件的全国性学会办事机构，应建立党的组织。办事机构党组织受挂靠单位党组织的领导。③全国性学会办事机构专职工作人员的思想政治工作由挂靠单位负责。④全国性学会办事机构专职工作人员的人事管理，由挂靠单位按其编制系列管理权限进行管理。⑤全国性学会办事机构的财务工作，接受常务理事会（及其财务工作委员会）的领导和管理，并接受挂靠单位的监督和审计。⑥全国性学会办事机构的外事工作，接受常务理事会（及其外事工作委员会）

的领导和管理，并接受中国科协或挂靠单位外事部门的指导。

第二节　学会办事机构的构成

学会办事机构一般称为秘书处，由秘书长主持工作，由若干副秘书长辅助工作。副秘书长应当有分工，在秘书长领导下开展工作。办事机构要有一支一定数量的专兼职工作人员队伍。

根据学会的规模和学会开展工作的需要，秘书处可以设立数量不等的具体办事部门。一般可以设立办公室，负责秘书处的日常事务；设立学术部，负责筹划、组织学会的学术交流活动；设立普及部，负责筹划、组织会员面向社会公众的科学普及活动；设立会员部，负责会员发展、联系和服务工作；设立联络部，负责与有关机构、部门和组织的联络和合作。

第三节　学会秘书长的重要作用

学会秘书长是学会办事机构的负责人，在学会理事会的领导下，负责学会办事机构的日常工作。

1. 学会秘书长的作用

一个学会的作用发挥得好不好，和办事机构的作用有很大关系，而办事机构的作用发挥得好不好，又是和秘书长的素质和作用有直接关系。可以说，学会办事机构作用发挥得好不好，关键在于能否选好一个合格的秘书长。因此，要把选好一个合格的秘书长，作为学会组织建设的重要任务，切不能疏忽大意。

经过多年的努力，学会秘书长队伍的整体素质有了很大提高，这为充分发挥学会秘书长的作用提供了坚实的基础。据《中国科协全国学会发展报告(2013)》的统计，2013 年全国学会拥有博士学位的秘书长比例达到 59%，比 2010 年增长 21%。

2. 学会秘书长的产生

学会秘书长人选由学会理事长提名，经理事会审议通过。

3. 学会秘书长的职权

2007 年 9 月中国科协七届常委会第四次会议审议通过的《中国科协全国学会组织通则（试行）》规定，秘书长行使下列职权：①主持办事机构开展日常工作，组织实施年度工作计划；②协调各分支机构、代表机构、实体机构开展工作；③提名副秘书长以及各办事机构、代表机构和实体机构主要负责人，提交理事会（常务理事会）审定；④聘用办事机构、代表机构、实体机构专职工作人员；⑤处理其他日常事务。

第四节 学会办事机构工作人员队伍建设

一定数量的、高素质的办事机构工作人员的存在，是保证一个社会团体正常运行的具备条件。1998 年 10 月施行的《社会团体登记管理条例》规定，“有与其业务活动相适应的专职工作人员”，是成立社会团体的基本条件之一。

1. 建立一支高素质的工作人员队伍是加强学会组织建设的重要条件

中国科协所属学会的发展历史表明，凡是学会工作开展得好，搞得活跃，学会的专职干部都起到了很重要的作用。在中国科协所属学会的发展过程中，学会的专职干部经常不辞辛苦，在学会和科协之间不断沟通，起到承上启下的作用。他们具有一定的专业水平和组织管理能力，工作积极主动，思维敏捷，作风踏实，有吃苦耐劳、爱会如家的奉献精神。[①]

从中国科协和地方各级科协所属学会发展的实践看，一个好的学会办事机构，除了要有一位好的秘书长主持办事机构的日常工作之外，还要有一支好的办事机构工作人员队伍。如果仅有合格的秘书长，而没有一支合格的工作人员队伍，秘书长的作用就要受到极大的限制。

在现实中，有一些学会规模很大，但办事机构的力量很弱，或者专职干部很少，或者专职干部的能力素质不适应要求，不能及时有效地策划、组织和开展学会的活动，向会员提供及时有效的服务，影响了学会和会员作用的发挥。究其原因，主要是没有建立起一支有一定数量的、高素质的办事机构工作人员队伍。这种状况应当引起重视，切实加以改变。

2. 民政部、原国家人事部关于全国性社会团体专职工作人员管理的规定

2000 年 12 月 10 日《民政部、人事部关于全国性社会团体专职工作人员人事管理问题的通知》（民发〔2000〕263 号）就全国性社会团体专职工作人员的人事管理问题做出如下通知：

第一，全国性社会团体专职工作人员人事管理工作，是一项政策性强、涉及面广的工作，业务主管单位必须予以高度重视，认真加强管理。民政部、人事部要对社会团体专职工作人员的人事管理工作进行指导、监督、检查，使社

① 孙焰：《回忆我的科协工作生涯》，见《亲历科协岁月》，中国科学技术出版社，2013 年。

会团体的人事管理工作逐步走向法制化、规范化的轨道。

第二，全国性社会团体专职工作人员，其档案管理、档案工资、社会保险、职称评定、住房公积金、婚姻状况证明、出国政审证明等人事管理工作，参照国家对事业单位的有关规定执行，由人事部全国人才流动中心或人事部、民政部共同指定的有人事代理权的机构代理。

第三，设有人事管理部门或设有专兼职人事管理干部的全国性社会团体，以及专职工作人员的人事管理工作已由业务主管单位人事部门统一管理的全国性社会团体，其人事管理工作可仍按现行管理办法进行。

第四，全国性社会团体从离、退休人员中聘任的社会团体专职工作人员，其人事管理工作由被聘人员原单位人事部门负责，具体管理工作依照国家有关规定进行。原单位要创造便利条件，支持这些人员在社会团体的工作。

第五，人事部人才流动中心或人事部、民政部共同指定的人事代理权的机构要以高度负责的精神，做好全国性社会团体专职工作人员的人事代理工作，并定期向民政部、人事部和全国性社会团体业务主管单位通报有关情况。

第六，全国性社会团体业务主管单位要将本通知的内容及时传达至所属社会团体。全国性社会团体需要办理人事代理的，接本通知后，到人事部人才流动中心或人事部、民政部共同指定的有人事代理权的机构办理对专职工作人员进行人事管理的代理手续。

3. 中国科协关于加强全国学会工作人员队伍建设的要求

2007 年 6 月中国科协七届全国委员会第二次会议授权七届常务委员会第四次会议审议通过的《中国科协全国学会组织通则（试行）》明确提出："全国学会应根据其办事机构工作人员的编制性质，执行相应的人事管理制度。有条件的全国学会，应实行竞争和流动的动态人事管理，对专职人员进行选聘和招聘。建立聘后管理制度，制定奖惩和解聘办法。其档案管理、档案工资、社会保险、专业技术职务评定、住房公积金、婚姻状况证明、出国政审等工作，参照国家有关规定执行。"

挂靠在有关部门或单位的学会办事机构工作人员的管理，涉及学会办事机构和挂靠单位的关系问题，"可以与有关部门协商后做些规定，如在业务上受学会理事会领导；专职干部的思想政治工作、人事、行政、生活管理等，主要由所在单位领导负责。这样，可以有利于加强对办事机构的领导，也有利于解决办事机构和学会干部需要解决的实际问题"①。

---

① 王顺桐：《在中国科协全国学会组织讨论会上的讲话》（1982 年 12 月），见《中国科学技术团体》，上海科学普及出版社，1990 年。

2007年9月中国科协七届常委会第四次会议审议通过的《中国科协全国学会组织通则（试行）》明确提出："挂靠单位应对学会办事机构提供必要的人力、物资、经费支持，为专职工作人员提供必要的生活、工作保障。挂靠单位对学会负责人中的编制内人员的任免、调动，事先应征求学会常务理事会的意见。"

4. 加强学会工作人员队伍的专业化、职业化建设

加强学会办事机构工作人员队伍建设的目标，是建立起一支高素质的专业化、职业化的学会专职工作人员队伍。所谓专业化，就是要把学会工作作为一门专业、一门业务，从事学会工作的工作人员必须懂得学会工作业务，熟悉学会工作专业，掌握做好学会工作相关的专业理论、知识和技能，也要了解最好要熟悉学会所在学科、领域的专业知识。所谓职业化，就是工作人员要以学会工作为职业，专门从事学会工作，包括专职做学会工作和长期聘用做学会工作的人员。

2007年6月中国科协七届四次常委会议通过的《中国科协关于加强学会工作的若干意见》提出："推进办事机构职业化改革，建立健全办事机构管理规章制度，改革用人机制，健全考核奖励机制，做好社会保障工作，有条件的学会，试行办事机构人员面向全社会招聘，提高从业人员职业化水平。"

学会工作人员的来源可以各异，身份可以有所不同，但必须保证以做学会工作为职业，也就是专职做学会工作，成为学会工作的行家、专家，而不是将学会工作作为自己的副业、第二职业。

经过多年的努力，学会办事机构工作人员队伍建设进一步加强，其中专职人员队伍数量增加，素质提高，成为学会办事机构工作人员队伍中的重要力量。据《中国科协全国学会发展报告（2013）》的统计，2013年全国学会办事机构专职人员规模达到3226人，比2010年增长16.6%；专职人员的学历层次提高，硕士以上学历者达到39.5%，比2010年增长16%；专职人员社会化程度提高，社会招聘比例从2010年的32.3%上升到2013年的39.5%。

第三十七章 学会与登记管理部门、业务主管单位、挂靠单位（支撑单位）和中国科协的关系

中国科协是中国共产党领导下的人民团体，是科技工作者的群众组织，是全国学会的联合会；全国学会是跨行业、跨部门的科技性、学术性群众团体，是中国科协的重要组成部分；民政部门是全国学会的登记管理部门，依法对学会进行管理；挂靠单位（支撑单位）是全国学会的主要支持单位，为所挂靠学会的工作和活动提供必要的人、财、物保证，是支持科技群众团体事业的重要力量。因此，有必要在理论上明确、在实践上逐步理顺全国学会与登记管理部门、业务主管单位、中国科协、挂靠单位（支撑单位）的关系。

第一节　学会与登记管理部门的关系

民政部是全国社团的登记管理部门，依法对全国社团进行管理。这是中国社会团体管理体制的一个重要特点。

1992 年 9 月，民政部召开全国社团管理工作会议，国务委员陈俊生指出："社团管理工作是政府的一项重要职能，运用法律、法规对公民结社和社团活动作出规范是社团管理的主要手段。民政部门要树立社团管理工作服从于和服务于党的总任务、总目标的思想，根据党的'一个中心、两个基本点'的基本路线，一方面依法保障社会团体的合法权益，充分发挥他们建设社会主义的积极性，使小政府、大社会的社会结构逐步形成，另一方面，要避免滥设社团。管理好了会发挥重要作用，管不好也会起消极作用。有一些人没什么事干，不管社会、群众需要不需要，也托人、拉人搞这个协会、那个协会，托人情、走后门报批，以取得合法地位。民政部门要代表政府严格把关，不符合社团管理条例的，不论什么人说情，坚决不批，批了就是失职。也不应该再搞一些工作的

内容重复的社团。同时，要对滥用结社权利和社会团体的违法行为进行限制，为我国改革开放创造良好的社会环境。”

在这次座谈会上，民政部副部长多吉才让指出：“我们认为民政部门对社团的管理，有两方面的含义：一是规范、限制。这就是以法律和行政的手段规范社团的行为，使社团沿着正确的方向健康发展；二是保护、服务。这就是保护社团的合法权益，为社团的生存和发展创造必要的环境条件，为社团的成立、发展及其各项活动提供各种服务。这两个方面应当是统一的，不能片面地强调某一个方面。对于我们社团登记管理机关来说，重要的、大量的还是后者。因此，我们应当牢固地树立为社团服务的思想，与社会团体建立起真挚、融洽的关系。同时，社团管理工作要直接面对广大社团，非常具体地办理登记和管理的种种业务，还要与社团的业务主管部门频繁交往。所以，社团管理工作是民政部门的一个窗口，我们一定要注意工作方法，处理好各种关系，按照政策、规定办事，维护好民政部门的良好形象。”①

陈俊生同志的讲话，至少明确了三个方面的问题：一是社团管理工作是政府的一项重要职能，社团管理要依据法律、法规；二是社团管理要依法保障社会团体的合法权益，发挥社会团体的作用；三是社团管理既要把好审批关，也要规范社会团体的行为。多吉才让同志的讲话强调了民政部社团管理的两个要点：一是以法律和行政的手段规范、限制社团的行为；二是保护社团的合法权益，服务社团的发展。他们讲话的精神、要求是一致的。概括起来，就是依法对社会团体的成立进行把关、对社会团体的行为进行规范，为社会团体的发展创造条件、提供服务。这两点，其实也是社会团体和民政部门（登记管理部门）的关系。从民政部门来说，要对社会团体依法管理，对社会团体的发展提供服务；从社会团体来说，要接受民政部门的依法进行的管理，接受民政部门提供的服务。

第二节　学会与业务主管单位的关系

社会团体有自己的业务主管单位，并接受业务主管单位的管理，这是中国社会团体管理体制的又一个重要特点。民政部门（登记管理部门）和业务主管单位对社会团体实行双重管理。

1. 业务主管单位的性质和范围

要明确学会和业务主管单位的关系，首先要搞清楚什么是“业务主管单位”。

① 见《民政部关于印发全国社团管理工作会议文件的通知》（民社发〔1992〕30号，1992年10月14日）。

1995 年 9 月，民政部在答复国防科工委的《民政部对机构改革后有关社会团体业务主管单位问题的意见》（民社函〔1999〕95 号）中明确指出："按照去年国务院机构改革的精神，原国务院具有行政职能的九大公司都不再具有行政职能，逐步改组成为企业集团，其原有的行政职能划归到相应的政府职能部门。根据确定社会团体业务主管单位的原则，作为社会团体的业务主管单位，应与其所属社会团体的业务一致，并能够对社团的业务进行指导。因此，企业集团或公司均不能作为社会团体的业务主管单位。原来归属这些公司的社会团体应该随着职能的转移，重新调整到相应的政府职能部门。"

2000 年下发的《民政部关于重新确认社会团体业务主管单位的通知》（民发〔2000〕41 号）进一步明确规定："社会团体业务主管单位的职能应能涵盖所属社会团体的业务范围，并能够对主管的社会团体进行业务指导。"

很显然，要成为社会团体的业务主管单位，必须满足两个条件：一是社会团体业务主管单位应当是具有行政指导职能的单位，且这种职能应能涵盖所属社会团体的业务范围；二是社会团体业务主管单位能够对主管的社会团体进行业务指导，即具备对社会团体进行业务指导的能力。

为此，《民政部关于重新确认社会团体业务主管单位的通知》明确规定了"社会团体的业务主管单位"的范围：①国务院组成部委、国务院直属机构、国务院办事机构及地方县级以上人民政府的相应部门和机构；②中共中央各工作部门、代管单位及地方县级以上党委的相应部门和单位；③全国人大常委会办公厅、全国政协办公厅、最高人民法院、最高人民检察院及地方县级以上上述机关的相应部门；④经中共中央、国务院或地方县级以上党委、人民政府授权作为社会团体业务主管单位的组织。⑤军队系统的社会团体的业务主管单位的问题由总政治部明确。

《民政部关于重新确认社会团体业务主管单位的通知》同时规定，经中共中央、国务院或地方县级以上党委、人民政府授权作为社会团体业务主管单位的组织，应具备以下条件：①能够全面履行社会团体业务主管单位职责的组织；②中央或地方机构编制管理机关"定职能、定机构、定编制"的组织；③有具体机构和人员从事社会团体管理工作的组织；④经中共中央、国务院或地方县级以上党委、人民政府履行过授权程序的组织。《通知》强调，同时具备以上条件的组织，方可作为社会团体的业务主管单位。

据此，《民政部关于重新确认社会团体业务主管单位的通知》授权包括中国科协在内的 22 个组织，作为全国性社会团体的业务主管单位：中国社会科学院、国务院发展研究中心、中国地震局、中国气象局、中国证券监督管理委员会、中国保险监督管理委员会、中央党校、中央文献研究室、中央党史研究室、中央编译局、外文局、中华全国总工会、中国共产主义青年团、中华全国妇女联合会、中国文学艺术界联合会、中国作家协会、中国科学技术协会、中华全国归国华侨联合会、中华全国新闻工作者协会、中国人民对外友好协会、中国残疾人联合会、中国职工思想政治工作研究会。

因此，学会的业务主管单位包括两种情况：一是中共中央各部门、国务院各部门、全国人大常委会办公厅、全国政协办公厅、最高人民法院、最高人民检察院以及地方县级以上相应部门、机构和单位；二是经中共中央、国务院或地方县级以上党委、人民政府授权作为社会团体业务主管单位的组织。显然，中国科协属于后一种情况。

2. 业务主管单位的职责

根据《民政部关于重新确认社会团体业务主管单位的通知》的规定，社会团体业务主管单位的管理职责如下：①负责社会团体筹备申请、成立登记、变更登记、注销登记前的审查；②负责社会团体的思想政治工作、党的建设、财务和人事管理、研讨活动、对外交往、接受境外捐赠资助；③监督、指导社会团体遵守宪法、法律、法规和国家政策，依据其章程开展活动；④负责社会团体年度检查的初审；⑤负责协助登记管理机关和其他有关部门查处社会团体的违法行为；⑥会同有关机关指导社会团体的清算事宜。

3. 登记管理部门和业务主管单位双重管理体制

这样，就在事实上形成了登记管理部门、业务主管单位对社会团体的双重管理体制。也就是说，社会团体要接受登记管理部门和业务主管单位的双重管理，前者是通过对社会团体登记进行管理，后者是对社会团体的业务进行管理。这种由登记管理和业务管理构成的双重管理，是有中国特色的社会团体管理体制，是符合中国国情的一种社会团体管理体制设计。

1998 年 10 月，修订后的《社会团体登记管理条例》颁布实施，再次“确认了社会团体双重管理体制，明确了登记管理机关和业务主管单位各自的工作职责”。“民政部门侧重于依法登记管理和宏观管理，而业务主管单位侧重于对所属社会团体业务活动、党组织建设及队伍建设上的指导。”

1999 年 11 月，中办、国办联合下发了《关于进一步加强民间组织管理工作的通知》（中办发〔1999〕34 号），明确规定：“对民间组织实行业务主管单位和登记管理机关双重负责的管理体制”，“业务主管单位应对民间组织的申请登记、思想政治工作、党的建设、财务和人事管理、研讨活动、对外交往、接受境外捐赠资助、按章程开展活动等事项切实负起责任”。

2007 年 9 月 12 日，《民政部关于社会团体登记管理有关问题的通知》（函〔2007〕263 号）要求：“请业务主管单位进一步重视社会团体规范化建设，引导社会团体以章程为核心，建立健全法人治理结构和民主管理制度，提高自律性和诚信度，逐步形成自我管理、自我发展、自我约束的运行机制，为构建和谐社会贡献力量。”

这样一些规定，厘清和明确了登记管理部门和业务主管单位对社会团体的管理职责，使两个方面的管理既分工明确，又相互配合。

4. 业务主管单位和学会关系的内涵

业务主管单位和学会关系的内涵，概括起来，有三个方面：一是指导，对学会的业务进行指导；二是管理，对学会的事务进行管理；三是服务，为学会的发展提供服务。

业务主管单位和学会的关系不是领导关系，业务主管单位更不能干预学会的正常工作，“业务主管”必须保证学会独立自主地开展工作。钱学森同志曾经说过：“学会与行政部门的关系，有的学会说：‘在某某部领导下’。这个讲法是不对的。学会是独立于部委的，部委对学会不是领导关系，基本概念要搞清楚。要尊重学会理事会对学会的领导，尊重学会的独立自主权。”①

5. 学会和业务主管单位关系遇到的新问题

1989 年 10 月 25 日颁布实施的《社会团体登记管理条例》规定：“成立社会团体，应当经其业务主管单位审查同意，并依照本条例的规定进行登记。”“申请成立社会团体，应当经其业务主管单位审查同意”。这也是社会团体和业务主管单位之间关系的一个重要方面，体现了业务主管单位对社会团体的管理职能。根据近期从民政部门传达出的信息，下一步，社会团体成立将不需要经过业务主管单位审查同意。这样，业务主管单位和社会团体之间的关系将变得松散起来，甚至可以在事实上摆脱业务主管单位。在这种情况下，如何重新建立和处理社会团体与业务主管单位的关系，甚至还要不要为社会团体确定业务主管单位，是一个需要研究的问题。

第三节　学会与中国科协的关系

1982 年 12 月，时任中国科协书记处书记王顺桐在中国科协全国学会组织讨论会上的讲话中谈到科协和学会的关系时指出，社会主义的、学术性、群众性这三点，“是科协和学会的基本性质和基本特点，并从而产生了与此相适应的基本任务。这三点是密切结合不可分割的，是对科协和学会都适用的。因此，学

---

① 见中国科协档案资料。

会是科协的基础，是科协的组成单元。而科协则是各学会的联合组织。科协和学会的关系，是整体和局部的关系。整体和局部在具体工作上可以有多有少，有所侧重，有所分工，但是在基本性质、基本特点和基本任务上是一致的”①。这是我们讨论中国科协和学会关系的基本出发点。

1. 中国科协和学会之间是领导关系

全国学会是中国科协的组成部分，接受中国科协的领导。也就是说，中国科协与全国学会之间是领导与被领导关系。这是由《中国科协章程》所确定了的。当然，这种关系的形成，前提是这个全国学会必须申请并被批准加入中国科协、成为中国科协的团体会员。同样，地方学会是地方科协的组成部分，接受地方科协的领导。当然，地方科协和地方学会之间这种领导与被领导关系的形成，前提也是这个地方学会必须申请并被批准加入地方科协、成为地方科协的团体会员。

中国科协和学会之间的这种关系的确立，最早可以追溯到中国科协成立之初。中国科协成立于1958年9月，在中国科协成立几个月后的1959年5月，中国科协党组在给中央科学小组并中央的《关于全国科协1959年工作要点的报告》中指出，中国科协在1959年2月召开了全国科协工作会议，“这次会议上再一次明确规定，学会是在科协领导下进行专业科学活动的群众组织，它是工农和知识分子相结合的组织，对于团结、教育和改造知识分子，调动他们的积极性，开展学术活动，争取一切可以争取的科学技术人才为社会主义建设服务等方面，都可以起应有的作用。应该加强对专门学会的领导，积极开展学术活动，促进知识分子参加到技术革命的群众运动中来。”②

1996年12月10日中国科协五届常委会第三次会议通过的《中国科学技术协会全国性学会组织工作条例》明确规定：“中国科协领导全国性学会，对学会承担管理、指导、协调、服务工作。”

中国科协和学会之间领导与被领导关系的确立，有助于形成中国科协、各级地方科协和学会之间的紧密联系，有助于发挥中国科协作为各学会的联合体的功能，有助于建立紧密联系的中国科协组织体系。

必须明确的是，中国科协对全国学会的领导作用，是通过发挥“联络、协调、指导、服务”作用来体现的，这是由中国科协和全国学会自身的性质与特点所决定的。中国科协不能因为和全国学会之间是领导与被领导关系，而在同全国学会的关系中有任何行政化的倾向，更不能采取行政命令的工作方式。同

① 何志平等主编；《中国科学技术团体》，上海科学普及出版社，1990年。

② 中国科协干部学院编：《中国科协重要文件汇编》，上海科学普及出版社，1991年。

样，地方科协对所属地方学会的领导作用，也是通过发挥“联络、协调、指导、服务”作用来体现的，地方科协在同地方学会的关系中也必须避免行政化倾向。

2. 中国科协对所属学会的主要职能

根据1990年2月中国科协第三届全国委员会第五次会议通过的《关于中国科协所属团体与中国科协、挂靠部门关系的几点意见》，中国科协对学会的主要职能是：

（1）制定有关章程、条例，加强对学会的宏观管理和业务指导。组织学会工作研讨，总结交流工作经验，促进提高学会工作质量；

（2）积极支持学会开展学术、科普等各项活动和出版刊物，根据有关规定拨给经费。

（3）组织多学科综合性学术交流和科学考察活动，推动和促进各学科间的横向联系和协作；

（4）根据需要与可能，有重点地组织学会开展国际科技交流与国外科技团体的交往活动；

（5）向党和政府反映学会与会员的意见和要求，维护其合法权益；

（6）对学会专、兼职干部进行业务培训，提高干部的素质与工作能力；

（7）开展对先进学会，优秀学会专兼职干部以及在科技工作中做出优异成绩和重大贡献的会员的表彰奖励活动；

（8）经常与挂靠单位沟通情况，听取意见，协商改进共同支持办好学会的措施。

3. 中国科协成为社会团体主管单位的依据

1990年10月17日，民政部答复黑龙江省民政厅《关于社团登记管理工作若干问题的答复》（民社函〔1990〕230号）中，确定了“关于科协、社联等社团能否作业务主管部门问题”，指出：“根据民政部《关于〈社会团体登记管理条例〉有关问题的通知》（民社发〔1989〕59号文件）第三条关于‘有些社会团体的业务主管部门不便由政府工作部门或党的工作部门承当时，经民政部门与有关业务部门协商同意后，也可以委托有能力进行资格审查和业务指导的其他单位承担这一职责’的规定，考虑到科协的历史作用，经与科委协商一致后，可以委托科协负责自然科学学术性团体的资格审查和业务指导。经科协论证并确认的学科性团体，由其进行日常管理。”

对于与此相关的“关于学术性、专业性、联合性社团的设立标准问题”，《关于社团登记管理工作若干问题的答复》指出：“关于学术性团体的设立标准，目前国家技术监督局正在组织制定，请你们与省标准局、科协、社科联联系，他们可能有这方面划分的初步意见。在协商一致的基础上，主要是由资格审查部门认定。”

与此同时，《关于社团登记管理工作若干问题的答复》对专业性社团、行业性社团、联合性社团做了界定：“专业性的社团主要是由专业人员组成或以专业技术、专门资金为从事某项事业而成立的团体。其中行业协会可参照国民经济行业分类的中类标准掌握。各部门、各系统的其他专业性团体的设立，可由其资格审查部门进行规划，提出标准，必要时报省政府批准。联合性社团主要指学术性、行业性、专业性团体的联合体。这种联合应是具有共同利益，并在业务上有内在联系的团体间的联合。如文艺方面的文联，科技方面的科协，社会科学方面的社科联等。对于人群的联合体，原则上应从严掌握。”显然，中国科协所属的学会是“专业性社团”，而中国科协是“联合性社团”，是由若干专业性社团构成的联合体。

4. 中国科协对于学会的双重业务指导关系

许多人并不了解中国科协对于学会的双重业务指导关系。

按照目前的学会管理体制，学会在成立时必须确定一个业务主管单位，经业务主管单位同意后，到民政部门登记。1998 年 10 月，修订后的《社会团体登记管理条例》规定：“成立社会团体，应当经其业务主管单位审查同意，并依照本条例的规定进行登记。”也就是说，许多学会在加入中国科协、成为中国科协的团体会员之前，就已经有业务主管单位了。

学会通过申请加入中国科协、成为中国科协的团体会员后，就和中国科协之间形成了领导与被领导关系。按照我们对“中国科协对全国学会的领导作用，主要是通过发挥联络、协调、指导、服务作用来体现的”理解，中国科协也应当说是学会的业务主管单位。2008 年 6 月中国科协七届常委会第七次会议审议通过的《中国科协团体会员管理办法（试行）》规定：“社团加入中国科协后，其业务主管单位不变。”也就是说，学会加入中国科协之后，并不改变其与原来的业务主管单位的关系。这样，就在事实上形成了学会同时接受两个单位的业务主管的情况，一个是原来的业务主管单位，再一个就是中国科协。这类情况我们已经讨论过，是清楚的。

经民政部与科协协商，委托中国科协负责自然科学学术性团体的资格审查和业务指导；经中国科协论证并确认的学科性团体，由中国科协作为其业务主管单位并进行日常管理。中国科协作为某些学会的业务主管单位，与其他作为某些学会的业务主管单位，地位是一样的。而这些学会通过申请加入中国科协、成为中国科协的团体会员之后，就和中国科协之间形成领导关系，即我们理解的新的业务主管关系。这样，中国科协就和这些学会之间形成了双重业务指导关系，一种是中国科协作为这些学会的业务主管单位而形成的业务指导关系，另一种是这些学会加入中国科协成为中国科协团体会员之后形成的业务指导关系。这种情况，也是清楚的。只是我们有些同志对此不了解，也就不理解了。

5. 中国科协要尊重学会的独立性

学会是具有民事责任的独立法人，依照学会章程，独立负责地开展工作。中国科协与学会之间的领导关系，必须建立在尊重学会的独立性的基础之上，保证学会依照章程独立负责地开展工作，而不能干预学会的具体工作。1986 年 9 月 2 日，钱学森同志在中国科协第三届第二次常委会上的讲话中指出：“对学会的内部活动我们要放权，不要管，中国科协不要管那么多，将来管学会，我们有个组织工作委员会，要考虑主要是科学技术社团法，有法以后，学会自己去活动，学会办得好不好，有几条去考核，我们不要老去干涉接收不接收为会员，有法以后就好办了。学会工作部辛苦的事就是这个，人家要进来，我们封得很严，老不批准，人家跑来发脾气。”① 尊重学会的独立性，保证学会依照章程独立负责地开展工作，也是中国科协贯彻民主办会原则、去行政化的具体体现。

第四节　学会和挂靠单位（支撑单位）的关系

一个时期以来，许多同志总是谈到学会和挂靠单位的关系，以为学会是挂靠在某些单位的。其实，学会是由会员组成的科学共同体、学术共同体，是面向社会、面向公众、面向会员和科技工作者独立自主地开展工作的社会团体，是独立法人，其基本遵循是国家的法律法规和学会的章程，并没有所谓的挂靠单位，也不受所谓的挂靠单位领导。许多同志以为的学会和挂靠单位的关系，其实是学会办事机构和挂靠单位的关系。学会不应当有挂靠单位，但出于工作的需要，在一定的时期内，学会的办事机构有挂靠单位是必要的，在短时期内是难以取消的。而从实际情况看，挂靠单位对于学会办事机构的存在和发展，不仅在历史上、而且在目前仍然有其积极的作用。比如，据《中国科协全国学会发展报告（2013）》提供的情况，2013 年调研数据显示，由挂靠单位（支撑单位）提供办公室的学会占据多数，62.2%学会办事机构的办公室是由挂靠单位（支撑单位）无偿提供的。

既然有学会办事机构挂靠在一定单位的实际情况，在现实中就相应地有学会办事机构和挂靠单位的关系问题。关于学会办事机构和挂靠单位的关系，应当是十分明确的。1986 年 12 月中国科协第三届第三次常委会通过的《中国科学

① 中国科协干部学院编：《中国科协重要文件汇编》，上海科学普及出版社，1991 年。

技术协会全国性学会组织通则》明确规定："凡有挂靠单位的全国性学会，其办事机构受中国科协和挂靠单位共同领导。"《中国科学技术协会所属全国性学会组织工作条例》进一步明确规定："全国性学会办事机构在行政上受挂靠单位领导。"2007年6月中国科协七届全国委员会第二次会议授权七届常务委员会第四次会议审议通过的《中国科协全国学会组织通则（试行）》提出："全国学会办事机构变更挂靠单位，需经理事会（常务理事会）同意，并报中国科协批准。因变更挂靠单位而发生住所变更的，还需同时办理学会住所变更的有关手续。"

尽管学会不是挂靠在一定的单位，学会和挂靠单位没有直接的关系，但是，由于学会的办事机构挂靠在一定的单位，和挂靠单位形成了直接的、紧密的联系，并且这种关系不可避免地会影响到学会，因而，学会也和挂靠单位不可避免地发生和形成了一定的关系。这是需要我们认真研究、对待并加以谨慎处理的。

第五节 学会与挂靠单位（支撑单位）关系的历史

我国学会办事机构实行挂靠体制，最早可追溯到1958年中国科协创建时期。当时，自然科学专门学会存在着种种困难，比如领导问题、经费问题、专职干部问题等，而当时中国科协本身又无力解决这些问题。中国科协首任党组书记范长江为此倾注了大量心血，他围绕如何调动各方面力量扶持学会开展工作，进行了深入的调查研究，并首先在中国科协党组内统一了认识。经过讨论，大家认为，学会可以采取"挂靠"的办法求生存，这就是先取得一批主要学会的有关行政领导部门的支持，再辐射到其他学会。在当时的情况下，学会挂靠问题解决了，才能使自己得以生存、巩固和发展。①

实行挂靠体制的学会办事机构，其人员编制、办公条件和活动经费均由挂靠单位提供，工作人员具有国家干部身份，不受学会供养，他们的职务级别、工资福利和住房、医疗、养老都由挂靠单位解决。从实际情况看，实行挂靠体制有利有弊，一方面减轻了学会供养专职工作人员的负担，一方面使办事机构工作人员过多地对挂靠单位负责，而弱化了为会员服务、接受会员监督，使得会员、理事会和办事机构工作人员三部分人之间的权利和业务关系遭到了扭曲，使学会过多地依附于政府，和真正意义上的社会团体之间产生了距离。②

到20世纪80年代，就学会挂靠问题曾经在学会和挂靠部门之间形成了争论。表面上看是学会挂靠在什么部门的问题，其实，"争论的核心是挂靠单位

---

① 何志平：《溯流探源忆长江》，见《亲历科协岁月》，中国科学技术出版社，2013年。
② 吴伟文：《关于学会改革体制性障碍的思考》，《科协往事》（内部刊行）。

的干预与学会的自治性行为之间的冲突。一方面，挂靠单位为学会提供了人、财、物等物质基础和所赋予的对学会干部管理的历史职责，对学会的挂靠机构（秘书处、学会办公室和编辑部）有权进行行政管理，特别是对学会专职干部的安排；另一方面，学会认为，根据学会内部治理制度以及学会的宗旨，有权通过民主形式决定自己的挂靠单位、人事任免。矛盾的症结仍然是中国科协及所属学会的老问题，这一问题的形成是中国的政治、经济和科技体制变迁的结果”①。

尽管如此，挂靠体制在当时仍然不失为一个比较合理的选择，因而得以保留和延续下来。改革开放以后，学术团体发展较快，进入了“20 世纪 80 年代学会潮”，一批新的全国性学会成立起来，这些学会办事机构的组建和设置，基本上沿袭了原有的挂靠体制。这是一种实事求是的态度。

1982 年 12 月，时任中国科协书记处书记王顺桐在中国科协全国学会组织讨论会上的讲话中，专门谈到学会和学会办事机构与所在单位的关系，即通常所说的“挂靠”问题。他指出：“目前全国性学会和地方学会的办事机构，绝大多数都设置在有关的某一个部门或单位，接受这个部门或单位的党组织的领导。一般情况下，这个部门或单位的主要领导成员参加学会的领导工作，有益于使学会活动密切结合生产技术和科学技术发展重点，并为学会开展活动提供了有力的支持和保证。几年来，学会活动得以迅速恢复和蓬勃发展，除其他原因外，学会办事机构与所在单位的领导和有关机构的大力支持也是重要原因之一。另一方面，由于学会理事会和学会所在单位的关系不明确，个别部门对学会的性质、特点理解不够，在工作中也不免产生一些矛盾。比较突出的是，对理事会、编委会等学会领导机构的职权尊重不够，对学会跨部门的特点注意不够。例如，未经理事会讨论同意，就用学会名义派人出国访问，或以学会名义组团参加国际学术会议时，由于外事经费的分口管理，影响了代表团的代表性，以至出现人选未经理事会研究同意或选中的主要论文作者不能参加会议等不合理形象。”

王顺桐同志接着谈到了“挂靠”的利弊得失。他指出：“‘挂靠’的利弊得失究竟如何？这是几年来在学会组织建设上争论比较多、意见分歧比较大的问题之一。各学会的情况、特点不同，学会办事机构所在单位处理与学会理事会及其办事机构关系的情况也不一样，实际执行情况很不相同。从这次会议讨论的情况看，仍然没有达到可以做出结论的时候，有待于更深入地分别不同情况、不同类型来很好讨论、实践和总结经验。”

王顺桐同志还谈到了改善学会理事会和“挂靠”单位关系的问题。他指出：“在近期内‘挂靠’关系不会有根本改变的条件下，比较现实的办法是力争进一

---

① 王国强：《二十世纪八十年代学会潮》，中国科学技术出版社，2014 年。

步改善学会理事会和‘挂靠’单位的关系。现在有相当一部分学会，如制冷学会、机械工程学会、地理学会、气象学会等，关系处理比较好。我们应当总结和推广他们的经验。同时希望我们做学会工作的同志，不断向所在单位的领导和有关同志宣传学会的性质、特点、作用和任务，更加主动地同所在单位协调配合，争取更大的支持。我们也希望‘挂靠’单位能够放手让学会在理事会的领导下，主动负责地开展工作，充分发挥学会这一科学技术群众团体的作用。”①

1983 年 9 月，钱学森同志在谈到学会挂靠问题时说：“现在的学会组织，层次参差不齐，原因是多方面的。人为的隔阂相对还好办，可以解决。很大的问题是挂靠单位问题，道理上不应该是学会的障碍，但实际上是个问题。这个问题不解决，学会就不是由科协统一组织，很多问题不好解决。学会的工作，真正由科协来管，然后来谈学会的事比较好办。中国科协作为党联系科技工作者的纽带，可以根据学科发展的需要高瞻远瞩来成立学会，把学会的设置安排好，也可以更好地体现为两个文明建设服务等。但现在牵制太多，不好办到。学会挂靠以后，挂靠单位对学会影响很大。挂靠容易来控制，这个问题说了多少年了。现在人家告状多的，就是专职秘书长，也有权力，是挂靠单位的人。学会在挂靠问题上怎么办？工会正在准备通过《工会法》，我们能不能有个相应的东西得到承认？如规定，哪个单位可以资助这个学会，但不能控制这个学会（是资助单位，不是挂靠单位）。有个章程就好办了。要有个解决这个问题的设想，一下办不到，有个 5 年 10 年计划也好，一步一步去做。”②

1986 年 3 月，高镇宁同志在学会工作座谈会上的讲话中从“理顺关系，增强学会活力”的角度，谈到了学会的挂靠问题。他指出：“我们理顺关系的目的是什么？理顺关系以后，还是为了增强学会的活力，要得到各方面更多的支持。任何一个群众团体总是在一个环境中存在的。它不可能没有一个环境。在我们国家里，几个人或者几十个人成为一个团体，它就是一个单位，就得有党的领导，有思想工作。没人管不行。另外，你这些人工资、看病，还有许多行政管理和行政的监督，包括当前抓端正党风，总得有个组织管这件事。有人说，你作为团体，登记就行了。实际不行。除了个体户由街道办事处管之外，任何一个人或机构都要有个依托单位，都要有党的思想政治上的领导，行政上人员管理和监督。当然，这些都是保证推动学会更好地开展自身的活动，而不是限制其活动。”“你的办事机构，你的组织，总得依托一个地方，现在有的在企业、有的在产业部门、有的在研究所、有的在高等院校，情况各不相同，只要有利于学会工作的开展，有利于发挥科技工作者的积极性，有利于事业的发展，我

① 何志平等主编：《中国科学技术团体》，上海科学普及出版社，1990 年。

② 见中国科协档案资料。

看这都可以。有些部门、有些单位很欢迎学会到那里去，并给予很大支持。有的得到十多个人、几十个人，得到几万元、十几万元，我想我们自己的能力要做到这些是很困难的。”“当然，挂靠不仅仅是为了解决人、财、物等工作条件，更重要的是有利于理论联系实际，促进学科的发展，更好地为国民经济服务。一个部门、一个单位欢迎你去，支持你的学术活动和学科发展。而作为学会，对挂靠单位，也要通过学术活动，提供更多的信息，组织专家承担委托的工作。在工作中，要尊重部门领导的意见，办事机构要接受部门领导和监督。我相信，行政部门是会支持学会工作的，会尊重学会工作的自主权。”①

1986 年 12 月，中国科协对《中国科学技术协会全国性学会组织通则》所作的《补充说明》指出：“关于学会的挂靠问题，一直存在着不同意见。目前的情况是，大多数学会的办事机构除了受学会常务理事会直接领导外，还受中国科协和挂靠部门的共同领导。挂靠部门在人、财、物上给予了大力支持，对学会工作起了积极作用。今后学会仍需在人、财、物上接受挂靠部门给予的支持。”《补充说明》同时指出：“由于学会是科技工作者自己的组织，它的活动具有横向的特点，因此，挂靠部门也要尊重学会的自主地位，保障学会的民主权利，切实做到学会由科技工作者当家做主。中国科协和挂靠部门都要尊重学会理事会领导职权，使学会在理事会领导下，按照学会的性质和特点及学会章程规定的职权范围，独立自主、主动负责地开展各项工作。”

1986 年 12 月，时任中国科协书记处书记陈绳武在全国性学会、协会、研究会秘书长座谈会上的讲话中，谈到学会改革牵涉到学会体制上的问题，进而引出学会挂靠问题：“学会体制里存在的第二个问题就是挂靠的制度。挂靠也因会而异。政治体制改革繁荣趋势是，部委愈来愈少，而群众团体愈来愈兴旺了，学会是不会消亡的。宋健同志在科协‘三大’的讲话中说过，到共产主义的时候，国家要消亡，但是学术团体还消亡不了。到那时候你挂到哪去啊，到那时候肯定没有挂靠。现在社会主义是过渡时期，是新民主主义过渡到共产主义的一个相当长的历史阶段。在这个期间内，学会怎么办？这要从实际出发，你该挂靠就挂靠，不该挂靠就不挂靠，两厢情愿就挂，两厢不情愿就不挂。”

陈绳武同志在讲话中还谈到，学会实行挂靠在一定程度是为了解决经费问题，但并不一定非挂靠才能解决经费问题，不挂靠也能解决经费问题，而解决了经费问题以后也不一定不挂靠。关于这个思想，他是这样说的：“科协把国家给的一部分经费拿出来，支持好开展活动，科协的钱实质上是国家的钱，而从挂靠部门来的经费补贴，目前来讲也是国家大锅饭里拿出来的。但政治体制改革一旦深入到把部委都取消了，都变成了‘托拉斯’了，变成企业了，到那个

① 何志平等主编：《中国科学技术团体》，上海科学普及出版社，1990 年。

时候，你得到的钱不是从国家事业、行政费用里开支的话，那时候你确实是得到企业资助了，可属于自筹的范畴来理解，这是一个问题。第二个问题，经费自立了，达到了这一步，是不是一定不挂靠了？就是经费自立与挂靠制的关系是一个什么关系，能不能这样对照一下来理解，现在我们的企业所有权和经营权是分开的，在我们学会当中能不能也这样。各个学会的章程中都有这样的话，受挂靠单位和中国科协双重领导。学会得到经费以后，如何来使用这个经费，这就有个经营的问题，经营不等于经商。经营就是说为了学会兴旺发达，来组织经营这个学会，来提高活动质量，不断促进学术交流，开展学会活动，更好地完成学会的任务。经营得好的，经费就源源不断，可能是三年不开张，开张吃三年。像仪器仪表学会，办一次展览会就能得到20万～30万元钱。这也是经营得法。我们是不是在经费的问题上，把经营的概念能够输入进入，同挂靠的概念区别开来。就是说不一定非挂靠才能解决经费问题。不挂靠我们也能解决经费，解决经费以后，我们完全能自立，也不一定不要挂靠，国家具体情况具体对待。我们的方向，经费要开源，我们的学会就活了，要安排什么活动就有自主权了。”①

1988年8月，时任中国科协书记处书记高潮同志在全国直辖市、计划单列市科协协作会议上的讲话中指出，学会组织建设，要从实际出发，妥善处理学会挂靠问题。可根据各个学会的具体情况，继续挂靠，也可以由各个单位支持。选择挂靠的原则是尊重学会理事会对学会的领导职能，为学会提供必要的条件。

在此前的1987年1月召开的各省、自治区、直辖市科协办公室主任会议上的书面发言中，高潮同志就曾谈到，中国地球物理学会改变挂靠形式，由挂靠单一部门改为同时挂靠几个部门，增强了学会的自主性。

高潮同志在谈到中国科协的改革构想时，谈到对全国学会的分类管理。在谈到围绕技术性学科成立的学会管理时，他提出：“这类学会与经济建设关系密切，可参照应用基础性和技术开发性科研单位的改革思路，继续保持并发展与有关部委、总公司或行业研究院的紧密关系，取得支持和帮助。改变‘挂靠单位’的提法为‘支持单位’，逐步增强双向支持的内涵，即支持行业科技进步和国内外横向联系，支持学会增强自主活动、自我发展的能力。”②

1989年3月6日，中国科协第三届第四次全委会通过的《中国科协改革的基本设想》指出：“独立自主是学会工作的基本原则。挂靠和支持单位要支持学会独立地开展学术活动，提供必要的经费、人员和办公条件，负责常设机构人员的思想政治工作和社会福利问题。挂靠和支持单位可以是专业相对应的业务

① 中国科协干部学院编：《中国科协重要文件汇编》，上海科学普及出版社，1991年。

② 高潮：《科协的改革与发展》，见《高潮文集——中国科协建设及改革与发展》，中国科学技术出版社，2012年。

主管部门、科研设计院所、高等院校，以及科技力量集中的骨干企业或企业集团。学会要按照协议或合同承担挂靠和支持单位委托的有关学术、科研、咨询服务和继续教育工作。”

1990 年 2 月，中国科协第三届全国委员会第五次会议通过的《关于中国科协所属团体与中国科协、挂靠部门关系的几点意见》指出：“在本学科或本专业中有科学技术代表性，愿意并具备为学会开展活动提供所必需的人、财、物条件，建有一级党委组织的单位，可以作为学会的挂靠单位。挂靠单位是学会的主要支持单位，是办事机构的行政领导单位。”同时强调：“学会专职干部要主动接受挂靠单位有关方面的领导，认真遵守挂靠单位的各项规章制度。”

1996 年 8 月，中办、国办联合下发了《关于加强社会团体和民办非企业单位管理工作的通知》（中办发〔1996〕22 号），明确规定：“我国对社会团体和民办非企业单位的管理，应当实行挂靠单位、业务主管部门与登记管理机关双重负责的管理体制。”“挂靠单位和业务主管部门对所属社会团体和民办非企业单位的申请登记、思想政治工作、党的建设、财务活动、人事管理、召开研讨会和对外交往等重要活动安排、接受资助等事项负有领导责任，在这些方面出问题归挂靠单位和业务主管部门负责。”按照当时的有关政策，挂靠单位承担着明确的行政管理职责，挂靠体制是社会团体双重管理体制的一个重要组成部分。

1999 年 1 月，中央书记处领导同志在听取中国科协党组工作汇报后的谈话中指出：“政府机构改革后不少部门合并，使科协所属学会的挂靠出现了新问题。今后最大的趋势不是抢着管，而是可能没人管，要努力建立起适应社会主义市场经济发展需要的组织体制和运行机制。学会不能越分越细、太多、太滥。学会要向综合、交叉方向发展。”①

2004 年 2 月，中国科协组成调研组专门就全国学会挂靠体制进行调研。调研显示，当时全国性学会在办事机构管理工作中一般均实行挂靠体制，即学会依托某一个部门或单位，解决办事机构在人员编制、办公场所及活动经费等方面的问题，挂靠单位对学会办事机构在人、财、物等方面给予一定的支持，同时，领导学会办事机构的思想政治工作、党的建设和人事管理工作。学会办事机构挂靠单位主要是政府部门和事业单位；也有一部分挂靠在企业和社会团体，社会团体作为挂靠单位的主要有两类，一是行业协会，二是中国科协。当时中国科协所属的 167 个全国性学会，办事机构挂靠在政府部门的有 39 个；挂靠在事业单位的有 84 个；挂靠在企业的有 13 个；挂靠在行业协会的有 16 个；挂靠在中国科协的有 15 个学会。学会办事机构挂靠在事业单位的比例最高，达到总

① 《中央书记处领导讲话要点》（根据记录整理），见中国科协调研宣传部编：《中央书记处对科协工作的指示精神》。

数的50%；其次是挂靠在政府部门的，占23%；挂靠在行业协会的，占10%；挂靠在企业的，占8%；挂靠在中国科协的，占9%。

这次调研也揭示出了挂靠体制存在的一些弊端。一是对学会民主办会产生影响。一些挂靠单位在对学会办事机构管理过程中，没能处理好与理事会、常务理事会之间的关系，把行政管理权置于学会领导决策权之上，在学会重大事项决策和管理工作中，以行政权力影响正常决策程序，使民主办会原则受到削弱；还有一些挂靠单位把对学会办事机构的管理，等同为对学会的管理，片面强调学会要接受挂靠单位的领导，用行政命令的方式替代学会民主办会作用的发挥，造成一些学会在发展过程中有行政化的倾向。二是形成学会在获得经费资助上的明显差距。学会办事机构挂靠单位性质的不同，使得学会在获得经费资助上形成明显差距。三是对学会办事机构的内部管理造成影响。受"行政主导"管理模式的影响，一些学会办事机构没有建立独立的人事、工资、财务和资产管理制度，同时，对学会管理权的分散、不统一，缺乏有效的监管，造成学会办事机构内部管理工作存在一些问题。四是国家行政体制改革对挂靠体制的影响。随着国家行政体制改革的深化，一些专业经济领域的政府管理部门被撤销，相继组建了一批中央直属大型国有企业集团，新成立了一批行业协会。同时，由于国家科研体制改革的实施，部分科研单位也整建制转为企业。部分学会办事机构挂靠单位的属性发生变化，对学会实行管理的主体改变了，导致挂靠单位对学会办事机构管理的性质也发生变化。

对于挂靠问题，调研报告实事求是地提出了对策，而不是采取简单化的办法。调研认为，"挂靠体制问题，是学会在建立和成长过程中出现的问题。因此，也应该用发展的眼光分析问题，用现实的方法解决问题。从学会目前的实际情况分析，如果离开挂靠体制，相当一部分学会就会失去开展工作的基本条件，有可能造成学会的不稳定，不利于学会的发展。因此，应当在继续实行现行挂靠体制的前提下，在稳定与挂靠单位的关系的基础上，鼓励有条件的学会，积极探索，大胆创新，从学会办事机构改革入手，转变观念，克服过去的那种'等、靠、要'的思想，努力提高自身的管理能力、经营能力和竞争能力，尝试新方法，建立新模式，探索新机制，以满足社会进步的需要和广大会员的需求，从而实现自身的发展"。

2007年6月，中国科协七届全国委员会第二次会议授权七届常务委员会第四次会议审议通过的《中国科协全国学会组织通则（试行）》提出，有挂靠单位的学会，其办事机构在行政上接受挂靠单位领导。全国学会办事机构变更挂靠单位，需经理事会（常务理事会）同意，并报中国科协批准。因变更挂靠单位而发生住所变更的，还需同时办理学会住所变更的有关手续。挂靠单位应对学会办事机构提供必要的人力、物资、经费支持，为专职工作人员提供必要的生活、工作保障。挂靠单位对学会负责人中的编制内人员的任免、调动，事先应征求学会常务理事会的意见。

从中国科协八大开始，《中国科协章程》中将“挂靠单位”的概念改为“支撑单位”的概念，从而将学会办事机构和挂靠单位的关系，变成学会办事机构和支撑单位的关系。

有人可能会问，“支撑单位”的概念是不是由“支持单位”、“资助单位”的提法而来的？其实，就笔者了解的情况，二者之间并没有必然联系。原因是，多年前提出的“支持单位”、“资助单位”的提法并没有取代“挂靠单位”的提法，“挂靠单位”的提法一直在沿用，以至于一直到中国科协七大章程时仍然沿用“挂靠单位”的提法；多年后在提出“支撑单位”的概念时，事实上也并没有想到要和历史上曾经提出的“支持单位”、“资助单位”的提法相联系。倒也不是刻意不去和“支持单位”、“资助单位”的提法相联系，因为在提出“支撑单位”的概念时的确没有想到或不了解历史上曾经有“支持单位”、“资助单位”的提法。结果之所以如此，真的是一种不谋而合，是大家都想到了对“挂靠单位”概念的改造，而且想到了一起。

现在回过头来看，“支撑单位”的提法和“支持单位”、“资助单位”的提法有异曲同工之妙，但比“支持单位”、“资助单位”的提法涵盖的更多，也更准，因而更恰切。这种概念、提法的改变至少说明了三点。一是挂靠单位的作用实际上就是支撑学会的发展，包括支持、资助，而不是对学会的领导，更不是对学会的干预。二是对学会办事机构起支撑作用的可能是一个单位，也可能是多个单位；一个学会办事机构同时得到多个单位的支撑不仅是可能的，而且也是客观存在的事实。三是这种名称的改变，也是一种提示，学会办事机构在脱离挂靠单位的道路上迈出了实际的一步。从历史上看，从“挂靠单位”到“挂靠和支持单位、资助单位”，再到“支撑单位”，经历了一个符合学会自身发展规律的逻辑发展过程。学会办事机构从“接受学会挂靠单位的管理”到“接受学会支撑单位的管理”，再到逐步脱离挂靠，是今后发展的必然趋势。

第六节　挂靠单位对学会的职责

学会办事机构挂靠到一定的单位，是历史地形成的，目前仍然是一种普遍现象。这既是一种基本事实，也体现了一种客观需要。既然如此，我们就要承认和正视这种现实，把挂靠单位（支撑单位）作为学会办事机构运行机制中的一个重要因素，发挥好挂靠单位的特殊作用。根据历史经验，挂靠单位的作用，应当体现在对学会办事机构提供必要的人力、物资、经费支持，为专职工作人员提供必要的工作、生活保障。

根据《关于中国科协所属团体与中国科协、挂靠部门关系的几点意见》，挂靠单位对学会的职责有以下四个方面：

（1）按照党和政府的方针政策以及有关科协和学会的章程和条例等，积极负责地做好对学会办事机构的政治领导和管理工作。挂靠单位可推荐一名分管学会工作的主要领导参与学会领导工作。

（2）根据学会工作需要，配备适量具有一定业务和管理水平的专职干部。在可能的情况下，明确办事机构的级别、提供必要的办公用房、给予必要的经费资助。

（3）做好学会办事机构人员的思想政治工作，加强对干部的培养和教育。学会专职干部的职务晋升、职称评定、住房分配、社会福利等，应与挂靠单位同类干部待遇相等。学会兼职干部从事学会工作的时间，应计算在其工作量中。对学会专职负责人的任免、调动，事先应征求学会常务理事会和中国科协意见。

（4）尊重学会理事会的领导，尊重学会的独立自主权。支持学会开展学术交流、科学普及、科技咨询等各项活动。发挥学会横向联系的特点委托学会承担有关技术论证、评估、鉴定等工作。支持学会的外事活动，充分发挥学会民间交流渠道的作用。

《中国科学技术协会全国性学会管理工作条例》规定：①全国性学会办事机构应在学会常务理事会领导下开展工作，认真贯彻执行常务理事会的决议。在党、政、财务、外事、人事等方面，受挂靠单位的领导。②具备条件的全国性学会办事机构，应建立党的组织。办事机构党组织受挂靠单位党组织的领导。③全国性学会办事机构专职工作人员的思想政治工作由挂靠单位负责。④全国性学会办事机构专职工作人员的人事管理，由挂靠单位按其编制系列管理权限进行管理。⑤全国性学会办事机构的财务工作，接受常务理事会（及其财务工作委员会）的领导和管理，并接受挂靠单位的监督和审计。⑥全国性学会办事机构的外事工作，接受常务理事会（及其外事工作委员会）的领导和管理，并接受中国科协或挂靠单位外事部门的指导。

《中国科学技术协会全国性学会管理工作条例》同时规定：中国科协鼓励全国性学会科普工作走社会化、群众化的道路，积极与有关院校、科研院所、科技馆、文化馆、博物馆共同创建长久性科普基地，有关方案报中国科协和挂靠单位备案；全国性学会在学术交流基础上向党和国家领导机关提供决策咨询报告时，应同时报中国科协和挂靠单位备案，决策咨询报告受到重视或专家建议被采纳时，也应将情况及时通报中国科协和挂靠单位；全国性学会接受党政机关或企事业单位委托组织咨询项目时，应在项目完成后将项目执行情况向中国科协和挂靠单位备案；全国性学会接受国内机关、事业单位、企业、社会团体、个人等的捐款，应经常务理事会审议同意，并报中国科协和挂靠单位备案；全国性学会接受境外的捐款，必须报中国科协和挂靠单位，由中国科协和挂靠单位报请中国人民银行、民政部和有关部门审批后方可进行；全国性学会建立常务理事会领导下的民主理财与监督制度，接受挂靠单位财务管理，每年的财务状况报告报中国科协与挂靠单位备案；中国科协或挂靠单位按国家规定定期对学会的财务情况进行审计；全国性学会资产情况应按年度报中国科协和挂靠单位备案；全国性学会资产发生转移时，应得到学会常务理事会和学会专门机构的审议批准，并接受中国科协和挂靠单位的审计；全国性学会应积极争取挂靠单位对学会工作的支持，争取接受委托并承担与学会业务性质有关的任务。

有挂靠单位的学会，其办事机构在行政上接受挂靠单位的管理。但是，挂靠单位对学会负责人中的编制内人员的任免、调动，事先应征求学会常务理事会的意见。学会办事机构变更挂靠单位，需经理事会（常务理事会）同意，并报学会隶属的中国科协或地方科协批准。因变更挂靠单位而发生住所变更的，还需同时办理学会住所变更的有关手续。

第三十八章 学会党建工作

学会党建工作是近年来逐步在中国科协所属学会中开展起来的，既是整个学会建设中的一项重要工作，也是党的建设中的一项重要工作。虽然起步时间不长，但已经取得了可喜成效。同时，由于起步时间不长，在实际工作中还存在许多误区需要澄清和明确，而这种澄清和明确对于做好学会党建工作是十分必要和重要的。

第一节 学会党建的定位

我们所讨论的学会党建，实质上是指学会办事机构的党建，而不是指作为社会组织存在的学会领导机构层面的党建；相应地，我们所讨论的学会党组织，实质上是指学会办事机构的党组织，而不是指作为社会组织存在的学会的党组织。为此，2007 年 9 月中国科协七届常委会第四次会议审议通过的《中国科协全国学会组织通则（试行）》明确规定，“具备条件的全国学会办事机构应建立中国共产党的组织。”

明确这一点非常重要，它表明学会党建的范围是学会办事机构，而不是整个学会，属于基层党建的范畴；所要处理的关系是党建工作和学会办事机构的工作、党组织和学会办事机构之间的关系，而不是党建工作和整个学会工作、党组织和整个学会之间的关系。这既是我们讨论问题的逻辑起点，也是我们处理实践问题的现实起点。

学会党建工作，包括两个方面的含义。一是在符合条件的学会办事机构建立党的组织，二是在学会办事机构党员的范围内开展党的活动、开展党建工作。这两个方面实际上是互为条件的，只有建立党的组织，才能开展党的活动和党建工作；只有有效地开展党的活动和党建工作，才能巩固和发展党的组织。这一点，和中央组织部提出的实现基层党建工作的双重覆盖的要求是一致的。实现双重覆盖，就是实现基层党建的工作覆盖和组织覆盖，而实现工作覆盖的前提是实现组织覆盖，因为只有建立党的组织，才能开展党的工作。学会党建工作也是这样，应当首先建立党的组织，才谈得上开展党的工作。

我们必须首先明确，在学会办事机构层面组建的党组织，属于基层党组织；学会办事机构党组织的工作，属于基层党建工作。关于这一点，《中国共产党章程》（以下简称《党章》）和中央组织部2000年7月21日颁布的《关于加强社会团体党的建设工作的意见》（以下简称《意见》）都有明确表述。《党章》规定："企业、农村、机关、学校、科研院所、街道社区、社会组织、人民解放军连队和其他基层单位，凡是有正式党员三人以上的，都应当成立党的基层组织。"很明显，在社会组织建立的党组织，属于基层党组织的范畴。《意见》进一步明确了在社会团体建立的党组织是建立在社会团体办事机构层面上的，因而是基层党组织。《意见》指出："目前，社会团体管理工作比较薄弱，社会团体党的建设工作也存在一些亟待解决的问题，主要是：绝大多数社会团体没有建立党的基层组织，尤其是有些已具备建立党组织条件的社会团体没有及时建立党的基层组织，在这些社会团体中工作的党员长期不能参加党的组织生活。"这里使用的都是基层党组织的概念。

第二节　党对学会领导的实现方式

学会党建工作，实质上是实现党对学会的领导问题。党章规定："党的领导主要是政治、思想和组织的领导。""党必须按照总揽全局、协调各方的原则，在同级各种组织中发挥领导核心作用。""党必须加强对工会、共产主义青年团、妇女联合会等群众组织的领导，充分发挥它们的作用。"这里包含了两层意思，一是必须加强党对社会组织的领导，二是党的领导包括政治、思想和组织的领导。

党的政治领导体现在，我们党在整个国家、整个社会的领导地位是由法律规定的，是毋庸置疑、不可动摇的；党的领导是我们国家政治制度的核心和根基。思想领导体现在，我们党有着正确而科学的指导思想，这就是马克思主义、列宁主义、毛泽东思想，以及包括邓小平理论，"三个代表"重要思想和科学发展观在内的中国特色社会主义理论；习近平同志系列重要讲话也是中国特色社会主义理论体系的组成部分。有着正确而科学的思想路线，这就是：一切从实际出发，理论联系实际，实事求是，在实践中检验真理和发展真理。党的组织领导体现在，中国科协在中央书记处的领导下开展工作，中国科协领导机关建立党组。中国科协党组作为中央在作为人民团体的中国科协建立的党组织，发挥领导核心作用。中国科协自成立以来，就是自然科学学会的联合会，因此，中国科协所属学会作为中国科协的团体会员，是作为人民团体的中国科协的有机组成部分，中国科协党组的领导是辐射到各个所属学会的。

有的同志提出，要研究在学会的理事会、常务理事会即领导机构成立党组织的问题，这实际上已经超出我们讨论的学会基层党组织、学会基层党建工作的范畴了。如果要讨论这个问题，这里至少涉及两个方面的问题。首先，在中国科协领导机构已经成立了党组，各个学会作为中国科协的团体会员本身就是中国科协的组成部分，是否还要在各个学会的领导机构成立党组织，是一个需要认真论证的问题。其次，即使要在学会领导机构成立党组织，按照《党章》的规定，也应当是成立党组，而不是党支部、党总支、党委。《党章》规定："在中央和地方国家机关、人民团体、经济组织、文化组织和其他非党组织的领导机关中，可以成立党组。党组发挥领导核心作用。党组的任务，主要是负责贯彻执行党的路线、方针、政策；讨论和决定本单位的重大问题；做好干部管理工作；团结党外干部和群众，完成党和国家交给的任务；指导机关和直属单位党组织的工作。"在学会领导机构成立的党组，应当由中国科协党组领导，就像全国文联成立党组，其所属各个协会成立分党组，归全国文联领导；有些学会党组也可以根据实际情况，由业务主管单位党组或其办事机构的挂靠单位（支撑单位）党组领导。但无论如何，对学会党组的领导，都不是中国科协机关党委或学会服务中心党委的职责，道理很简单，因为它们都是基层党委，是基层党组织，没有这个权限，即使授权也不可能。

按照《意见》的规定，学会党组织只在学会办事机构的范围内开展工作，发挥作用，对于涉及学会的重大事项、重大问题，则应成立学会临时党组织受理和决定。《意见》明确规定："在社会团体举行会员大会、理事会或其他重要活动期间，应根据工作需要成立社会团体临时党组织。社会团体临时党组织由业务主管单位或挂靠单位党组织批准成立，其设置形式按照有关规定确定。社会团体临时党组织的领导成员，一般应由社会团体领导成员中的党员担任。"《意见》还明确规定："社会团体临时党组织的领导成员，一般应由社会团体领导成员中的党员担任。"

从这个规定也可以明确，我们所讨论的学会党组织是指建立在学会办事机构的基层党组织，而因学会重要活动而成立的学会临时党委才是建立在学会领导机构的党组织，由学会的业务主管单位或挂靠单位（支撑单位）党组织批准成立，中国科协机关党委和学会服务中心也没有对其领导和管理的权限。

第三节　学会党组织的功能

所谓学会党组织的功能，通俗地说，就是学会党组织的地位和作用，即居于什么地位、发挥什么作用。《党章》规定："党的基层组织是党在社会基层组织中的战斗堡垒，是党的全部工作和战斗力的基础。"作为基层党组织的学会党组织，是学会办事机构这个社会基层组织的战斗堡垒。这是一个基本要求，是对所有基层党组织都适用的基本要求，或者说基本功能，但是，具体到不同类型的基层党组织，它们的功能即地位和作用又是不一样的。对此，《党章》能够明确具体的，都做了明确具体的规定，不能明确具体的，就用列举的方式，予以具体化。《党章》虽然没有对社会组织党组织的功能进行明确具体规定，但我们可以比照《党章》对其他各种基层党组织功能的具体表述，同时参照《党章》规定的基层党组织的任务，根据实际情况，进行研究和探讨。

这里介绍一下《党章》关于各类基层党组织功能的具体表述。《党章》规定："街道、乡、镇党的基层委员会和村、社区党组织，领导本地区的工作，支持和保证行政组织、经济组织和群众自治组织充分行使职权。"街道和乡镇虽然也是基层单位，但它们和其他基层单位不同，它们属于基层政权组织，具有和地方政权组织相同或相近的地方，所以，街道、乡镇党组织和地方党委一样，都是发挥"领导核心"作用。这一点，使得街道、乡镇党组织和其他基层党组织的功能有很大不同。

《党章》规定："国有企业和集体企业中党的基层组织，发挥政治核心作用，围绕企业生产经营开展工作。保证监督党和国家的方针、政策在本企业的贯彻执行；支持股东会、董事会、监事会和经理（厂长）依法行使职权；全心全意依靠职工群众，支持职工代表大会开展工作；参与企业重大问题的决策；加强党组织的自身建设，领导思想政治工作、精神文明建设和工会、共青团等群众组织。"很明确，国有企业和集体企业党组织，发挥"政治核心"作用。

非公有制企业党组织的功能与国有企业和集体企业党组织的功能有所不同，但《党章》并没有给出概括，而用了具体列举的办法。《党章》规定："非公有制经济组织中党的基层组织，贯彻党的方针政策，引导和监督企业遵守国家的法律法规，领导工会、共青团等群众组织，团结凝聚职工群众，维护各方的合法权益，促进企业健康发展。"

事业单位分为实行行政领导人负责制和党委领导下的行政领导人负责制两种情况，对此，《党章》分别做出了规定："实行行政领导人负责制的事业单位中党的基层组织，发挥政治核心作用。实行党委领导下的行政领导人负责制的事业单位中党的基层组织，对重大问题进行讨论和作出决定，同时保证行政领导人充分行使自己的职权。”对前者明确了发挥“政治核心”作用，而对后者仍然运用了列举的办法。

《党章》对机关党组织的功能也没有做出概括，仍然采取了列举的方式。《党章》规定：“各级党和国家机关中党的基层组织，协助行政负责人完成任务，改进工作，对包括行政负责人在内的每个党员进行监督，不领导本单位的业务工作。”

在《党章》尚未对学会党组织的功能做出明确具体的规定或表述的情况下，可以参照《党章》对其他基层党组织功能的规定或表述，结合学会党组织的实际情况，运用列举的方式，对学会党组织的功能做一下初步明确的尝试，以更加有利于学会党组织工作的开展。

学会党组织的作用，可以概括为以下三点：

第一，保证作用。保证学会办事机构工作顺利进行，保证学会依照章程独立负责地开展工作，促进学会事业的改革发展。

第二，监督作用。监督党和国家的方针、政策在学会的贯彻执行，对包括学会领导人、学会办事机构领导人及学会办事机构的党员进行监督，规范学会办事机构的行为。

第三，服务作用。服务学会工作大局，服务学会会员，服务学办事机构改革。

第四节　学会党组织对党员的教育管理

学会党组织作为基层党组织，只负责办事机构范围内的党员教育管理，并不对学会会员中的党员进行教育管理。加强对学会办事机构的党员队伍的建设，包括党员发展、教育、管理和监督，是一项经常性工作，也是一项重要工作。

按照《意见》的规定，结合学会的实际情况，学会党组织的党员教育管理应当按照以下几个方面进行。

第一，中国科协所属学会办事机构专职人员（包括长期聘用人员，下同）中有正式党员 3 人以上的，都应及时建立党的基层组织，这些党员应将组织关系转到这个学会党组织，参加学会党的组织生活，接受这个学会党组织的教育管理；学会党组织的负责人一般应由学会行政负责人即秘书处负责人中的党员担任，按有关规定选举产生。

第二，如果学会办事机构的正式党员不足 3 人的，可与中国科协所属的其他学科领域相近、距离适当的学会办事机构建立联合党支部。

第三，对暂不具备建立党组织条件的学会，可以将办事机构中党员的组织关系转入学会服务中心或挂靠单位（支撑单位）的党组织，参加其活动。

第四，对暂不具备建立党组织条件的学会，上级党组织可向这些学会选派、输送、推荐符合条件的党员，为它们单独建立党组织创造条件。

第五，对暂不具备建立党组织条件的学会，上级党组织还可以采取向这些学会指派党的建设工作联络员、指导员，负责这些学会的思想政治工作，做好党员的教育、管理和发展工作及党组织的建立工作。

与此同时，《意见》明确规定，学会会员中的党员的教育管理，按照其党的组织关系的隶属，仍然由这些党员的所在单位党组织负责。“机关、企业、事业等单位党组织要对本单位加人社会团体的党员进行登记并切实加强教育管理工作，经常了解党员在社会团体中的情况，发现问题，及时解决。”“社会团体会员中的党员要定期向所在单位党组织汇报参加社会团体活动的情况，自觉接受党组织的管理和监督。”对于学会领导机构中的党员，应过好所在单位和学会的双重组织生活，“社会团体领导成员中的党员，凡经常参加社会团体活动的，除应在所在单位参加党的组织生活外，还应参加社会团体党组织的活动，接受社会团体党组织的管理和监督”，但这并不改变其隶属于所在单位、接受其所在单位教育管理的状况。

第五节　学会党组织的隶属关系

学会党组织的隶属关系的确定，总的原则，应当是按照学会办事机构的行政关系的隶属来确定。也就是说，学会办事机构在行政关系上隶属于哪个部门，学会党组织就原则上隶属于那个部门的党组织，由其进行联系和指导。《意见》明确指出：“社会团体党组织（包括临时党组织）原则上隶属于其业务主管单位党组织。业务主管单位党组织负责社会团体党组织的建立，并领导其工作；业务主管单位党组织领导确有困难的，可商社会团体挂靠单位等有关党组织负责社会团体党组织的建立，并领导其工作。”依照这样一个总的原则，具体地说，有以下几种情况。

第一种情况，中国科协有十几个直属学会，其办事机构主要在学会服务中心，个别的在一些事业单位。这些直属学会的党组织，可以隶属于挂靠单位的党委，没有设立党委的单位，则学会党组织可以隶属于学会服务中心党委。

第二种情况，办事机构挂靠在有关部委和单位的学会，占了中国科协所属学会的绝大多数。这些有挂靠单位的学会的党组织，可以隶属于相应的挂靠单位党组织。

第三种情况，对于个别隶属于挂靠单位党组织有困难的学会党组织，可以通过双方协商，由挂靠单位党组织委托学会服务中心党委联系和指导，使这些学会党组织隶属于学会服务中心党委。

第四种情况，中国科协所属学会中，也有个别是无主管上级、无挂靠单位的学会，对于这些学会办事机构成立的党组织，可以隶属于学会服务中心党委。

第六节 上级党组织对学会党组织和学会党建工作的领导与指导

这里所说的上级党组织，是指按照上面谈到的原则确定的学会党组织隶属的上一级党组织。无疑，上级党组织对学会党组织和党建工作负有直接的、具体的领导和指导的责任。

中国科协机关党委是一级基层党组织，其主要职能和任务是指导中国科协机关的党组织和党建工作，具体地说，就是对机关各部门党支部工作的指导，对机关全体党员的教育、管理和监督。机关党委和中国科协各直属单位党组织一样，都是同一个层级的基层党组织，都在中国科协党组的领导下开展工作。机关党委同时接受中央直属机关工委的领导。按照《党章》的明确规定，党组“指导机关和直属单位党组织的工作”。机关党委对中国科协直属单位的党组织和党建工作，没有指导的权限，如果要指导，一定要经过中国科协党组的授权。同样，机关党委对学会党组织和党建工作，也没有指导的权限，如果要指导，也要经过中国科协党组的授权，或者接受学会党组织的上级党组织的委托。

第三十九章 学会的主体地位决定了中国科协作为科技性社会团体的功能定位

我们通过对学会发展史的考察和研究可以发现，中国科协与科学技术相伴而生，与科技团体、学术团体相依而进，形成了不解之缘。学会是科技性、学术性的社会团体，中国科协是学会的联合体；学会是中国科协的主体，学会科技社团的功能定位决定了中国科协作为科技性社会团体的功能定位。

第一节　学会是科技性、学术性的社会团体

中国科协所属的学会,不同于一般的社会团体，科技性、学术性是其根本特征。正因为如此，我们将中国科协所属的学会定义为科技社团、学术社团。这个认识由来已久，符合学会的历史和现状。

早在1950年8月中华全国自然科学工作者代表会议上的总结报告中，全国科联副主席曾昭抡就指出："这次会议的结果，产生了统一的、团结的、实际工作的机构，由此使全国科学组织趋向合理化。我们成立了'中华全国自然科学专门学会联合会'（简称'全国科联'）和'中华全国科学技术普及协会'（简称'全国科普'）这两个新组织，一定能将自然科学界的组织与团结工作，比以前各种科学团体做得更好些。"1959年1～2月中国科协成立后不久召开的全国科协工作会议上，再一次明确了"学会是科协进行专业活动的一种组织"。1961年4月中国科协全国工作会议上提出的《关于自然科学专门学会今后一个时期工作的几点意见（草案）》指出："学会是科学技术人员、工农革新家和专业行政领导干部自愿参加的群众性的学术组织，是中国科协的重要组成部分。"1980年3月中国科协二大通过试行的《中国科学技术协会自然科学专门学会组织通则》规定："全国性自然科学专门学会是中国共产党领导下的科学技术工作者的学术

性群众团体”。时任中国科协书记处书记陈绳武1986年12月在全国性学会、协会、研究会秘书长座谈会上的讲话中指出：“学会的性质是学术性、群众性、民主性。它的特点是民间的、开放的、超脱的、横向联系的。这个特点说明，学会是个科学技术的、民间的学术团体，不是官办的，这点十分重要。另外一点，学会是搞科学技术的。就像前一段时间，搞咨询，那是对的，单一的公司投机倒把，那就错了。第三，学会又是个群众团体，因此，我们要追求的应该是群体效应、团体效应，而不是个人的什么。”学术性、群众性、民主性，构成了学会的基本属性，使得学会成为科技性、学术性的社会团体。

第二节 学会的主体地位决定了中国科协作为科技性社会团体的功能定位

学会是中国科协的主体，而学会是科技性、学术性的社会团体，由此也就决定了中国科协作为科技性社会团体的功能定位。这应当是没有什么疑问的。虽然一些同志不同意这种看法，认为过于突出地强调中国科协的科技性、学术性功能定位，会忽视其政治性、社会性或群众性的属性，不利于正确认识中国科协的地位和作用。但是，这样一种观点并不能否认中国科协本身的科技性、学术性。

我们现在需要研究的问题是，作为科技性社会团体的中国科协和同样作为科技性社会团体的学会，毕竟是有所区别的，其功能定位也是不一样的。从系统论的角度看，中国科协是由各个学会构成的，但又不是各个学会的简单相加，而是形成了“1＋1＞2”的整体效应，形成了新的有机整体，形成了新的系统，因而有了不同于学会的新的功能定位。中国科协的性质和职能或地位和作用是要通过学会的作用来体现和实现的，但学会的作用又不能简单地代替科协的作用。我们需要研究作为有机整体的、作为系统的、作为发挥整体效应的中国科协的特殊性。

1. 作为科技性社会团体的中国科协区别于一般的社会团体

由于中国科协是由各个自然科学学会构成的，这一点决定了中国科协成为不同于一般社会团体的科技性社会团体，即科技社团。对于这一点，我们不能回避，这正是中国科协有别于一般社会团体的独特优势，可以发挥一般社会团体不可替代的独特作用。其实，早在1958年科联、科普全国代表大会即中国科协第一次全国代表大会上，聂荣臻副总理所作的报告《我国科学技术工作发展的道路》就指出，在新形势下提出科联、科普的合并是正确的、适时的，“统一的科学技术团体——‘中国科协’，就能更好地适应这一要求”。“‘中国科协’应当是党领导下的、社会主义的、全国性的科学技术群众团体，是党动员广大科技工作者和广大人民群众进行技术革命、文化革命的工具和助手。”[①] 在这次大会上通过的《关于建立“中华人民共和国科学技术协会”的决议》中明确指出：“批准科联、科普两个团体合并，建立一个全国性的、统一的科学技术团体”，再次明确“中国科协是中国共产党领导下的、社会主义的、全国性的科学技术群众团体，是党动员广大科技工作者和广大人民群众进行技术革命和文化革命、建设社会主义和共产主义的一个工具和助手”。同时要求，“科协各级组织必须充分发扬科学技术群众组织的特点，面向生产、面向基层、面向群众，轰轰烈烈地开展群众性的科学技术活动”。

周培源同志 1980 年 3 月在中国科协二大上的报告中再次强调：“1958 年，‘全国科联’和‘全国科普’联合召开了第一次全国代表大会，两个团体合并，产生了全国统一的科学技术群众团体。”他把“充分发挥科学技术群众团体在社会主义建设中的作用”，作为中国科协的一条主要经验，指出“科学技术团体是时代的产物，是科学技术事业发展的需要，是科技工作者的共同愿望”。1986 年 6 月在中国科协三大报告中他又指出：“科协在坚持为现代物质文明建设服务的同时，还必须坚定不移地为社会主义精神文明建设服务。这是社会主义国家的科学技术团体的基本功能和重要任务。”再次确认了中国科协科技社团的定位。

钱学森同志 1987 年 2 月在中国科协三届二次全委会上的工作报告中，从中国科协改革的高度指出：“科协改革的方向是：建设有中国特色的社会主义科技群众团体”，“通过改革，增强学会和科普协会独立负责、积极主动地开展工作的活力，使科协逐步形成一个分层次、高效能的科技群众团体”，“通过改革，把各学会、科普协会及各级科协组织建设成为充满生机和活力的、具有中国特色的科技群众团体”。在这次全委会闭幕式上的讲话中，钱学森同志再次重申了“中国科协的改革方向，是建设有中国特色社会主义科技群众团体”，并且强调了需要着力做好的工作，指出：“这些都是为了搞好中国特色社会主义科技群众团体——中国科协。”

为了把问题说明得更加清楚，有必要了解钱学森同志 1978 年 9 月在中国科协成立 30 周年纪念大会上的报告中，对中国科技社团发展的历史进行的回顾和梳理。他指出，早在清末戊戌维新时期，中国有近代意义的各类学术团体就诞生了，其中包括各类科学技术团体。以后每一次重大的历史运动，都推动了中国科技社会团体的发展。新中国成立前夕，有影响的 30 多个全国性科技学术团体中，有相当一部分是在中国共产党影响下成立的。为了更好地协调各科技团体

---

① 中国科协干部学院编：《中国科协重要文件汇编》，上海科学普及出版社，1991 年。本节以下引文均出自该书，不再注。

的活动，团结全国科技工作者，中国科学社、中华自然科学社、中国科学工作者协会和东北自然科学研究会联合发起召开全国自然科学工作者代表会议，选出15名正式代表和2名候补代表出席第一届中国人民政治协商会议，参与筹建新中国的大业。1950年8月，中华全国自然科学工作者代表会议在首都北京正式召开，成立了中华全国自然科学专门学会联合会（简称“全国科联”）和中华全国科学技术普及协会（简称“全国科普”）两大组织。1958年9月，召开了“全国科联”和“全国科普”两大组织的联合代表大会，成立了统一的全国性科技社团——中华人民共和国科学技术协会。在作了以上回顾和梳理后，钱学森同志得出这样的结论，中国科协的成立和发展不是偶然的，它是中国历史发展的产物，是中国人民的进步需要和科技事业的社会化发展需要产生了科协。因此，中国科协是科技性社会团体，是历史地形成的一种现实，并由此而构成了中国科协功能定位的一个十分重要的方面。

2. 作为科技社团的中国科协区别于作为科技社团的学会

中国科协和中国科协所属的学会，虽然都是社会性和学术性的统一，我们都可以称之为科技社团，但学会的重点在科技性、学术性，而科协的重点则在社会性。从实质性理解的角度，我们可以做这样的区分：科协是科技性的社会团体，学会是社会性的科技团体、学术团体。所谓科技性社会团体，是说这种团体是以社会性为主的。从构词法的角度看，“社会团体”是中心词，“科技性”是修饰“社会团体”的。这就是说，中国科协的主要功能是它的社会性，其次是它的科技性。正是这种双重功能，决定了中国科协既是党的群众工作的重要组成部分，也是国家科技事业的重要组成部分。这是中国科协既区别于一般社会团体又区别于一般学会的特质。所谓社会性的学术团体，是说这种团体是以学术性为主的。从构词法的角度看，“学术团体”是中心词，“社会性”是修饰“学术团体”的。这是中国科协和所属学会之间的联系和区别。但必须指出的是，学会的科技性、学术性，并不能改变其作为社会团体的性质。

中国科协的社会性，最充分、最集中地体现为它是党领导下的人民团体之一，是中国特色社会主义政治体制设计中不可缺少的重要组成部分，在国家政治架构和政治生活中发挥着不可替代的重要作用。这种地位和作用是在中国历史发展中形成的。认识这个问题，“是为了更好地认识我们中国科协的性质，增强责任感，使科协组织在我国社会主义民主政治建设中能够更好地代表中国科技工作者，更加自觉地积极地参与社会协商对话、参与国家和社会事务的民主管理和民主监督工作，在维护全国人民总体利益的同时，更好地表达和维护科技工作者的具体利益”。同时，“中国科协的人民团体作用的发挥，不是在一般地参与社会协商对话和民主监督上，作为科技工作者的团体，主要应在国家科技进步以及与科技进步相关的各项重大决策的制定和监督活动上发挥作用”。科学技术是第一生产力，“我们中国科协一定要对此有充分的认识。我们作为科技工作者的全国性群众团体，如何促进我国科学技术有一个较大的发展？如何为我国高技术和高技术产业的发展服务？如何从根本上改进和提高我国基础工业的水平？首先应该在这些事关我国科技发展的重大问题上作出贡献，我们才算履行了人民团体的职责。对此，我们应该有崇高的使命感。这个问题清楚了，我们科协的社会职能也就清楚了”。

3. 中国科协作为科技性社会团体的独特优势

中国科协的科技性、学术性，是由各个自然科学学科、领域的科技社团、学术社团体现的高度密集的、综合性的科技性、学术性，不同于各个学科、领域的科技社团、学术社团的单一的科技性、学术性。按照钱学森同志 1986 年 9 月在中国科协三届二次常委会上的讲话中的说法，“我们中国科协是无所不包的，这个恐怕在世界上也是少有的。我们现在同国外来的都可以对口，这就是我们的一个特点，综合性非常强”。“从这一点来看我们中国科协是很特别的，是世界上少有的。”1988 年 9 月，钱学森同志在中国科协成立 30 周年纪念大会上的报告中再次强调：“中国科协的各级组织及所属学术团体和科普团体，一开始就是跨部门、跨地区甚至是跨行业的横向智力组织，因此最便于开展横向联系和科技决策咨询服务等工作。”正是这样一种特点、这样一种优势，使得中国科协不仅能够发挥一般社会团体发挥不了的作用，而且也能够发挥一般科技性社会团体发挥不了的作用。中国科协决策咨询的作用、国家科技思想库的作用、参政议政的作用，都是源于这个特点和优势。也正是看到了这个特点，钱学森同志才提出：“如何使科协成为具有中国特色的科学技术群众组织，这是我们要研究的问题。”

概括地说，中国科协作为科技性社团，具有不同于其他社会团体的优势和特点，可以发挥更大的独特的作用。一般的社会团体，突出的是社会性；一般的学会，突出的是学术性。而作为以科技性、学术性团体为主体构成的人民团体、社会团体、群众团体，中国科协则是社会性和学术性的统一。笔者认为，正是在这个意义上，胡耀邦同志在中国科协二大上的讲话中才指出：“科协是科学家和科技工作者自己的组织，是同工会、共青团、妇联、文联一样的重要的群众团体。在向四个现代化进军的征途上，科协尤其具有重要的地位。”

4. 科技社团的功能定位体现了中国科协的根本属性

中国科协作为科技社团的定性，其社会性和科技性统一的特征，正暗合了中国科协作为科学共同体的根本属性。学会是科学共同体，由学会构成的中国科协也是科学共同体。所谓科学共同体，有两重意思：一是科学家、科技工作者的共同体，是科技工作者的组织，是人的组织，这是讲的中国科协的社会性；二是学术共同体，是科技组织、学术组织，这是讲的中国科协的科技性、学术性。前者决定了中国科协是党的群众工作的重要力量，科协工作是党的群众工作的重要组成部分，应当发挥党和政府联系广大科技工作者的桥梁和纽带的作用；后者决定了科协是推动国家科技事业发展的重要力量，科协工作是国家科技工作的重要组成部分，用宋健的话说，“科协是科技战线的一翼，是一个翅膀”。可见，科技性社会团体，社会性和科技性的统一，是中国科协功能定位的集中体现。

第四十章 学会建设面临的新形势

学会是中国科协组织体系的重要构成部分，学会组织建设是中国科协组织建设体系的重要构成部分。随着我国改革的深化和经济社会的发展，学会组织建设也面临着新的形势，需要我们认真研究和积极应对。

第一节　学会改革和发展的目标是建立现代学会体制

党的十八大报告明确指出："要围绕构建中国特色社会主义社会管理体系，加快形成党委领导、政府负责、社会协同、公众参与、法制保障的社会管理体制，加快形成政府主导、覆盖城乡、可持续的基本公共服务体系，加快形成政社分开、权责明确、依法自治的现代社会组织体制，加快形成源头治理、动态管理、应急处置相结合的社会管理机制。""改进政府提供公共服务方式，加强基层社会管理和服务体系建设，增强城乡社会服务功能，强化企事业单位、人民团体在社会管理和服务中的职责，引导社会组织健康有序发展，充分发挥群众参与社会管理的基础作用。"

政社分开、权责明确、依法自治，是现代社会组织体制的重要特征；中国科协所属学会改革和发展的目标，就是要按照党的十八大提出的要求，逐步建立现代社会组织体制。这是学会面临的最重要的形势和任务。

1. 政社分开

政社分开，就是解决政府与学会的各自职能分工及其相互关系。政社分开，不是指简单地将政府组织和社会组织的职能分开，更不是指政府组织和社会组织机构分设，而是要确定政府组织和社会组织各自的基本定位，明确它们各自是做什么的或应当是做什么的组织，从而建立和正确处理它们之间的相互关系。这是建立现代社会组织体制的核心问题，也是建立现代社会组织体制的基本前提。

政府组织与社会组织职能的区别，在于它们各自性质的区别；性质不同，职能就不同，性质、职能不同，地位、作用也就不同。在一个成熟的社会，应当是政府组织、社会组织、企业组织的合理分工，形成一个良性互动的合理关系。政府组织的职能在于为社会的正常运转提供法律、政策环境，发挥引导、协调作用，营造和谐的氛围。企业组织的职能在于为社会创造财富，为社会公众提供就业岗位，通过上缴利税、捐赠等行为，为社会的运转提供物质基础。社会组织介于政府组织和企业组织之间，它的职能在于通过向政府组织购买服务的方式，向在企业就业的社会公众以及其他社会公众，提供公共产品和公共服务。

2. 权责明确

权责明确，就是要明确政府与社会组织各自的权力、职责及其相互关系。有什么样的性质，就有什么样的职能；有什么样的职能，就有什么样的责任；有什么样的责任，就有什么样相应的权利和义务。

3. 依法自治

依法自治，就是将学会外在的法律约束和学会内在的自我约束结合起来，在法律的范围内实行自治，这是社会组织的发展方向，也应当是社会组织的基本特点。学会依法自治，主要体现在以下三个方面：

首先，依法自治体现的是作为独立法人的学会的独立地位。1998 年 10 月发布施行的《社会团体登记管理条例》明确规定："国家保护社会团体依照法律、法规及其章程开展活动，任何组织和个人不得非法干涉。"作为社会组织的学会在我国社会生活中的地位，是由宪法和有关法律确定了的，是受法律保护的，它们依法开展的活动不受侵犯。同时，学会具有独立法人资格，具有民事责任能力，可以独立承担法律、民事责任。

其次，依法自治体现的是作为自治组织的学会的自我运转机制。从根本上说，学会是一种自治组织，有自我运转的内生动力，可以形成自我约束、自我控制的能力，可以形成自我服务、自我管理、自我调整、自我恢复、自我发展的机制。但这种机制并不是任何一个学会都能够必然形成的，需要通过提高自身能力才能实现。

再次，依法自治体现的是作为学术共同体的学会的社会服务功能。学会是社会组织，在为社会服务方面具有其他组织所不能比拟、不能替代的重要作用。

学会不是政府组织，没有行政权力，也不可能形成部门利益；也不是企业组织，没有追逐利润的渴望，形不成自身特殊利益。因此，学会对社会提供的服务没有自身的利益诉求，没有狭隘的功利目的，具有很高的社会公信力。

第二节 学会将更多地有序承接政府转移职能

党的十八届三中全会提出了包括行政体制改革在内的全面深化改革的目标和任务。行政体制改革是全面深化改革的重要内容，机构改革又是行政体制改革的重要内容，而机构改革的核心和关键是转变职能。“转变职能就是要以简政放权为重点，把政府管不好、管不了和不该管的事项转移出去，其关键环节是向市场放权、向社会放权。在社会领域表现为把组织还给社会，推进政社分开；把公共服务还给社会，推进事业单位改革，将部分公共服务交给社会组织承担；把治理还给社会，推进社会组织自治体系发展，培育和支持社会组织承接各种政府职能”①。政府将那些自己管不了、管不好的职能逐步转移给社会组织，是一个必然的发展趋势。作为具有独特优势的科技性、学术性社会组织，中国科协所属学会具有承接政府转移职能的十分有利的条件，面临着绝好的发展机遇。

必须强调的是，政府将一些事项转移给社会组织，这里涉及两方面的问题，一是政府愿不愿意转，二是社会组织有无能力接。这里的社会组织，既包括中国科协所属的学会，也包括其他社会组织。因此，虽然中国科协所属学会具有承接政府转移职能的诸多优势，但并不具有承接政府转移职能的唯一性和排他性。也就是说，政府并不必然地将职能转移给中国科协所属学会，它们也需要在与其他社会组织的竞争中取得承接政府转移职能的资格；中国科协所属学会自身并不会自然而然地具备承接政府转移职能的能力，它们也需要在实践中不断增强这种能力。所以，学会既面临着发展的绝好机遇，也面临着严峻挑战。

中国科协所属学会承接政府转移职能，有着独特的优势，这些优势包括独立的法人身份，客观公正的地位，科技性、学术性、专业性的性质，雄厚的人才力量，优化的组织结构，以及没有部门利益、没有狭隘的功利目的、比较超脱。事实上，中国科协所属学会承接政府转移职能已有较长历史，并非始于今天，截至目前，中国科协所属200个全国学会中已有129个学会参与过承接政府转移职能的相关工作，只是在今天将政府向社会组织系统转移职能、社会组织有序承接政府转移职能作为全面深化改革的重要任务提了出来，对中国科协所属学会的要求已经大大不同了。在这种情况下，重要的是，中国科协所属学会

① 清华大学公共管理学院NGO研究所：《中国科协全国学会发展报告（2013）》，中国科学技术出版社，2014年。

必须“练好内功”，使自己“羽翼丰满”，把自己“做大做强”，做到内强素质、外树形象，切实增强承接政府转移职能的能力，做好承接政府转移职能的准备，包括思想、精神上的准备，组织、物质上的准备。

需要说明的是，我们时常说的政府向社会组织转移职能，社会组织承接政府转移的职能，这个说法其实并不确切。政府的职能是不能转移的，政府的职能只能转变，即政府做应当做的事，做好应当做的事，而把原来由政府做但做不好、做不了，按照转变政府职能的原则应当由社会组织去做或由社会组织去做更合适的事，下放给或转移给社会组织去做。这种下放或转移，只是具体事项，而不是政府职能。李克强总理2013年5月13日在国务院职能转变动员电视电话会议上的讲话中指出：“在非基本的公共服务领域，要更多更好发挥市场和社会的作用。”“即使是基本公共服务，也要深化改革、利用市场机制、创新供给方式，更多地利用社会力量，加大购买基本公共服务的力度，要加快制定出台政府向社会组织购买服务的指导意见。凡适合市场、社会组织承担的，都可以通过委托、承包、采购等方式交给市场和社会组织承担，政府办事不养人、不养机构。”今后，中国科协所属学会的工作方式，就是通过向政府购买服务，实现服务会员（科技工作者）、服务公众、服务社会的目的。

第三节　中国科协对所属学会之间的领导关系的实现方式将发生变化

按照新的社会组织登记办法，今后社会组织在民政部门登记，将不再需要业务主管部门的审查和同意。已经登记过的社会组织，也要经过一定的过渡期，逐步实现不再由业务主管上级管理。这种变化，意味着今后学会将取消业务主管单位，这是一种学会管理体制的重大变化。这种变化，将给中国科协带来极大的考验。中国科协不是一个单个的、独体的社会组织，而是由一个一个单个的、独体的学会、协会、研究会构成的庞大的科技性社会组织的联合会，是“枢纽型”、“聚合型”的社会组织，体量相当大，可以说是当今中国自然科学领域或科学技术领域的“航空母舰”、“巨无霸”。学会是中国科协存在的基础和根据，离开了一个一个学会，中国科协的存在就没有意义，甚至就不可能存在。因此，中国科协和所属学会之间的关系只能加强，不能削弱；只能密切，不能松散。我们必须及早研究，找到在社会组织登记办法改变的情况下，中国科协与所属学会之间加强紧密联系的有效办法。中国科协不仅要和所属学会建立和加强联系，而且要建立持续的和更加紧密的联系，并且不断加强、强化这种紧密联系。这是一个涉及中国科协生存的问题，绝不可掉以轻心。

这里需要区别两种情况，厘清两个概念。一个概念是，中国科协作为同意学会登记而存在的业务主管单位，随着社会组织登记办法的改变，即社会组织无须经过业务主管单位的同意而直接到民政部门登记，这个主管单位的资格就不存在了，也就是说，这个意义上的业务主管单位就取消了。另一个概念是，由于学会加入中国科协、成为中国科协的团体会员而使中国科协成为这些学会的业务主管单位，这种业务主管单位的资格并不会随着社会组织登记办法的改变而改变，这个意义上的业务主管单位也不存在取消的问题。也就是说，只要学会是中国科协的成员即团体会员，中国科协和所属学会之间形成的这种关系就是必然的，中国科协作为这些学会的业务主管单位的地位和资格就是确定的。这后一个概念，实质涉及中国科协和作为团体会员的学会之间的领导关系问题。而且从长远看，这样一种关系将成为联结中国科协和所属学会的基础和纽带。

中国科协和所属学会之间的关系是领导关系，这是由中国科协章程所规定的。由于中国科协所属学会是中国科协的团体会员，是中国科协的基本构成，所以，中国科协和所属学会之间的领导关系并不能因为社会组织登记办法的改变而改变，也不会改变，这是应当明确的。因此，我们不能简单地、笼统地来讨论取消业务主管单位的问题。新的登记办法所要取消的，是同意社会组织登记而存在的社会组织的业务主管单位，而不是像中国科协这样因为学会加入、成为团体会员而形成的业务主管单位；即使要取消，也只是中国科协作为双重业务主管单位的其中同意学会登记而存在的那种业务主管单位的资格，而绝不是中国科协作为因学会加入、成为团体会员而形成的业务主管单位的资格。但是，在社会组织登记管理体制已经改变的情况下，中国科协对所属学会的领导关系虽然没有改变，也不会改变，但中国科协对所属学会的领导关系的实现方式事实上已经发生了变化。所以，我们必须转变观念和工作方式，适应中国科协对所属学会领导关系实现方式发生变化的情况，致力于在新的形势下进一步密切中国科协和所属学会之间的紧密联系。

一是中国科协从对所属学会的业务主管变为业务指导。中国科协必须加强对所属学会强有力的业务指导，指导学会在其章程的框架内搞好改革，帮助学会不断得到发展。只有这种指导是有效的，对学会的改革和发展是有促进和推动作用的，学会才能增强对中国科协的向心力。

二是中国科协从对所属学会的管理变为服务。这种服务既要体现在涉及学会生存和发展的重大问题上，也要体现在帮助学会解决具体问题上；既要体现在为学会改革和发展制定政策、创造条件、营造环境上，也要体现在物质方面的具体帮助上。只有通过这种有效的服务，才能增强学会自身的改革和发展的能力，增强中国科协对学会的吸引力。

一方面是学会对中国科协的向心力，一方面是中国科协对学会的吸引力，向心力和吸引力的叠加和相互作用，有助于在中国科协和学会之间建立更加紧密的联系。

第四节　学会将逐步取消挂靠体制

学会挂靠，是基于学会的实际情况而在历史上形成的一种体制，有其产生和存在的合理性，并且一直延续到今天。但是，取消挂靠的呼声从这种体制一开始就存在，而且一直延续到今天。

从中国科协八大开始，由于中国科协章程中将“挂靠单位”的概念改为“支撑单位”的概念，学会和挂靠单位的关系进入了和支撑单位的关系的新阶段。所谓新阶段，新就新在将形成从学会和挂靠单位的单一关系逐步过渡到和支撑单位的多重关系。这种多重关系表现在：一是学会和一个支撑单位合作共建，二是多个支撑单位对一个学会的多元支撑，三是一个支撑单位对多个学会的支撑，四是没有支撑单位的学会独立运转。后一种情况，即一直以来就存在的“取消挂靠”。

取消挂靠，不仅是一直以来的一种呼声，而且也应当成为今后学会的发展趋势。取消挂靠，意味着学会在不受外力干预的情况下、在宪法和法律的范围内独立负责地开展工作，对宪法和法律负责，对国家关于社会团体活动的政策和规定负责，对会员负责。这应当是学会运行的正常方式。

谈到取消挂靠，不能不谈到挂靠体制的历史作用。对于学会挂靠体制的历史作用，应当做历史主义的、实事求是的评价。不论是在学会的组建初期，还是在学会的长期发展中，挂靠单位都给予了极大的支持和帮助，使学会的运行有了办事机构人员、活动经费和办公条件的基本保障。当然，不可回避的是，一些挂靠单位在对学会给予支持和帮助的同时，也对学会的运行和日常工作有些干预，但这毕竟不是主流，挂靠体制在历史上发挥的正面作用还是主要的。我们提出取消挂靠将成为今后学会发展的趋势，并不是因为挂靠体制本身出现了什么大问题，而是由学会的性质和职能所决定、从学会自身发展规律和为了发展需要而提出的客观要求。同时，必须明确的是，目前就大多数学会来说，还不具备取消挂靠体制的条件。取消挂靠体制，将是一个漫长而渐进的过程，我们不能操之过急，不可在不具备条件的情况下贸然行动。

其实，从挂靠单位到支撑单位的变化，已经开始向取消挂靠体制迈进了一小步。这是因为，挂靠体制意味着学会办事机构在挂靠到这些单位时，不可避免地要接受挂靠单位的管理；而支撑体制则意味着学会办事机构只是接受这些单位的支持和帮助。从这个意义上说，支撑体制是达到取消挂靠体制的一种过渡形式。只是我们目前还仅仅停留在将挂靠单位的名称改为支撑单位的名称，还没有将支撑单位对学会办事机构的支持和帮助作为一种体制建立起来。从现实考虑，我们可以通过实践和探讨，将支撑体制建立起来，在此基础上，作为一种过渡形式，积极创造条件，逐步过渡到取消挂靠体制。对于那些条件已经成熟的学会，可以进行取消挂靠的试点工作，总结经验，适时取消挂靠，为其他学会在今后逐步取消挂靠提供借鉴。

第五节　竞争将被引入学会发展的进程

在过去相当长的一个时期内，中国科协强调并致力于所属学会结构的科学化、合理性，其中的重要"指标"之一，就是一个学科、行业、领域一般只能建立一个学会，而且是一级学科学会，不主张建立二级学科的学会，也不主张在一个学科、行业、领域内建立多个学会。这种情况下，不可能形成竞争，而没有竞争，学会的发展则缺少动力。在新的形势下，竞争将被引入学会的发展进程中，这将使原有的学会结构发生调整和变化，也使已有的学会面临生存和发展的挑战。

将竞争引入学会的发展进程后，将打破一个学科、行业、领域一般只能建立一个学会，而且是一级学科学会的"藩篱"，必然会出现"一业多会"的情况，亦即在一个学科、行业、领域内可以同时有多个学会，而且这些学会既可以同是一级学科的学会，也可以是不同的二级学科的学会，彼此共存，相互之间展开竞争。"一业多会"必将带来竞争，竞争必将带来发展，竞争将成为今后学会发展的最活跃的推动力。通过竞争，各个学会将形成自己的独特优势，形成各自的突出特点、特色，形成各自良性发展的机制。当然，也不排除在竞争过程中，个别学会由于不适应而变得萎缩甚至被淘汰出局，这其实也是再正常不过的情况，可以催生学会的危机感，有利于学会的自立自强，壮大发展。这样一种竞争发展，最终将形成中国科协所属学会良性发展的良好生态环境。

第五编

中国科协基层组织建设

第四十一章 科协基层组织建设的几个基本问题

科协组织的主体是学会，基础是科协基层组织，我们工作的重心、重点，或者说出发点、着眼点、立足点、落脚点，都应该放在学会组织上，放在科协基层组织上。学会和科协基层组织是直接面向科技工作者、面向社会公众的，从一定的意义上说，科协的任务在很大程度上是通过学会、科协基层组织的工作和作用来实现的。因此，科协基层组织建设的水平，直接影响到科协作用的发挥和任务的实现。

任何一个科技工作者，不论学习什么学科，从事什么专业，做什么工作，都一定有一个具体的工作单位，都会相应地加入到这个基层单位的科协基层组织。作为科技工作者，既生活于一定的学会之中，也生活于一定的科协基层组织之中，与中国科协发生密切联系。建立更加紧密联系的科协组织体系，就要把广大科技工作者或者说广大会员团结、凝聚在各个科协基层组织之中。而要做到这一点，就必须切实加强科协基层组织建设。中国科协基层组织建设，涉及科协基层组织的组织形态、组织设置、隶属关系，领导体制、工作机制、基本原则，以及不同类型科协基层组织的职能、任务等。

本章首先讨论中国科协基层组织建设的几个基本问题。

科协基层组织建设，是科协组织建设的重要方面。加强科协基层组织建设，不仅要了解科协基层组织建设的概念、历史和现状，而且要了解科协基层组织建设的一些基本问题，建立起对科协基层组织建设的基本认识。

第一节　科协基层组织的内涵

概括地说，科协基层组织就是建立在基层单位的科协组织，或者说是在基层单位建立的科协组织。这个概念，涉及两个关键词，一是基层单位，二是基层组织。我们要搞清楚科协基层组织的概念，必须对这两个关键词做透彻的了解。对这两个问题了解透彻了，对什么是科协基层组织的问题也就好理解了。

1. 什么是基层单位

我们先来讨论什么是基层单位。《中国共产党章程》专门设了一章，讲党的基层组织问题，明确规定："企业、农村、机关、学校、科研院所、街道社区、社会组织、人民解放军连队和其他基层单位，凡是有正式党员三人以上的，都应当成立党的基层组织。"《中国共产党基层组织选举工作暂行条例》也指出："本条例所称的党的基层组织，是指工厂、商店、学校、机关、街道、合作社、农场、乡、镇、村和其他基层单位党的基层委员会、总支部委员会、支部委员会。"

这里，《中国共产党章程》和《中国共产党基层组织选举工作暂行条例》虽然没有给基层单位下定义，但用列举的方式说到了基层单位的主要类型。

据此，我们可以将基层单位大体分为这样几种：企业，包括工业企业、商业企业、农业企业、文化企业等；事业单位，包括中小学校、高等院校、科研院所、医院等；城乡基层政权组织，包括农村的乡镇、村，城市的街道、社区；机关，包括中央和地方各级党和国家机关；社会组织、中介组织；人民解放军连队；其他基层单位。

党的基层组织是中国共产党设立在基层单位的一种基层组织，科协基层组织是中国科协设立在基层单位的一种基层组织，而且科协基层组织是在党的基层组织的领导下开展工作，这就使得我们讨论的基层单位的概念有了一致性。

具体分析起来，基层单位又可以分为两类：一是有独立法人资格的基层单位，如大型企业、高等院校、科研院所；二是有独立法人资格的基层单位的下属单位，如大型企业的分公司或子公司、分厂或车间，大学的二级学院或系，研究院的研究所或研究室。还有一种情况，一些规模特别大的基层单位，可以有若干层级，或有若干单位，那么这些层级、单位也可以是独立法人单位，它们也都是基层单位。如跨地区、跨行业的集团公司或企业集团。

2. 什么是基层组织

我们再来讨论什么是基层组织。这里所说的基层组织，不是一般的基层组织，而是特指全国性的社会组织在基层单位的延伸，也就是指全国性的社会组织在基层单位建立的基层组织。这类组织包括工会、共青团、妇联、科协等全国性社会团体。

从实际情况看，社会组织有三种情况：一种是只适宜在社会活动而不适宜向基层单位延伸的社会组织；另一种是只适宜在基层单位活动而不适宜在社会活动的社会组织；还有一种是既适宜在社会活动而又适宜向基层单位延伸的社会组织。工会、共青团、妇联、科协等组织，就是这样的全国性社会团体。也就是说，工会、共青团、妇联、科协等组织既可以在社会上活动，也可以在基层单位建立自己的组织，即基层组织。

3. 什么是科协基层组织

我们最后来讨论什么是科协基层组织。在搞清楚了什么是基层单位和什么是基层组织这两个问题之后，我们也就明确了，科协基层组织是作为全国性的社会团体的中国科协在基层单位建立的科协组织，或者说是中国科协建立在基层单位的科协组织。科协基层组织的基本属性，仍然是社会团体、群众组织、科技社团。

中国科协作为一个有着严密组织体系的全国性的社会团体，它的工作对象、服务对象即广大科技工作者，工作和生活在科研院所、高等院校、企业、乡镇、社区等基层单位，范围遍及全国广大城乡、各个领域。因此，中国科协不仅有全国组织，而且还有各级地方组织，不仅有学会，而且有各类基层组织，这是由其自身的特性所决定的，也是实际存在着的现实。事实证明，科协基层组织的存在，或者说在基层单位建立科协组织、开展科协工作，是由科协的性质和职能决定的，是完成和实现科协任务所必需的。

第二节　科协基层组织的构成

科协基层组织的构成，包括三层含义：一是指科协基层组织的类型，即科协基层组织建在什么领域、建在哪些基层单位；二是指科协基层组织的形态，即科协基层组织采用什么样的组织形式、组织设置；三是指科协基层组织的内部构成，即科协基层组织的内部结构、内部设置。

1. 科协基层组织的类型

目前，中国科协主要在农村、街道社区、企业、高等院校等基层单位建立科协组织，一些地方在科研院所建立基层组织的工作也有一定规模。这样，中国科协目前的基层组织主要有以下四种类型：

一是农村科协组织，包括乡镇科协（科普协会）、村科协小组（科普小组），乡镇、行政村、村民小组等专业技术协会。过去，对农村科协组织只说乡镇科协，这是不全面的。因为乡镇只是构成农村的一部分，而且乡镇是基层政权组织，广大农民群众是生活在行政村、村民小组的，只谈乡镇科协是不够的，也不能真实反映农村基层科协组织的实际状况。

二是城市社区科协组织，包括街道科协（科普协会）、社区科协小组（科普小组）。可见，这里所说的城市社区是一个广义概念，即包括城市居民生活的基本单位社区，也包括管辖一定数量社区的街道；与之相适应，这里所说的城市社区科协，也就自然包括街道科协、社区科协。

三是企业科协组织，包括国有企业科协、非公有制企业科协；单个独立法人企业科协、由若干独立法人企业构成的企业集团科协。

四是高等院校科协，包括国民教育高等院校科协、民办高等院校科协；普通高等院校科协、高等职业技术学院；高等院校科协所属的老教师科协、教师科协、研究生科协、大学生科协等。

农村科协、城市街道社区科协的主要任务在于科学普及，而企业科协、高校科协的主要任务除了科学普及外，还有学术交流、决策咨询等。这种主要任务的差异也体现在农村、街道社区、企业和高校科协组织形态的差异上。关于这一点，下面将涉及。

据《中国科学技术协会年鉴》的统计，截至2012年年底，全国有科协基层组织61 004个，个人会员654万人。其中，乡镇科协31 227个，个人会员211万人；街道科协（社区科协）8235个，个人会员57万人，企业科协20 968个，个人会员345万人；高等院校科协574个，个人会员41万人。

2. 科协基层组织的形态

科协基层组织大体有三种不同的形态。

一是科协基层组织。我们一般说到科协基层组织时，主要指的是与中国科协的全国组织、地方组织一脉相承的、有着相同结构和功能的、有着统一规范的组织形式的基层组织。乡镇科协、街道社区科协、企业科协、高校科协、院所科协，都属于这一类形态。关于这种规范的科协基层组织的内部设置，我们将在下面专门谈到。

二是科协基层科普组织。基层科普组织是广泛存在于全国广大城乡的一种特殊形态的科协基层组织，包括乡镇科普协会、街道社区科普协会。这种组织形态，最早产生于中国科协成立之前的全国科联、全国科普时期。中国科协成立于1958年9月，它的前身是全国科联和全国科普。前者是自然科学领域的各个专门学会以团体会员的身份加入的学会联合会，负责科学技术的“提高”；后者是科技工作者以个人会员的身份加入的向社会公众普及科学知识的协会，负责科学技术的“普及”。全国科普成立之后，为着向社会公众普及科学知识的任务，在全国广大城乡普遍建立了全国科普的基层组织。全国科联、全国科普合并而成立中国科协之后，不仅将学术交流和科学普及的任务带入中国科协，也同时将全国学会、地方学会和基层科学普及协会带入中国科协，使基层科普组织成为中国科协一种特殊形态的基层组织。由于中国科协承担着向广大城乡公众普及科学知识的任务，农村和城市街道社区的科普组织不仅没有削弱，而且得到了加强。

三是科协基层农技协组织。农技协组织有三种情况，一种是全国组织，即中国农村科学技术协会，是由地方组织和基层组织组成的全国性学会，是中国科协的团体会员；另一种是地方组织，如某省、市、县农村科学技术协会，是由下一级地方组织和基层组织组成的，是同级地方科协的团体会员，受中国农技协或上一级地方农技协的业务指导；再一种是基层组织，有的是建立在乡镇一级，有的是建立在行政村一级，有的是建立在村民小组一级，有的是建立在产前、产中、产后或产业链的环节上，有的是建立在一定的产业上，有的是建立在产品的类型上。我们这里所说的科协基层农技协组织，特指第三种情况，即建立在农村基层的农技协组织。基层农技协组织是农村科协基层组织的一种形态。按照《中国科协章程》的规定，乡镇科协组织负责对农村基层农技协组织的联系和指导。

3. 科协基层组织的设置

这里，我们只讨论规范化的科协基层组织的设置，不讨论基层科普组织和基层农技协组织。一般地说，规范化的科协基层组织，其组织构成如下：

科协基层组织实行委员会制，科协基层组织委员会委员由科协基层组织会员代表大会选举产生，是科协基层组织会员代表大会闭会期间的领导机构；规模较大的科协基层组织还可成立常务委员会，常务委员会由科协基层组织委员会选举产生，是科协基层组织委员会闭会期间的领导机构。科协基层组织会员代表大会、委员会、常务委员会要定期开会，行使职责。科协基层组织一般任期三年，每三年就要召开会员代表大会，按期换届。委员会每年至少要召开一次，常务委员会每年至少要召开两次，研究决定重大问题。这是保证科协基层组织依法办事、民主办会，充分发挥会员代表大会代表、委员会委员、常务委员会委员作用的客观要求。

科协基层组织委员会设主席一人，必要时可设副主席若干人，主席、副主席由委员会选举产生。主席一般由基层党委负责同志或行政领导担任，也可以由有声望的科技工作者担任，副主席一般由科学研究、技术研发、科技管理等方面科技工作者担任。主席、副主席可以是专职的，也可以是兼职的。

科协基层组织要设立办事机构，在科协基层组织委员会或常务委员会的领导下主持科协基层组织的日常工作。办事机构一般为秘书处，秘书处一般应为独立建制，暂时不能独立建制的，可设在相关的科研管理部门，与科研管理部门合署办公，但要保持科协基层组织办事机构的相对独立性，不能以合署办公为名使科协基层组织有名无实，更不能取消科协基层组织的机构；办事机构的规格应明确为和其他内设机构同等对待，不能设在某些相关内设机构之下，以便于科协基层组织办事机构开展工作。

秘书处设秘书长一人，主持办事机构的日常工作。秘书长一般应为专职，其规格应和其他内设机构主要负责人相同；如秘书长不能专职，应设专职副秘书长一人，主持办事机构的日常工作。根据工作需要，可设副秘书长若干人，可以为兼职。秘书长、副秘书长由基层科协主席提名，经委员会或常务委员会选举产生。

办事机构应有一定的工作人员，根据科协基层组织的规模和工作需要，可以专职，可以兼职，但最好有一定数量的专职干部，以保证正常工作的开展。

第三节　中国科协建立科协基层组织的历史

早在中国科协的前身全国科联、全国科普时期，就十分重视基层组织建设工作。1950 年 8 月全国科普成立后，本着“一面筹建组织，一面开展宣传”的方针，首先在各省、自治区、直辖市普遍筹建省一级的科普分会，同时结合生产建设开展各种科普宣传活动。1956 年年初，全国科普在《关于一九五六年分会工作的指示》中指出，为了开展科普工作，省分会应加强对县支会的建立与领导，大力发展中等专业学校毕业生和相当于这种程度的科技工作者为会员。同年 7 月，中共中央宣传部在关于加强科学技术普及协会工作向中共中央的报告中，明确提出了在今后两年内应该在各县逐渐建立科普协会的组织，并配备专职干部。全国科普自 1950 年 8 月成立至 1958 年 9 月的 8 年中，许多地区在厂矿和农村建立了协会的基层组织。据 11 个省、市统计，到 1958 年 6 月底，共建立基层组织 4.6 万多个，会员、宣传员 102.7 万多人，形成了一支数量相当可观的科普队伍。

由全国科联和全国科普合并而成立的中国科协，仍然十分重视基层组织建设。在中国科协一大通过的《关于建立“中华人民共和国科学技术协会”的决议》中就明确规定：“原科普会员一律转为科协的会员”，“过去科普的宣传员也一律转为科协会员，今后不再发展宣传员”。同时规定：“在群众需要的情况下，科协应该在工矿、企业、人民公社、学校、机关等单位建立科协基层组织。定名为××单位科学技术协会。科协基层组织受所在单位党委的领导和科协上级组织的业务指导。”在中国科协成立之初，就对科协基层组织的名称、类型、与基层党委之间的领导关系、与省级科协组织之间的业务指导关系做出了明确具体的规定，至今仍然适用。

1959年2月10日，《关于目前科协组织建设工作中若干问题的暂行规定(草案)》提出："科协基层组织是党的基层组织开展技术革命群众运动的工具和助手。为了便于党的领导和科协发挥作用，在人民公社和县、市以上所属厂矿，应按照科协第一次全国代表大会的决议建立科协。科协基层组织得成立委员会。人民公社和厂矿以下也要建立科协组织，其组织层次和名称，由于目前对情况了解不够缺乏经验，故暂不作统一规定。关于在县、市以上领导的学校、研究机构和机关中建立科协基层组织的问题，科协第一次全国代表大会已有原则规定，至于如何具体建立，也由于目前尚缺乏经验，各地可先进行试点，摸索经验。"

1980年3月15日，周培源同志在中国科协第二次全国代表大会上的工作报告中指出："为了使科协工作更好地深入基层，深入群众，应有计划地、逐步地把组织建到县和较大的厂矿企业。城乡基层单位的科技群众组织的形式，可以因地制宜，灵活多样，不强求一律，要防止成为脱产的行政机构。科协必须对基层科技群众组织积极给予指导和帮助。"①

1980年3月22日，中国科协二大通过的《中国科协章程》在"地方科协"一章中，专门对"基层组织"做出规定："地方科协的基层组织（如厂矿、公社)，其组织办法由省、市、自治区科协根据实际情况制定。"

中国科协二大之后，中国科协的基层组织有了迅速发展。1983年11月17日，中国科协副主席裴丽生在中国科协1983年工作会议上的讲话中指出："这一年来，随着农业生产责任制的巩固和农民对科学技术的渴求，随着工业企业的体制改革和技术进步，科协在农村和城市的组织有了新的发展。农村公社科普协会从1982年的1.5万个发展到2.5万个，厂矿科协也有新的发展。"② 1984年3月8日，时任中国科协书记处书记王顺桐在中国科协农村科普协会（科协）工作经验交流会上的讲话中指出："农村科普协会（科协）和农村群众科普队伍又有了很大发展。目前，全国乡（镇）科普协会已从去年初的1.5万多个发展到近3万个，占到全国乡镇总数的一半以上，会员达200多万人。"③

将科协基层组织作为专章写入中国科协章程虽然是比较晚的事情，但对科协基层组织的研究和对加强科协基层组织建设的实践始终没有停止。1986年6月中国科协全委会召开二届四次会议，审议拟提交中国科协三大的工作报告和章程修改草案，时任中国科协副主席、党组书记裴丽生同志在会议闭幕时的总结发言中，专门谈到了会议讨论的"关于科协的基层组织问题"。他指出："我们经过多次反复认真地研究，认为（拟提交中国科协三大的）工作报告和章程

① 何志平等主编：《中国科学技术团体》，上海科学普及出版社，1990年。

② 裴丽生：《裴丽生文集》，科学普及出版社，2009年。

③ 何志平等主编：《中国科学技术团体》，上海科学普及出版社，1990年。

修改草案中以不提‘科协基层组织’为好。大家知道，党章明确规定：‘工厂、商店、学校、机关、街道、人民公社、合作社、农场、乡、镇、人民解放军连队和其他基层单位，凡是有正式党员 3 人以上的，都应当成立党的基层组织’，工会、共青团在章程中也有类似的规定。文联则只有团体会员一般只到省市一级，不设基层组织。科协是科技工作者的群众团体，同党组织以及工会、共青团、妇联等兄弟团体在性质和组织上毕竟有所不同。例如是否所有的基层单位都可以建立科协？科协基层组织的概念和内涵是什么，目前都很难作出明确的说明。我认为，有些基层单位像街道、商店、解放军连队就没有可能也没有必要建立科协。而厂矿科协和乡镇科普协会近几年在改革中应运而生，发挥了显著作用。但厂矿科协是根据科技人员的数量还是根据其单位的级别规格来建立？乡镇科协（科普协会）是科普组织，它作为科协基层组织是否合适？这些问题都还需要在今后的工作实践中进一步研究，进一步明确。近年来，厂矿科协和乡镇科普协会有了很大发展，发挥了重要作用，因此，章程草案第七条规定‘地方科协根据实际需要，可建立乡镇科协（科普协会）、厂矿科协等组织’，这就给地方科协在组织建设上以很大的灵活性。”①

2006 年 5 月中国科协七大通过的《中国科协章程》首次列了“基层组织”一章，明确规定：“科学技术工作者集中的企业事业单位和有条件的乡镇、街道社区等建立的科学技术协会（科学技术普及协会）是中国科学技术协会的基层组织，接受地方科学技术协会的业务指导。”同时规定：“乡镇科学技术协会（科学技术普及协会）联系指导农村专业技术协会。”并且规定了中国科协基层组织的基本任务，使科协基层组织建设有章可循。

2007 年 12 月中央书记处提出“哪里有科技工作者，科技工作者就做到哪里，哪里科技工作者密集，科协组织就建到哪里”的要求之后，中国科协基层组织建设进入了一个新的发展阶段。

第四节　科协基层组织建设上存在的误区

在关于科协基层组织建设的理解和认识上，一些同志包括中国科协机关部门从事科协基层组织建设工作的同志存在许多误区。这些误区严重阻碍了我们在基层单位建立科协组织、开展科协工作，找不到基层科协组织建设的正确方向。总起来说，主要有以下几个方面的误区。

一是有的同志认为科协基层组织是相对概念，相对于上一级，下一级科协组织就是基层组织。比如，一些同志长期以来一直把县级科协当作基层科协，

---

① 裴丽生：《裴丽生文集》，科学普及出版社，2009 年。

因为他们认为相对于省、市一级来说，县级科协就是基层组织。在实际工作中，不论是在县科协工作的同志，还是在省、市科协工作的同志，甚至是在中国科协工作的同志，都有一些人持这种认识。

二是有的同志对科协基层组织的概念界定不清，把高新技术开发区、经济建设开发区以及其他园区科协作为基层组织。其实，园区是由基层单位构成的，在园区的企业、事业单位建立的科协组织是科协基层组织，但并不能把在园区管理委员会层面成立的科协组织认定为科协基层组织，或者把园区科协作为基层科协的一种类型。

三是有的同志不了解基层科协组织的复杂构成，以为只有县级科协有基层科协组织，只有乡镇和村、街道和社区科协城是基层科协组织，并据此认为基层科协组织属于县级科协指导。这种认识，显然过于简单化了。在县一级，只有农村的村和乡镇、城市的社区和街道，以及一些中小企业的科协基层组织，隶属于县级科协。而大型企业、科研院所、高等院校科协，则根据其隶属关系，分别隶属于中国科协、省级科协和市级科协。例如，高等院校主要建立在大城市、特大城市、超大城市，或者说主要建立在中心城市、省会城市，它们的关系也相应地在这些城市或省、中央的教育部门，如果在这些高等院校建立科协基层组织，这些科协基层组织就应当相应地由这些城市或省、中央层面的科协组织联系和指导。同样，大型企业、特大型企业、企业集团也主要建立在大城市，许多是跨地区、跨行业的，它们的关系也相应地在这些城市或省、中央的组织部门或国有资产管理部门，如果在这些大型企业建立科协基层组织，这些科协基层组织就应当相应地由这些城市或省、中央层面的科协组织联系和指导。在中国科协和省、市科协直接联系一些大型企业、高等院校科协方面，认识还没有到位，工作还没有开展，甚至说还没有破题。

其实，就同一类基层单位来说，也是一个复杂的构成。比如许多大学内部就有相对独立的二级学院、研究所，在二级学院、研究所建立的科协基层组织可以成为大学科协的团体会员，并接受大学科协的指导。同样，许多大型企业内部又有分公司、子公司，在分公司、子公司建立的科协基层组织可以成为大型企业科协的团体会员，并接受大型企业科协的指导。

四是有的同志片面地理解要结合具体工作来加强科协基层组织建设，用具体工作来代替组织建设工作。科协基层组织建设固然要结合具体工作来开展、来加强，但是，做好具体工作本身并不能自然而然地达到加强科协基层组织建设的目的。结合具体工作，只是加强科协基层组织建设的基础，而要加强科协基层组织建设，还要有“加强”的具体措施，还要有“建设”的具体内容和方式，只是这种“加强”、“建设”本身并不能孤立进行，而必须结合具体工作来进行。在实际工作中，确实存在着脱离具体工作强调加强科协基层组织建设和以具体工作来代替科协基层组织建设的倾向，但主要倾向是以具体工作来代替科协基层组织建设，这是需要我们特别加以注意并切实加以克服的。

正是这些认识和做法，导致一些同志包括一些领导同志长期以来对科协基层组织建设概念不清，认识模糊，抓得不力。为此，我们应当努力消除这些模糊认识，走出基层科协组织建设上的误区。

第五节　科协基层组织建设在整个科协组织建设中的地位和作用

科协基层组织是中国科协组织体系的基础，也是构成中国科协组织体系的主体。作为科技工作者，既生活于一定的学会之中，也生活于一定的基层科协组织之中。建立更加紧密联系的科协组织体系，就要把广大科技工作者或者说广大会员团结、凝聚在各个基层科协组织之中。

科协基层组织是直接面向科技工作者、面向普通公众的，从一定的意义上说，科协的任务在很大程度上是通过基层科协组织的工作和作用来实现的。之所以说“在很大程度上”，就是说不是全部，因为各级科协都有各自承担和实现的任务，但毋庸置疑的是，基层组织在实现科协的职能任务方面具有重要作用。因此，基层科协组织建设的水平，直接影响到科协的作用。基层科协组织在整个科协组织建设中处于基础的地位，发挥落实上级科协组织任务的作用。很多工作、任务，需要基层科协组织来体现、来实现、来落实。如果基层科协组织没有抓好，上面的管理机构作用的发挥就会受到限制，工作任务就落不实；离开了基层科协组织的建设，我们就谈不上整个科协组织的建设。所以，加强整个科协组织的建设，应该以加强基层科协组织建设为重点，在加强基层科协组织建设上多着力。我们在基层科协组织建设方面抓出成效了，就会有力推动整个科协的组织建设。这既是我们加强科协组织建设的基本思路，也是操作层面的可选择的基本路径。

从科技工作者的成长成才角度看，建立科协基层组织，加强科协基层组织建设，也是十分必要的。对于一个科技工作者来说，他既生活于一定的学会组织中，又生活于一定的科协基层组织中，二者互相补充，不可替代。学会是按照学科、专业建立的，参加者是与这个学会的学科和专业相同、相近、相关的科技工作者，所进行的一般也是有关这个学科、专业的学术交流活动。而科协基层组织是跨学科、跨专业的，凡是这个基层单位的科技工作者，不论学习的是什么学科，也不论从事的是什么专业，都可以加入这个基层单位的科协基层组织，所进行的一般也是跨学科、跨专业的学术交流活动。虽然科协基层组织的学术交流活动比起学会的学术交流活动层次要低些，但由于是跨学科、跨专业的，与学会高层次的学术交流活动相互配合，对于科技工作者的成长进步的帮助不可低估。

第六节 科协基层组织的基本任务

中国科协七大通过的《中国科协章程》不仅第一次对科协基层组织设专章论述，而且规定了科协基层组织的基本任务，中国科协八大通过的《中国科协章程》延续了这样的规定。中国科协基层组织的基本任务是：

一是开展社会化科学技术普及活动，引导人民群众崇尚科学，抵制迷信，移风易俗，破除陋习，倡导科学健康的生活方式和文明节约的消费模式，促进资源节约型、环境友好型社会建设；

二是组织和动员科学技术工作者积极参加学术交流和科学技术普及活动，促进讲科学、爱科学、学科学、用科学社会风尚的形成与发展；

三是开展农村实用技术培训和推广，引导农民树立科学发展理念，培养有文化、懂技术、会经营的新型农民，提高农民科学文化素质，促进社会主义新农村建设；

四是开展技术咨询、技术服务等科学技术活动，促进技术开发、技术转让，增强企业自主创新能力，促进以企业为主体的技术创新体系的建立；

五是反映基层科学技术工作者的建议、意见和诉求，维护其合法权益，促进其生活和工作条件的改善。

第七节 注意研究不同类型科协基层组织的功能

不同类型的科协基层组织（如企业科协、高校科协），同一类型中不同所有制（如国有企业、非公有制企业）、不同性质（如公办高校、民办高校）和不同层级（如公司、子公司，大学、二级学院）单位的科协基层组织，同一性质和层级的科协基层组织（如大学的教授科协、教师科协、研究生科协、大学生科协）有着不同的功能定位、职责任务、工作方式，也就是说处于不同的地位，发挥不同的作用，需要逐一进行认真研究，不可一概而论。应当说，对各类科协基层组织的功能定位，包括居于什么地位、发挥什么作用、承担什么任务、采取什么方式，还总结不够、思考不够、研究不够，在很多时候还是大而化之、笼而统之，并没有真正解决。从建立更加紧密联系的科协组织体系的要求考虑，科协基层组织作为科协组织体系的基础和主体地位的问题，是应当逐步加以解决的。

研究和确定不同类型科协基层组织的功能，我们还没有现成经验，可以从党的基层组织的理论和实践中得到启示。《中国共产党章程》对不同类型的基层党组织的地位和作用做出了不同规定。党的十六届四中全会通过的《中共中央关于加强党的执政能力建设的决定》提出："根据基层党组织建设面临的新情况新问题，调整组织设置，改进工作方式，创新活动内容，扩大覆盖面，增强凝聚力，使基层党的基层组织都紧密联系群众、充分发挥作用。"这些对基层党组织的规定和要求，为我们研究和明确科协基层组织的功能，提供了借鉴。

分布在不同领域的科协基层组织，承担的任务不同，职能和工作方式存在差异，需要着重解决的矛盾和问题也大不相同。这就要求我们坚持把矛盾的普遍性和特殊性结合起来，科学把握不同层次、不同类别、不同地域科协基层组织建设的特点，坚持从实际出发，具体情况具体分析，不搞一刀切。同时，根据面临的新形势、新情况、新问题，科学而合理地调整组织设置，改进工作方式，创新活动内容，扩大覆盖面，增强凝聚力，应当成为科协基层组织的主要任务。

第八节　研究制定各类科协基层组织通则

研究制定中国科协所属团体组织通则，是中国科协通过制度建设加强所属团体（包括学会和科协基层组织）组织建设的基本方式，也形成了中国科协加强所属团体组织建设的具有独特性的传统。

最早的科协基层组织通则是企业科协组织通则。1990 年 3 月，中国科协书记处通过了《中国科协厂矿科协组织通则》。1996 年、2005 年又先后制定了《中国科学技术协会企业科学技术协会组织通则》和《非国有企业科学技术协会组织通则（试行）》，前者主要面向国有企业科协，后者主要面向非公有制企业科协。2007 年下半年开始，就制定统一的企业科协通则进行调研。2008 年 6 月，中国科协七届七次常委会审议通过了《企业科学技术协会组织通则》。这个通则，将原有的两个通则进行了整合，以适应和规范不同所有制、不同类型、不同规模的企业科协。通则分为总则、任务、会员、组织、经费、附则，共六章二十二条。

从 2010 年开始，在广泛调查研究的基础上，着手研究制定《高等院校科协组织通则》，并形成了初稿。2011 年，根据时任中国科协主要负责同志的意见，将通则改为《关于加强高校科协工作的意见》。

比较起来，《组织通则》更接近于《中国科协章程》，《意见》更接近于实践；《组织通则》适应的时间更长远，《意见》适应的时间相对短些，为当前和今后一个时期，一般为一次全国代表大会之后的五年，即一个任期。因此，《组织通则》更具有科协组织法规的性质，是科协组织制度化、规范化、法制化建设的重要体现，可以成为科协基层组织的基本遵循和准则。

基于这样的认识和考虑，从长远看，还是要逐个研究制定不同类型科协基层组织的《组织通则》，形成以《中国科协章程》为指导的覆盖农村科协、街道社区科协、企业科协、高等院校科协、科研院所科协等各类科协基层组织的《组织通则》体系。当然，可以有加强一些领域科协基层组织建设的指导性意见，但不能以此来代替不同类型的科协基层组织通则。这是一项十分艰巨的任务，也是一项有重大意义的任务，必须下决心一个领域、一个领域地去做，争取在不太长的时期内完成科协基层组织通则体系建设。

第四十二章 科协基层组织的隶属关系

关于科协基层组织的隶属关系，本来可以作为科协基层组织建设的若干问题之一，在上一章论述，但考虑到这个问题的重要性和复杂性，而许多同志又在这个问题上存在诸多模糊认识需要澄清，故列专章论述。

第一节 隶属关系的含义

科协基层组织的隶属关系有两重含义：一是指科协基层组织和党组织之间的关系，属于领导关系的范畴，即科协基层组织隶属于哪一级党组织领导；二是指科协基层组织和上级地方科协组织之间的关系，属于业务指导关系的范畴，即科协基层组织隶属于哪一级地方科协组织的业务指导。

我们也可以将科协基层组织隶属关系的双重含义，理解成科协基层组织的双重隶属关系。科协基层组织的这种双重隶属关系，在中国科协成立之初就已经确定。1958 年 9 月全国科联、全国科普全国代表大会即中国科协第一次全国代表大会，通过了《关于建立“中华人民共和国科学技术协会”的决议》，明确规定“科协基层组织受所在单位党委领导和上级科协的业务指导”，从此建构了科协基层组织的双重隶属关系的体制，既保证了科协基层组织在党的领导下开展工作，又保证了科协基层组织作为科协组织体系重要组成部分的地位。现在回过头来看，中国科协一大的这个规定，非常具有远见卓识。

关于科协基层组织和党组织之间的隶属关系，在实践中是比较明确的。科协基层组织不论是什么类型，也不论规模大小，都在同级党组织领导下开展工作，接受同级党组织的领导。这一点，体现了中国科协是党领导下的人民团体的性质。所谓同级党组织，就是科协基层组织所在基层单位的党组织。

本章所讨论的科协基层组织的隶属关系，是指科协基层组织和上一级地方科协组织的业务指导关系。这一点，体现了中国科协是科技工作者的群众组织的性质。关于这个问题，不论是在理论上还是在实践上，并没有真正解决。

为什么要明确科协基层组织的隶属关系？道理很简单，如果我们只管组建科协基层组织，只管对科协基层组织工作提出要求，而不去研究如何确定科协基层组织的隶属关系，其结果，或者是基层单位想成立科协组织却不知道去找哪一级科协批准，或者是基层单位即使成立了科协组织也不知道以后由哪一级科协组织对它进行指导，甚至造成科协基层组织自生自灭。目前，在一些地方这种情况并不鲜见。如果明确了确定科协基层组织隶属关系的原则，再按照“谁隶属就由谁负责组建、谁组建就由谁负责指导”的原则进行运作，地方科协和基层科协之间的管理链条即业务指导关系就建立起来了，科协基层组织的组建和巩固也就有了保证。

第二节　乡镇科协、街道社区科协的隶属关系

从理论上讲，乡镇一般在县，街道一般在市辖区，我们也常讲“农村乡镇”、“城市街道”的概念，表明了乡镇和街道的不同归属。但是，从现实看，情况要复杂得多。许多县以乡镇为主，也有一定数量的街道；许多市辖区以街道为主，也有一定数量的乡镇，这种情况尚属正常。一些从县转来的市辖区和县的情况区别不大，仍有大量的乡镇存在。县级市的情况也很复杂，一些名副其实的县级市，由于城镇化、工业化发展水平高，形成街道多而乡镇少的情况；而一些由县转来的名不副实的县级市，则和县的情况差不多，由于城镇化、工业化发展水平低，形成街道少而乡镇多的情况。即使同样是县，由于发展程度的差别，差异性也很大，有些县乡镇的数量特别大，而有些县乡镇的数量则相对少些。但不论情况怎样复杂，乡镇、街道隶属于县级，包括县、自治县、县级市、市辖区，则是明确无误的、不争的现实。因此，从业务指导关系上讲，乡镇科协、街道科协隶属于县级科协，由县级科协对其进行业务指导。

第三节　企业科协组织的隶属关系

企业的情况比较特殊，也比较复杂，根据企业规模的不同，从中央到各级地方，都和企业有关系。根据实际情况分析，大体有如下几种隶属关系。

1. 地方隶属

这包括省、市、县。这三级的党委组织部和国资委都管理了一些企业的领导班子。我们可以按照这样的思路，企业领导班子隶属于哪一级地方组织部和国资委管理，企业科协就相应地隶属于这一级的地方科协管理，即进行业务指导，从而把业务指导关系建立起来。具体地说，省管的企业，其科协组织就由省科协管理，依此类推，确定市、县企业科协与市、县科协的隶属关系。

实际上，中央组织部和国务院国资委也管了一些大型骨干企业，如果这些企业也建立了科协的话，那么，这些企业科协就应当相应地由中国科协进行业务指导。关于这个问题，实际上笔者在2009年的时候就提出来了，但在中国科协这个层面还没有取得一致意见，甚至还没有破题。

2. 区域隶属

这主要是指高新技术开发区和经济技术开发区。可以考虑，在开发区管委会的层面建立科协组织，负责整个开发区的企业科协工作。由于开发区内的企业众多，情况不一，不可能都由开发区管委会层面的科协都直接管起来，可以考虑在其下采取三种方式，建立管理链条，具体负责企业科协工作：

第一种是按照功能划分。所谓按功能划分，就是将同一类企业构成一个链条，在这个功能链条上成立科协，或者确定一个企业科协，管理整个功能链条上的企业科协。第二种是按照规模划分。比如将开发区的小型企业共同组建一个科协，管理开发区内的小型企业的科协工作；较大规模的企业科协可以单独成立科协组织，由开发区科协直接管起来。第三种是按照企业内部关系划分。比如在龙头企业建立科协，由它去管理其下属的企业。

3. 系统隶属

这主要是特大型企业集团，这类企业的特点是规模大、产业多，跨地区、跨行业，联系紧密、自成系统。如果在这些大型企业集团的“顶端”、“源头”成立科协组织，就可以把整个系统的各个所属企业的科协组织管起来。

中国科协也可以考虑直接联系和指导一些全国性的、跨地区、跨行业的大型企业集团的科协组织。这个问题，和上面谈到的地方隶属的情况有联系，也有区别。联系是，这些大型企业都是隶属于中央组织部或国务院国资委管理；区别是，这类企业是企业集团，由多个企业甚至更高层级企业构成，自成体系。对这类大型企业，不仅需要研究由中国科协直接联系和指导其科协组织，而且要研究建立科协组织的方式。这种在“顶端”、“源头”成立科协组织的方式，对于这类大型企业集团的企业科协工作意义重大。中国科协应当帮助这些大型企业集团建立科协组织，并与其联系、对其指导。

4. 属地管理

这主要是指乡镇、街道。一些中小企业，特别是非公有制企业，其中包括一些相当规模的非公有制企业，建立在乡镇或街道的辖区内。根据企业的规模和企业成立过程中的历史性原因，可以考虑由乡镇、街道科协组织管理一部分其辖区内的企业科协组织。

第四节　高校科协的隶属关系

地方科协在同级党委的领导下开展工作，高校科协在高校党委的领导下开展工作，而高校党的组织关系又在相应的地方党委。从实际情况和可行性考虑，高校科协的隶属关系，可以按照高校党的组织关系的隶属来相应地确定。具体地说，高校党的关系在省委的，该高校科协就隶属于省科协管理；高校党的关系在省会城市或中心城市党委的，高校科协就隶属于该市科协管理。

从实际情况看，我国的高校主要建立在省会城市和中心城市，这些高校党的关系分别在省委或省会城市和中心城市党委；即使是建立在地处中小城市大学城中的高校，这些高校党的关系一般也分别隶属于省委或省会城市和中心城市党委。所以，我们这样来确立高校科协的隶属关系，即符合实际情况，也是可行的。

与中组部、国资委管理了一部分大型企业的情况相类似，教育部也管理了一部分重点高校。如果中组部、国资委管理的那一部分大型企业成立科协组织可以由中国科协负责联系和业务指导的话，那么教育部管理的那一部分高校成立科协组织也可以由中国科协负责联系和业务指导。

第五节　形成各级科协组织联系和指导科协基层组织的格局

在通过不同方式解决了不同类型的科协基层组织的隶属关系之后，应当在实践上形成各级科协组织负责联系和指导科协基层组织的格局。

具体地说，在中国科协层面，形成中国科协联系和指导部分大型企业科协、高校科协的格局；在省级科协层面，形成省级科协联系和指导部分大型企业科协、高校科协、科研院所科协的格局；在市级科协层面，形成市级科协联系和指导部分大型企业科协、高校科协、科研院所科协的格局；在县级科协层面，形成县级科协联系和指导乡镇科协、街道科协、企业科协、中学（中学可以不成立科协，但可以开展科技教育）的格局；在基层科协层面，形成较大规模科协基层组织联系和指导所属基层科协组织的格局。

这样，中国科协、省级科协、市级科协、县级科协、基层科协各级层层都有自己联系和指导科协基层组织的责任，层层都有自己联系和指导科协基层组织的任务，就在实践上将联系和指导科协基层组织的责任明确了，任务落实了，使每一个科协基层组织都处于上一级科协组织（或是科协全国组织，或是科协地方组织，或是科协基层组织）的联系和指导的网络化的格局之中。

第四十三章 中国科协抓科协基层组织建设的体制机制

科协基层组织建设是中国科协组织建设的基础，在整个科协组织建设的体系中占有重要位置，发挥重要作用。因此，在研究中国科协组织建设体制机制问题的同时，有必要专门研究中国科协抓基层组织建设的体制机制问题。

抓科协基层组织建设，必须建立科学合理的体制机制，这是加强科协基层组织建设的组织保证和制度保证。所谓体制，就是抓科协基层组织建设的领导体制；所谓机制，就是抓科协基层组织建设的工作机制。所谓科学合理，就是要符合科协基层组织建设的自身发展规律，有利于巩固和发展科协基层组织，有利于加强科协基层组织建设，有利于发挥科协基层组织的重要作用。目前，中国科协还很难说已经建立起了科学合理的抓科协基层组织建设的体制机制。

从目前的实际情况看，中国科协已经建立和运行的抓科协基层组织建设的体制机制包括，中国科协常委会组织建设专门委员会的领导和指导作用，中国科协组织人事部的牵头抓总、规划协调、宏观指导作用，有关部门和事业单位的各司其职、各负其责、协作配合作用，以及建立中国科协基层组织建设联席会议制度，制定中国科协基层组织建设年度工作要点。

从长远看，中国科协必须改变目前尚不尽如人意的科协基层组织体制机制的状况，切实建立起科学合理的抓科协基层组织的体制机制。这应当成为中国科协基层组织建设追求的目标，而且应当在尽可能短的时间取得效果。

第一节　中国科协目前抓科协基层组织的体制机制

虽然中国科协目前尚未建立起科学合理的抓科协基层组织建设的体制机制，但已经初步建立起的抓科协基层组织建设的体制机制，支撑了中国科协基层组织建设体系的运转。目前实际运转的中国科协抓科协基层组织建设的体制机制，主要包括以下四个方面。

1. 中国科协常委会组织建设专门委员会的领导和指导作用

中国科协常委会是中国科协的领导机构，组织建设专门委员会是中国科协常委会的工作机构，主要职责是协助常委会研究决定关于组织建设的重大事项。因此，中国科协常委会组织建设专委会的工作，实际上体现了中国科协常委会的领导作用，是中国科协常委会领导作用的一种实现方式。凡属组织建设的重大事项，均需提交专委会讨论，有些则需在专委会讨论后提交常委会审议决定。无疑，这里所说的组织建设的重大事项，当然包括科协基层组织建设的重大事项，而且从实际情况看，中国科协常委会组织建设专门委员会研究讨论的组织建设的重大事项，以科协基层组织建设的重大事项居多。

2. 中国科协组织人事部和有关部门、事业单位的作用

中国科协组织人事部是中国科协党组、书记处领导下的抓组织建设的职能部门，这种职能主要体现在指导科协基层组织建设上；同时是中国科协常委会组织建设专委会办公室的承担部门，是中国科协基层组织建设联席会议的牵头和召集部门，对科协基层组织建设负有牵头抓总、规划协调、宏观指导的重要职能和责任。因此，中国科协组织人事部必须进一步明确、发挥和强化其作为中国科协统筹抓科协基层组织建设职能部门的职责和作用。没有一个职能部门对包括科协基层组织建设在内的组织建设归口管理、统一协调，而由各个部门、单位分散管理、各自为政，不仅形不成工作合力，而且会打乱仗，消解职能部门的作用和科协基层组织建设的实际效果。由一个职能部门牵头抓总、规划协调、宏观指导组织建设，是政党、团体普遍采取的工作方式，也是合乎基层组织建设自身发展规律的科学和合理的做法。从长远看，中国科协必定也要走上这样的体制。

目前，虽然中国科协的组织建设包括科协基层组织建设归口组织人事部统一管理，但是，在实践层面并没有形成由组织人事部统一管理各个类别基层科协组织建设的工作机制和格局，而建立这种统一管理各个类别基层科协组织建设的工作机制和格局无论如何都是十分重要和必要的。只要这种工作机制和格局在事实上还没有建立起来，就很难达到从整体上加强科学基层组织建设的成效。

就目前的实际情况看，组织人事部承担统一管理科协基层组织建设的职能，但只能具体负责某一两个领域的基层科协组织建设任务，更多领域的科协基层组织建设任务则由不同的部门和单位分别承担。由于这样一种管理体制，在实

际工作中存在诸多问题，实际效果很不理想，也不可能理想。这种管理体制是在历史上形成的，源于当时形成的认识和就此而采取的办法，一直延续下来，在目前和今后一段时间内还难以改变。对此，我们只能承认现实，接受现实，正视现实，因势利导，扬长避短，趋利避害，在现有基础上、在现有条件下把中国科协管理科协基层组织建设的机制和格局建立起来。

正是基于这样一种实事求是的考虑，我们采取了一种现实主义的态度，自2007年以来，经过不断努力，中国科协在原有基础上初步建立起了由组织人事部牵头抓总、规划协调、宏观指导，有关部门和单位各司其职、各负其责、相互配合的工作机制和工作格局，基本上或者说在较大程度上做到了职责明晰、分工明确、形成合力。

这种工作格局的内在结构是：组织人事部负责牵头抓总，规划协调，宏观指导；企业科协工作由计划财务部牵头（原由组织人事部牵头，后来随着将企业自主创新专委会办公室由组织人事部转到计财部而相应移交），咨询中心参与配合；高等院校科协工作由组织人事部牵头，发展研究中心参与配合；乡镇和村科协工作由科普部牵头，农技中心参与配合；街道和社区科协由科普部牵头。

但是，我们必须明确，这样一种工作体制机制和工作格局只是在原有基础上的调整和明确，并没有从根本上改变原来的体制和现实状况，只具有改良意义，而不具有改革意义，因而只是权宜之计，还不是长远之计。也就是说，目前的这种体制机制，还远没有达到科学合理的水平。从长远看，这样一种工作体制机制和工作格局具有明显的过渡性、暂时性，今后必将为由一个职能部门统一管理而代替，只是这个职能部门要足够“强大”。从工作职能和工作连续性考虑，这个职能部门无疑应当是组织人事部。

值得注意的问题是，目前一些部门采取的办法不是朝由一个部门统一管理科协基层组织建设的方向去努力，而是进一步分化和切割组织人事部的职能和任务，并将在事实上已经形成的碎片化、分散化的管理方式进一步强化和固化，甚至试图在机构、编制、职数、职能上把这种碎片化、分散化的格局制度化、合法化。有的同志在组织人事部之下处一级的指导某一方面科协组织建设的机构都还难以建立的情况下，一再“努力”在组织人事部之外建立与组织人事部平行的职能机构管理某一方面的科协基层组织，而毫不从总体上考虑建立统一的指导科协基层组织建设的职能机构的重要性和必要性。这种情况发展下去，将极大可能造成积重难返的被动局面，最终难以“收拾”。这是应当引起高度重视的问题，不能再如此毫无章法地继续下去了。对此，笔者对目前的这种状况表示极大的忧虑，也为不能改变这种状况而表示极大的遗憾。

3. 建立中国科协基层组织建设联席会议制度

抓科协基层组织建设涉及方方面面，与中国科协的许多机关部门和事业单位都有关系。因此，充分发挥中国科协有关部门和事业单位在加强基层科协组织建设上的作用是十分必要的，特别是在中国科协还没有建立起由一个职能部门统一管理科协基层组织建设的工作体制机制和工作格局的情况下，这种做法就显得更加必要。其实，即使是在建立起了由一个职能部门统一管理基层科协组织建设的工作体制机制和工作格局的情况下，这种做法也仍然是十分必要的。正是基于这样一种考虑，在笔者的积极倡导和努力下，中国科协组织人事部在2009年主导并组织建立了中国科协基层组织建设联席会议制度，其基本形式是由组织人事部牵头召开联席会议，研究协调有关科协基层组织建设事宜，也为一些重大事项提交中国科协组织建设专门委员会讨论决定做好必要的准备。联席会议由组织人事部作为牵头和召集单位，中国科协有关部门和事业单位作为成员单位，一般由组织人事部主要负责同志主持，由成员单位主要负责同志参加，组织人事部组织处做好会议的具体筹备和组织工作。年初部署工作、年终总结工作以及一年之中遇到需要研究的重大问题，都要召开联席会议研究确定。

4. 制定中国科协基层组织建设年度工作要点

考虑到科协基层组织建设的任务分解在有关部门和单位这样一种现实，为了从整体上加强科协基层组织建设的指导和落实，形成抓科协基层组织建设的合力，从2009年开始，由组织人事部每年制定中国科协基层科协组织建设年度工作要点。这个工作要点所涉及的科协基层组织建设的任务，不是组织人事部一个部门的任务，而是由组织人事部牵头抓总、有关部门和事业单位承担和参与的整个中国科协系统的任务。工作要点的内容，来源于承担科协基层组织建设职责和任务的各个有关部门和事业单位，由组织人事部统一协调和安排。工作要点在全面部署科协基层组织建设任务的同时，将任务进行分解，将责任明确到有关部门和单位，明确牵头部门和参与部门、单位，明确工作要求。工作要点一方面发各部门和单位，同时挂到中国科协网上，让地方科协和基层科协知晓，以便在整个科协系统形成工作合力。

第二节　地方科协抓科协基层组织建设的体制机制

从隶属关系上讲，科协基层组织在所在基层党组织的领导下开展工作，同时接受其隶属于的地方科协的业务指导。加强地方科协组织对科协基层组织的指导，是加强科协基层组织建设的必要条件；离开了地方科协组织的指导，不可能加强科协基层组织建设。从实际情况看，地方科协抓科协基层组织建设的情况很不统一，发展也很不平衡。总体上说，地方科协抓科协基层组织建设的力量还显得比较薄弱，体制机制也不尽科学合理。

就了解掌握的情况，多数省级科协没有统一抓科协基层组织建设的职能部门，一般是由相应的业务部门抓与之业务相关的科协基层组织建设工作。比如由组织人事部抓企业科协工作，由学会学术部抓高校科协工作，由科普部抓农村科协、街道社区科协工作。当然，有些省级科协在确定抓科协基层组织建设的部门时，也有很大的随意性，和部门的业务没有什么必然联系。这样一种体制机制，出现抓业务工作和抓科协基层组织建设工作顾此失彼甚至“两张皮”，业务工作和科协基层组织建设工作一手硬、一手软甚至以抓业务工作代替抓科协基层组织建设工作，就是不可避免的。

省级科协抓科协基层组织建设工作凡是有成效的，一般都与抓科协基层组织建设的体制机制比较科学合理有直接密切的关系。比如，北京市科协为加强对所属地区高校科协的组织建设和指导，于 1995 年 5 月设立了高校科协工作委员会，在北京市科协常委会领导下开展工作。在高校科协工作委员会的统筹、协调和指导下，加上相关职能部门的具体指导和推进，北京大学、北京航空航天大学、北京理工大学、北京科技大学、北京邮电大学、北方工业大学等高校先后成立了科协组织，一方面积极参与北京市科协主办的各项活动，一方面开展好各自的特色活动。比如，为了加强科协基层组织建设工作，四川省科协成立了企事业部，作为指导企业科协、高校科协的职能部门，在省科协领导班子的领导下开展工作。

第三节　建立区域性、全国性科协基层组织联合会性质社会组织推进科协基层组织建设的尝试

目前，建立区域性、全国性社会组织推进科协基层组织建设，还仅限于高校科协的范围，随着各地高校科协组织的建立和发展，客观上提出了切实加强对高校科协组织建设指导的要求。近年来，一些省级科协在建立区域性高校科协联合会性质的社会组织推进高校科协组织建设方面，进行了积极探索，也积累了一些经验。

1994 年 9 月，湖北省高等院校科协工作研究会成立，隶属湖北省科协，办事机构设在高校，由学会部具体联系。1995 年 12 月，江苏省高校科协成立，隶属于江苏省科协，办事机构设在高校，由学会部具体联系。2010 年 3 月，重庆市大学科学传播研究会成立，隶属重庆市科协，由学会部具体联系。2014 年 9 月，陕西省高校科协联合会成立，隶属于陕西省科协，其办事机构依托陕西省科协职能部门。

必须明确的是，各地成立的高校科协联合会或研究会，是省级科协领导下的社会组织，是高校科协组织自我管理、自我发展、相互交流、相互促进、共

同发展的平台，其发挥的主要是研究、交流、协调、服务作用，而不是省级科协及其职能部门的指导作用。

按照《中国科协章程》的规定，全国学会接受中国科协的领导。同理，省级学会接受省级科协的领导。当然，中国科协对全国学会的领导作用，省级科协对省级学会的领导作用，是通过发挥联络、协调、指导、服务作用来体现和实现的，这是由科协和学会自身的性质和特点所决定的。显然，作为高校科协联合会或研究会的社会组织和按照学科、专业、领域或交叉学科组建的社会组织是不同的，甚至是有很大不同的，省级科协对它们的领导和指导也就是不同的。为此，省级科协必须认真研究对高校科协联合会的领导和指导与对其他学会领导和指导的异同，包括领导和指导的内容和方式的异同，采取适合于高校科协联合会性质、职能、任务和工作方式的领导和指导方式，把省级科协及其职能部门对高校科协的指导作用与高校科协联合会或研究会对高校科协的研究、交流、协调、服务作用既区分开又很好地结合起来，把省级科协直接推动和促进高校科协工作与通过高校科协联合会或研究会推动和促进高校科协工作既区分开又很好地结合起来。特别是高校科协联合会或研究会的办事机构挂靠在职能部门的省级科协，如何将这两方面的作用结合起来，如何避免以省级科协职能部门代替高校科协联合会或研究会办事机构、避免以省级科协职能部门的指导作用代替高校科协联合会或研究会的研究、交流、协调、服务作用，如何保证并发挥好高校科协联合会或研究会领导机构（会员代表大会、理事会、常务理事会）的作用，更是需要认真研究的问题。

随着区域性的高校科协联合会性质社会组织的发展，建立全国性的高校科协联合会性质社会组织、在中国科协的领导和指导下开展工作的问题也被提了出来。其实，早在 1987 年 5 月，第一届全国高校科协工作研讨会就在华中工学院召开。同年 11 月，全国高校科协研究会（筹）在中南矿冶学院召开。1988 年 8 月，由东北工学院科协起草，全国高校科协研究会（筹）向中国科协提交了关于成立全国大学科协联合会的请示。1988 年 9 月，中国科协批复同意筹建高校科协联合会。1988 年 10 月，在东北工学院召开高校科协联合会暨第二届全国高校科协工作研讨会，成立高校科协联合会（筹）。1999 年 12 月，全国高校科协联合会（筹）再次向中国科协书记处上报正式成立全国高校科协工作研究会的报告。虽然高校科协联合会或全国高校科协工作研究会一直没有正式成立，但多年来，全国高校科协工作研究会（筹）的工作一直没有间断，定期召开全国高校科协工作研究会，加强高校科协之间的工作交流和理论探讨，推动高校科协工作的发展。其中，有一批多年从事高校科协工作的同志尽职尽责，在十分困难的情况下做了大量工作，成为高校科协工作的中坚力量。近年来，中国科协组织人事部关注全国高校科协工作研究会（筹）的工作，和全国高校科协工作研究会（筹）的同志有了更多的接触，一起商量和研究关于推进高校科协工作的一些问题，笔者还参加了由其举办的2012年高校科协发展论坛，作了主旨报告。可以说，经过多年的实践和总结、积累，目前，建立全国性高校科协联合会的问题，应当提上中国科协的议事日程了，应当在进一步调研和论证的基础上予以研究和推进，以期建立起来。同时，应当持续跟进调研和总结，在时机成熟的时候，将全国企业科协联合会或研究会、全国农村科协（或乡镇科协）联合会或研究会、全国街道社区科协联合会或研究会逐步建立起来。

当然，在成立全国科协基层组织联合会或研究会之初和之后，中国科协都要认真研究省级科协同样遇到的问题，而且还要在省级科协实践和总结、积累的基础上进行更加全面、深刻的调查和研究，找出领导和指导全国科协基层组织联合会或研究会这样的社会组织的规律性的东西，真正把这类社会组织的潜力发掘好、作用发挥好。

第四节　抓科协基层组织建设必须坚持的几个原则

在没有形成由一个职能部门统一管理科协基层组织建设，而是由多个部门和单位分别承担和参与科协基层组织建设这样一种体制机制条件下，抓科协基层组织建设必须遵循以下几个原则。

1. 必须确立和强化组织人事部牵头抓总、规划协调、宏观指导的地位和作用

目前，虽然还没有在事实上形成由组织人事部一个部门统一发展管理科协基层组织建设的体制，但组织人事部作为抓科协基层组织的职能部门的地位和作用是明确和确定的，是毋庸置疑的，也是不能动摇的。在实际工作中，这种地位和作用必须强化，而绝不能弱化。组织人事部的基本职能，就是牵头抓总、规划协调、宏观指导，其他任何部门和单位所负责的抓科协基层组织建设的任务，都是在组织人事部的这种地位和作用的框架下、统领下才是合理的，才是有可能实现的，也才有可能是有效的；有关部门和单位抓科协基层组织建设，只是配合，而不是完全独立进行的。这是一条必须坚持的基本原则，否则，就会在事实上形成分散局面，各自为政、政出多门，“各吹各的号、各拉各的调”，搞“分散主义”，打乱仗，给科协基层组织造成麻烦。

2. 有关部门和事业单位抓科协基层组织建设工作必须依规办事

具体地说，有关部门和事业单位抓科协基层组织建设工作必须在每年制定的中国科协基层组织建设工作要点的范围内进行，严格执行工作要点的要求，按照职责和分工有序进行，不能随意增减，更不能随意改变。遇到重大问题，

应及时与科协基层组织建设牵头抓总部门即组织人事部联系，必要时由组织人事部召集召开科协基层组织建设协调会议进行研究。各有关部门和事业单位制定、出台关于加强科协基层组织建设的办法、意见，必须限定在组织人事部牵头抓总、规划协调、宏观指导的范围内，限定在中国科协基层组织建设年度工作要点的范围内，要和组织人事部沟通协调，必要时提交中国科协基层组织建设联席会议研究讨论，不能擅自决定。重要的是，必须纠正事实上存在的某些部门和单位按照自己的理解另搞一套的做法，最大限度地避免由此而带来的抓科协基层组织建设的“多头化”、“分散化”、“碎片化”倾向。

3. 有关部门抓科协基层组织建设是配合组织人事部牵头抓总、规划协调、宏观指导的地位和作用

必须明确的是，有关部门抓科协基层组织建设是在牵头抓总部门即组织人事部的统筹安排和统一协调下、按照各自的职责和分工进行的，并不是将整个职能切走。也就是说，有关部门抓科协基层组织建设是配合组织人事部牵头抓总、规划协调、宏观指导的地位和作用，而不是完全独立地进行。同时，有关部门在抓科协基层组织建设工作中，要着力避免两种倾向。一是不研究本部门所负责的这一类型科协基层组织建设工作的规律、特点和工作方式，简单地以具体业务工作代替组织建设工作；二是不注意这一类型科协基层组织建设工作的连续性和整体性，既不和以往的工作相衔接，也不和其他方面的科协基层组织建设工作相衔接，靠“拍脑袋”、“想当然”办事，工作随意性大，轻易提出所谓的“新思路”，搞所谓的“创新”，轻易改变已经坚持了多年、本来被实践证明是有效的做法，甚至朝令夕改。这些做法，使地方和基层感到很为难。

4. 有关事业单位抓科协基层组织建设是协助有关部门抓科协基层组织建设

同样必须明确的是，有关事业单位抓科协基层组织建设只是协助有关部门做好相关的具体工作，并不意味着行使指导职能。更明确地说，事业单位本身没有行政指导职能，只是其在协助机关部门所做的指导科协基层组织建设工作本身体现了这种行政指导职能。这也是一条基本原则。同时，有经营性活动的事业单位在工作中一定要将经营性的活动和抓科协基层组织建设这种公益性的工作严格区分开来，坚决不能混淆，绝不能搞“公益性搭台、经营性唱戏”，以公益性之名，行经营性之实。这更是一条基本原则。关于这一点，作为组织人事部主要负责同志的笔者多年来一直对有关事业单位反复强调，力图避免可能出现的问题。从实际情况看，目前，这一点仍然需要着重强调，且不可粗心大意，掉以轻心。

5. 必须处理好抓部门和事业单位业务工作与抓科协基层组织建设工作的关系

这一条，是针对承担某些抓科协基层组织建设任务的有关部门和事业单位而言的。必须强调，抓科协基层组织建设，是为了促进科协的各项任务，促进科协的业务工作；因此，抓科协基层组织建设，必须结合科协的工作任务和业务工作一道进行。这里需要避免两种倾向，一是抓业务工作和抓科协基层组织建设“两张皮”，互不搭界，各做各的；二是以抓业务工作代替抓科协基层组织建设。在实际工作中，一些部门和事业单位的同志没有经过抓科协基层组织建设工作的专业训练，不了解科协基层组织建设工作的规律，不熟悉抓科协基层组织建设的业务，事实上并不具备抓科协基层组织建设必备的基本素质和能力，也缺少必要的思想和实践准备，出现上述两种倾向的情况就是不可避免的。科协基层组织建设是一门学问，一门专业，有着自己的理论和业务体系，有着自己的运行规律和特点，有着自己的一套政策和规定，有着自己的历史沿革和发展变化，需要悉心学习、研究和实践才能了解、熟悉和掌握，而这些恰恰是一些部门和事业单位的同志所缺乏的。

必须强调的是，以上原则绝不是从一般概念和道理出发而提出来的，而是根据中国科协目前抓基层组织建设的体制机制，特别是针对在这种体制机制下中国科协多年来抓基层组织建设的实践中出现的问题而提出来的，具有很强的现实针对性，因而是必须坚持的原则。同时必须强调的是，这些原则是一个不可分割的体系，不可偏废，必须完整坚持。特别是在还没有形成由一个职能部门统一管理科协基层组织建设，而是由多个部门和单位分别承担和参与科协基层组织建设这样一种体制机制条件下，更是如此。

第五节　对建立科学合理的中国科协抓科协基层组织体制机制的构想

科学合理的中国科协抓科协基层组织建设的体制机制，是一个系统，这个系统应当是结构合理、运转高效的，涉及的许多方面都有各自的功能和效用，既相互区别又相互联系、衔接和配合。

1. 强化中国科协常委会组织建设专门委员会的作用

中国科协常委会组织建设专门委员会，是协助常委会就中国科协组织建设包括科协基层组织建设工作的重大问题进行决策的机构。为了发挥好组织建设专门委员会的作用，可以在其下成立抓科协基层组织建设的若干组，如企业科协组织建设组、高校科协组织建设组、街道社区科协组织建设组、农村科协组织建设组。组长由主任、副主任或委员担任，每个组由若干委员组成。工作方式是，在专门委员会的统一协调下，各组根据所承担的某一类型的科协基层组织建设的实际，进行考察、调研、研讨、交流，就一些重大问题形成意见建议，提交专门委员会研究决定，形成决议，有些还需提交常委会审议通过，指导中国科协职能部门在科协基层组织建设工作中加以落实。

2. 强化中国科协组织人事部的作用

将中国科协组织人事部打造成中国科协统一抓科协基层组织建设的职能部门，将分散在各个部门和单位的分门别类抓科协基层组织建设的职能整合到组织人事部，明确组织人事部统一抓科协基层组织建设的职能，明确各有关部门和单位只是配合，不再分割行使抓科协基层组织建设的职能。为了切实履行好抓科协基层组织建设的职能，组织人事部应在目前状况的基础上，进一步加大编制，扩充力量，精心挑选和补充熟悉与热爱科协基层组织建设工作的干部从事这方面的工作，对不适合从事科协基层组织建设工作的人员要进行调整；进一步增加内设机构，设立高校科协组织建设指导处、企业科协组织建设指导处、农村科协组织建设指导处、街道社区科协组织建设指导处。从部领导的分工上看，最好使四个科协基层组织建设指导处由一个部领导负责，以便于协调。

3. 强化地方科协的作用

明确地方各级科协抓科协基层组织建设的责任，形成自上而下的督促落实抓科协基层组织建设责任的链条。按照中国科协组织体系的业务指导关系，中国科协督促省级科协责任的落实，省级科协督促市级科协责任的落实，市级科协督促县级科协责任的落实。为了加强对上一级科协组织对下一级科协组织抓科协基层组织建设工作的指导，有必要强调上下级科协组织抓科协基层组织建设的体制机制、机构设置的一致性。当然，各级地方科协在统计党委领导下开展工作，中国科协对省级科协、省级科协对省级科协、省级科协对县级科协只是业务指导，各级科协的机构设置需要由各地的编制管理部门决定，但各地科协可以和当地编制管理部门积极沟通，求得支持。

4. 建立区域性、全国性科协基层组织的社会组织

在省区市普遍推行建立区域性科协基层组织联合会或研究会的做法，探讨通过建立区域性科协基层组织联合会或研究会推进科协基层组织建设的经验。时机成熟的时候，成立全国性科协基层组织建设联合会或研究会，探讨通过建立全国性科协基层组织联合会或研究会推进科协基层组织建设的经验。考虑到中国科协为“协会”，本身就是学会的联合会，全国性地推进科协基层组织建设

的社会组织称“协会”、“联合会”都不大合适，而称“学会”也不大合适，似称“研究会”比较合适。考虑到已经成立的省区市推进科协基层组织建设的社会组织称“研究会”的居多，但也有称“联合会”的情况，而事实上这类组织本身也的确有“联合会”的性质，所以，可以称为“联合会”或“研究会”，包括全国高校科协联合会或研究会、全国企业科协联合会或研究会、全国农村科协（或乡镇科协）联合会或研究会、全国街道社区科协联合会或研究会。当然，联合会和研究会的性质、职能和任务毕竟还是有所区别的，这是需要做细微研究的，并且在工作中要予以注意。联合会或研究会隶属于中国科协，中国科协是其业务指导单位。这些联合会或研究会应当有自己的章程，可以通过申请成为中国科协的团体会员，成为具有独立法人资格的社会组织。全国科协基层组织联合会或研究会实行团体会员制，各省区市的科协基层组织联合会或研究会可以成为其团体会员，具备条件的科协基层组织也可以通过一定的程序成为其团体会员。比如，教育部管理的“985”高校、“211”高校建立的科协组织，可以成为全国高校科协联合会或研究会的团体会员；中央组织部、国资委管理的部分大型企业建立的科协组织，可以成为全国企业科协联合会或研究会的团体会员。省区市科协基层组织联合会或研究会主要发展科协基层组织为团体会员。不论是全国科协基层组织联合会或研究会，还是省区市科协基层组织联合会或研究会，也都可以研究是否可以发展个人会员。个人会员应当是科协基层组织办事机构的秘书长、副秘书长和工作人员，也可以吸收关心科协基层组织建设并在这方面有所成就的科技工作者。

第四十四章 农村科协组织建设

农村科协基层组织是中国科协在农村建立的基层组织，是在历史上不断发展和成熟起来的一种基本的科协基层组织形式。长期以来，中国科协一直使用“乡镇科协”的概念，而不使用“农村科协”的概念。其实，“农村”本来就是“基层”的概念，而且“农村”的概念包括乡镇和村，“农村科协”的概念自然包括“乡镇科协”和“村科协”的概念，而“乡镇科协”则只是“农村科协”的一部分。实际情况也是如此，乡镇只是农村的一部分，还不是农村的全部；乡镇科协只是农村科协的一种类型、一个层级，一个重要组成部分，还不是农村科协的全部。本章使用农村科协的概念，讨论范围将涵盖乡镇科协、村科协以及农技协。这样做，既在理论上说得通，也符合农村科协基层组织建设的实际情况。

第一节 农村科协的组织形态

目前，中国科协农村基层组织主要有三种形态，包括乡镇、村科协，乡镇、村科普协会，农村专业技术协会。

1. 乡镇、村科协

乡镇科协是中国科协在乡镇建立的基层组织。乡镇科协在乡镇党委的领导下开展工作，接受县、市、区科协的业务指导。一般情况是，由一名乡镇党委或政府的领导同志兼任主席，一名乡镇专职干部兼任秘书长，必要时，可以设副主席、副秘书长。有条件的乡镇，可以配备专兼职工作人员；没有条件的，一般都应配备一两名兼职工作人员。

在乡镇建立基层科协，相应地，在乡镇所辖的行政村，建立村科协小组。村科协小组也是农村科协组织的一种形式，而且是农村最基层的科协组织形式。村科协小组在村党支部领导下开展工作，接受乡镇科协的业务指导。

据了解，在一些地方，也有在乡镇建立科协、在村建立科普分会的情况。这样做的考虑是，村一级科协工作的任务主要是科普，建立科普分会的目的是把主要精力放在科普工作上。

据《中国科学技术协年鉴》的统计，截至2012年年底，全国有乡镇科协31 227个，个人会员211万人。就了解掌握的情况看，这种规范的农村科协组织形态数量远没有统计的那么大，且相当一部分组织不健全，活动不正常。之所以有这么大的统计数字，极有可能是将乡镇科普协会统计在内了。

2. 乡镇、村科普协会

早在中国科协成立之前的全国科联和全国科普时期，科普工作就非常活跃，而且为着科普工作的广泛开展，在全国城乡成立了大批基层科普组织，乡镇科普协会就是“全国科普”时期在我国农村广泛建立起来的一种基层科普组织。中国科协成立之后，基层科普组织随之转为科协的基层组织，继续从事科普工作，但仍然保留了原来的名称。乡镇科普协会也就成为中国科协的农村基层科协组织。

乡镇科普协会作为中国科协在农村的一种基层组织形态，其产生和发展都有着历史的原因，其地位和作用不容忽视。在中国科协恢复工作后的一段时间内，农村科普协会成为中国科协在农村的主要形态，而农村科协基层组织则处于辅助地位。比如，1982年9月22日时任中国科协党组书记裴丽生同志在中国科协第二届全委会的工作报告中指出：“公社科普协会（公社科协）在各地迅速发展。它是科协在农村的科普基层组织。是科协在农村团结科技人员和广大科普积极分子的很好的组织形式。在开展农村科普活动，促进农村各种生产的发展和提高广大农民科学文化水平等方面，将发挥积极的作用。”① 从当时关于“公社科普协会（公社科协）”的提法上就可以看出，科协农村基层组织以公社科普协会为主，以公社科协为辅。又比如，1984年3月2～8日，中国科协在北京召开了农村乡（公社、镇）科普协会（科协）工作经验交流会，从会议的题目上也反映了当时农村科普协会和农村科协基层组织的主从关系。

20世纪80年代后，出现了一种将乡镇科普协会改名为乡镇科协组织的趋势，1986年6月27日中国科协三大通过的《中国科协章程》中，就出现了“乡镇科协（科普协会）”的表述。鉴于科普工作在农村基层组织中的重要性，经过

① 裴丽生：《裴丽生文集》，科学普及出版社，2009年。

调研，中国科协筹备四大时，提出拟对中国科协三大章程中关于“乡镇科协（科普协会）”的表述进行修改。中国科协三大章程第十七条是这样表述的：“地方科协根据条件，建立乡镇科协（科普协会）、厂矿科协等组织。”中国科协四大拟改为两条：一条为“科技人员集中的厂矿企业和事业单位根据需要和条件建立的科协，受本单位党委的领导，业务上受所在地科协的指导”；另一条为“县科协根据需要和条件建立的乡镇科普协会（乡镇科协），是普及推广农村科学技术、促进农村经济发展的群众团体。乡镇科普协会受乡镇党委领导，联系、指导专业技术研究会，业务上受县科协的指导”。

1990年10月29日时任中国科协书记处书记高镇宁在中国科协四大筹备工作会议上的讲话中，就这个问题做了具体说明。他指出：“近年来有一个趋势，就是科普协会更名为科协，这样在‘三大’章程第四章‘地方科协’中，科普协会就只有在乡镇科协后面的括号中出现了。诚然，究竟哪个写在前面，哪个写在括号里至今仍有不同意见，但我们认为，我们科协应该十分珍惜、爱护科普协会的声誉和作用，使她在全社会的心目中确立起重要的地位。科普协会在章程中仅出现在括号中，这是不合适的，所以拟写成‘乡镇科普协会（乡镇科协）’，请予考虑和讨论。”①

目前，对乡镇科协组织仍然采用“乡镇科协（科普协会）”的表述，但这样的表述丝毫不意味着忽视科普组织、忽视科普工作，也丝毫不影响乡镇科普协会作为中国科协在农村的一种独特的基层组织的重要地位和作用。但是，高镇宁同志情真意切的话语，却提醒我们，一定要高度重视乡镇科普协会的组织建设，做好乡镇科普协会的工作，发挥好乡镇科普协会组织和工作的重要作用。

目前，在农村建立科普组织主要有三种情况。

一是规范的农村科普组织。这是在全国科普时期在农村建立的农村科普组织的延续。其基本形式是，在乡镇建立科普协会，乡镇科普协会在乡镇党委的领导下开展工作，同时接受县级科协的业务指导；相应地，在乡镇所辖的行政村建立科普分会或科普小组，村科普分会或科普小组在村党支部的领导下开展工作，同时接受乡镇科普协会的业务指导。

二是在乡镇、村分别成立科普工作领导小组和科普工作站，一般由乡镇党委书记或副书记担任组长，由村党支部书记或副书记担任站长；在乡镇具体由一位专职或兼职人员做科普工作，在村具体由一位兼职人员做科普工作。

三是在乡镇配备专兼职科普员，在村配备兼职科普员，分别在乡镇党委和政府、村党支部和村委会的领导下开展科普工作，乡镇专兼职科普员对村兼职科普员进行业务指导。

---

① 中国科协干部学院编：《中国科协重要文件汇编》，上海科学普及出版社，1991年。

3. 农村专业技术协会

农村专业技术协会是中国科协在农村的一种特有的基层组织形态，是我国农村经济发展到一定阶段的产物，是农民群众的伟大创举。农村专业技术协会发端于20世纪80年代初期，最初叫“农村专业技术研究会”。农业产业化突破了农副产品生产和经营的社区、部门、行业以及所有制界限，真正按市场需求进行生产要素的合理配置。随着农业产业化进程的不断加快，全程提供产供销服务的各类经济合作组织应运而生，并得到迅猛发展。

中国科协最早发现了这种组织的价值，跟踪进行调查和总结，于1986年10月向国务院提交了报告。报告指出，1982年以来，各地农民在农村经济体制改革推动下，创造了一种新型科技群众组织——专业技术研究会。这是一种在科技人员指导下，由专业户、能工巧匠、知识青年自愿结合起来开展科技活动的组织，其目的是解决他们所从事专业中的生产技术问题。据当时对地方科协的不完全统计，全国已有6万多个专业技术研究会，主要分布在四川、甘肃、湖北、安徽、山东、湖南、江苏、河北、山西、黑龙江、辽宁、陕西等省。其中一部分已发展为技术经济联合体，或成为一种新型农村合作经济组织。这对推动农村商品经济的发展、产业结构的调整、农民科学文化素质的提高和下一代农民的成长，作用十分显著。

1987年1月，国务院办公厅在《参阅文件》中摘登了中国科协的报告，并加了按语，指出：农村经济体制改革的深入，商品经济的发展，带动了农村科技的进步。农村专业技术研究会的出现，成为一种新型的、具有我国特色的、专业化的技术服务组织。它在推动农村商品生产，传播、推广技术，开展科普工作等方面发挥了积极作用，取得了可喜的成效，应当加以鼓励和扶持。

1988年2月，钱学森同志在中国科协三届五次全会上的工作报告中指出，中国农村要发展，必须依靠科学技术。从科协的工作来看，就是要发展乡镇科普协会和专业技术协会。过去我们对农村的科技普及工作，主要是考虑自上而下的科普组织的建设，对建立与农民家庭经济紧密联系的，以农民为主体的接受新技术的机制，认识和重视不够。农村专业技术研究会的出现，解决了这个问题，形成了联结国家技术推广组织，把科学技术送到农民手中的通道。

农技协组织一经产生，就显示了极强的生命力，如雨后春笋般迅速发展。1989年4月10日，何康同志在全国农村科普工作会议上的讲话中指出：“农村专业技术研究会（协会）经过几年来的发展，已初步得到巩固和提高，全国稳定在9万个左右，会员人数有较大幅度增长，已达到250万人左右。”[1] 1990年

---

① 中国科协干部学院编：《中国科协重要文件汇编》，上海科学普及出版社，1991年。

2月23日中国科协三届全委会五次会议通过的《关于进一步发挥科协组织在科技兴农中的作用的决定》指出："目前，我国以农民为主体，农民技术员和农村科技人员为骨干的各类专业技术研究会、协会已发展到近10万个，这是建立在农民家庭联产承包责任制基础上的民办、民管、民受益的农民群众技术经济服务组织，代表了我国农村改革和发展的方向。"

据《中国科学技术协会年鉴》的统计，截至2012年年底，全国有农村专业技术协会113 068个，个人会员1468万人。其中，在民政部门注册的农技协29 669个，占农技协总数的26%。

党建工作对于农技协的发展起到了重要的保证作用，在促进农技协发展的过程中自身也得到了发展。目前，农技协党建的发展已经经过了两个阶段。

第一个阶段，是"支部加协会"，即在乡镇党委或村党支部的领导下建立农技协组织，开展农技协工作。2004年，中央组织部总结并印发了四川省"支部加协会"工作情况的调研报告。报告指出：在具体工作中，大多是一个党支部创办一个协会，并且按照规定实行党支部班子成员与协会负责人"双向进入、交叉任职"。对于一些规模大、地域广的行业，则由乡镇党委牵头，跨村建立协会，形成专业乡镇、专业村的格局，以扩大优势产业。对于一些规模大、会员多、具备建立党组织条件的，及时建立党的组织，积极开展党的活动，努力做到协会延伸到哪里，党组织就建到哪里，扩大了农村党建工作的覆盖面和影响力。

第二个阶段，是"协会建支部"，即随着农技协组织的发展壮大，一些规模较大、正式党员人数达到三人以上的农技协，自身成立了党支部，领导农技协的工作。农技协支部隶属于乡镇党委或村党总支领导。

第二节　农村科协组织的主要任务

根据《中国科协章程》关于基层科协任务的规定，结合农村实际，农村科协组织的主要任务，包括以下几个方面：

第一，组织乡镇的科技工作者面向农村群众开展社会化科学技术普及活动，引导群众崇尚科学，抵制迷信，移风易俗，破除陋习，倡导科学健康的生活方式，促进讲科学、爱科学、学科学、用科学社会风尚的形成与发展；

第二，动员和组织科学技术工作者开展学术交流活动，并积极参加所在地区学会的学术交流和活动，提高科技工作者的科技和学术水平；

第三，组织科技工作者面向农民群众开展实用技术培训，推广先进科学技术，帮助农民群众掌握一两门实用技术，提高技能，帮助农民群众解决发展商品经济过程中的实际问题，促进农民群众增产增收和共同富裕；

第四，负责与基层农技协的联系和对基层农技协的指导，开展技术咨询、技术服务等科学技术活动，提高基层农技协服务农民群众的能力；

第五，反映农村科技工作者的建议、意见和诉求，维护他们的合法权益，促进他们生活和工作条件的改善。

第三节　在农村组建科协组织、开展科协工作需要注意的几个问题

在农村建立科协组织、开展科协工作，要注意以下几个问题。

1. 要注意不能违背村民自治组织的性质

作为中国科协在农村的基层组织，乡镇科协也好，乡镇科普协会也好，其工作都要在村一级得到落实。我们知道，村民委员会是基层群众自治组织；村民自治，是我国在农村实行的一种基本民主制度。因此，在行政村建立科协基层组织，开展科协工作和活动，都不能违背村委会作为村民自治组织的性质。这是一条基本原则，也是一条重要原则。具体地说，在农村建立科协组织，既要根据农村经济社会发展的实际，也要根据农村广大群众的愿望和需要；开展科协工作，要保证村民自治组织依法行事，有利于村民自治组织发挥作用，尊重村民的意愿。总之，在农村建立科协组织、开展科协工作，都要注意村民自治组织这个基础，绝不能违背村民自治组织的性质。

2. 要注意研究农村产业结构调整带来的新变化

要关注农村产业结构调整过程中出现的新情况、新问题、新矛盾，适应新变化，打破原有的按行政关系设立基层科协组织的思路，把基层科协组织建在产业链条上，建在产前、产中、产后的环节上。可以考虑在乡镇建立规范的基层科协组织，在村一级、在村与村之间广泛建立各种专业技术协会组织，归乡镇科协组织指导。

3. 要注意农村人员结构的新变化

一些地方随着大批青壮年劳力进入城市，农业劳动力老龄化严重，村里多留下妇女、儿童和老人，戏称“三八六一九九部队”。据推算，2013 年农业从业人员中 50 岁以上的比重已超过 40%；按此趋势，到 2016 年，农业从业人员中 50 岁以上的比重可能达到 50%。据推算，农村留守儿童已超过 6000 万人，留守妇女达 4700 万人，留守老年人约有 5000 万人。在许多地方，农村“空心化”的现象十分突出。

农村基层科协组织要面向农民群众开展科普工作，而农民群众是可以划分为不同群体的，对不同群体确定不同的内容、采取不同的方式，是做好科普工作的基本前提。面对妇女、儿童和老人这样特殊的人群，科普的内容和方式都要做相应的调整。

不仅如此。妇女、儿童和老人是农村的特殊人群，而且是弱势群体，面临很多生产和生活中的困难，特别是在家庭青壮年劳力长期外出的情况下，这些群体面临的困难就显得更加突出，包括学龄儿童入学、老人赡养等，处理不好，还会引发社会问题。因此，科协组织应当把向这些群体进行科普工作和具体帮助他们解决实际困难、维护他们的合法权益结合起来，协助相关部门做好相关工作，避免社会问题的发生。

4. 要注意返乡农民工的新变化

在前几年国际金融危机的影响下，国内一些地方技术含量低、劳动密集型的中小企业大量倒闭，导致大量农民工失业而非正常返乡。这种影响一直蔓延到现在。从长期看，这些农民工再次走出农村、在城市再次就业是必然的。企业面临转型、升级，农民工也面临技术技能培训。乡镇科协组织应当在县级科协的指导下，在县级有关部门的具体帮助下，尽可能地为返乡农民工的再就业提供服务和帮助，比如技术技能培训。

同时，还要关注其中一部分手中有一定资金、技术和人脉关系的农民工在家乡创业的问题，在有关部门的帮助和指导下，给予他们切实的帮助，促进当地经济的发展。

5. 要关注农技协组织的变化

农技协组织发展到今天，自身的功能进一步分化，成为具有多重功能的组织，因而与更多的部门和组织发生密切联系，使得农技协作为中国科协在农村的基层组织的地位受到“挑战”。从实际情况看，更多的农技协组织发展成为农村专业合作组织。这实际上是农技协在新形势下发展的一种必然结果，对农民群众来说是好事，对此，我们应当采取一种欢迎和积极应对的态度。

其实，农技协在产生和初期，就显示出由农业科学普及和技术推广、服务组织向经济合作组织发展的趋势。当时，农村专业技术协会尚称农村专业技术研究会。1986 年 10 月中国科协在题为“一种具有中国特色的技术经济服务组织站在农村兴起”的报告中指出：“现在不少研究会将自己‘小而专’的会员户按生产环节组成‘专而联’的技术经济实体，创建了适合我国现阶段农村生产力水平的新型经济组织。他们联合开发，联合经营，冲破了小生产的狭隘天地，逐步走向专业化、社会化，收到很好的效益。”1987 年 2 月钱学森同志在中国科协三届二次全委会上的工作报告中指出："农村专业技术研究会成为农村科普最活跃的形式，并正在向以技术服务为中心，进行产前、产中、产后服务，产、供、销一条龙的技术经济联合体发展。"1987 年 3 月何康同志在中国科协农村科普工作会议和农村科技致富能手经验交流会上的报告中指出："专业技术研究会发展的一个重要特点是，适应农民发展商品经济的需要，有相当一部分专业技术研究会以专业技术服务为主向着产、供、销一条龙服务的技术经济实体发展，成为农村技术和经济联合的一种形式，进一步发挥了研究会带一片、带一村发展商品生产的作用。"①

科协应当认真研究农技协这种变化，找到和确定农技协与科协的性质、职能和任务密切相关的功能，找到和确定与这种功能相适应的层面和角度，找到和确定与这些功能和角度相适应的工作内容，进而找到适当的工作方式，介入进去，开展工作，而不能放弃工作。也可以考虑采取"一个机构、两块牌子"的办法，使农技协和合作社在一套机构的主导下，按照各自的职能开展工作。事实上，农技协和合作社的工作不是互相冲突的，也不是可以互相替代的，而是可以相互配合和互补的。在具体操作方式上，由农技协转化为合作社的，可以保留农技协的牌子，延续和做好农技协的工作；直接成立的合作社，可以在成立之初加挂农技协的牌子，按照相关规定各自办理登记手续，做好各自工作。从农民入会的角度看，既可以同时成为农技协会员和合作社社员，也可以是农技协会员而不是合作社社员，或是合作社社员而不是农技协会员。

总之，乡镇科协联系和指导农村基层农技协，是中国科协章程确定的职能和任务，我们应当采取积极的态度，通过积极的研究和实践，适应农技协组织的新变化，通过一些有效形式，把联系和指导农技协的工作切实落到实处，而绝不能放弃工作。

---

① 中国科协干部学院编：《中国科协重要文件汇编》，上海科学普及出版社，1991 年。

第四十五章 社区科协组织建设

社区科协组织建设，包括街道科协组织建设和社区科协组织建设。街道科协在县市区科协的指导下开展工作，社区科协在关系隶属的街道科协的指导下开展工作。在实际工作中，要把加强街道科协工作和加强社区科协工作、加强街道科协组织建设和加强社区科协组织建设一道进行，把工作重点放在街道，通过加强街道科协组织建设带动社区科协组织建设；而社区科协是直接面向社区居民的，所以，要把工作重心放在社区科协，使科协工作在社区层面得到切实落实。

第一节 街道和社区的概念及其相互关系

我们在谈到社区概念的时候，实际上包括街道和社区两个概念。同样，我们在谈到社区科协组织建设概念的时候，实际上包括街道科协组织建设和社区科协组织建设两个概念。我们要加强街道社区科协组织建设，首先要搞清楚街道和社区的概念。

1. 街道的概念

在我国，街道是指中国大陆地区不设市辖区的城市（即县级市）、较大城市（包括副省级城市、地级市）市辖区的行政分区。街道是街道办事处的简称，或者说街道办事处是街道的管理机构，是中华人民共和国设区的市的市辖区和不设区的市的人民政府的派出机构，与乡或镇属同一级区划层次。

根据目前我国行政区划的行政级别，直辖市以及副省级城市的街道属于正处级行政区，地级市以及县级市的街道属于乡级行政区，它们都是所在的市辖区政府或县级市政府的派出机关。

街道和乡镇都属于基层单位，但街道办事处和乡镇政府是基层政权组织，这是街道和乡镇与其他基层单位的最大不同。与此相适应，在街道和乡镇建立的科协组织，虽然也是科协基层组织，但由于其作为基层政权组织的性质，街道和乡镇科协组织与其他科协基层组织的区别还是非常明显的。

2. 社区的概念

城市是人口聚居的地方，是由若干人口聚居区所组成的，这些人口聚居区就是社区。

据有学者考证，“社区”一词用于社会学，最早出现在德国社会学家裴迪南德·滕尼斯1887年出版的社会学名著《社区和社会》中，使用了德文Gemeinschaft的概念，一般译为共同体、团体、集体、公社、社区等。在滕尼斯看来，社区是一种基于情感性和本质意志的社会共同体，在这种社会共同体中，人们共同生活，共同劳动，有着共同的文化传统和价值观念，彼此间守望相助、出入相友、亲密无间，富有人情味。这种社会共同体的形成不是社会分工的结果，而是由血缘、亲缘、地缘等关系自然形成的。

20世纪初，美国学者查尔斯罗密斯在翻译滕尼斯的《社区和社会》时，将“gemeinschaft”翻译为英文单词“community”，中文的“社区”一词即译自英文“community”。中文“社区”一词的确定，是我国著名社会学家费孝通的“专利”，他当年翻译滕尼斯著作时，将“community”翻译为“社区”。

《城市基层权力重组》一书认为，所谓社区，就是指居住在一定的范围内、由一定数量的人口组成的、具有内在互动关系和联系纽带的地域性生活共同体。这是关于社区概念的比较合理的定义。①

但是，从实践层面看，我国的社区是特指城市社区，并不包括农村社区。2000年11月19日《中共中央办公厅、国务院办公厅关于转发〈民政部关于在全国推进城市社区建设的意见〉的通知》指出，社区是指聚居在一定地域范围内的人们所组成的社会生活共同体；一般是指经过社区体制改革后作了规模调整的居民委员会辖区。《中华人民共和国城市居民委员会组织法》规定，居民委员会根据居民居住状况，按照便于居民自治的原则，一般在100～700户放入范围内设立。

由于各地城市发展的历史、文化和水平不同，在社区规模的确定上有很大差异。比如，沈阳市的社区定位在大于居委会、小于街道的层面。社区以自然地缘为基础，以适度的管辖人口和服务半径为条件，以居民的认同感和

---

① 潘小娟等：《城市基层权力重组》，中国社会科学出版社，2006年。

归属感为前提，按照有利于管理、有利于自治、有利于社区资源的合理利用、有利于提高工作效率的原则调整组建。社区的管辖规模，原则上为1000～1500户。

在现阶段，我国的城市社区就是指的社区居民委员会或居民委员会（简称“社区居委会”、“居委会”）的辖区。社区居委会是中国大陆地区城市街道、行政建制镇的分区（即“社区”）的行政管理机构，属于城镇居民的自治组织。社区建设开展之初，各地大都以自然地域为基础，对原居委会管辖的范围进行了调整，在调整的基础上组建了社区，调整后的社区规模一般达到 1000～3000 户。

3. 街道和社区居委会的关系

1989 年 12 月 26 日七届人大常委会第十一次会议通过的《中华人民共和国城市居民委员会组织法》明确规定：不设区的市、市辖区的人民政府或者它的派出机关对居民委员会的工作给予指导、支持和帮助。居民委员会协助不设区的市、市辖区的人民政府或者它的派出机关开展工作。

这个规定表明，街道是不设区的市（县级市）、市辖区（地级市辖区）的人民政府的派出机关；街道办事处对居民委员会的工作给予指导、支持和帮助；居民委员会协助街道办事处开展工作。这是对街道和社区关系的科学表述。

第二节　我国城市社区的类型

我国社区居委会的发展有较长的历史。1954 年 12 月 31 日，一届全国人大四次会议通过了《城市居民委员会组织条例》，1980 年 1 月 19 日重新公布。据此，首先在市辖区和不设区的市设立了居民委员会，以后又逐步在镇和乡政府驻地的小集镇设立了居民委员会。

1989 年 12 月 26 日，七届全国人大十一次会议通过了《中华人民共和国城市居民委员会组织法》。

目前，我国城市的社区主要有三种类型。

1. 老城区型社区

这是一种传统型社区，这种社区的主体是当地居住时间比较长的老市民户，包括自由职业居民、无工作的居民、下岗失业人员、五保户等。

从实际情况看，这种老城区型的社区，大都居住条件较差，房屋老旧，有些是棚户区。随着城市化的进程，各地对棚户区的改造力度加大，原有的老城区型社区将越来越少。

2. 单位型社区

这种社区的主体是单位的职工，这些单位或者说机关，或者说企业，或者说高校，或者说科研院所。这些单位的职工的行政关系、工资关系、党组织关系、工会关系等均不在社区，而是在他们工作的相应的单位。他们白天到单位上班工作，晚上下班后和节假日回到位于社区的家里生活。他们和社区的关系是，工作在单位，生活在社区。社区和这些单位职工本身没有形成管理关系。

属于单位型社区管理的人员主要是两部分，一是没有就业的单位职工家属，二是退休后回到社区的原在单位工作的人员。从单位型小区的发展历史看，过去单位型社区管理的人员主体是没有就业的单位职工家属，包括职工的父母和妻子，这和当时的社会发展水平是相适应的。随着社会管理改革、企业改革的发展，单位特别是企业职工退休后回到社区管理成为一种趋势。随着住房制度的改革和生活水平的提高，这种社区的住户卖掉自己的原有住房搬到其他新小区，而单位之外的外来人员通过购买住房而成为单位型社区的新住户、新居民，将成为正常现象。笔者 2014 年 5 月曾到新疆生产建设兵团第八师的石河子市城关街道十四社区进行调研，这个社区过去是比较典型的单位型社区，随着人员结构的变化，现在全社区 1 万多人中有 600 多人是外来人口。这种人员结构的变化，将带来单位型社区基本形态的变化，那种传统上纯而又纯的单位型社区将不复存在。

当然，也有一些单位通过统一建房、购房，形成新的单位型社区。

3. 新建小区型社区

新建小区是改革开放以后随着城市化进程而出现的新情况。这种社区的人员构成比较复杂，主要包括三部分人员：一是当地征地、拆迁后回迁的城市居民或村民；二是外来务工经商有了一定积蓄在小区购房的进城人员；三是为了改善住房条件通过购房从其他社区迁入小区的人员。此外，还有在当地就业的大学生结婚购房、从外地调入或自行迁入的人员。

随着我国城镇化的发展，这种类型的社区将会越来越多，其人员构成也会越来越复杂。可以肯定的是，这种新建小区型社区，将成为今后城市社区的基本形态。

不同类型的社区，由于其人员构成差异很大，所以建立什么样的科协组织、确定什么样的工作内容、采取什么样的工作方式，都应当从实际出发，不可一概而论。

第三节　社区建设的概念

20世纪80年代“社区”概念被引入城市管理以后，便开始了社区服务工作。当时的服务对象，主要是传统的民政对象。随着社区服务的普及和深入，社区服务项目越来越广泛，服务对象也扩大到全体居民，因此，在20世纪90年代，“社区建设”的概念应运而生。从社区服务到社区建设，反映了从传统的居民居住区向现代意义的社区过渡和发展的过程，这个发展过程有自身的规律。

《中共中央办公厅、国务院办公厅关于转发〈民政部关于在全国推进城市社区建设的意见〉的通知》指出：“社区建设是指在党和政府领导下，依靠社区力量，利用社区资源，强化社区功能，解决社区问题，促进社区政治、经济、文化、环境协调和健康发展，不断提高社区成员生活水平和生活质量的过程。”

根据《城市基层权力重组》一书作者的研究，社区建设概念的提出，源于以下几个背景和条件。一是城市化步伐的加快。1980年，全国有直辖市3个，地级市107个，县级市113个，市辖区467个。到2002年，直辖市增加到4个，地级市增加到275个，县级市增加到381个，市辖区增加到830个。全国城镇人口也从1978年的1.72亿人，增加到2002年的5.02亿人。也就是说，2002年前的10年间，全国平均每年新增小城镇800个左右，每年转移农村人口约1000万人，10年间有超过1亿农村人口转为城镇人口。二是流动人口的剧增。大量农民进城务工经商，居住在城市，使城市人口结构发生变化，城市基层政权的管理对象大大增加。据统计，1995年年底在城市务工经商的农民已达8000万人左右，而且每年还以10%左右的速度增长。抽样调查表明，全国每个居委会平均管辖暂住人口115人，个别居委会管辖的暂住人口达到1000人以上。暂住人口80%以上都是进城的打工人员或务工经商办企业者。三是单位制的松动。随着单位体制逐渐被打破，大量人员因无“单位”而进入社区，使社区人口结构发生重大变化。这些人员大体分为三类：待业人员，下岗和失业人员，个体户和在私营或外资、合资企业工作的人员。四是社会职能的分化。社会职能的逐步分化，形成了市场、政府、社会三大结构相对分离的新格局，使得原有的单位功能大量溢出，社会公共领域形成，人们同基层社会的关系渐趋强化。五是人民生活水平的提高。随着人们生活水平和生活质量的提高，城镇居民的需求日益增加，社区参与意识日益增强，参与热情和参与积极性大大提高，越来越多地关注社区的公共利益和公共事业①。

社区建设是社区服务深化发展的产物，它随着我国城市社会经济的飞速发

---

① 潘小娟等：《城市基层权力重组》，中国社会科学出版社，2006年。

展应运而生，不断发展。1986 年，为配合城市经济体制改革，民政部首先倡导社区服务，旨在城市开展以民政对象为主的福利服务和便民利民服务，社区服务进入千家万户。但随着改革的深化和社区服务的发展，原有的社区服务项目已不能满足群众日益增长的物质和文化方面的需求，其他社区工作，如社区卫生、社区文化、社区治安等也迅速开展起来。社区服务的概念已经包容不了全方位的社区工作，也不能从根本上解决城市基层社会管理薄弱的问题。1996 年江泽民总书记提出大力加强社区建设之后，一些大城市大胆实践，积极探索，积累了初步的社区建设经验。1998 年机构改革中，国务院明确赋予民政部“指导社区服务管理工作，推动社区建设”的职能。

随着单位体制的弱化，单位人向社会人的转变，建立新的城市管理体制势在必行。目前，我国的社区建设还处于不断发展过程之中，社区管理模式仍在探索过程之中。《城市基层权力重组》一书作者经过调查认为，社区建设基本形成了党和政府领导、民政部门牵头有关部门配合、社区居委会主办、社会力量支持、群众广泛参与的推进社区建设的整体合力；以社区党建为核心、社区群众自治组织为主体、社区中介组织或社区民间组织为补充的立体式发展路子开始显露出来。

第四节 我国社区组织建设的模式

在社区建立什么样的科协组织、确定什么样的工作内容、采取什么样的工作方式，除了要考虑社区的不同类型之外，更重要的是要了解社区组织的结构，了解社区组织建设的状况，将社区科协组织建立在社区组织的结构之中，成为社区建设的有机组成部分。

1. 沈阳模式

沈阳社区组织建设模式由四大机构组成，包括社区党组织、社区成员大会、社区委员会、社区协商议事委员会。

社区党组织。社区党组织是社区的领导核心，由社区党员大会或社区党员代表大会选举产生，每届任期 3 年。社区视党员人数分别设立大的基层委员会（100 名以上)、党的总支部委员会（50 名以上、100 名以下)、党的支部委员会（7 名以上、50 名以下）或党支部（7 名以下)。社区党组织会议定期召开，如遇特殊情况可随时召开。

社区成员大会。社区成员大会（或社区成员代表大会）是社区的决议机构。社区成员大会由全体 18 周岁以上的居民或户代表和驻社区单位选派的代表参加。社区成员代表大会由享有选举权的社区居民选举产生的代表和驻社区单位推选的代表组成，每届任期 3 年。社区成员大会（或社区成员代表大会）每年至少召开两次；遇有涉及居民利益的重大事项或 2/3 以上的社区代表或社区协商议事委员会提议，可随身召开会议。

社区委员会。社区委员会是社区成员大会（或社区成员代表大会）的办事机构，也是社区的居民委员会。它对社区成员大会（或社区成员代表大会）负责并报告工作，接受监督。社区委员会由社区成员大会（或社区成员代表大会）选举产生的人员、户籍民警和物业公司负责人组成，每届任期 3 年，可以连选连任。

社区协商议事委员会。社区协商议事委员会是社区的协商议事机构，经社区成员大会（或社区成员代表大会）选举或聘任产生，主要由社区内的人大代表、政协委员、知名人士、居民代表以及驻社区的单位代表等组成，每届任期 3 年。社区协商议事委员会的工作会议一般每月召开一次；遇有重大问题或 1/3 以上委员的提议，可以随时召开。[①]

沈阳模式最鲜明的特征是组织构建，模仿国家政权机构的设置及相互关系，在社区内设立社区自治的主体组织，并通过建章建制，明确社区建设主体之间的关系，但社区自治组织的性质难以落实，缺乏统一的、普遍认同的权力中心。[②]

2. 上海模式

上海社区组织建设模式由三大系统组成，包括领导系统、执行系统、支持系统。

领导系统。上海市街道社区建设领导系统由街道党工委、街道办事处和城区管理委员会构成。①街道党工委是区委的派出机构，经区委授权，负责对街区内的政治、经济和社会发展实行全面领导。②街道办事处是区人民政府的派出机关，受区人民政府领导，依据法律、法规和区政府的授权，在辖区内履行相应的管理职能。③城区管理委员会由街道党工委书记或办事处主任牵头领导，房管、工商、市政、劳动、卫生、市容监察、园林、公安等部门共同组成。它是规划、协调、指导地区性城市管理事务的临时机构，主要行使协商、督察社区建设的各项事宜、制定社区发展规划等职能。

执行系统。上海市街道社区建设的执行系统主要由市政委员会、社区发展委员会、社会治安综合治理委员会、财政经济委员会四个委员会和一个办公室构成。①市政委员会负责对辖区内市政、市容方面的事务进行综合管理、组织

---

① 潘小娟等：《城市基层权力重组》，中国社会科学出版社，2006 年。

② 李松柏、周利全、袁青等：《城市化进程中的社区建设模式探索——以长沙市咸嘉新村为例》，《湖南商学院学报》，2009 年第 2 期。

协调和执法监督。②社区发展委员会负责对辖区内的社会发展与建设工作进行综合管理与协调。③社会治安综合治理委员会主要负责协调街道党工委、街道办事处领导辖区内的社会治安综合治理工作。④财政经济委员会主要负责对辖区内街道财政进行预算，扶持和引导街道经济，对辖区内的经济事务进行综合行政管理，确保辖区内经济发展有序进行。⑤办公室负责街道办事处总的日常行政工作和协调事务。

支持系统。上海市街道社区建设的支持系统由辖区内的企事业单位、社会团体、居民群众及其自治组织、社会工作者等构成。它们通过社区管理委员会、社区事务咨询协商委员会、居民委员会等组织形式，发挥各自作用，对社区管理进行议事、协调、指导和咨询。①社区管理委员会是一个半行政半自治的临时性议事协商机构，由街道政府、企事业单位、社会团体以及居民代表组成。②社区事务咨询协商委员会是一个更为社会化的议事机构，由热心社区事务的各个方面的代表组成，相当于社区内的小“政协”。③居民区组织由居民区党组织、居民会议（或居民代表会议）、居民委员会和小区事务监督委员会组成。居民区党组织是居民区各种组织和各项工作的领导核心，负责领导居民区内的单位组织、居民委员会、志愿者服务组织、民间社团、业主委员会、物业管理公司等。居民会议（或居民代表会议）是居民区的民意决策机构，由全体年满 18 周岁的居民或他们选举产生的代表组成。居民委员会是居民区的群众性自治组织，是行使自治权的主体。小区事务监督委员会是居民区自治监督机构，其成员由居委会和居民代表提名推荐，居民会议（或居民代表会议）通过任命。社会工作者。居委会改革后，实现了议事和执行的分离，居民区的具体事务由居委会设立的社工办承担。社工办的工作人员不是居委会成员，而是职业社会工作者。他们由居委会考核面试后择优聘用，专职从事居民区的各项管理和服务工作。①

上海模式的特征是结合“两级政府、三级管理、四级网络”的城市管理体制改革，强化街道办事处的权力、地位和作用，将社区定位于街道，形成“街道社区”，但居民参与度不高，缺乏自主建设积极性。②

3. 青岛模式

青岛社区组织建设模式由一个领导核心、三套工作体系构成：坚强有力的党的领导核心，充满活力的社区自治工作体系，务实高效的行政事务工作体系，方便快捷的社区服务工作体系。

---

① 潘小娟等：《城市基层权力重组》，中国社会科学出版社，2006 年。

② 李松柏、周利全、袁青等：《城市化进程中的社区建设模式探索——以长沙市咸嘉新村为例》，《湖南商学院学报》，2009 年第 2 期。

领导核心。作为区委的派出机构，社区党工委是社区各类组织和各项工作的领导核心，履行街道党工委的职责，对辖区范围内的地区性、社会性、公益性工作负全面责任。为加强社区党建工作，社区还成立了社区党建指导委员会，动员整个驻社区单位的党组织都参与进来。

社区自治工作体系。由社区代表会议、社区委员会、居民小区群众性自治组织组成。①社区代表会议是社区党工委领导下的社区自治组织，由社区党工委、社区事务受理中心、驻社区单位代表、社区居民代表以及社区内各级人大代表、政协委员等组成，一般为 40 人左右，每届任期三年。②社区委员会是社区代表会议的常设理事机构，由社区代表会议从本届社区代表中选举产生，每届任期三年。社区委员会设主任一人，副主任若干人。③居民小区群众性自治组织主要包括社区居民委员会、居民会议、居民议事会等。社区居民委员会是社区居民依法进行自我管理、自我教育的群众性自治组织，由居民会议（或居民代表会议）选举产生。社区居委会下设居民小组，居民小组长由有选举权的居民选举产生。居民议事会由社区居委会干部、社区工作助理、社区知名人士、居民小组长、居民代表、驻区单位负责人、社区服务网点的代表等组成，一般为 20 人左右。

行政事务工作体系。社区的行政管理工作由社区事务受理中心承担。作为区政府派驻社区的办事机构，社区事务受理中心在社区党工委的领导下开展工作，同时在业务上接受区政府相关部门的指导。[①]

青岛模式的特征是强调社区服务是民心工程，以社区服务为龙头，提升社区功能，发展社区，但忽视了社区其他功能建设，不利于社区的长效管理。[②]

第五节　社区科协组织是社区建设的有机组成部分

《城市基层权力重组》一书的作者，不同意有人将社区的各类公益性组织称为社区民间组织、民间服务组织、社区群团组织或社区社团组织，而统称之为社区中介组织。

笔者以为，称社区公益性组织似更符合实际。但是，其对于这类组织所下的定义还是可取的："是指以社区居民为成员，以社区地域为活动范围，以满足社区居民的不同需求为目的，由居民自主成立或参加，介于社区主体组织（社区党组织和社区居民委员会）和居民个体之间的组织，如志愿者组织、业主委员会、老年协会。"

---

① 潘小娟等：《城市基层权力重组》，中国社会科学出版社，2006 年。

② 李松柏、周利全、袁青等：《城市化进程中的社区建设模式探索——以长沙市咸嘉新村为例》《湖南商学院学报》，2009 年第 2 期。

大量的社区公益性组织具有独一性，只是建立在社区并在社区范围内活动，但也有社会公益性组织在社区建立的基层组织，这种组织也是社区的一种组织。这样，就整个社会范围内看，就有三类公益性组织：第一类既是社会性的公益性组织，又可以向社区延伸，在社区建立其基层组织，形成社区公益性组织；第二类是不能或不适于向社区延伸、不能或不适于在社区建立基层组织的社会性公益性组织；第三类是只在社区成立并只在社区范围内开展活动的社区公益性组织。显然，中国科协属于第一类公益性组织，既是社会性的公益性组织，又可以向社区延伸。社区科协就是中国科协在社区建立的科协基层组织。

社区科协组织既是中国科协的基层组织，在其所隶属的科协组织的指导下开展工作，又是社区建设的有机组成部分，在社区党组织的领导下开展工作，并与其他建立在社区的公益性组织形成相互配合的格局。

需要强调的是，在社区建立科协基层组织，开展科协工作和活动，都不能违背居民自治组织的性质，要保证居民自治组织依法行事、发挥作用。这是必须坚持的一条基本原则。

第六节　社区科协组织的类型

社区科协组织是中国科协建立在城市社区的科协组织，是中国科协组织向基层单位的延伸，是中国科协的基层组织。社区科协组织包括街道科协组织和社区科协组织。

目前，社区科协组织主要包括两种类型：一是规范的科协基层组织，这种情况占少数；二是基层科普组织，这种情况占多数。

1. 社区科协组织

社区科协是中国科协在社区建立的基层组织，包括街道科协组织和社区科协组织。

街道科协在街道党委或党工委的领导下开展工作，接受县、市、区科协的业务指导。一般情况是，由一名街道党委或政府的领导同志兼任主席，一名街道专职干部兼任秘书长，必要时，可以设副主席、副秘书长。有条件的街道，可以配备专兼职工作人员；没有条件的，一般也应配备一两名兼职工作人员。

在街道建立基层科协组织，相应地，在街道所辖的社区建立社区科协小组。社区科协小组在社区党支部的领导下开展工作，接受街道科协的业务指导。规模较大的社区，也可以建立社区科协，其与社区党支部和街道科协的关系不变。

这里所说的街道科协、社区科协小组（社区科协），是指直接和中国科协、地方科协的组织建构、职能和任务一脉相承的规范的科协基层组织，也是我们所追求的中国科协在社区建立的一种基层组织形态。但在事实上，这种规范的科协基层组织形态，在街道、社区建立的很少。究其原因，还不简单地是重视不够、抓得不紧的问题，在很大程度上与中国科协是科技工作者的群众组织的性质在客观上要求建立科协基层组织必须有一定数量的科技工作者，而社区恰恰缺少科技工作者这一客观事实有关。

2. 社区科普组织

社区科普组织在城市街道社区比较普遍地存在，这种情况，最早可以追溯到中国科协成立之前的全国科联、全国科普时期。建立社区科普组织，既规避了社区缺少科技工作者不便成立作为科技工作者的群众组织的社区科协的问题，又在客观上满足了社区群众对科普的需求。

社区科普组织的情况也比较复杂，大体可以区分为三种情况。

一是健全的社区科普组织。一般是在街道建立科普协会，在社区建立科普分会或科普小组，有比较健全的机构。街道科普协会有一定数量的专兼职工作人员，社区科普分会或科普小组也有一两名兼职工作人员。

据了解，在一些地方，也有在街道建立科协、在社区建立科普分会的情况。这样做的考虑是，社区一级科协工作的任务主要是科普，建立科普分会的目的是把主要精力放在科普工作上。

二是建立科普工作站。在街道、社区分别建立科普工作站，分别在街道党委或党工委和社区党支部的领导下开展工作，社区科普工作站接受街道科普工作站的业务指导。街道科普工作站有一定数量的专兼职主要是兼职工作人员，社区科普工作站也有一两名兼职工作人员，除了明确工作站负责人之外，都没有健全的组织。

三是配备科普（宣传）员。在街道和社区，既没有建立科普协会，也没有建立科普工作站，只有个别科普员或科普宣传员。

第七节　社区科协的主要任务

随着城市管理体制改革的不断深化，当前，我国城市社区建设工已进入了一个新的发展阶段。随着工业化、信息化、城镇化步伐的加快和城乡社会结构、利益关系的深刻变化，社区作为社会建设和管理的基础平台，承担的社会管理事务越来越繁重，居民群众需要社区提供的公共服务越来越多，协调利益、化解矛盾、维护社会稳定的任务会越来越艰巨，社区工作水平与日趋繁重的社会管理任务的矛盾、社区服务功能与居民群众日益增长的物质文化生活需求的矛盾会越来越突出。这些，都给社区建设提出了新的更高的要求。这其中，社区科协组织及其建设将承担重要任务，发挥重要作用。

根据《中国科协章程》的规定，结合社区实际，社区科协组织的主要任务，主要有以下几个方面。

第一，组织社区科技工作者（包括关系在单位、生活在社区的科技工作者，下同）面向社区群众开展科普活动，引导群众崇尚科学，提高居民科学文化素质，倡导科学健康的生活方式，促进和谐社区建设。

比较可行的办法，是建立社区科普宣讲团。通过和驻社区单位沟通协商，将一些乐于做又善于做科普的科技工作者组织起来，组成科普宣讲团，向社区群众普及科学知识。

第二，组织社区科技工作者面向社区群众特别是外来务工经商、自主创业的社区群众，开展实用技术知识和技能培训，帮助困难群众实现就业、再就业，引导社区群众树立科学发展理念，培养有文化、懂技术、会经营的新型居民。

在这里，特别谈一下做好对农民工的科学普及和技术培训工作。据统计，到 2012 年，我国城镇化率达到 52.6%，但户籍人口城镇化率只有 35.2%。也就是说，统计在 52.6%的城镇化人口中的，有高达 17.31%的人口虽长期在城市生活却没有城镇户籍，无法享受城镇居民的同等待遇，我们将这部分人口所占的比例称为半城镇化率。我国从 20 世纪 90 年代起，进入了城镇化的快速发展期，从 1990 年到 2012 年，城镇化率由 26.41%迅速增加到 52.6%，增长了 1 倍，而半城镇化率则由 5.52%增加至 17.31%，增加了 2.14 倍。大量的农民离开了土地，进入城镇就业、生活，形成了数量庞大的农民工大军，一方面削弱了传统的城乡二元结构，一方面又形成了城镇户籍居民与半城镇化率居民新的二元结构。这部分人既不是城镇居民，也不是农民，农民工的称谓恰好反映了他们身份的尴尬，他们成为游走于城市和乡村之间的、过着候鸟一样生活的人。但无论如何，他们应该成为城市的一部分，成为城市的建设者，是城市的“准居民”。城市的科协组织、科协工作必须关注并照顾到这个庞大群体，做好对他们的科学普及和技术技能培训工作，不能因为他们仍具有农民的属性而将对他们的工作推给农村，而农村在事实上是不可能承担起对他们的工作的。

比较可行的办法是，农民工生活、工作在哪些基层单位，就由建立在这些基层单位的基层科协组织负责对他们进行科学普及和技术技能培训工作，不管他们流动到哪里，都按照这样的原则，由流入的基层单位的基层科协组织负责对他们的科学普及和技术技能培训工作，这些基层科协组织所隶属的地方科协要做好协调和指导工作。当然，科协组织的力量是有限的，特别是进行技术技能培训还需要依靠和配合有关部门，协调和整合各方面的资源和力量，共同做好这方面的工作。

第三，组织社区科技工作者面向居民群众开展技术咨询、技术服务等科学技术活动，帮助社区群众提高技术水平。

比较可行的办法是，将社区科技工作者特别是驻社区单位科技工作者组织起来，建立志愿者队伍，面向社区群众开展技术咨询、技术培训、技术服务活动。

第四，组织社区科技工作者之间开展学术交流活动，组织他们参加所在地科协所属学会的学术交流活动，提高他们的科学技术和学术水平，促进讲科学、爱科学、学科学、用科学社会风尚的形成与发展。

开展学术交流活动，不仅要组织社区的科技工作者，更要发挥驻社区单位的科技工作者的作用，一方面发挥他们和社区科技工作者之间进行学术交流的作用，一方面发挥他们通过学术交流活动提高社区科技工作者水平的作用。

第五，组织社区科技工作者为加强社区建设、促进街道工作发展建言献策，提出意见建议，做好参谋咨询工作。

可以采取三种方式。一是召开座谈会、征求意见会，围绕一定的主题，征求和听取科技工作者的意见和建议。二是开展意见建议征询活动，发布征询意见建议的范围，请科技工作者提供书面意见建议。三是个别访谈，就一些专题当面征询和听取与这些专题相关的科技工作者的意见建议。

第六，反映社区基层科学技术工作者的建议、意见和诉求，维护其合法权益，促进其生活和工作条件的改善。

第四十六章

企业科协组织建设

企业是科技人员聚集的地方，是实现产学研的基础，是技术创新的主体，是建设创新型国家的重要力量。因此，中国科协在企业建立自己的基层组织、开展科协工作，意义十分重大。

第一节　中国科协重视企业科协组织建设的历史

中国科协，一直以来都高度重视企业科协组织建设工作。几十年来企业科协组织建设的实践，积累了许多好的经验，形成了企业科协良性发展的局面，为进一步加强企业科协组织建设奠定了良好的基础。

早在 1956 年前后的全国科联、全国科普时期，厂矿就曾普遍地建立科普协会，成为全国科普的基层组织；1958 年全国科联、全国科普合并成立中国科协之后，厂矿科普协会随之改为厂矿科协；“文化大革命”结束后，厂矿科协组织迅速恢复活动，并得到迅速发展，到 1981 年 5 月召开全国厂矿科协工作座谈会时，全国已建立厂矿科协 742 个。

1965 年 5 月，全国总工会、中国科协、一机部、八机部在上海联合召开机械工业技术革命经验交流会。

1981 年 5 月 29 日，中国科协在天津召开首次全国厂矿科协和城市技术交流工作座谈会。时任中国科协书记处书记王顺桐同志在会上的总结发言中，系统地阐述了要不要在有条件的厂矿建立科协、厂矿科协应该做些什么工作、如何做好厂矿科协工作、厂矿科协建设中需要明确等几个问题；在厂矿科协建设中需要明确的问题中，系统地阐述了厂矿科协的性质问题、厂矿科协的发展方针问题、会员队伍的组织问题、厂矿科协领导机构及专职干部问题、编制和经费问题。他指出："厂矿科协是在工厂企业党委领导下的科学技术工作者的群众团体，是党团结和联系科技工作者的纽带，是党领导科技工作的助手。它以促进厂矿企业科学技术的发展，普及和推广，提高科技工作者、职工群众的科技水平为自己的职责。厂矿科协是地方科协的基层组织，受上级科协的业务指导。""厂矿科协的建立，是经济建设的需要，是科技事业发展的需要，是厂矿科技工作者的需要。厂矿科协，是厂矿各种组织中必需的一部分，绝不是可有可无。它与有关机构的工作，不是重复，而是互为补充，相辅相成的。"① 会后的 9 月 30 日，中国科协印发了《全国厂矿科协和城市技术交流工作座谈会纪要》。

1984 年 7 月 27 日至 8 月 2 日，中国科协在天津召开全国城市科协工作座谈会。这次会后形成的《全国城市科协工作座谈会纪要》指出："厂矿科协是科协在厂矿企业中的基层组织，各地多年来的实践证明，把它办成企业中的科技人员之家，对开发智力、培养人才，为企业自身和社会经济技术的发展，以及两个文明建设，都要重要作用，有条件的地方都应普遍建立，积极发展。"

在中国科协二大期间，曾经出现过要不要建立厂矿科协的争论，对此，1985 年 9 月任中国科协书记处书记的高潮同志有过一段完整的回忆。高潮同志说："为了促进科学技术繁荣和发展，在中国科协二大期间做了很多工作，其中比较好的就是科技咨询工作。当时研究学术交流怎么和咨询工作结合起来。我们后来在讨论这项工作的过程中也碰到一个问题，就是在企业里面要不要建立科学技术协会。当时全国虽有企业科协，但数量不多（当时有三千个），覆盖面很小。如果从理念上讲，有科技工作者的地方就应该有科协的组织，我们国家工程技术人员的主体大部分在企业里面，但当时对在企业里要不要建立科协有不同的意见，特别是有的政府部门不太同意。他们认为企业归他们管理，科协怎么能在企业里建立相应组织呢？为此，我和当时科协的组织部长郭子珍等四位同志在沈阳蹲点调研了一个月，主题就是要不要建立企业科协（当时叫厂矿科协）的问题。在沈阳期间，我们几乎跑遍了沈阳的大中型企业。调研回来后，大家一致认为企业是科学技术工作者比较集中的地方，要推动科学技术的发展，要推动科学技术与经济结合，在企业必须有科协的工作和活动，所以最后决定大力推动企业建立科协组织。"②

这次调研解决了建立企业科协的认识问题，那么企业科协建立起来之后开展什么工作呢？为此，1986 年 12 月 25～29 日，中国科协在沈阳召开全国厂矿科协工作座谈会，高潮同志在座谈会闭幕式上的讲话中，对如何做好企业科协工作做出了具体要求。会上，厂矿科协代表提出在全国开展"讲理想、比贡献"

① 何志平等主编：《中国科学技术团体》，上海科学普及出版社，1990 年。

② 高潮：《回顾中国科协三届全国委员会期间的改革与发展》，见《亲历科协岁月》，中国科学技术出版社，2013 年。

竞赛活动的倡议。“讲理想、比贡献”竞赛活动也首先是在沈阳兴起的。

1987年1月，高潮同志在各省、自治区、直辖市科协办公室主任会议上的书面发言中指出：“城市科协包括厂矿科协，也在积极探索改革的途径。最近在沈阳召开的全国厂矿科协工作座谈会上，进一步明确了‘立足本厂，面向社会’，为企业和社会经济发展服务的方针，厂矿科协的组织和工作都发展得很快。”①

1987年4月，中国科协与国家经委联合发出《关于在全国厂矿企业工程技术人员中开展“讲理想、比贡献”竞赛活动的通知》。

1988年3月，中国科协、国家经委在北京召开全国厂矿企业科技人员“讲理想、比贡献”竞赛活动总结表彰大会。国务委员张劲夫到会讲话，李鹏、胡启立、宋健接见受表彰的先进集体和个人代表并讲话，中国科协主席钱学森做讲话，中国科协书记处书记高镇宁致开幕词并做总结讲话，国家经委副主任林宗堂做工作报告。林宗堂同志指出：“‘讲、比’竞赛活动是为实现企业目标而开展的群众性竞赛活动，要依靠企业党政领导自上而下的推动和群众团体自下而上的发动相结合。科协工作的开展是新时期党的群众路线的体现。全国已成立的4000多个厂矿科协组织是推动企业两个文明建设的一支生力军。我们希望各地党委和政府，各企业党政领导在深化企业改革的过程中进一步重视和支持厂矿科协的工作。各企业厂矿科协要围绕企业发展目标，推动企业技术进步，主动负责地开展工作，真正成为企业领导联系科技人员的纽带，开展科技工作的助手。在‘讲、比’活动中，厂矿科协要为科技人员创造条件，要更加关心企业工程技术人员的工作、生活和学习，帮助他们解决后顾之忧。”

1990年1月，宋健同志在谈科协工作时指出：“要在大中型企业普及科协组织。我去潍坊调查时，了解到那里只有30%的大中型企业建有科协，起码还有50%的大中型企业没有建立科协组织。党中央和国务院的同志听过汇报，大家一致意见，厂矿的科协组织能起到非常重要的作用。希望能统计一下，大中企业还有多少没有科协的。要主动跟厂长商量，跟党委书记商量，把普及率再提高一步。使所有大中企业都建立起科协组织。”

1990年2月，中国科协第三届全国委员会第五次会议通过了《关于在全国厂矿企业科技人员中进一步深入开展“讲理想、比贡献”竞赛活动的决定》。

1990年11月7日，时任中国科协书记处书记曹令中同志在全国厂矿科协工作会议上做工作报告《充分发挥厂矿科协作用，团结企业广大科技工作者，为社会主义建设做贡献》，指出自1986年全国厂矿科协工作座谈会以来，到1990年，“全国建立厂矿科协的企业已由1986年的3500多个发展到7600多个，其中大中型企业5500多个，占全国大、中型企业的一半以上，全国厂矿科协会员达到140余万。厂矿科协作为中国科协重要基础组织之一，不论从规模上还是实

---

① 中国科协干部学院编：《中国科协重要文件汇编》，上海科学普及出版社，1991年。本节以下引文如无指明，均参考此文献。

际作用上，充分显示和发挥了广泛团结企业广大科技工作者的纽带和助手作用，已成为我国企业两个文明建设中的一支重要力量”。

曹令中同志在报告中回顾和总结了自1986年全国厂矿科协工作座谈会以来到1990年思念来气调库新工作取得恶主要成绩。一是广泛开展“讲理想、比贡献”竞赛活动，促进了企业的技术进步和精神文明建设；二是持久开展学术交流、继续工程教育和科学普及活动，促进了科技人员业务水平和职工科学文化素质的提高；开展决策论证活动，促进了企业决策的民主化、科学化；发挥大、中型企业技术辐射功能，有组织地开展科技咨询服务活动，帮助中小企业、乡镇企业依靠科技进步，扭亏增盈，取得了显著成效；五是发挥纽带作用，把厂矿科协办成“科技工作者之家”，增强了企业的凝聚力；六是厂矿科协的社会地位明显提高，组织得到加强，为进一步发挥作用打下了基础。

1990年11月8日，时任中国科协书记处书记高镇宁同志在第三届全国“讲理想、比贡献”竞赛活动总结表彰会上的讲话中指出：“三年来的实践表明，‘讲、比’活动的发展，促进了企业领导和科技人员的结合。‘讲、比’活动的开展，为科协发挥助手作用和纽带作用，在经济建设主战线上做贡献创造了非常好的形式。”“‘讲、比’活动开展三年来，越来越受到党政领导的重视、支持和广大科技人员的欢迎。今后，‘讲、比’活动不仅应当作为科协组织的一项基本活动，也是广大科技工作者的一项符合时代要求的、具有显著作用的群众性活动，应继续在厂矿企业中深入持久地开展下去。”

1990年11月11日，时任中国科协书记处书记高镇宁同志在全国厂矿科协工作会议上的总结讲话中指出：“厂矿科协在‘文革’前就有，那时的厂矿科协主要是从事科普工作和开展合理化建议这类活动。真正像今天这样立足本厂、面向社会、全面地较大规模地开展活动是与改革开放和国家经济的发展分不开的。”“所以说，厂矿科协是随着形势和改革开放的发展而壮大的。厂矿科协的一个特征，就是它处在国家经济建设的主战场。”“科协是科技工作者的组织，厂矿科协是战斗在生产第一线的厂矿科技工作者的组织，在改革开放和国家的经济发展中，厂矿科协应该有它的地位，并且必须随着形势的发展而发展。”

1993年9月，时任中央书记2323处候补书记温家宝同志在听取中国科协党组工作汇报时的谈话中指出：“要帮助国有大中型企业搞好技术改造。科协可以联系部分重点企业，列出若干急需技术改造的项目，协调生产、科研、教学单位联合攻关。要通过厂矿科协，大力开展科技活动，推进技术进步，改善企业管理，提高经济效益。”①

① 温家宝：《在听取中国科协党组工作汇报时的谈话要点》，见中国科协调研宣传部编：《中央书记处对科协工作的指示精神》（2014年7月）。

1997年8月3～4日，中国科协、国家经贸委、国家计委在北京联合召开全国“讲理想、比贡献”活动10周年先进事迹报告会暨经验交流会。

2007年3月，中国科协与科技部在天津联合召开国家高新区科技工作者队伍建设研讨会，通过了《天津宣言》，推动高新区科协组织建设，动员和组织广大科技工作者为高新区二次创业做出贡献。

2007年5月24日，中国科协召开全国企业科协工作会议，明确提出企业科协是推动企业成为技术创新主体的重要力量，要求各地企业科协以“讲理想、比贡献”活动为抓手，不断扩大工作覆盖面和影响力，推动企业科协工作再上新台阶。

中国科协主席韩启德同志在这次会议上的致词中指出：“企业科协是企业科技工作者的群众组织，是联系企业科技工作者、企业领导者和企业员工的重要纽带，也是沟通企业与学会、科研院所、高等院校之间的坚实桥梁。长期以来，企业科协适应企业改革大局，锐意进取，开拓创新，在推动企业技术进步，提高员工科学素质，服务科技工作者方面做了大量工作，赢得了企业领导的充分肯定和企业科技工作者的普遍欢迎。”①

时任中国科协常务副主席、书记处第一书记邓楠同志在这次会议上的讲话中指出：“企业科协是科协系统的重要组织基础之一，也是中国科协履行桥梁纽带职责的重要依靠力量。随着大量科技工作者进入企业工作，企业已经成为科技工作者比较密集的场所，企业科协工作成为中国科协组织建设工作的一个重点。做好企业科协工作不仅仅是企业科协自己的事情，也是各级科协组织和社会方方面面的共同责任。”②

2007年6月1日，中国科协在北京召开第七届常务委员会第四次会议，审议通过了《关于加强企业科协工作的若干意见》。

2007年7月12日，中国科协、国家发改委、科技部、国资委联合下发了《关于在企业深入开展“讲理想、比贡献”活动的意见》。

2007年9月，由中国科协常委会促进企业自主创新专门委员会（当时专委会办公室设在组织人事部）、中国科协组织人事部组织的“院士专家企业行”活动，在地处湖南岳阳的中国石化长岭炼化公司举办，拉开了高端智力支持要求创新的序幕，使中国科协服务企业创新又增加了一个新的抓手和载体，也使企业科协组织建设增加了一个新的平台。

2007年11月28日，中国科协、国家发改委、科技部、国资委联合下发《关于成立全国“讲理想、比贡献”活动领导小组及办公室的通知》。

---

①②中国科协调宣部编：《十六大以来科学技术工作重要文献选编》〈上〉。

2008年1月15日，韩启德主席在中国科协七届三次全委会议上的工作报告中回顾2007年主要工作时，专门以“企业科协工作不断加强”为题，对一年来企业科协工作取得成绩给予充分肯定。

2008年2月28日，全国“讲理想、比贡献”活动领导小组第一次会议在北京召开。

2008年5月，中国科协组织人事部在宁波召开企业科协工作座谈会，总结全国企业科协工作会议后一年来的工作，研究进一步加强企业科协建设、做好企业科协工作的具体措施，把企业科协工作继续推向前进。

2008年6月18日，经中国科协七届七次常委会审议通过，《企业科学技术协会组织通则》正式发布实施。

2008年12月，中国科协在四川成都召开全国“讲理想、比贡献”活动总结表彰大会。

2009年9月，在第11届中国科协年会期间，中国科协常委会促进企业自主创新专门委员会（当时专委会办公室设在组织人事部）、中国科协组织人事部创办了“企业创新论坛”。周光召同志和一些院士、专家做了报告。2010年中国科协常委会促进企业自主创新专门委员会办公室转到中国科协计划财务部之后，论坛继续举办。

第二节　企业科协组织建设的目标

企业科协组织建设包括建立组织和开展工作两个方面。我们的目标，就是要在具备条件的企业实现科协的工作覆盖和组织覆盖，即实现双重覆盖。实现工作覆盖的前提，是实现组织覆盖。因为只有首先建立起企业科协组织，才谈得上开展企业科协工作；只有有效地开展企业科协工作，才能发挥企业科协组织的作用，巩固企业科协组织的地位。经过多年的努力，虽然组建企业科协的工作已经取得了一定的成绩，但就总体看，仍然数量偏少，覆盖面偏低，因此，加大企业科协的组建力度，提高企业科协的覆盖面，仍然是当前和今后一个相当长的时期内企业科协组织建设的重要任务。

目前，我国企业总数以数百万计，建立科协组织的企业有2万余户，只占企业总数的很小比例。事实上，要在不分规模大小的所有企业或者要在绝大多数企业都建立科协组织，既做不到，也没有必要。如果我们换一种思路，把组建企业科协组织的主要精力放在规模以上企业上，着力抓好规模以上企业科协组织的组建工作，而暂时放开那些规模较小的企业，应当是可行的。这就是“抓大放小”的思路。这个工作思路，笔者在2007年5月到中国科协组织人事部工作后的当年年底就提出来了，在2008年年初的组织人事工作会上和以后的其他一些会议、场合特别是培训班上，都进行了系统解释、讲解和宣传。

所谓规模以上企业，按照以前的标准，是指员工在100人以上的企业，或者是员工在100人以下、50人以上，且销售额在500万元以上的企业。国家统计局曾于1998年将工业统计起点标准由全部乡及乡以上工业企业改为年主营业务收入500万元以上工业企业。按照这个标准，到2009年，全国规模以上工业企业总数为434 364个。

根据全新的统计方式，自2011年1月1日起，对规模以上工业企业的统计起点由原来的年主营业务收入500万元提高到2000万元。对此，国家统计局相关负责人给出的解释为，提高规模以上工业和固定资产投资起点标准，是由于近年来，规模以上工业企业数量成倍增加，主营业务收入500万元以上的工业企业从1998年到2009年增长了2.6倍。统计局按照2009年数据测算，统计起点提高后全国规模以上工业企业数量减少了40.6%。按照这个比例计算，全国新的标准的规模以上工业企业为258 012个。

据统计，截至2009年年底，全国建立科协组织的企业16 039家，占全国规模以上企业总数的6.2%。如果按照截至2012年年底全国建立科协企业20 986家计算，已经占到全国规模以上企业总数的8.2 %。显然，这是一个相对好的工作基础，在这个基础上起步，确定科学合理的企业科协组建的目标要求应当是可行的。这实际上是把中央书记处提出的“哪里科技工作者比较密集，科协组织就建到哪里”的要求，用规模以上企业的概念破解了，用在规模以上企业建立科协组织的工作落实了。从实际情况看，各地的规模以上企业都是当地重要的经济支柱，也是科技工作者比较集中的地方，在当地的经济社会发展中起着举足轻重的作用，因此，在这些企业建立科协组织、开展科协工作，有着十分重要的意义。

按照这样的工作思路，从一般工作规律看，当前和今后一个相当长的时期内企业科协的组织建设，仍然是分类指导，突出重点，整体推进；仍然是抓组建、抓巩固提高、抓指导。从工作路径看，下一步，在“点”上着重抓规模以上企业；在“面”上着重抓高新技术开发区、经济技术开发区的企业。

必须明确的是，我们抓开发区的科协组织建设，绝不仅仅是为了在开发区管委会层面建立科协组织，更不是以在开发区管委会层面建立科协组织代替在开发区内的企业建立科协组织，而是为了通过在开发区管委会层面建立科协组织，发挥开发区管委会层面科协组织的带动、引领和统领作用，推动在开发区内的符合条件的规模以上企业建立科协组织，推进开发区的企业科协组织建设，并进而全面推进全国企业科协组织建设。据统计，截至2012年年底，在高新技术开发区建立企业科协603个，占企业科协总数的2.9%；在经济技术开发区建立企业科协766个，占企业科协总数的3.7%。

第三节　企业科协组织的主要任务

“文化大革命”结束、中国科协恢复工作后，1981年5月，中国科协召开全国厂矿科协工作座谈会，时任书记处书记王顺桐在总结发言中，谈到厂矿科协应当做些什么工作，总结了试点厂矿科协有特点的工作：发扬学术民主，提供咨询建议，为厂矿领导的正确决策当好参谋；发挥横向联系的作用，组织单学科和多学科的科学攻关、技术交流；采取多种形式，提高科技人员的专业技术水平；开展多种形式的宣传教育，把科普知识送到工厂各个角落；接受党政赋予的权限，积极参加“双革”成果评审、技术职称评定、技术干部提拔和优秀人才的推荐活动；维护科技工作者的利益，反映他们的呼声，把科协办成“科技工作者之家”。

四个月之后的1981年9月，中国科协在天津召开全国厂矿科协和城市技术交流工作座谈会，交流研究了厂矿科协工作的有关问题。会议认为，厂矿科协的基本任务是：发挥生产第一线的科技工作者的积极性和创造性，为厂矿领导的正确决策当好参谋；发挥横向联系优势，开展技术攻关；提高专业人员的技术水平，满足科技人员知识“更新”和进修提高的需要；开展科普宣传；接受党、政赋予的职权，参加成果评定，推荐优秀人才；维护科技工作者的利益，反映他们的呼声，协助党、政领导落实知识分子政策，建设“科技工作者之家”。

1988年2月，钱学森同志在中国科协三届五次全会上的工作报告中指出：“从目前来看，厂矿科协的主要作用有三条。一是发挥党政领导联系科技工作者的纽带作用，充分反映科技工作者的呼声和要求，更好地代表他们的利益。二是促进企业技术进步，改进生产工艺，提高产品质量，减少原材料消耗和能耗，降低成本，提高经济效益。企业是科技和经济结合最紧密的地方，做这里科学技术要转化为生产力。‘讲理想、比贡献’竞猜活动主要是围绕这些内容，今年要进一步深入开展。三是开展技术服务和技术咨询，发挥厂矿企业的技术辐射作用。有些地方还以重点企业厂矿科协为核心，把城市学会、专业技术研究会、街区科普协会和民办科技实体都连接起来，形成纵横交织的城市科学普及和技术传播网络，并把技术咨询、继续教育、技术培训等项工作都结合起来，使科协在城市的工作向网络化、系统化发展。”

中国科协七大通过的《中国科学技术协会章程》在规定了科协组织的任务的同时，还规定了科协基层组织的任务，这是我们研究和却的企业科协任务的基本遵循。几十年来，各地企业科协也进行了积极实践和探索，积累了许多成果和经验。我们应当以中国科协章程关于科协基层组织任务的规定为依据，以几十年来各地企业科协积极实践和探索的成果与经验为基础，结合企业的实际，研究和确定企业科协组织的任务。由于企业的性质、规模的不同，具体到一个企业，科协组织的任务也有所不同，但概括起来，企业科协的任务主要是四个方面，前三个方面又可以分为两个方面，这样就有七个方面的任务。

1. 对科技工作者

组织科技工作者开展学术交流、继续教育、撰写科技论文活动，开展科学道德和学风建设，提高科技工作者的学术、科技水平和科学道德水平。

组织科技工作者围绕企业发展开展技术攻关，解决生产经营、技术研发和科学研究中的难题，开展“讲理想、比贡献”活动，发挥科技工作者的作用，维护科技工作者的权益。

2. 对普通职工

向企业的普通职工普及科学技术知识，进行技能培训，传播科学精神和科学思想，提高职工的科学技术知识和技能水平。

组织职工围绕企业的改革和发展以及难点问题开展技术革新活动、提合理化建议活动，参与企业的民主管理。

3. 对企业

围绕企业改革和发展的大局，为企业的产业结构调整、产品转型、技术更新等重大问题开展决策论证、咨询活动，为企业党委和领导层科学决策提出意见建议，提供可行性方案。

将科研院所、高等院校的高端智力和高层次人才引入企业，建立专家工作站，为企业的发展服务，培养企业的科技人才并提高他们的水平。

4. 对社会

负责企业的科技馆、实验室等资源向社会开放，组织企业科技工作者向社会公众特别是青少年普及科学知识，承担企业服务社会和公众的责任。

第四节　企业科协组织的组织设置

讨论企业科协的组织设置，有必要首先讨论一下企业科协的性质问题。1990 年 11 月，时任中国科协书记处书记高镇宁同志在全国厂矿科协工作会议闭幕会上的总结讲话中指出：“我们厂矿科协是什么？在厂矿科协的通则中规定为‘是企业党委领导下的科技工作者的群众组织’，性质是什么？我想一个是在党委领导下，一个是科技工作者的组织。第一要服从党的领导，第二在组织上它是群团，严格地说，不是企业的一个科室，也不是党委的一个具体部门。当然厂矿科协的办事机构，总得有一些人，这些人总要有个办事机构。但我们指的不是办事机构，主要是指这个组织。因为是群团，就应该按照民主的办法产生，就要有选举，需要有代表会，它采取的是民主制。它在工作中遇有重大的事情，就应在理事会上讨论，作出决议，然后执行，实行的不是首长制。”① 企业科协是中国科协在企业建立的基层组织，仍然是科技社团的性质和形态，民主办会是必须坚持的原则。加强企业科协组织建设，需要科学的组织设置来支撑，做到有机构、有人员。企业科协的机构包括领导机构和办事机构，人员包括领导机构的领导和办事机构的工作人员。机构和人员是企业科协组织设置的基本要素。加强企业科协组织建设中一个十分重要的问题，是将领导机构和办事机构、领导机构的构成人员和办事机构的构成人员的地位和作用区分开来，绝不能以办事机构的作用取代领导机构的作用，也绝不能以办事机构成员的作用取代领导机构成员的作用。

企业科协的最高权力机构是企业科协会员代表大会，会员代表大会闭会期间的执行机构是企业科协委员会；规模较大的企业科协还可以设立企业科协常务委员会，作为企业科协委员会闭会期间的执行机构。会员代表大会、委员会和常务委员会都是企业科协的领导机构。企业科协要按期召开会员代表大会、委员会和常务委员会，按时换届，研究和决定企业科协的重大事项。

企业科协的办事机构是企业科协秘书处，在常务委员会的领导下主持企业科协的日常工作。秘书处应和企业内设机构同等规格，独立建制，列入企业党委所属职能部门序列。个别暂时做不到独立建制的企业，可以暂时与相关的内设机构合署办公，但前提是要有独立的机构，不宜搞“一个机构、两块牌子”，并且要有工作经费的保证。需要强调的是，合署办公只是一种过渡形式，是“权宜之计”，要积极创造条件，适时完成独立建制。

企业科协主席可以由企业党委书记担任，也可以由总经理担任；可以由党委副书记担任，也可以由分管科技的副总经理担任；可以由行政领导、技术领导担任，也可以由高层次科技工作者担任。还可以配备一定数量的副主席，由与科技工作、科协工作相关的副总经理、内设机构主要负责人和有威望、有建树的科技工作者担任。早在1990年11月，时任中国科协书记处书记高镇宁同志在全国厂矿科协工作会议闭幕式上的总结讲话中就提出：“大家问厂矿科协主席到底应该厂长当、党委书记当，还是总工程师当，我想目前还是不要做出统一规定为好。我们在座的有些是厂长当科协主席的，有党委书记当科协主席的，

① 中国科协干部学院编：《中国科协重要文件汇编》，上海科学普及出版社，1991年。

还有总工程师当科协主席的，也有刚刚退下来的原厂长、原老总，都有。做统一规定，目前还不是时候。”① 目前，仍然不宜做统一规定，但有一点必须明确，就是不论由谁担任主席、副主席，都要按照中国科协章程的规定履行选举的民主程序。

企业科协秘书长一般应当由从事科研、技术管理的企业中层干部担任。秘书长应为专职，专做企业科协工作。在目前企业没有取消行政级别的情况下，企业科协秘书长应当和企业中层干部正职相同职级待遇，以便于开展工作。如果秘书长不能专职，或者由副主席兼任，则应配备专职副秘书长，负责秘书处的日常工作。秘书长的产生，要经常务委员会履行民主程序，不能随意调整。秘书处还要有适当的专职工作人员，以帮助企业科协工作的正常开展。

会员是企业科协的主体，企业科协要做好发展会员工作。发展会员，要突出企业科协群众性组织的特性，适当降低加入企业科协的门槛，把那些愿意在科协组织和活动中发挥作用并有一定层次的专业技术人员和高技能人才，团结、凝聚到科协组织中来。要充分保障会员的权利，包括参与权、知情权、选举权、监督权，充分发挥会员的积极性、主动性和创造性。

加强企业科协组织建设，发挥企业科协的作用，必须充分发挥企业科协会员、委员的作用。从一定的意义上可以说，企业科协的作用是通过企业科协会员、委员的作用来实现的。但这种作用，不是通过一个一个会员、委员的孤立的作用来体现的，而是由企业科协组织在企业党委的领导下，通过一系列的组织形式，将会员、委员的个人智慧、个人作用凝聚和上升为集体智慧和组织力量。1986 年 12 月时任中国科协书记处书记高潮同志在全国厂矿科协工作座谈会闭幕式上的讲话中指出：“科协是科技工作者自己的团体，有别于行政机构，会员是厂矿科协赖以存在的基础。在开展科协工作中，必须充分发挥会员的积极性，坚持民主办会。发挥科协委员的作用，重大事情要通过委员会。会员对科协的态度，是搞活科协工作的重要条件和标志。希望各地同志在民主办科协和大力加强与会员的联系方面，创造经验。”②

需要强调的是，企业科协作为中国科协的基层组织，属于中国科协这个组织体系的有机组成部分；成立企业科协的前提是，承认并贯彻执行中国科协章程，因此，企业科协无须到当地民政部门进行登记，也无须单独制定企业科协章程。无须到当地民政部门登记，是表明企业科协是中国科协的重要组成部分，而不是作为独立于中国科协组织体系之外的存在；无须制定企业科协章程，是表明企业科协承认并执行中国科协章程，在一部章程下行动，但可以制定贯彻执行中国科协章程和地方科协实施中国科协章程细则的管理办法。企业科协不

①② 中国科协干部学院编：《中国科协重要文件汇编》，上海科学普及出版社，1991 年。

需要到民政部门进行登记，但要成为地方科协的团体会员，接受其业务指导，则要履行相关手续。

第五节　建立企业科协的基本条件

我们提出要在规模以上的企业建立科协组织，但并不是说满足了建立的规模就一定具备了建立的条件，"规模以上"只是建立企业科协的必要条件，还不是充要条件；只有既具备了必要条件，又具备了充要条件，才算具备了建立企业科协基本条件。因此，我们工作的着力点要放在具备组建基本条件的规模以上企业上。时任中国科协书记处书记王顺桐在1981年5月召开的全国厂矿科协工作座谈会上总结发言中指出："厂矿是否需要建立科协，关键要看厂矿生产建设和科技工作的发展，有无建立科学技术团体的需要，厂矿科技工作者有无成立自己组织的要求和条件是否成熟。厂矿生产和科技事业的发展有这个需要，科级干部有这个要求，而且条件也逐步具备，就应及时建立厂矿科协组织。相反，如果厂矿生产和科技事业的发展还没有建立组织的必要，群众也没有这个要求，即使勉强建立起来也不能巩固。"笔者认为，所谓具备基本条件，除了要具备"规模以上"这个必要条件之外，至少还要有三个方面的充要条件，而且这三个方面是紧密联系、相辅相成、缺一不可的。

1. 要有一定数量的科技人员

企业达到了一定的规模，有了一定数量的员工，但如果是劳动密集型的企业，科技人员很少，仍然不具备组建条件。道理很简单，企业科协是科技工作者的组织，科技工作者达不到一定数量，就不具备建立企业科协的基本条件。同时，达到一定数量的科技人员还要有一定的稳定性，流动性不能太大；流动性过大，科技工作者的数量忽大忽小，仍然不能认为具备了建立企业科协组织的条件。2011年中国科协调研宣传部会同武汉理工大学和湖北省科协对19个省和4个直辖市的国有企业科技工作者进行调查，有42.4%的被调查者有过职业流动经历，一次、两次、三次及以上的比例分别为54.8%、30.4%、14.8%。在调查"您是否有过跳槽念头"时，11.9%的被调查者表示经常有，66.8%的表示偶尔有，两项合计达到78.4%，只有21.1%的表示从来没有。调查认为，国有企业科技工作者流动意愿较强，这虽然有助于个人成长和增强企业活力，但也会在一定程度上影响国有企业科技工作者队伍的稳定性。①

① 中国科学技术协会：《科技工作者建议》，2014年第2期。

2. 企业领导要有积极性

企业科协是企业党委和行政领导联系企业科技工作者的桥梁和纽带，企业科协要发挥这种桥梁和纽带作用，和企业领导的作用有极大关系。如果企业有了很多的科技工作者，但是企业的领导层特别是主要领导如果不理解、不重视、不支持，建立企业科协就十分困难，即使勉强建立起来了，也不会发挥作用。如果是这样，要发挥企业科协作为企业党委和行政领导联系企业科技工作者的桥梁和纽带的作用，就会成为一句空话。因此，即使企业科技工作者达到了建立企业科协的数量，但如果企业领导没有积极性，不理解，不支持，仍然不具备组建企业科协的条件。

3. 要有合适的人选来做企业科协工作

企业即使有很多科技人员，企业领导也理解、重视和支持，但是如果一时找不到合适的人选来做科协的工作，还是不具备组建条件。道理很简单，企业科协的工作是要由人来做的，没有合适的人选来做企业科协的工作，组建起来的企业科协一定是徒有其名、形同虚设。与其徒有其名、形同虚设，不如不“设”、不要“其名”，因为这种情况会带来负面影响。

说到企业科协的合适人选包括两个方面，一是领导机构的合适人选，二是办事机构的合适人选。领导机构的合适人选包括主席、副主席，办事机构的合适人选包括秘书长、副秘书长，以及适当的工作人员。

在具备条件的企业做好组建科协工作的同时，要积极为暂不具备组建条件的企业创造组建条件。从暂时不具备条件到具备条件，需要一个过程，既不能操之过急，也不能消极等待。要学会做企业领导的工作，给他们讲清楚为什么要在企业建立科协组织的道理，说明在企业建立科协组织的好处，介绍其他企业组建科协组织带来的变化。还要采取一些切实可行的办法，帮助企业吸引科技工作者，培养将来可以做企业科协工作的人员，为以后组建企业科协组织逐步创造条件。同时，对科技工作者较少但地域相邻、限制相近的企业，可以采取联合组建的方式，建立科协组织，开展科协的工作和活动。联合组建，是从暂时不具备条件到具备条件的过程中的一种过渡形式，目的是为了通过创造条件过渡到独立建制，而不是长久之计。

第六节　组建企业科协的基本方针和基本方式

显然，现在的问题不是要不要组建企业科协，而是如何组建企业科协，这就涉及组建企业科协的基本方针和基本方式问题。

组建企业科协，必须采取实事求是、积极稳妥、逐步推进的基本方针。所谓实事求是，就是一定要从企业客观存在的实际出发，而不是从良好的愿望出发；所谓积极稳妥，就是态度上一定要积极，但在操作上一定要稳妥；所谓逐步推进，就是一定要根据企业的需要和可能，成熟一个组建一个、组建一个巩固一个，不犯脱离实际的“急性病”。具体地说，就是要研究和采取适合人民团体、社会团体、群众团体运作规律的方式，在那些具备条件的规模以上企业积极而稳妥地逐步推进，不简单地运用行政手段，不搞强迫命令，不搞指令性计划，不搞整齐划一，不单纯追求数量，也不提出不切合实际的指标要求。早在1986年12月，时任中国科协书记处书记曹令中在全国厂矿科协工作座谈会上的讲话中就指出，当前厂矿科协在组建工作上，应当从形势的发展，工厂企业的需要，科技人员的要求，以及条件是否具备出发，采取稳步发展，不断提高的方针。我们现在继续提出和坚持积极稳妥的方针，可以看作对科协历史上曾经采取的稳步发展、不断提高方针的继续和发展。

贯彻这样一个基本方针，在客观上要求我们采取以下基本工作方式。

1. 积极与企业领导协商、沟通

要学会和善于做与企业领导的协商、沟通和交流的工作，循序渐进、循循善诱地做好宣传、解释和说明工作，求得企业领导的理解和支持。与企业领导沟通，是企业科协的同志必须具备的一种社会工作、社会活动的能力。

2. 发挥示范、辐射和带动作用

典型引路，让事实说话，让人家看到组建企业科协的好处，变被动为主动，逐步推进。发挥典型示范、辐射和带动作用，作为一种普遍适用的工作方法，对于科协来说，更具有实际意义。

3. 实行分类指导

企业的情况各有不同，需要根据不同情况采取不同的指导方法，这就是分类指导。国有企业和非公有制企业，科技型企业和生产经营型企业，规模大的企业和规模小的企业，发展历史久远的企业和发展历史较短的企业，建立在园区的企业和独自建立的企业，等等，情况都各不一样，需要区别对待，实现分类指导。

分类指导有两层意思。一是虽然不同类型的企业有不同的特点，但同一类企业却有着共同的特点，我们通过认真研究与这些特点相适应的组建企业科协的方式和开展企业科协工作的方法，就会形成对这一类企业科协的有针对性的指导；逐一地研究各个不同类型企业的特点，就会形成对不同联系企业科协的分类指导。二是即使实行了分类指导，对同一类情况的企业也不能一概而论，而要对各个企业进行具体分析，实行一厂一策，对不同的企业采取不同的办法，具体情况具体分析、具体对待，有针对性地进行指导，不搞一刀切。这是一种更加具体的分类指导。

4. “党建带科建”

利用好中央和各地党委组织部门推进企业党组织建设的有利时机、有利条件和有利环境，借好这个“势”，以此来推动企业科协组建工作。各地科协可以主动和当地党委组织部沟通，取得他们的支持，开展好这项工作。

“党建带科建”需要做好两个层面的工作。在地方科协层面，不论是省级科协，还是市级科协和县级科协，都要积极和同级党委组织部门取得联系，在组织部门的支持下，一方面做好应当隶属于其业务指导的科协基层组织的组建工作，另一方面指导下一级地方科协做好这方面的工作。在企业层面，积极与企业党委沟通，在企业党委的领导下，做好企业科协的组建工作。即使建立了科协组织，企业科协也仍然要在企业党委的领导下，通过加强企业党组织的建设来带动和加强企业科协的组织建设。

第七节　巩固企业科协的途径和方式

在这里，我们把实现企业科协的组织覆盖任务概括为建立企业科协，把实现企业科协的工作覆盖任务概括为巩固企业科协；建立企业科协需要相应的条件，巩固企业科协也需要相应的途径。巩固企业科协的最有效途径或办法，是开展活动，形成企业科协的经常性工作，充分发挥企业科协在生产经营、技术研发等方面的作用。我们必须实行组建企业科协和巩固企业科协并重的方针，做到成熟一个组建一个，组建一个巩固一个，通过巩固促进组建。

2007年5月，韩启德主席在全国企业科协工作会议上的致词中指出：“做好新时期的企业科协工作，首先要找准位置、突出重点，把握规律、发挥优势，不断创新工作方式，丰富工作内涵。一是要紧紧围绕企业中心工作开展活动，把科协工作融入到企业发展的大局中去，以作为求地位，争取企业领导的重视和支持，为企业科协发展创造良好的环境和条件，开辟更大的空间。二是坚持以科技工作者为本，把企业科技工作者是否满意作为衡量企业科协工作的重要标准，依靠企业科技工作者开展工作，努力为企业科技工作者服务，通过扎扎实实的活动来凝聚人心、激发热情，赢得企业科技工作者的认可和参与。三是坚持联合协作的工作方式，积极推动企业内部不同职能部门、不同工种、不同班组之间的合作，促进企业科技工作者与社会科技力量的合作，加强企业科协与各级科协组织、各级学会的合作，形成合力，造出声势，扩大影响。”①

1. 围绕企业的中心任务开展企业科协工作，是必须坚持的重要原则

企业的中心任务是什么？一般来说，生产经营、科协研究、技术研发、员工培训等就是企业的中心任务。这是企业的根本利益所在，是涉及企业生存和发展的大局，关乎企业的前途和命运，是企业党委和领导层关注的中心。因此，企业科协组织必须紧紧围绕和配合这个中心任务和大局，来谋划、开展和推进企业科协工作，而绝不能背离这个中心任务和大局，更不能另搞一套。

2. 从企业的实际出发，是企业科协开展活动必须坚持的基本方式

企业科协开展工作，必须从企业的实际出发。所谓从企业实际出发，就是从企业的需要出发，从科技工作者和员工的需要出发，从企业党委和领导层的关注中心出发，就是坚持实事求是的原则。为此，企业科协开展工作、开展活动就不能过多占用科技工作者和员工的工作时间，不能影响企业正常的生产经营、科协研究和技术研发活动；也不能过多地占用企业的资源，不能有过高的工作和活动成本。比较可行的，是坚持小型、多样、业余、灵活的工作方式。这样的方式不仅不会给企业增加负担，还会为企业的发展助力，也易于为企业的领导层、科技工作者和员工所接受。

3. 讲求实效，促进企业的发展，是企业科协组织开展一切活动的落脚点

“生命在于运动，科协在于活动。”可以说，活动是企业科协组织的生命，没有活动，企业科协就没有生机和活力，企业科协的生命也就终止了。但是，必须明确的是，企业科协开展活动的目的是为了促进企业的发展，所以，企业科协的活动一定要注重实效，一定要有实效，不搞形式大于内容的活动，不搞表面文章、花架子，特别是不做劳民伤财的事情。注重实效，必然包含厉行节约、降低成本、避免浪费的要求，活动不能追求排场和奢华。

4. 上级科协组织的指导，是巩固企业科协的重要条件

企业科协需要企业党委的领导，也需要上级科协的业务指导，二者都是巩固企业科协必不可少的条件。上级科协组织不仅要负责企业科协的组建，而且要负责对企业科协工作的联系和指导。这种联系和指导，应当是经常性的、及

① 中国科协调宣部编：《十六大以来科学技术工作重要文献选编》〈上〉。

时的、有针对性的。企业科协也要主动加强与上级科协组织的联系，及时汇报自己的工作，争取得到及时指导，争取有关部门的支持。

第八节 重视非公有制企业科协组织建设

随着社会主义市场经济的发展，非公有制经济越来越成为我国社会主义经济基础的重要组成部分，非公有制企业的数量越来越大，发挥着重要作用。据2010～2011年中国民营经济发展形势分析会上提供的信息：根据2010年9月份数据同比增速测算，2010年年底我国个体私营企业从业人员总数超过1.8亿人，较2005年年底增加6000万人，年均增加1200万人，年均增速超过9%，五年增长55%以上，成为我国吸纳扩大社会就业的主渠道。据了解，民营经济数量不断增加、资金规模不断扩大。根据2010年9月份数据同比增速测算，我国登记注册的私营企业数量从“十一五”之初的430.1万户迅速增加到“十一五”末的逾840万户，年均增速高达14.3%，五年增幅超过95%，成为我国最大的企业群体，占全国实有企业总数的74%；私营企业注册资金总额超过19万亿元，年均增速达到20.1%，五年增幅超过150%。截至2010年年底，我国登记注册的个体工商户超过3400万户，注册资金超过1.3万亿元。

随着非公有制经济的不断发展和非公有制企业数量的不断增加，在非公有制企业建立科协组织、开展科协工作的问题，也提上了中国科协的重要议事日程。早在1987年2月10～13日，中国科协就在北京召开全国民办科技实业家座谈会。在充分调查研究的基础上，2003年1月10日，中国科协六届第七次常委会审议通过了《关于在非国有企业中加强科协组织建设的意见》。这个意见认为，非国有企业是推动国民经济持续快速健康开展的重要力量，是科技工作者发挥聪明才智的舞台，为促进科技与经济相结合、科技进步和技术创新发挥了重要作用，加强非国有企业科协组织建设，是改革和发展的需要。意见提出，要以科技人员比较集中、科技含量较高、经济效益显著的非国有企业为主，以东部沿海等非国有企业比较集中、发展速度较快的地区为重点，有计划、有组织地推进非国有企业科协建立和发展。努力创建一批工作卓有成效的非国有企业科协组织，积极探索和建立一套切实可行的非国有企业科协工作制度。[①]

2003年年初，中央书记处在听取中国科协党组工作汇报时指出，在新形势下要继续加强同全国不同领域、不同行业、不同地区广大科技工作者的联系，特别要注意搞好同民营科技企业的创业人员和技术人员、受聘于外资企业的管理技术人员等新的社会阶层中科技人员的联系，并建立相关的科技工作者组织，

---

① 中国科协办公厅编：《2003年中国科协文件汇编》。

不断扩大科协工作的覆盖面。

为此，中国科协于2003年6月10日下发了《关于进一步推动非国有企业科协组织建设工作的通知》，提出：要按照《关于在非国有企业中加强科协组织建设的意见》的要求，加强领导，认真组织实施，加快推进非国有企业科协组织的建立和发展。努力做到哪里有科技工作者，科协的工作就要做到哪里；哪里科技工作者比较密集，科协的组织就要建到哪里。中国科协将选择部分非国有企业科协作为联系点，开发非国有企业科协信息数据库，设立全国企业科协协作网站，积极推动在全国有影响的大型非国有企业建立科协组织，加强与电视、广播、报刊等新闻媒体的合作，大力宣传非国有企业科协的工作、作用，逐步完善为非国有企业服务的网络体系，进一步推动非国有企业科协组织建设做工作。

在中国科协的重视下，在非公有制企业建立科协组织的工作不断推进。但是，就总体上说，在非公有制企业建立科协组织的工作远比在国有企业建立科协组织的工作要薄弱。造成这种情况的原因，除了认识不高、重视不够和在工作思路、工作指导上缺乏创新和办法外，和非公有制企业普遍规模较小、科技工作者不集中、业主缺乏积极性等也有直接关系。下一步，在非公有制企业组建科协组织、开展科协工作问题上，也应当把着眼点放在规模以上企业上，特别是科技型规模以上企业上，积极创造条件，采取恰如其分的方式，在这些企业首先把科协组织建立起来，并且做好巩固提高工作，在此基础上，不断扩大，积极稳妥、有条不紊地推进。

第九节 依托企业科协建构中国科协服务企业自主创新的组织体系

企业是技术创新的主体，是建设创新型国家的重要力量，是国家创新体系的重要组成部分。服务企业自主创新，是中国科协的重要职责和任务。中国科协服务要求自主创新，应当依托企业科协，在企业科协组织的基础上建构中国科协服务企业自主创新的组织体系。中国科协在企业建立科协组织、开展科协工作，其目的也是为了更好地服务于企业自主创新。

1. 中国科协服务企业创新要依托自己的组织体系

中国科协服务于企业创新，不能凭空进行，而应当依托自己的组织体系。这包括企业内部和企业外部两个方面。在企业内部，依托企业科协组织，在企业外部，依托有关学会。中国科协有着众多科学、技术、工程方面的全国学会，每个学会都联系和凝聚这众多的该学科、该专业、该领域的国内著名科学家，包括院士和专家。中国科协通过和学会的联系，将企业需要的院士专家引进企业，为企业创新服务。而企业科协则负责院士专家引进企业后开展工作的具体协调和组织。中国科协服务企业自主创新，离不开企业科协组织的存在及其作用。企业科协的存在，是中国科协服务企业自主创新的基础；企业科协的作用，是中国科协服务企业自主创新的支撑。有企业科协的同志形象地说，企业科协是装在企业内部的“科技服务器”，这是对企业科协在企业技术创新中的地位和作用的准确认识。中国科协一方面依托企业科协开展服务企业创新工作，另一方面也通过这种工作过程加强企业科协组织建设；一方面依托学会开展服务企业创新工作，另一方面通过这种工作过程促进学会组织建设，加强学会与社会、学会与企业的结合。

2. 中国科协服务企业创新要搭建各种平台

中国科协服务企业创新，基本方式是依托中国科协的组织优势，搭建各种平台。企业是技术创新的主体，而企业科技工作者是企业技术创新的主体，中国科协在企业搭建的各种平台，就是企业科技工作者在企业技术创新中发挥作用的平台。目前，中国科协搭建的服务企业创新平台主要有以下几个方面：

一是院士专家企业行。院士专家企业行于2007年9月在中石化长岭炼化公司启动，成为高度智力走进企业、服务企业技术创新的一种方式。这种方式依托企业要解决的技术创新中的难题，或要启动的项目，将与这些问题、项目相关的学科、专业的院士专家引进企业，开展短时间的工作，帮助企业解决难题，启动项目。

二是院士专家工作站。院士专家工作站也是企业在技术创新中的一个创举，最早发端于辽宁。和院士专家企业进行比较，院士专家工作站不是短时间的、一事一办的，而是长期的。具体方式是，院士专家和企业签订合作合同或合作协议，明确院士专家的职责和任务，一年中根据工作需要进站若干次，每次若干天。

三是创新方法培训。企业技术创新，需要科学的方法；在很多时候，企业技术创新是从方法的创新开始的，创新方法成为技术创新的重要因素。从2007年年底开始，在科技部的指导下，中国科协在企业科技工作者中开展创新方法培训。中国科协是公益性组织，创新方法培训是一种公益性行为，成为中国科协服务于企业创新的一种方式。创新方法的推广，为推动企业技术创新发挥了重要作用。

四是“讲理想、比贡献”活动。“讲理想、比贡献”活动自1986年从辽宁企业发起，很快蔓延到全国企业，已经成为企业科协的一项品牌活动，成为凝聚企业科技工作者的积极性、发挥企业科技工作者作用的一面旗帜。企业科通过开展“讲理想、比贡献”活动，将科技工作者的创新热情汇聚到群众性的技术创新活动中来，推动企业的技术创新进程。

五是企业科技人员的学术交流活动。企业是科技工作者聚集的地方，进行学术交流活动是企业科技工作者的强烈愿望和需求；企业科协是企业科技工作者的组织，面向企业科技工作者开展学术交流活动是企业科协的基本任务。企业科技工作者是企业技术创新的主体，企业科技工作者要在企业技术创新中发挥作用，就要不断提高自身的科技水平和学术水平，而开展学术交流活动就是提高企业科技工作者科技和学术水平的基本方式。在企业开展学术交流活动要依托企业科协，也要发挥与企业科协的学组相对应的地方科协所属学会的作用，一方面可以请地方科协所属学会的专家学者来企业为科技工作者做学术报告，一方面可以组织企业科技工作者参加地方科协所属学会举办的学术交流活动。

六是企业职工的群众性技术革新和提合理化建议活动。推动企业技术创新，既要发挥企业科技工作者的作用，也要发挥企业职工的积极性；企业科技工作者是企业技术创新的主体，企业职工也是企业技术创新的主体。发挥企业职工在企业技术创新中的作用，基本方式是开展群众性的技术革新、技术改造活动和提合理化建议活动，发挥和凝聚企业职工的聪明才智。在企业职工中开展群众性的技术革新和提合理化建议活动，是过去几十年间在企业形成的优良传统和有效做法，曾经发挥过重要作用，现在完全能够成为发挥企业职工在企业技术创新中作用的重要方式。企业职工中有大批经验丰富的技术能手、能工巧匠和高技能人才，企业技术创新离不开企业职工，特别是离不开这些技术能手、能工巧匠和高技能人才。通过开展群众性技术革新和提合理化建议活动，发挥好企业职工在企业技术创新中的作用，是中国科协服务于企业自主创新的重要方式。

第十节 企业科协组织建设要促进现代企业制度的建立和企业文化的形成

不论是什么企业，国有企业也好，非公有制企业也好，发展到一定规模的时候，是一定要建立现代企业制度的，也是一定要培育现代企业文化，按照企业内在发展规律办事的。因此，企业科协自建立之初，就要在现代企业制度的框架内和企业文化的氛围中，成为企业内部结构的有机组成部分，确立自己的地位，发挥自己的作用。做不到这一点，企业科协就会被边缘化，成为可有可无的摆设。

1. 什么是现代企业制度

现代企业制度是社会化大生产和市场经济相结合的产物，是按照“产权清晰、权责明确、政企分开、管理科学”的原则构建起来的一整套科学的企业组织制度和管理制度体系。其基本特征是产权关系清晰，法人制度健全，政企职责分开，经营机制灵活，管理科学规范。现代企业制度的主体是法人治理结构，核心是有限责任制度，主要组织形式是公司制，主要内容包括健全的国有产权经营制度，企业法人制度，企业组织制度，企业领导体制和民主管理制度，企业财务会计制度，经营管理制度，分配制度，以及企业制度环境企业的行为规范、行为方式、行为准则等。

由中国特色社会主义的理论、道路和制度所决定，在中国这片土地上，现代企业制度与党组织的设置和发展，与工会、共青团、科协等群众组织的设置和发展是不矛盾的，不仅不矛盾，而且是相容的。现代企业制度需要党组织的支撑，需要工会、共青团、科协等群众组织的支撑；党的组织，工会、共青团、科协等群众组织，也需要现代企业制度这个基础。在企业，形成以党组织为核心的，工会、共青团、科协等群众组织围绕周边独立负责地开展工作的格局，是中国特色社会主义现代企业制度的必然要求和结果。

2. 什么是企业文化

一个有生命力的组织，不论是社会组织还是经济组织，最终支撑其生命力的是这个组织的文化。企业文化是企业的灵魂和生命，是企业的核心竞争力，是推动企业创新发展的不竭源泉。企业文化是企业发展目标、企业传统、企业精神、企业风格、企业形象的聚合。各个企业特点不同，所形成的企业文化形态也不同，丰富多彩，各具特色，但其核心都是企业的精神和价值观。

同样由中国特色社会主义的理论、道路和制度所决定，在中国这片土地上，企业文化的灵魂就是党的建设。企业党组织通过培育和弘扬企业文化，形成心齐气顺的氛围和昂扬向上的精神，加强精神文明建设，做好职工的思想政治工作，协调各方利益和关系，发挥工会、共青团、科协等群众组织的作用，凝聚人心，促进企业发展。

3. 企业科协要建立在现代企业制度的架构内和企业文化的氛围中

现代企业制度的建立和企业文化的形成，是一个企业成熟的标志。只有建立了现代企业制度，只有培育和形成了企业文化，这个企业才能获得稳定、健康、持续的发展，才能走上良性运转的轨道。在中国进行企业建设有一个前提，就是一定要强调党的领导，在具备条件的时候建立党的组织，并且在党组织的领导下建立工会、共青团、科协等群众组织。这是建立现代企业制度、培育企业文化过程中不能回避的问题，也是在企业建立科协、开展科协活动的根据。不是要不要建、能不能建企业科协，关键是怎么建企业科协，怎么发挥企业科协的作用，怎么使企业科协组织及其活动与现代企业制度、企业文化有机地融在一起，这是需要我们认真加以研究和解决的现实问题。这个问题解决好了，我们在建立有中国特色社会主义现代企业制度和企业文化方面就会大大迈出一步。在这个过程中，许多工作，包括精神文明建设、职工的思想工作，包括协调各方关系、凝聚各方力量，都是需要包括科协组织在内的各种群众组织来参与的。我们的目标就是要在现代企业制度的框架内，在现代企业文化的氛围里，形成以党的基层组织建设为核心的、各个不同类型群众组织共同发挥作用的格局，到那个时候，我们科协组织在企业里的地位和作用就会确立了。当党的组织、党的建设，以及工会、共青团、科协等群众组织和这些组织的建设成为企业须臾不可离开的有机构成因素时，企业党组织和工会、共青团、科协等群众组织就最终获得了巩固和发展。

第四十七章 高校科协组织建设

高校科协是中国科协在高等院校建立的科协组织，是中国科协一种重要而特殊的基层组织形态。

第一节　在高校建立科协组织、开展科协工作的重要性

在高校建立科协组织、开展科协工作，具有十分重要的意义，主要体现在以下几个方面。

1. 高校是科技工作者高度密集的地方

按照中央书记处的要求，哪里有科技工作者，科协工作就要做到那里；哪里科技工作者密集，科协组织就要见到那里。高校不仅是科技工作者高度密集的地方，而且是高层次科技人才高度密集的地方。在高校聚集的科技工作者中，既有教学人员，也有基础科学研究人员、技术研发人员，还有教学、科研、研发管理人员。

教育部网站公布的《2012 年教育统计数据》显示，全国共有普通高等学校 2442 所，其中本科院校 1145 所，534 所为研究生培养单位。全国普通高等学校有专任教师 144 万人，其中正高级职称的 16.9 万人，副高级职称的 41.3 万人，中级职称的 57.6 万人；有教学辅助人员 20.6 万人，有科研机构人员 16.8 万人。三项合计 181.5 万人。在这些人员当中，有研究生指导教师 28 万人，其中有正高级职称的 13.3 万人，有副高级职称的 13.4 万人，有中级职称的 1.2 万人；有博士生导师 1.4 万人，有硕士生导师 21.8 万人，有博士生、硕士生导师 4.8 万人。高校有着丰富的科技工作者资源，在高校建立科协组织不仅重要，而且

可行。

2. 高校是科学研究的重要阵地

高校不仅承担着教学任务，而且承担着重要的科研任务。高校中有国内重要的科学研究机构，包括科研院（所）、研发中心、国家重点实验室，形成了产学研链条。在高校建立科协组织，将科技工作者凝聚起来，作用发挥出来，有利于促进高校科学研究工作。

3. 高校是培养未来科技工作者的摇篮

教育部网站公布的《2012 年教育统计数据》显示，全国普通高等学校普通本、专科毕业生数 618.6 万人，招生数 683.9 万人，在校生数 2374.5 万人。其中，综合大学、理工院校、农业院校、林业院校、医药院校、师范院校有普通高等学校普通本、专科毕业生数 522.4 万人，占 84.5%，招生数 575.1 万人，占 84.1%，在校生数 2009.1 万人，占 84.6%。这些院校承担着培养科技工作者的重要任务，培养的科技工作者包括本科生、硕士研究生、博士研究生各个层次，科学研究、工程技术以及科学技术普及各个方面。高校已经成为培养科技人才的主要阵地，成为科技工作者的主要来源。在高校建立科协组织、开展科协工作，使得作为未来科技工作者的大学生、研究生及早接触科协工作，认识科协组织，在未来成为科技工作者之后，积极参加相关学会和基层科协组织的活动，成为相关学会和基层科协组织的会员。

第二节　高校科协发展的历史

据笔者了解，全国成立最早的高校科协应当是哈尔滨工业大学科协。笔者 2011 年到哈尔滨工业大学调研时曾在校史室看到一幅珍贵的历史照片，显示哈尔滨工业大学早在 1954 年就成立了科协。有意思的是，当时正处于中国科协的前身全国科联、全国科普时期，中国科协还没有成立，哈尔滨工业大学就已经成立了科协组织，而且名称就是“科学技术协会”。由于时间久远，当时成立科协的情况已经没有人说得清楚了。

1958 年 9 月，中国科协成立。从我们现在见到的历史文献可以了解到，中国科协从成立一开始，就十分重视科协基层组织建设。中国科协一大通过的《关于建立“中华人民共和国科学技术协会”的决议》就明确规定：“在群众需要的情况下，科协应该在工矿、企业、人民公社、学校、机关等单位建立科协基层组织。”其中就将学校作为一种重要的科协基层组织类型。

中国科协成立后，许多高等院校开始着手建立科协组织。从了解掌握的情况看，1959年2月，成都工学院（现四川大学）在全国高校中率先成立科协。紧接着，同年6月，湖南医学院（现湖南医科大学）科协成立。同年9月，吉林医科大学（现白求恩医科大学）科协成立。再后来，1962年5月，华中工学院（现华中理工大学）科协成立。

改革开放后，20世纪70年代末80年代初，因“文化大革命”而停滞的高校科协开始恢复活动，并有一批新的高校科协组织成立。特别是1986年6月中国科协三大召开后，高校科协组织建设进入了一个新阶段。钱学森主席指出：“高等院校科协是一个方向，凡具备条件者都应该建立高校科协。”这极大地调动了高校建立科协组织的积极性。

1986年，高镇宁、鲍奕珊、曹令中、陈绳武、高潮等中国科协领导同志在湖北、辽宁考察地方科协工作时，对哈尔滨工业大学、东北工学院、华中工学院的科协工作进行了考察。同年12月，中国科协召开全国厂矿科协工作会议，东北工学院科协秘书长朱仕文应邀出席。

1986年12月，高镇宁等邀请老同志座谈科协工作。裴丽生同志说：“针对大学生的问题，我们可以组织青年科协，通过科协，将青年人组织起来，引导他们开展学术研究和科技活动，让他们在学术上有发言交流的场所。”①

1987年5月，第一届全国高校科协工作研讨会在武汉的华中工学院召开。这次研讨会是在华中工学院倡议下，由14所高校科协共同发起的。这些高校科协包括华中工学院科协、东北工学院科协、中南矿冶学院科协、成都科技大学科协、哈尔滨船舶工程学院科协、合肥工业大学科协、白求恩医科大学科协、阜新矿业学院科协、大庆石油学院科协、河北大学科协、吉林工业大学科协、同济医科大学科协、西安石油学院科协。来自全国41所高校的59名代表参加了会议。会上共宣读、交流了41篇论文，内容涉及建立高校科协的必要性、高校科协与挂靠学会的关系、如何组织好学术活动、如何增强科协活力，搞好科协自身建设等。与会代表就高校科协的现状、如何更好地发挥科协优势和作用、科协在高校中的地位，以及体制、经费、编制等问题，进行了讨论，达成了共识。会议认为，高校科协的主要任务是：①发挥横向联系的优势，促进教学、科研和生产相结合，为学校领导正确决策当好参谋；②开展各种形式的国内国际学术交流，指导研究生、大学生开展科技活动；③协调和管理各挂靠学术团体在学校进行的活动，为他们开展工作提供支持和帮助；④发挥人才和智力优势，抓好人才培训和智力开发工作，开展科技咨询和技术服务活动；⑤协助学校党委落实知识分子政策，发挥科协的纽带作用。

这次会议的一个重要举动，是在会议期间成立了“全国高等院校科协研究

---

① 见《中国科协机关工作信息（二十一）》，1986年12月30日，中国科协档案材料。

会筹委会”。这次会议为推动高校科协工作、加强高校科协的横向联系和合作，进而建立高校科协联合组织，奠定了基础。

1987年7月8日，钱学森同志在这次会议形成的《全国高等院校科协工作研讨会纪要》上作出批示：“院校科协问题，应认真研究，要区别于学会、协会、研究会，也要区别于厂矿科协和乡镇科协等。是否主要类似于外国‘科学促进会’的工作？多学科、多专业综合交流？防止过度专业化。”①

1987年7月9日，钱学森同志在中国科协学研讨会开幕式上的讲话中，提出了中国科协“基础组织”的概念。他指出：“我们要研究一下中国科协这个结构的基础组织，就是最后办事的基础组织。这个基础组织是什么呢？……就是我们科协的单位要独立自主地开展工作，基础组织就是能够独立自主开展工作的（或者说能够自治的工作的）单位。”他提出了三大类的基础组织，分别是学会、协会、研究会，厂矿科协，乡镇科普协会、乡镇科协、农民专业技术研究会。

钱学森同志接着说：“原来我讲就是这三大类。最近，高镇宁同志给我一份文件，是说我国今年（指1987年——引者注）5月9日至13日在武汉华中工学院召开了全国高校科协工作研讨会，中国科协办公厅副主任参加了。那么又提出一个很重要的问题，就是大专院校的科协。我想这跟我刚才讲的三大类都不一样。大专院校的科协很重要，几十个院校都参加了，很积极。我们要研究，大专院校的科协怎么搞？有一个不成熟的想法，大专院校的科协不能再重复前面的三类。大专院校有大量的学生，而现在的学生据反映钻牛角尖的很多，也就是知识面很窄，实际的东西不知道，实际工作能力差。这样大专院校的科协实际应办成接近外国叫‘科技促进会’这种性质的组织，通过综合性的学科交叉的讨论，开阔这些学生的知识面，让他们眼界开阔，而不只是他们学的那一些和他们感兴趣的那一点东西。对于社会主义建设的需要他们要理解，对于现代科学技术在世界范围的发展他们要知道。大专院校科协问题要研究。”②

1987年11月，“全国高校科协研究会（筹）”在中南矿冶学院召开，就建立全国高校科协联合组织做了实质性准备。

1988年2月，钱学森同志在中国科学技术协会第三届全委会第三次会议上的工作报告中指出：“高等学校科协是最近几年发展起来的，一些地方科协的同志在这方面做了许多工作，发展趋势是好的。高等学校是科技工作者密集的地方，通过科技工作者自己的群众组织开展自我服务，是一种很好的形式。高等学校又是智力密集的地方。许多学会挂靠在高等学校。高等学校师生通过科协

① 见中国科协档案。

② 中国科协干部学院编：《中国科协重要文件汇编》，上海科学普及出版社，1991年。

和学会组织的各项学术活动，进行新知识的交流和对话，对改进大学教学的知识结构，促进大学的知识更新，是有用的。我们要加强科学技术是文化的观念，我们主张理工农医各科学生要学习一些文科方面的知识，文科学生要学习一些现代科学技术方面的知识。高等学校学生在学习阶段有更多的机会参加各种学术活动，扩大知识领域，对于他们的成长，是有益的。”①

1988 年 8 月 10 日，由东北工学院科协起草，全国高校科协研究会筹委会向中国科协提交了《关于成立“全国大学科协联合会”的请示》。

1988 年 8 月 18 日，钱学森同志在全国直辖市、计划单列市科协协作会议上的讲话中指出：“我们科协这个集体是一个很大的系统，有学会、协会、研究会，在农村有好几万农业技术专门研究会（协会），在企业还有厂矿科协，现在又兴起了院校科协，总起来是四个方面。”②

1988 年 9 月，中国科协下发《关于成立高等院校科学技术协会筹备委员会的批复》（科协发学字 500 号），批复东北工学院科协、全国高等院校科协研究会筹委会：“经研究，同意筹建高等院校科协的联合组织，名称为‘高等院校科学技术协会联合会’，日常工作由中国科协学会部负责联系。高等院校科学技术协会联合会是高等院校科协自愿参加的联络组织、协调组织，以民主协商方式开展工作。”“请抓紧进行各项筹备工作，酝酿联合会首届理事会候选人名单；草拟《高等院校科学技术协会联合会条例》；拟订联合会今后两年的活动计划及主要工作安排意见。提交一九八八年十月召开的‘第二届全国高等院校科协工作研讨会’讨论，为建立‘高等院校科学技术协会联合会’，做好充分准备。”③

1988 年 10 月，在东北工学院召开“高等院校科学技术协会联合会暨第二届全国高等院校科协工作研讨会”。根据中国科协的批复精神，“高等院校科学技术协会联合会（筹）”正式成立。大会选举产生了联合会第一届理事会，通过了联合会工作条例，原则通过了今后两年的工作要点。中国科协领导同志高潮出席大会并发表讲话。会后，高等院校科学技术协会联合会（筹）将会议材料上报中国科协，请求正式批准成立高等院校科学技术协会联合会。

到 1989 年年底，全国高校理、工、农、医、师范、综合大学 757 所高校中已有 200 多所成立了科协，约占全国高校理工类院校的 30%。

1997 年 4 月，全国高等院校科学技术协会联合会（筹）向中国科协学会部并转中国科协书记处上报《关于批准成立“全国高等院校科学技术协会联合会”的报告》。报告提出，“高等院校科学技术协会联合会（筹）”成立十年来，已由最初发起时的十几所高校科协，发展壮大到现在的 144 所高校科协，正在申请

① 中国科协干部学院编：《中国科协重要文件汇编》，上海科学普及出版社，1991 年。

② 中国科协干部学院编：《中国科协重要文件汇编》，上海科学普及出版社，1991 年。

③ 见中国科协档案。

加入的还有许多高校科协。希望中国科协尽快研究批准高等院校科学技术协会联合会的正式成立。

1998年3月，国家教委科技司向中国科协学会部发出《关于支持成立高等院校科学技术协会联合会的函》，提出："十年来，高校科协联合会（筹）建立了相应的组织机构，开展了一系列科技活动，为加强高校间科技合作与交流，促进科技、教育与经济结合做了卓有成效的工作。""鉴于高校科协联合会（筹）目前的具体情况，成立该联合会将有利于高校科协工作的发展，为高校在实施科教兴国战略中更好地发挥作用。建议你部尽快批复成立'高等院校科学技术协会联合会'。"

1999年12月，全国高等院校科学技术协会联合会（筹）再次向中国科协书记处上报《关于再次请求批准正式成立"全国高校科协工作研究会"的报告》，提出："到目前全国有150余所高校成立了科协，并加入了'全国高校科协工作研究会'。但全国各地高校科协工作的发展极不平衡，为了进一步对建立高校科协的必要性和自身建设等一系列问题进行深入研究、交流经验、完善高校科协组织体系，形成上下贯通、左右相连的顺畅网络，推动高校科协的发展，成立全国高校科协工作研究会已成为当务之急。"报告请求中国科协正式批复成立"全国高校科协工作研究会"，作为中国科协的团体会员单位。①

2007年11月，中国科协发展研究中心启动了《高校科协组织调研》课题，与教育部中央教育科学研究所和中国教育学会教育机制研究分会合作，共同成立了课题组，通过问卷调查、文献资料调查和座谈调查等方法，进行了深入广泛的调查，形成了调查报告。内容包括高校科技工作者及高校科协组织的历史回顾，高校科协组织建设现状，未建立科协的高校情况及对科协组织建设的认识，对高校科协组织建设的看法和态度，高校科协组织建设中存在的问题，高校科协组织建设的对策和建议。这是中国科协史上对高校科协组织建设的一次全面的调查。

这项关于高校科协的调研报告认为，由于1989年的政治风波以及改革开放使各种社会矛盾逐渐暴露出来，我国有关部门从稳定大局出发，对于社团组织的发展开始收缩，在一定程度上也影响了科技社团的发展。筹备多年的"高校科协联合会"始终是筹备组织，而且不能称之为联合会，只能转称为"高校科协工作研究会"，在很大程度上挫伤了高校科协的积极性。中国科协对于高校科协组织没有明确的定位和具体指导，也影响了高校科协组织的发展。同时，一个时期以来的高校合并，导致高校数量减少，使得已建高校科协的数量也相应减少。②

---

① 以上关于"全国高校科协工作研究会（筹）"的活动情况，来自中国科协档案材料，以及由西北工业大学科协向河同志、北京航空航天大学科协杨兰尊同志提供的材料。

② 高校科协组织建设调研课题组：《高校科协组织建设调研报告》，中国科协发展研究中心。

2010～2011年，中国科协组织人事部在北京、重庆、江苏、福建等地组织高校科协工作调研，着手起草《高校科协组织通则》。中国科协主要领导同志也借到地方考察调研的机会到全国多个省区市的高校调研高校科协工作。根据领导的意见，暂缓出台《高校科协组织通则》，着手起草《关于加强新时期高校科协工作的意见》。

在充分调查研究的基础上，在中国科协领导同志的重视、指示和安排下，组织人事部先后召开了两次高校科协工作座谈会。其目的，一是进一步调查、分析、研究高校科协工作的历史和现状，总结经验，找出问题，研究对策，就进一步加强高校科协工作达成共识；二是就《关于加强新时期高校科协工作的意见》广泛征求意见，并为下一步召开全国高校科协工作会议做好准备。

第一次高校科协工作座谈会，于2012年10月在重庆大学召开，来自全国7个省市科协的负责同志、22所高校的负责同志和高校科协的负责同志参加了会议。10所高校分管科协工作的负责同志或高校科协秘书长在会上做了交流发言。

第二次高校科协工作座谈会，于2012年12月在（江苏南京）东南大学召开，来自全国13个省区市科协分管高校科协工作的负责同志、23所高校的负责同志和高校科协的负责同志参加了会议。11所高校分管科协工作的负责同志或高校科协秘书长在会上做了交流发言。

时任中国科协常务副主席、书记处第一书记、党组书记陈希同志出席了这两次座谈会，并且发表了讲话。他指出，高校科协具有不同于其他部门或群体组织的独特职能和优势职能，要从科协组织的自身特点出发，找准定位，扎实做好五个方面的工作。他提出，这五个方面的工作，就是高校科协的独特职能和优势职能，包括组织跨院系的学术交流、面向公众的科学普及、加强科学道德和学风建设、服务挂靠学会和其他科技组织、举荐人才。他强调，关于高校科协的组织设置，各高校情况不同，应坚持从实际出发，不能按一个模式要求，要注意研究建立有效的工作机制，为高校科协工作提供人员和经费保障。他希望各级地方科协加强对高校科协工作的指导，加强与教育主管部门的沟通，积极提供服务，沟通做好高校科协工作。

两次座谈会都专门安排了研讨，与会同志就新时期高校科协在高校中的优势职能和独特作用、机构设置、组织形式、运行机制、活动方式、工作抓手（载体）、主要任务以及高校科协面临的困难和问题等，进行了深入的交流和讨论，提出了许多很好的意见和建议。

第三节 建立高校科协组织、开展高校科协工作的原则

高校科协的组织建设包括两个方面，一是建立科协组织，二是开展科协工

作。开展科协工作的前提是建立科协组织，而建立科协组织就一定要开展科协工作。建立高校科协组织、开展高校科协工作，要遵循以下几个原则。

1. 建立高校科协要有客观需求和具备相应的条件

建立高校科协，不取决于我们良好的主观愿望，而是取决于高校在客观上是否有需求，并且是否具备相应的条件。客观需求，实际上就是高校科协客观上需要什么，能够做什么，也就是我们所说的高校科协的职能和任务，这是最重要的。此外，有一定数量的科技工作者、高校领导要有积极性、有做高校科协工作的合适人选，也是必不可少的条件。

当然，高校是否具备成立高校科协组织、开展高校科协工作的需求和条件是一回事，高校是否意识到客观存在的这种需求和条件又是另一回事。因此，有必要进行适当的、实事求是的宣传，使那些已经具备需求和条件的高校适时建立科协组织、开展科协工作。同时，通过适当的宣传和工作，使那些暂时不具备条件的高校积极创造条件，为今后建立科协组织、开展科协工作奠定基础。

2. 推进高校科协组织建设一定要采取积极稳妥的方针

所谓积极稳妥，就是态度上一定要积极，但操作上、做法上一定要稳妥。具体地说，就是要在高校客观上有需求的前提下，在具备条件的基础上，做到成熟一个建立一个，建立一个巩固一个；积极创造条件建立高校科协组织，通过有效开展高校科协工作巩固高校科协组织，绝不搞一哄而上，不片面追求数量，不搞形式主义。

3. 高校科协开展工作一定要围绕高校的中心工作

高校科协在高校党委领导下开展工作，必须配合高校党委的中心工作，服从和服务于高校的工作大局，服务于高校行政、科研、教学工作，绝不能背离高校的中心工作和工作大局。当然，高校科协有自己的组织体系、工作体系，有自身的运转规律，我们强调高校科协工作要配合中心、服务大局，是以高校科协作为科技性社会组织的自身特点为前提的，与高校科协独立负责地开展工作并不矛盾，不仅不矛盾，而且是相互促进的。

4. 高校科协开展工作一定要从实际出发

不同的高校有不同的情况，建立科协组织、开展科协工作都不能搞一刀切。高校科协的组织设置，可以有符合各自情况的不同形态，不强求一致，以有利于开展工作、发挥作用为原则。因此，高校科协开展工作一定要从实际出发，注重实效，采取适合高校实际情况而又为广大教师所乐于接受的方式，研究落实职能、发挥作用的特殊方式，一定不搞形式大于内容、表面上轰轰烈烈而实际上没有什么实际意义和作用的活动。

第四节　高校科协的职能任务

明确高校科协的职能和任务，是我们建立高校科协组织、开展高校科协工作的前提，是所有问题中第一位重要的问题。如果这个问题不解决，我们建立高校科协组织就缺少根据，高校就没有建立科协组织的内在动力，即使建立起来了也无从开展工作、发挥作用。

关于高校科协的职能，根据多年来各地和高校的实践总结和近年来我们的调研，概括起来主要是六个方面：①开展跨院系、跨学科的学术交流，促进学科交叉和融合；②组织师生面向公众特别是青少年开展科普工作；③积极服务挂靠高校的学会和其他科技组织，指导或协助指导大学生科协、研究生科协、老教师科协工作，办好相关学术期刊；④积极举荐人才，评选表彰优秀科技人才；⑤组织大学生、研究生开展课外科技活动；⑥培育高校师生社会主义核心价值观，推动开展科学道德和学风建设教育。

高校科协的职能是由高校科协的任务来体现和实现的，有什么样的职能就会有什么样相应的任务。比较起来，职能是比较稳定的因素，而任务是相对易变的因素；在任务中，基本任务是相对稳定的因素，而具体任务则是相对易变的因素。由于职能的相对稳定性，高校科协任务的确定有了范围、边际，也有了相对的长期性和稳定性，避免了越位、不到位、错位的情况。随着高校自身的发展和高校在整个国家政治经济文化社会生活中地位和作用的变化，我们对高校科协的职能也将进行重新审视和适当的调整，这也将反过来促进我们对高校科协任务的适当调整。这种调整将使得高校科协的职能更加科学合理，因而是必要的。

近年来中国科协工作向高校的拓展，为在高校建立科协组织、开展科协工作奠定了坚实的基础，创造了十分有利的条件。这就使得高校的许多工作可以由高校科协来承担。比如高校科学营、高校科普资源对社会开放、高校参与重大科技奖的推荐等，都可以成为高校科协的具体载体和抓手，使得高校科协的组织和工作变得充实而实在。这同时也对高校科协内强素质、外树形象、做大做强，提出了更高的要求，促使高校科协工作上质量、上水平、上台阶。

第五节　高校科协的组织设置

高校科协的建设，包括思想建设、组织建设、作风建设、制度建设、文化建设，但组织建设是基础，而高校科协的组织设置问题，又是高校科协组织建设的核心问题。没有组织落实，思想落实、工作落实、制度落实等就无以依托，就是空的。

高校科协作为中国科协的基层组织，尽管可以有不同的组织形态，不同的工作方法，不同的运行机制，但仍然是社会团体的性质，是建立在基层单位的科技性社会团体。也就是说，社会团体有自己的特殊性质，有不同于行政部门的特点，客观上要求建立起自己独立的组织体系和工作体系，采取独特的工作方式和运行方式。因此，由于高校科协的这种作为社会团体的特殊性，我们在讨论高校科协组织设置的时候，实际上涉及两个层面的问题，一是高校科协的领导机构，二是高校科协的办事机构。

关于高校科协的领导机构，就是要按照社会团体的特殊要求，建立高校科协会员代表大会，作为高校科协的最高权力机构，会员代表大会闭会期间的执行机构是高校科协委员会，委员会闭会期间的执行机构是高校科协的常务委员会。会员代表大会、委员会、常务委员会都是高校科协的领导机构，无疑应当建立健全，切实发挥作用。就我们了解的情况看，许多高校科协并不重视会员代表大会、委员会、常务委员会的建立和作用的发挥，不按时召开会员代表大会进行换届选举、不按时召开委员会和常委会研究决定重大事项。这样做，有悖于高校科协作为社会团体的性质和特点，不利于依法、照章办事，不利于坚持民主办会的原则，不利于发挥会员即高校科技工作者的主体地位和作用，实际上也涉及高校科协的合法性问题。

关于高校科协的办事机构，就是高校科协秘书处，在高校科协常委会的领导下开展工作。高校科协要发挥作用，建立一个高效的办事机构十分重要和必要。从高校科协的性质和职能来说，秘书处应当独立建制，独立负责地开展工作。就我们了解的情况看，目前，高校科协秘书处有些是独立建制，地位与高校其他内设机构相同，这种情况占少数；有些没有独立建制，或者和高校科研院、科研处合署办公，或者和科研院、科研处一个机构、两块牌子，这种情况占相当数量。这是一个基本事实。在这种情况下，我们不应当简单地强调一定要独立建制，而应当正视现实，客观地分析造成这种状况的原因，看到其背后的合理性，至少是在当前情况下的合理性。从一些高校科协的工作实践看，将高校科协建立在科研院、科研处的架构中，或者说和科研院、科研处合署办公，或者实行一个机构、两块牌子，有一定的现实合理性，如果处理得好，并不会影响高校科协作用的发挥。但是，我们需要把握和拿捏的是，高校科协必须在保持社会团体、群众组织的性质和与行政组织合署办公之间，保持必要的张力，求得适当平衡。如果太过强调高校科协自身的特殊性，太过强调所谓标准的、规范的社会团体、群众组织的组织形式和运行方式，就会脱离高校目前的实际，而使高校科协架空。反过来说，如果太过强调科研院、科研处的特点，太过突出行政色彩，就会使高校科协远离社会团体、群众组织的性质和特点，而失去存在的意义和价值。

需要特别强调的是，从长远发展看，高校应当积极创造条件，逐步实现高校科协的独立建制，使高校科协更加体现社会团体的运行规律和特点，更加有效地发挥自身的作用。在目前暂时不能实现独立建制的情况下，作为一种过渡形式，可以实行与科研院、科研处合署办公，一般不主张采取“一个机构、两块牌子”的方式。实行合署办公的前提是要有机构，即高校科协的办事机构秘书处；要有秘书长、副秘书长和必要的工作人员。在高校没有取消行政级别的情况下，秘书处应和高校其他内设机构同等规格，而不能将秘书处放置于科研院、科研处之下；秘书长亦应和高校其他内设机构负责人同等职级，以便于开展工作。

第六节　高校科协的会员

会员是社会团体的细胞和行为主体，实行会员制，是社会团体通行的做法，也是社会团体的基本制度。作为中国科协在基层单位建立的科协组织，高校科协自然也不能例外。高校科协的会员由团体会员和个人会员构成，高校科协要做好发展团体会员和个人会员的工作，充分发挥会员的作用。

1. 团体会员

高校建立的大学生科协、研究生科协、青年教师科协、离退休教师科协以及高校院系建立的科协组织等，经过一定的程序，可以成为高校科协的团体会员。高校建立的其他学术性团体，也可以成为高校科协的团体会员。高校科协还可以吸收团体会员单位，如高校建立的科技馆、标本室、实验室、图书馆、期刊室等，经过一定的程序，可以成为高校科协的团体会员单位。

2. 个人会员

个人会员是高校科协的主体，高校科协应建立吸收个人会员制度，做好吸收个人会员的工作，发挥个人会员的作用。在高校工作的各级科协所属学会的会员，可自然成为高校科协个人会员；具有中级以上专业技术职务的教学、科研、技术研发、科技管理人员，可成为高校科协个人会员。至于个人会员加入高校科协要不要有相关的程序、履行一定的手续，或者要不要通过一定的方式予以确认，可以由各高校科协自行决定，可暂不做统一要求。会员的权利和义务，也由高校科协根据高校实际情况做出具体规定。

3. 吸收个人会员要突出高校科协特性

高校科协发展个人会员，要突出基层科协组织的特性，适当降低加入高校科协的门槛，把那些愿意在科协组织内和所开展的活动中发挥作用的教学、科研、技术研发和科研管理等各类科学技术人员，都团结、凝聚到高校科协组织中来。设置过高的门槛，只拥有少量的会员，不利于高校科协组织的生存和发展。这是作为科协基层组织的高校科协和学会在发展个人会员问题上应当把握的不同之处。

第七节 高校科协的条件保障

高校科协要保证正常运转，必须有基本的条件保障。这个问题，不论是对于独立建制的高校科协，还是对于合署办公或实行一个机构、两块牌子的高校科协，都是同等重要的。条件保障主要涉及三个方面，一是要有适合的工作人员，二是要有一定的工作经费，三是要有办公场所。这些条件是高校科协开展工作所必不可少的基本保障。

1. 工作人员保障

高校科协要开展工作，必须首先有人，没有人，什么工作也开展不了；开展不了工作，高校科协就是形同虚设，就等于不存在。至于怎样配人、配多少人，要从高校实际出发，从高校科协工作需要出发。不论是独立建制，还是合署办公或一个机构、两块牌子，一般情况下都应当配备专职工作人员，专门做高校科协工作。即便是兼职人员，也要明确主要精力和时间从事高校科协工作。特别是要选好配强秘书长，独立建制的高校科协秘书长一定要专职专用；合署办公的高校科协也要配备专职秘书长，暂时做不到，应配备专职副秘书长；即使是一个机构、两块牌子的情况，也要有专职副秘书长，以利于开展高校科协工作。

2. 工作经费保障

既然要开展工作、举办活动，就要有一定的经费保障。高校科协的工作经费，独立建制的高校科协应当有独立的预算；没有独立建制的高校科协，比较可行的办法，是列入科研院、科研处的经费预算，明确哪些项目、哪些经费是由高校科协负责和使用的，并不一定要单独立项、有独立账号，只要有经费保障就好。

3. 办公场所保障

作为一个机构，有相应的办公场所是必要的。即便是合署办公，也应当有办公场所。这也是基本的条件保障。

总之，高校科协要做到有人办事、有钱办事、有地方办事。只有做到了这“三有”，高校科协的工作才算有了基本保障。

第四十八章 几个具体领域的科协基层组织建设

上面我们依次讨论了农村、街道社区、企业、高等院校科协组织建设问题。应当说，这四个方面是中国科协基层组织建设的基本领域，也是重点领域。此外，还有一些具体领域的科协基层组织建设问题没有涉及，包括科研院所、开发区、中学科协组织建设问题。这里做一个简单讨论。

第一节 科研院所科协组织建设

多年来，中国科协在农村、街道社区、企业、高等院校等基层单位建立科协组织取得了比较大的成绩，形成了农村科协、街道社区科协、企业科协、高校科协等四种科协基层组织的基本类型。比较起来，作为第五种科协基层组织类型的科研院所科协，数量还比较少，这主要是一段时期以来，中国科协领导认为科研院所是科技工作者特别是高层次科技工作者高度密集的单位，许多全国学会、地方学会都挂靠在科研院所，而工作在科研院所的科技工作者也大都加入了相应的学会，再在科研院所建立科协基层组织，其必要性就大大降低。因此，在一段时期中，没有将在科研院所建立科协基层组织，像在农村、街道社区、企业、高校建立科协基层组织那样加以提倡、重视和推进。其实，不论是从理论上讲，还是从实际情况看，在科研院所建立科协基层组织都是非常有必要的。这是因为，科研院所的科技工作者加入的学会，是与自己所学的学科、所从事的专业相关的学会，是单一学科、专业的学会，而在科研院所建立的科协基层组织，工作在科研院所的各个学科、各个专业的科技工作者都可以参加，因而是跨学科、跨专业的。因此，对于一个科技工作者来说，参加学会和参加科协基层组织都是需要的，二者之间并不矛盾，不仅不矛盾，而且是可以互补的。笔者在这里郑重地提出，有必要将科研院所作为建立科协组织的第五个基本领域，把科研院所科协作为科协基层组织的第五种基本类型，像抓农村、街道社区、企业、高等院校科协组织建设那样，认真抓好科研院所科协组织建设，包括组建组织、开展工作。

从实际情况看，在一些省区市，科研院所科协组织建设取得很多进展，包括建立科协组织、开展科协工作。这是我们乐见的情况。我们也希望这些省份的科协组织认真总结加强科研院所科协组织建设的经验，不断推进科研院所科协组织建设，发挥其不可替代的重要作用。

第二节 开发区科协组织建设

近些年来，随着各种开发区的建立和发展，在开发区建立科协组织、开展科协工作的问题也被提出来了，因而出现了开发区科协或园区科协，包括高新技术开发区科协和经济技术开发区科协。需要说明的是，园区科协是一种特殊形态的科协组织，既不是或不属于地方科协，也不是或不属于一般的基层科协，但兼有地方科协和基层科协的一些特点，而主要偏向基层科协。为此，我们将其作为一种特殊的类型或形态专列出来，而不是像有些同志那样，把它简单地纳入企业科协，或者简单地作为一种科协基层组织的类型。

据《中国科学技术协会年鉴》的统计，截至2012年年底，全国有高新技术开发区科协组织603个，占企业科协总数的3%；技术经济开发区科协组织766个，占4%。从这个数据也可以看出，在高新技术开发区、经济技术开发区科协组织问题上至少存在两方面的糊涂认识。一是将在高新技术开发区、经济技术开发区管委会层面建立科协组织，与在高新技术开发区、经济技术开发区内的企业建立科协组织混为一谈。从统计数据本身可以看出，这两方面的统计显然是混淆的。据实际了解，在开发区管委会层面建立的科协组织并没有这么多，之所以有这么大的数字，肯定是将在开发区内的企业建立的科协组织也统计在内，而同称为开发区科协。二是将在高新技术开发区、经济技术开发区管委会层面和开发区内企业建立科协组织，与在企业建立科协组织混为一谈。从统计数据可以看出，是高新技术开发区、经济技术开发区科协组织占整个企业科协组织的比例，而这两方面的数字是没有可比性的，这种比较本身没有实际意义。正确的比较，应当是在管委会层面建立科协组织的高新技术开发区、经济技术开发区数占高新技术开发区、经济技术开发区总数的比例，建立科协组织的高新技术开发区、经济技术开发区内的企业数占高新技术开发区、经济技术开发区内企业总数的比例。这种统计数据上的混乱，说明了我们一些同志在开发区科协组织建设上认识的模糊性，对基本概念的认识模糊。

在开发区科协组织建设问题上，必须澄清一些基本概念，建立科学的观念，形成科学的认识。首先，在开发区管委会层面建立科协组织、开展科协工作，需要认真研究。在开发区管委会层面建立的科协组织，是一种特殊形态的科协组织；在开发区管委会层面开展科协工作，是一种特殊领域的科协工作，不能简单地归于科协基层组织建设，用科协基层组织建设的固有经验简单对待。全国和各级地方都有很多开发区，是必须重视的一个广阔而重要的领域，中国科协和地方科协都要加强对开发区管委会层面科协组织建设的研究和指导。

其次，在开发区管委会层面建立科协组织不是目的，目的是为了通过在开发区管委会层面建立科协组织，推动在开发区内的企业建立科协组织。如果仅仅停留在开发区管委会层面建立科协组织，而不去着力推动在开发区内的企业建立科协组织，那么，我们在开发区管委会层面建立科协组织的意义和作用就是非常有限的。

再次，在开发区内的企业建立科协组织、开展科协工作，属于科协基层组织建设的范畴，应当纳入整个企业科协组织建设以至于整个科协基层组织建设的体系予以指导。也就是说，企业科协组织建设的经验一般来说是适用于开发区内企业科协组织建设的。同时，又要注意到开发区企业科协组织建设的特殊性，注意总结反映开发区企业科协组织建设特殊性的经验。但是，这是属于企业科协这个范畴内的分类指导，是合规律性的。

最后，要研究和处理好开发区管委会层面科协和开发区内企业科协的关系，加强开发区管委会层面科协对开发区内企业科协组织建设的指导。必须明白，我们在开发区管委会层面建立科协组织，不仅是为了推动开发区内企业科协组织的建立，而且更重要的是为了让开发区管委会层面的科协组织加强对开发区内企业科协组织的指导，推动开发区内企业科协组织建设工作。这里实际涉及开发区管委会层面科协和开发区内企业科协之间的隶属关系问题。由于开发区本身的复杂性和特殊性，开发区管委会层面科协和开发区内企业科协之间可以形成多种不同的隶属关系。但无论是什么样的隶属关系，都会使开发区管委会层面科协对开发区内企业科协的指导关系建立起来，使开发区管委会层面科协对开发区内企业科协的指导得到落实。

第三节　中学科协基层组织建设

目前，中国科协没有在中学建立基层组织，而且就了解的情况看，在中国科协的历史上也从来没有在中学建立过科协基层组织的先例。分析其原因，可能基于两点。一是中学的科技工作者数量少，学理、工、农、医学科的科技工作者很少到中学工作，在中学从事理科课程教学的大都是师范院校毕业的。二是中学只有物理、化学、生物等自然科学基础知识的教学，并没有自然科学学科、专业的教学，更没有科学研究、技术研发等工作，因而没有这方面相应的科技工作者。也就是说，在中学不具备建立科协基层组织的基本条件。但是，在中学不具备建立科协基层组织的条件，并不等于在中学不能开展科协工作。我们所要研究的，是在中学开展怎样的科协工作，怎样开展这些科协工作，以及建立怎样的组织形式。

在中学开展科协工作，主要是对中学生开展科技教育。一方面，可以将科技教育列入中学的课程设置，开展科技教学，这需要获得教育部门的支持；另一方面，可以开展中学生课外科技教育，主要方式是组成若干课外科技兴趣小组，把具有某一方面科技兴趣、有发展潜质的中学生组织起来，开展课外科技教育活动。开展科技教学，依托科技教师；开展课外科技教育活动，依托科技辅导员。科技辅导员可以是专职的，也可以由科技教师兼任。从科协组织、科协工作的角度来说，在中学开展的科协工作主要是中学生科技教育活动；在中学还没有建立科协基础组织，但中学科技辅导员队伍、中学生科技兴趣小组，可以看作是中国科协为在中学开展科技教育活动而建立的一种科协性质的组织形式。

开展中学科技教育活动，从科协组织建设的角度考虑，比较可行的办法是发挥好中国青少年科技辅导员协会和地方青少年科技辅导员协会的作用，负责在中学建立科技辅导员队伍，指导中学的科技教育活动。具体地讲，在具备条件的省、市建立青少年科技辅导员协会，作为同级地方科协组织的团体会员，接受同级地方科协的领导和业务指导；同时，作为上一层级青少年科技辅导员协会的团体会员，接受其业务指导。这样，就从全国到地方，地方包括省、市、县三级，把青少年科技辅导员协会组织普遍地建立起来，形成了网络。那些开展青少年科技教育活动比较好的中学，可以依其学校的隶属关系，属于哪一级地方管理，就相应地加入那一级地方科协所属的青少年科技辅导员协会，作为其单位会员。单位会员也是团体会员的一种方式。单位会员在青少年科技辅导员协会的指导和帮助下负责统筹、协调、组织开展本校的科技教育，包括组建科技辅导员队伍，建立各种中学生课外科技兴趣小组，组织学生开展科技教育活动。

中学要开展科技教育活动，必须把科技辅导员队伍建起来，这是最基本的条件。科技辅导员是开展科技教育活动的主体，是科技工作者队伍的重要组成部分，而且是承担特殊科技工作的特殊科技工作者队伍。科技辅导员承担着传播科技知识、开展科技教育、培养科技工作者后备力量的重要职责，科技教育就成为特殊的科技工作。我们要认真研究作为科技工作者队伍特殊组成部分的科技辅导员队伍的特殊性，切实加强科技辅导员队伍建设。要把科技辅导员队伍作为一支特殊的人才队伍，研究加强这支特殊人才队伍建设的措施，充分发挥他们的特殊作用，为他们提供有效服务。学校的科技辅导员，可以经过一定的程序，申请加入相应的地方科协所属的青少年科技辅导员协会，甚至可以加入中国科协所属的中国青少年科技辅导员协会，一方面在相应的青少年科技辅导员协会中参加活动，提升提高，成长成才，另一方面在所在学校的组织下积极发挥作用，提升学校科技教育工作的水平。

必须充分认识到，青少年科技教育关乎我国科技创新后备人才的培养，是我国科技创新后备人才建设的重要基础，但总体上讲，这项工作还有待于进一步提高。据中国科协调研宣传部会同中国教育科学研究院近期开展的一项中国青少年科技兴趣调查显示，被调查小学生“希望未来从事职业类型”中，“工程师”排在第10位，比例仅为3.8%；“技师”的排序更为靠后，排在第13位，所占比例仅为1.9%。被调查中学生与被调查小学生的情况一样，“希望未来从事职业类型”中，“工程师”排在第10位，“技师”排在第13位。不论是从提高对科技重要性的认识、提高对科技类之类价值认识的角度，还是从对科学、技术、工程价值的宣传角度，都应当加强对青少年的科技教育。从这项调查也可以得出结论，加强青少年科技教育不仅十分必要，而且任重道远，中小学科技教育肩负重要责任。

结语

把各级各类科协组织建设成为科技工作者之家

第四十九章 “建设科技工作者之家”是中国科协组织建设的目标

中国科协是党领导下的人民团体，也是科技工作者自己的组织，是科技工作者的共同体。既然中国科协是科技工作者自己的组织，那么中国科协就要代表和维护广大科技工作者的利益，科技工作者就是中国科协的主体和主人，就要在中国科协当家做主。因此，加强中国科协组织建设的最终目标，是要将各级各类科协组织真正建设成为“科技工作者之家”。

“建设科技工作者之家”是一个重大命题，既涉及中国科协的性质，也涉及中国科协的职能、任务和工作方式。从中国科协的性质来说，“科协组织是科技工作者之家”是一个重要判断，表明了中国科协是一个什么样的组织；从中国科协的职能和任务来说，“建设科技工作者之家”是一个重要要求，也是一项重要职能和重要任务，表明了中国科协这个组织是做什么的或者是应当做什么的；从中国科协的工作方式来说，“把科协组织建设成为科技工作者之家”是一个重要途径和方式，表明了中国科协的职能和任务是怎么实现、怎么体现或怎么做的。概括起来说，这样三个方面表明了科技工作者是中国科协的主体，中国科协的主要职能和任务是为科技工作者服务，中国科协实现自身职能和任务的基本途径是建设科技工作者之家。归根结底，建立更加紧密联系的中国科协组织体系，需要将各级各类科协组织建设成为“科技工作者之家”。因此，“建设科技工作者之家”，是中国科协组织建设的终极目标。或者说，我们致力于加强科协组织建设的终极目的，就是为了把各级科协组织建设成为“科技工作者之家”。

第一节　“建设科技工作者之家”命题的提出

“建设科技工作者之家”的命题，最早是中国科协在1979年9月1～13日在北戴河召开的科协恢复活动以后的第一次工作会议上正式提出来的。

在这次会议讨论学会、科协会员的条件时，有的代表提出中国科协是建立“大科协”还是建立“小科协”的问题。有人对方毅同志当年在首都科技界春节联欢会上提出的“把科协办成科学家之家”的提法表示不同意见，认为“科学家之家”就是只要少数科学家，这是建立“小科协”。有人认为，虽然全国性自然科学专门学会会员的标准提高了，但是，从团结广大科技工作者出发，应该建立“大科协”。通过讨论和争论，这次会议对科协、学会的主体是科技工作者取得了基本统一的共识，认为科协是“科技工作者之家”，应当把科技群众团体的本身与科协面向社会开展工作的对象加以区别，也就是把科技群众团体的成员和科技群众团体的工作对象区别开来。

随后在1980年3月召开的中国科协二大上，周培源主席在大会报告中对“科协的性质是什么”的问题，做了精辟的阐述：“30年来的经验表明，学会、研究会、协会是科技工作者自己的群众团体，科协是各种科学技术工作者群众团体的联合组织，而不是其他。”对于“把科协办成科学家之家”的提法，周培源主席做了这样的解释：“科协及所属团体必须按照群众组织的特点，切实改进工作方法和工作作风。必须同广大科技工作者经常保持密切的联系，充分发扬民主，使科技工作者有什么意见和问题，都乐于向自己的组织畅所欲言，无所顾忌，真正感到科协及所属团体的亲切和温暖。这样才可以说科协确实是‘科学家之家’。”可见，这里所说的“科学家之家”，其实是一个概括、亲切的说法，就是“科技工作者之家”的真正含义。①

此后，建设“科技工作者之家”之家不仅成为一个响亮的口号，而且成为科协工作追求的工作目标。1986年6月23日，周培源同志在中国科协三大上的工作报告中谈了三个方面的问题，一是六年工作的回顾，二是今后五年的任务，三是建设好“科技工作者之家”，强调要反映科技工作者的意愿，维护科技工作者的合法权益；依靠科技工作者民主办会，增强学会活力；树立服务思想，加强科协机关建设。可见建设“科技工作者之家”工作的重要，也可见中国科协对建设“科技工作者之家”工作的高度重视。周培源同志指出：“科协自身的改革和建设，应该坚持不图虚名，多干实事，面向实际，深入群众；应该有利于密切同科技工作者的联系，有利于增强个学会的活力，有利于增强为两个文明建设服务的能力，把科协建设成为真正适应四化需要的、名副其实的‘科技工作者之家’，成为党和政府联系科技工作者的纽带。”宋健同志在两天后的中国科协三大会议上讲话中指出：“周老在工作报告中强调科协应成为‘科技工作者

---

① 田光华：《1979年北戴河中国科协全国工作会议》，见《亲历科协岁月》，中国科学技术出版社，2013年。

之家’，我非常赞同。科协确实像一个科技队伍继往开来的、和谐民主大家庭。”①

第二节 “建设科技工作者之家”命题从理念到实践的三个发展阶段

“建设科技工作者之家”的命题从提出到实践，经历了一个长期的过程。从实践层面讲，伴随着认识和工作的深入，经历了若干发展阶段，这里不再具体描述。从发展的逻辑关系上讲，大体可以分为三个阶段。

第一个阶段，是一种理念。提出“建设科技工作者之家”命题的初衷，是要把各级科协组织建设成“家”一样的组织，使科协组织真正成为科技工作者“自己的组织”。在这个阶段，这个命题作为一种理念，还仅仅停留在领导同志的讲话中。

第二个阶段，是一种工作目标和要求。将“建设科技工作者之家”作为科协的工作目标和要求，是要求我们的工作去追求这样一个目标，无限地去靠近这样一个目标。在这个阶段，这个命题作为一种工作目标和要求，出现在领导讲话、文件和工作部署中，要求中国科协按照建设“科技工作者之家”的要求加强和改进科协工作。

第三个阶段，是一种工作实践及其过程。在这个阶段，“建设科技工作者之家”的理念、目标和要求体现在科协的具体工作安排和实践过程中。我们可以把科协组织的经常性工作都纳入到“建家”的目标和要求中来，按照这样的目标和要求来从事我们的工作，使我们的工作体现这样一种目标和要求。这样，“建设科技工作者之家”就成为中国科协的根本任务，成为中国科协的工作实践。2002 年 12 月 21 日张玉台同志在中国科协地方科协工作座谈会上的讲话中指出：“目前科协在所有的传统工作领域里，无论是科普工作，还是学术交流、见‘家’等各方面，都面临着激烈竞争的局面，一些部门和单位虽然没有提建‘家’，但是联系科技工作者、联系科学家的工作一刻没有间断。他们有经费、项目的吸引和支持，而科协没有。但是，科协的本质任务就是建设‘科技工作者之家’。在激烈竞争面前不进则退，你不能高人一等，不能开拓创新，就要落后，就要被淘汰。”②

2008 年初，中国科协党组、书记处特别是邓楠同志提出，要以基层科协组织建设为重点、为抓手，加强和推动“建设科技工作者之家”的工作。

① 中国科协干部学院编：《中国科协重要文件汇编》，上海科学普及出版社，1991 年。

② 中国科协办公厅编：《2003 年中国科协文件汇编》。

2008年1月，韩启德主席在中国科协七届三次全委会上的工作报告中进一步提出，要“以加强基层组织建设为抓手，把建设‘科技工作者之家’的工作做实”。他指出：“要切实加强基层组织建设，把‘建家’工作落到实处。以科技工作者状况调查、决策咨询和建言献策、继续教育、人才培养、宣传表彰、维护权益为重点，明确‘建家’内涵，丰富‘建家’内容，真正把各级科协组织建设成为名副其实的‘科技工作者之家’。切实加强企业科协、高校科协、乡镇科协、社区科协等基层组织建设，组织动员科技工作者深入开展‘讲、比’活动、学术交流、科技下乡、科技进社区等活动，为科技工作者发挥作用提供舞台、创造条件，把‘建家’工作落到实处。各级科协要加强同代表们的联系，创办中国科协‘会员日’，进一步探索做好‘建家’工作的新途径。”①

以加强基层组织建设为抓手，把建设“科技工作者之家”工作落到实处，这是一个体现了改革创新精神的大思路，它把建设“科技工作者之家”的一般性要求和我们正在做的基层科协组织建设的具体工作联系起来了。以此为标志，建设科技工作者之家的工作进入了一个新的阶段。

中国科协提出“建设科技工作者之家”命题的三个发展阶段，也反映了我们对这个问题认识深化和实践发展的三个阶段。第一个阶段，是属于提出问题的观念、理念、概念阶段；第二个阶段，是属于形成思路、要求阶段；第三个阶段，是属于实践、操作和具体落实阶段。只有在第三个阶段，“建设科技工作者之家”才由命题而成为一种生动的实践活动，一种既可实施又可检验的工作过程。

第三节 中国科协“建设科技工作者之家”与组织部门“建设人才之家”、基层单位“建家”的联系和区别

实际上，按照“建设××之家”理念、目标和要求来开展工作，是很多部门、机构、组织和单位的普遍做法，由来已久。比如中央组织部早在延安时期就提出，要建设干部之家、党员之家、知识分子之家，在改革开放时期又将知识分子之家改为人才之家。比如，工会提出要建设工会会员之家、职工之家，妇联提出要建设妇女之家，青年团提出要建设团员之家、青年之家，文联提出要建设文艺工作者之家，作协提出要建设作家之家、创作之家，记协提出要建设新闻工作者之家、记者之家，等等。比如，一些基层单位也向员工提出要“爱厂如家”、“爱所如家”、“爱店如家”、“爱校如家”等，也就是要把单位建设得像“家”一样，让这个单位的成员像热爱自己的家一样来爱护这个单位，身

① 中国科协调研宣传部编：《十六大以来科学技术工作重要文献选编（下）》，2010年。

在其中的时候，像主人一样去发挥自己的作用。所以，科协组织提出要“建设科技工作者之家”是顺理成章的事情。

纵观这些“建家”活动，有四个相互联系的层面。

最高层面是组织部门的“人才之家”。党管人才是一个基本原则，党管人才是通过组织部门的人才工作来实现的。中央组织部不仅有人才工作的专门机构，而且是中央人才工作协调小组的承担单位。中央组织部建设的“人才之家”，包括自然科学工作者、社会科学工作者、文艺工作者、新闻工作者、社会工作者，是各个领域的人才的“家”，是全国的“人才之家”，是一个“大家庭”。中国科协联系和服务的科技工作者，作为科技人才，都属于这个“家”的范畴。

第二个层面是工会、共青团、妇联建设的“家”。工会、共青团、妇联也是群众组织，但它们是按照职业、年龄和性别建立起来的全国性的人民团体，各个行业、地方、单位的职工、青年、妇女都可以参加。因此，工会、共青团、妇联组织和按照领域、界别建立起来的科协、社科联、文联、作协、记协等组织，有很大的不同，具有更大的包容性。工会要建设的会员之家、职工之家，不仅有企业普通职工，还有高技能人才，知识分子作为工人阶级的一部分，也会加入工会的会员之家，知识分子广泛地存在于企业、机关、高校、科研院所等单位，而从事自然科学的科技工作者作为知识分子的重要部分，也会加入其中；妇联要建设的妇女之家，女性科技工作者也会加入其中；青年团要建设的青年之家，青年科技工作者也会加入其中。

第三个层面是各个人民团体、社会组织建设的“家”。人民团体、社会组织是其所联系的一定领域、界别群众的组织，是党和政府联系一定领域、界别群众的桥梁和纽带。各个人民团体和社会组织要将自己所联系的群众团结起来、凝聚起来，重要的途径是建立各个领域、界别的群众之家。中国科协是中国自然科学范畴的“自然科学工作者之家”，包括理、工、农、医各个学科，科学、技术、工程各个领域，以及相关交叉学科、边缘学科的广大自然科学工作者。我们一般将自然科学工作者称为科技工作者，将中国科协建设的“自然科学工作者之家”称为“科技工作者之家”。社会科学联合会是社会科学各个学科、领域社会科学工作者的组织，应当建设“社会科学工作者之家”（需要说明的是，现在各省都成立了社会科学联合会，而全国还没有成立社会科学联合会，但成立全国社会科学联合会只是实间问题）。中国文学艺术界联合会是文学艺术各个领域的文艺工作者的组织，应当建设“文艺工作者之家”。作家本来是文艺工作者的一部分，但联系、团结作家的任务是由中国作家协会这个独立的社会团体来承担的，所以，作为作家的群众组织，中国作协应当建设“作家之家”或“文学工作者之家”。中国记者协会是中国新闻工作者的组织，应当建设“新闻工作者之家”。目前，尚没有中国社会工作者协会，笔者认为，成立这样的群众组织只是一个时间问题，应当由这样一个组织广泛联系、团结和凝聚社会工作者，建设“社会工作者之家”。科技工作者、社会科学工作者、文艺工作者、文学工作者、新闻工作者、社会工作者，都是人才的重要组成部分；科技工作者之家、社会科学工作者之家、文艺工作者之家、文学工作者之家、新闻工作者之家、社会工作者之家，都是“人才之家”的重要组成部分，是其不可或缺的“团体成员”。虽然这种“团体成员”只是虚拟的、象征性的，并不需要真的履行相关程序。

第四个层面是各个基层单位建设的“家”。每一个科技工作者都有自己的工作单位，每个单位都会建设自己的员工之家。比如科研院所的“科研人员之家”、高等院校的“教师之家”、企业的“职工之家”等，在这些单位工作的科技工作者也都会加入。

可见，由中国科协的特性所决定，科协组织建设的“科技工作者之家”是跨职业、跨年龄、跨性别、跨单位的，就其内部来说是跨学科、跨专业、跨领域的，是“隶属”于组织部门建设的“人才之家”范围之内的，是建立在工会、共青团、妇联组织建设的“家”和各个单位建设的各自特点的“家”的基础之上的。就一个科协基层组织建立的“科技工作者之家”来说，不仅具有组织部门建设的“人才之家”的特点，也有科技工作者加入其中的工会“职工之家”、青年科技工作者加入其中的共青团“青年之家”、女性科技工作者加入其中的妇联“妇女之家”的特点，还有所在基层单位建设的“家”的特点，是多重特点的叠加，而以“科技工作者之家”的特点为主。

第四节　中央领导同志和中央书记处对“建设科技工作者之家”的期望和要求

中央领导同志在许多场合，就建设科技工作者之家提出殷切希望。中央书记处在每年听取中国科协的工作汇报时，也都会对建设科技工作者之家的工作提出要求。

1988 年 7 月 30 日，中央宣传、思想工作领导小组讨论中国科协《关于发挥科协组织在社会主义精神文明建设中的作用的报告》，中央领导同志发表了重要意见。时任中央办公厅主任的温家宝指出：“要办好科技人员之家，这项工作做好了可以沟通党和政府同科技人员之间的联系，团结广大科技人员，调动科技人员的积极性。要科技进步，就要做好科技人员的工作，把科技人员的积极性充分调动起来。”

1991 年 5 月 23 日，江泽民同志在中国科协四大上的讲话中指出：“要加强组织建设，充实基层力量，为基层科技工作者服务，努力将科协办成科技工作者之家。”

1993年9月1日，时任中央书记处候补书记温家宝同志在听取中国科协党组工作汇报时的谈话中指出：“科协要密切与广大科技工作者的联系，真正成为科技工作者之家。这是行政组织不可替代的。实现这一要求，最重要的两条：一是为科技工作者服务，二是要为人才脱颖而出创造条件。”①

1996年5月27日，江泽民同志在中国科协四大上的讲话中指出：“各级科协要以团结广大科技工作者献身于科教兴国的伟大事业作为自己的根本任务，进一步增强为科技工作者服务的意识，努力反映他们的呼声、要求和建议，维护他们的合法权益，把科协真正办成科技工作者之家。”

1999年1月19日，中央书记处领导同志在听取中国科协党组工作汇报后的讲话中，结合当时的形势和任务，对如何建设科技工作者之家、为科技工作者服务，提出了具体要求。中央书记处领导同志指出：“科协作为‘科技工作者之家’，如何真正为科技工作者服务？这几年，科协加强了对海内外青年科学家的工作，表彰奖励工作也做得不错。在财政部支持下，对优秀学术期刊给予支持，花钱不多，效果很好。这些工作都增强了党对广大科技工作者的凝聚力。从长远看，在21世纪的竞争中能否争取主动，关键是跨世纪人才的培养。客观上看，人才确有断层。40～50岁的人退下来，40岁以下的又接不上。这些都需要未雨绸缪。”中央书记处领导同志还要求：“要把建设‘科技工作者之家’与稳定科技队伍的工作结合起来……总之，要特别注意做好知识分子的工作，这有利于大局的稳定。”②

2001年6月23日，时任总书记的江泽民同志在中国科协六大上的讲话中指出：“各级科协要加强与科技工作者的联系，竭诚为他们服务，依法维护他们的权益，促进他们的团结，引导他们在管理国家和社会事务中发挥积极作用，努力把科协建设成为‘科技工作者之家’。”

2002年2月7日，时任中央政治局常委、中央书记处书记胡锦涛同志在听取中国科协党组工作汇报时指出：“从科协本身看，贯彻落实‘三个代表’的重要思想，要落实到发挥好联系科技工作者的桥梁、纽带职能，维护科技工作者的权益上来。把科协真正建设成为科技工作者之家。”③

2004年3月30日，中央书记处在听取中国科协党组工作汇报后指出：“要充

---

① 温家宝：《在听取中国科协党组工作汇报时谈话要点》〈1993年9月1日〉，见中国科协调研宣传部编：《中央书记处对科协工作的指示精神》。

② 《中央书记处领导同志讲话要点》〈1999年1月19日〉，见中国科协调研宣传部编：《中央书记处对科协工作的指示精神》。

③ 《中央书记处听取中国科协党组汇报后中央领导同志的讲话要点》〈2002年2月7日〉，见中国科协调研宣传部编：《中央书记处对科协工作的指示精神》。

分发挥科协的桥梁和纽带作用，坚持以人为本，满腔热忱地为科技工作者提供服务，帮助他们解决实际困难，努力维护他们的合法权益，把广大科技工作者团结和凝聚在党的周围，真正把科协建设成为名副其实的‘科技工作者之家’。”①

2005年1月14日，中央书记处在听取中国科协党组工作汇报后指出：“要结合科协工作的实际，进一步落实好科教兴国和人才强国战略。要善于通过搭建国内外学术交流平台发现人才，举办宣传表彰活动激励人才，组织继续教育和专门培训造就人才，联系海外华人科技社团吸引人才，开展青少年科技教育活动培育人才，建设好‘科技工作者之家’凝聚人才。”②

2005年12月19日，中央书记处听取中国科协党组关于2005年工作情况和2006年工作安排以及中国科协七大筹备工作情况的汇报，指出：“各级科协组织要坚持以人为本，继续把加强党和政府同科技工作者的联系作为基本职责，把竭诚为科技工作者服务作为根本任务，把科技工作者是否满意作为衡量科协工作的主要标准，在广大科技工作者和各级党委政府之间建立起畅通稳定的沟通渠道，把他们的积极性、主动性和创造性凝聚到全面建设小康社会的伟大事业中来。要以搞好服务促和谐，及时反映科技工作者对一些重大问题的意见和建议，更好地为广大科技工作者提供学术研究、学术交流、成果转化、信息咨询、专题调查和继续教育等方面的服务。还要以维护权益促和谐，完善科技工作者的利益表达机制，及时了解和反映科技工作者特别是农村基层科技人员在工作、学习、生活中遇到的实际困难，切实维护他们的合法权益，真正把各级科协组织建设成为名副其实的‘科技工作者之家’。”③

2006年5月23日，时任中央政治局常委、国家副主席曾庆红同志代表党中央在中国科协七大上的祝词中指出：“要及时了解科技工作者在工作、学习、生活中遇到的实际困难，及时反映科技工作者的意见和建议，切实维护他们的合法权益，真正把各级科协组织建设成为‘科技工作者之家’。”

2007年1月15日，中央书记处听取中国科协党组工作汇报时指出：“要以把科协组织建成‘科技工作者之家’为目标，以建立健全保持共产党员先进性教育活动长效机制为抓手，以改革创新为动力，把科协组织自身建设推上一个新台阶。”④

---

① 《中央书记处关于科协工作的几点意见》〈2004年3月30日〉，见中国科协调研宣传部编：《中央书记处对科协工作的指示精神》。

② 《中央书记处关于中国科协工作的几点意见》〈2004年3月30日〉，见中国科协调研宣传部编：《中央书记处对科协工作的指示精神》。

③ 《中央书记处关于科协工作的几点意见》〈2005年12月19日〉，见中国科协调研宣传部编：《中央书记处对科协工作的指示精神》。

④ 《中央书记处关于科协工作的几点意见》〈2007年1月15日〉，见中国科协调研宣传部编：《中央书记处对科协工作的指示精神》。

2007年12月26日，中央书记处听取中国科协党组工作汇报时指出：“要紧紧抓住竭诚为科技工作者服务这个根本任务，进一步建设好‘科技工作者之家’，发挥好党和政府联系科技工作者的桥梁和纽带作用。各级科协组织要坚持把加强党和政府同科技工作者的联系作为基本职责，切实加强企业、社区、高校、乡镇、开发区等基层科协组织建设，进一步扩大科协组织的覆盖面，做到哪里有科技工作者，科协工作就做到哪里；哪里科技工作者密集，科协组织就建到哪里。”“要完善科技工作者的利益表达机制，加强对科技工作者的人文关怀和心理疏导，在科技战线最大限度地激发创造活力，最大限度地专家和谐因素，最大限度地减少不和谐因素，真正把各级科协组织建设成为名副其实的‘科技工作者之家’。”①

2008年12月15日，时任总书记胡锦涛同志在纪念中国科协成立50周年大会上的讲话中指出：“科技工作者是党和国家的宝贵财富。新中国成立以来特别是改革开放以来，我国科技工作者队伍不断发展壮大，就业和流动趋势日益多样化，结构和分布呈现出鲜明的时代特征，思想活动的独立性、选择性、多变性、差异性也越来越明显。这就对科协组织当好科技工作者之家、提供好服务提出了更高要求。”他要求“科协组织要把为广大科技工作者提供优质高效服务作为根本任务”。

2008年12月22日，时任中央政治局常委、中央书记处书记习近平同志主持召开十七届中央书记处第7次办公会议，听取中国科协党组关于2008年工作情况和2009年工作思路的汇报。会议强调：“要结合开展深入学习实践科学发展观活动，进一步建设好‘科技工作者之家’。”“要以提升服务能力为目标，以加强科协基层组织建设为抓手，创新服务方式，丰富服务内涵，及时反映科技工作者的现实需求和利益关切，及时发现、培养、凝聚、举荐科技人才，最大限度地调动科技工作者推动科学发展、促进社会和谐的积极性、主动性、创造性，真正把科协组织建成名副其实的‘科技工作者之家’。”②

2009年12月25日，时任中央政治局常委、中央书记处书记习近平同志主持召开十七届中央书记处第9次办公会议，听取中国科协党组关于2009年工作情况和2010年工作思路的汇报。会议强调：“中国科协和各级科协组织还要进一步落实以人为本理念，着眼于当好‘科技工作者之家’，继续深入抓好科技工作者状况调查，反映科技工作者的意见和呼声，为党和政府制定有关政策提供

---

① 《中央书记处关于科协工作的几点意见》〈2007年12月26日〉，见中国科协调研宣传部编：《中央书记处对科协工作的指示精神》。

② 《中央书记处关于科协工作的几点意见》〈2008年12月22日〉，见中国科协调研宣传部编：《中央书记处对科协工作的指示精神》。

依据，维护好科技工作者合法权益。”①

2011年1月7日，时任中央政治局常委、中央书记处书记习近平同志主持召开十七届中央书记处第13次办公会议，听取中国科协党组关于2010年工作情况和2011年工作安排汇报。会议强调：各级科协组织“要通过扎实开展‘创建科技工作者之家、争当优秀科协工作者’活动，不断密切同广大科技工作者的思想沟通、情感交流和工作联系，在党和政府同科技工作者之间建立起畅通稳定的双向沟通渠道，把中国科协建成‘科技工作者之家’，使各级科协干部成为‘科技工作者之友’，增强科协组织对科技工作者的凝聚力、吸引力，提高科技工作者对科协工作的参与率、认可度。”②

2011年5月27日，时任中央政治局常委、国家副主席习近平同志代表党中央在中国科协七大上祝词中指出：“科协组织要继续着眼于建设科技工作者之家、当好科技工作者之友，更好地加强自身建设。要按照哪里有科技工作者，科技工作者就做到哪里，哪里科技工作者密集，科协组织就建到哪里的要求，扩大科协组织覆盖面和影响力。”

2011年12月27日，时任中央政治局常委、中央书记处书记习近平同志主持召开十七届中央书记处第17次办公会议，听取中国科协党组关于2011年工作情况和2012年工作安排汇报。会议强调：“继续着力建好‘科技工作者之家’、当好‘科技工作者之友’，不断增强科协组织的吸引力和凝聚力。”“要加强科协基层组织建设，提高科协组织覆盖面，推动大专院校、科研院所建立组织，推进企业科协特别是科技型企业科协、高新区科协组织建设，加大对农技协组织支持力度，真正做到哪里有科技工作者，科协工作就做到哪里；哪里科技工作者密集，科协组织就建到哪里；哪里建立起科协组织，建家、交友活动就开展到哪里，不断提高广大科技工作者对科协工作的认可度和参与率。”③

2013年1月8日，中央政治局常委、中央书记处书记刘云山同志主持召开十八届中央书记处第3次办公会议，听取中国科协党组关于2012年工作情况和2013年工作安排的汇报。会议强调：“要以改革创新精神加强自身建设，加强党建工作和科协系统基层组织建设，真正做到哪里有科技工作者、科协工作就做到哪里，哪里科技工作者密集、科协组织就建到哪里，哪里有科协组织、建家

---

① 《中央书记处关于科协工作的几点意见》（2009年12月25日），见中国科协调研宣传部编：《中央书记处对科协工作的指示精神》。

② 《中央书记处关于科协工作的几点意见》（2011年1月7日），见中国科协调研宣传部编：《中央书记处对科协工作的指示精神》。

③ 《中央书记处关于科协工作的几点意见》（2011年12月27日），见中国科协调研宣传部编：《中央书记处对科协工作的指示精神》。

交友活动就开展到哪里。”①

2013 年 12 月 20 日，中央政治局常委、中央书记处书记刘云山同志主持召开十八届中央书记处第 10 次办公会议，听取中国科协党组关于 2013 年工作情况和 2014 年工作安排的汇报。会议强调：“各级科协组织要主动与广大科技工作者交朋友，了解他们的科研工作环境、思想动态、生活状况，倾听他们的呼声，及时提供细致周到的服务，引导好保护好发挥好他们的积极性，真正把科协组织建设成为科技工作者之家。”②

从“建设科技工作者之家”，到“建成科技工作者之家”，再到“建好科技工作者之家”，再到“当好科技工作者之家”，提法的变化，表明了中央对“建设科技工作者之家”的要求越来越高，也表明中国科协“建设科技工作者之家”的工作越来越深化。

第五节　学会和科协基层组织是“建设科技工作者之家”的重点

中国科协是一个庞大的组织体系，有着科学合理而又严密的结构构成，有着多种层次、多种类型、多种组织形态。在这个组织体系中，有全国科协组织、地方科协组织、基层科协组织，有领导机构、执行机构、职能机构、社会组织；全国科协组织有全国学会、机关职能部门、事业单位；地方科协组织有省级科协组织、市级科协组织、县级科协组织，每一层级都有自己所属的学会、机关部门、事业单位；基层科协组织有乡镇科协、街道社区科协、企业科协、高等院校科协，全国城乡有科普组织，农村有农技协组织。我们的任务是要把各级各类科协组织都建设成为“科技工作者之家”。在这些组织形态中，学会是中国科协的主体，基层组织是中国科协的基础，无疑应当成为“建设科技工作者之家”的重点。

将学会和科协基层组织作为“建设科技工作者之家”的重点，是基于着眼广大科技工作者的考虑。我们所联系和服务的科学家、科技工作者，不论层次多高、地位多高，一定是有一个具体工作单位的，或者在高等院校，或者在科研院所，或者在企业，或者在社区，或者在农村。我们在这些基层单位建立科协基层组织，并且把这些科协基层组织建设成为“科技工作者之家”，就把科协基层组织联系的科技工作者团结和凝聚起来了，就把科技工作者的作用发挥出来了，这同时就把“建家”工作抓落实了。1986 年 12 月，时任中国科协书记处书记曹令中在全国厂

① 《中央书记处关于科协工作的几点意见》（2013 年 1 月 8 日），见中国科协调研宣传部编：《中央书记处对科协工作的指示精神》。

② 《中央书记处关于科协工作的几点意见》（2013 年 12 月 20 日），见中国科协调研宣传部编：《中央书记处对科协工作的指示精神》。

矿科协工作座谈会上的讲话中指出："科协是科技工作者自己的组织，把厂矿科协建成'科技工作者之家'是厂矿科协的根本宗旨。"① 从加强学术交流、提高学术水平的角度讲，科技人员除了要工作在一个具体工作单位、和科协基层组织打交道外，还要和学会发生关系，参加学会的活动。因为任何一个科技工作者，在其学术水平、科技水平发展一定程度的时候，都会相应地加入到与自己所学学科、专业和所从事的科研相关的学会，成为学会的会员，或者是全国学会，或者是省级学会、市级学会。我们通过加强学会工作和建设，并且把这些学会建设成为"科技工作者之家"，就把学会联系的科技工作者团结和凝聚起来了，把科技工作者的作用发挥出来了。在学会和科协基层组织建设的这两种"科技工作者之家"，各有特点，内容各有侧重，方式各有分工，但都是需要的，都应当加强。这样，我们的"建设科技工作者之家"的工作就落实了。

必须明确的是，我们说学会和基层科协组织是"建设科技工作者之家"的重点，并不是说是全部，更不是说其他科协组织就不重要。之所以将学会和基层科协组织作为重点，是因为科技工作者是生活在学会和基层科协组织之中的，要"建设科技工作者之家"，必须首先将这些科协组织建设成为"科技工作者之家"。中国科协全国组织、地方各级组织的机关职能部门、事业单位是由科协工作者构成的，是为科技工作者服务的，也要建设成为"科技工作者之家"，向科技工作者敞开大门，为科技工作者提供优质、高效的服务。机关部门和事业单位最容易犯的是脱离实际、浮在上面的毛病。因此，机关部门和事业单位在"建设科技工作者之家"过程中，要坚决克服"门难进、脸难看、事难办"的衙门作风，坚决克服形式主义、官僚主义，增强服务意识，真正贴近学会、贴近基层科协、贴近科技工作者。

其实，把科协基层组织作为"建设科技工作者之家"重点的实现，早在中国科协三大之后就提出来了。时任中国科协书记处书记曹令中在1986年12月召开的全国厂矿科协工作座谈会上的讲话中，就总结了厂矿科协办好"科技工作者之家"、发挥企业党政领导联系科技人员的桥梁纽带作用的经验，并进一步提出了"努力把厂矿科协建设成为'科技工作者之家'，为科技工作者服务"的任务。讲话指出："科协是科技工作者自己的组织，把厂矿科协建设成为"科技工作者之家"是厂矿科协的根本宗旨。在办好"科技工作者之家"方面，必须进一步发扬民主，坚持民主办会。中国科协七大后，提出要以基层科协组织建设为重点、为抓手，加强和推动"建设科技工作者之家"的工作，最终确定了"建设科技工作者之家"以科协基层组织建设为重点，使"建设科技工作者之家"工作进入了一个新阶段。"②

①②中国科协干部学院编：《中国科协重要文件汇编》，上海科学普及出版社，1991年。

第六节 “建设科技工作者之家”要坚持思想建设、组织建设、作风建设、制度建设、文化建设“五位一体”

“科技工作者之家”在于建设，贵在建设，重在建设。“科技工作者之家”的建设是一个系统工程，包括思想建设、组织建设、作风建设、制度建设和文化建设，是“五位一体”的整体，缺一不可，不可偏废。

思想建设在“科技工作者之家”建设体系属于理论基础、指导思想的范畴，决定“科技工作者之家”的性质，关系“科技工作者之家”建立、存在和发展的根据、价值和意义，是整个“科技工作者之家”建设体系的核心和灵魂。加强思想建设的核心，是引导科技工作者追求中华民族伟大复兴的中国梦，践行社会主义核心价值体系，加强科学道德和学风建设，形成科技工作者共同的思想基础。

组织建设属于“科技工作者之家”的组织形态、活动方式、工作方法的范畴，决定着“科技工作者之家”的正常运转。中国科协作为党领导下的人民团体，作为科技工作者的群众组织，有着自己严密的组织体系和组织设置、组织形态，组织建设的核心是将科技工作者组织起来。在“五位一体”的建设中，组织建设是基础，没有组织建设，其他建设就无以附着；组织建设不落实，其他建设落实就是一句空话。“家”就是组织，组织就是“家”；没有组织建设就没有“家”的建设，组织建设不落实“建家”就是一句空话。

作风建设属于“科技工作者之家”的外在形象的范畴，是“科技工作者之家”的成员即科技工作者在日常工作、学习和生活中所表现出来的经常性的、稳定性的态度和行为，包括思想作风、工作作风、学习作风（学风）、生活作风等。作风建设与科协组织的文化传统、所处现实环境以及成员即科技工作者队伍的结构和素质密切相关，决定着“科技工作者之家”的自身的凝聚力、吸引力和向心力以及社会评价。

制度建设属于“科技工作者之家”的法规、规范、管理范畴，贯穿于思想建设、组织建设和作风建设之中，体现“科技工作者之家”成熟的程度，决定“科技工作者之家”的生存和发展。制度带有长期性、根本性、稳定性，是建设“科技工作者之家”的保证。

文化建设属于“科技工作者之家”的“内在气质”的范畴，是构成“科技工作者之家”的核心竞争力、软实力的重要方面，是影响“科技工作者之家”成员即科技工作者行为方式的思想意识和观念，是“科技工作者之家”建设的软环境和氛围，是“科技工作者之家”成员即科技工作者成长成才的沃土。突出“文化建家”，目的在于倡导和弘扬人文精神，将科学精神和人文精神结合起来，可以提升“科技工作者之家”的品格、品位和层次，从而成为建设和发展“科技工作者之家”的重要特征。

第五十章 “科技工作者之家”的基本条件和特点

建设“科技工作者之家”需要有一定的物质投入，具备一些基本条件。“科技工作者之家”本身也具有自身突出的特点。

第一节 “科技工作者之家”的基本条件

我们既然要以学会和科协基层组织为重点把各级各类科协组织建设成为“科技工作者之家”，那么这种“建设”本身既是目标要求，也需要物质条件；我们所建设的“家”既是无形的，也是有形的。这大致需要五个方面的基本条件。

1. 有场所

不论是学会，还是科协基层组织，作为“科技工作者之家”都应当有一个活动场所、活动阵地。很难设想，没有活动场所的完全虚拟的“家”会称其为“家”。这个场所可以是科协基层组织独自拥有的，也可以是和党的基层组织、工会组织、共青团组织、妇联组织以及其他组织共建、共有、共用的。“不求所有，但求所用。”重要的不在于是否“独有”，而在于要“有”，能“用”。在基层单位，科协组织要有自己独立的组织，有自己独立的工作，但不要过于强调科协组织的特殊性、独立性，过于强调科协基层组织活动场所的独有性、独用性，而坚持整合资源、避免浪费的原则，不要给基层增加不必要的负担。

2. 有设施

在活动场所内，要有一定的设备、设施，也要有必要的布置、装饰。这两方面是同等重要的，前者在于为科技工作者在“科技工作者之家”的学习、交流、活动提供必要的物质条件和基础，后者在于为科技工作者在“科技工作者之家”的学习、交流、活动营造氛围，二者共同构成了“科技工作者之家”的环境。所不同的是，前者主要构成“科技工作者之家”的“硬环境”，后者主要构成“科技工作者之家”的“软环境”。这两个方面，共同构成并体现着“科技工作者之家”的独特功能。既然是“科技工作者之家”，就要和科技工作者的日常工作、学习的环境拉开距离，也要和科技工作者的家庭生活拉开距离。当人们走进“科技工作者之家”时，就会暂时割断与日常工作、学习和生活的联系，确认自己作为这个“科技工作者之家”成员的身份和角色，以“科技工作者之家”成员的心境和姿态进入与自己的工作环境和家庭所不同的一个特殊环境，体会“科技工作者之家”这个特殊的“家”给自己带来的独特感受。

3. 有制度

就其实质而言，“科技工作者之家”是科协组织的另一种存在形态，既然是组织，就要有相应的制度。与其说是“科技工作者之家”的制度，毋宁说是科协组织为将自己建设成为“科技工作者之家”而制定的制度。这些制度应当围绕为科技工作者服务这个核心，从提高科技工作者素质、发挥科技工作者作用、维护科技工作者权益这三个维度来展开。就此而言，“科技工作者之家”的制度应当包括联系科技工作者制度，激励表彰科技工作者制度，科技工作者参加学术交流制度，科技工作者参加培训和继续教育制度，调查了解科技工作者状况制度，征集科技工作者意见建议制度，反映科技工作者诉求制度，科技工作者向社会公众开展科学普及制度，科技工作者服务群众和社会制度等。

4. 有活动

“生命在于运动，科协在于活动。”没有运动，一个人的生命就停止了；没有活动，科协组织的生命也就停止了。一个科协组织能够开展经常性的、具有科协组织特点的、受广大科技工作者欢迎的、有利于社会和人民群众的活动，是这个科协组织保持旺盛生命活力的外在表现。这些活动要围绕为经济社会发展服务、为提高全民科学素质服务、为科技工作者服务的总要求来谋划、来开展，推动和促进所在地区、单位的中心工作的发展，满足科技工作者的愿望和需求，发挥科技工作者的作用，同时要惠及群众和社会。活动是“科技工作者之家”的支撑，是“科技工作者之家”的动态存在方式，科技工作者之所以愿意到“科技工作者之家”中来，正在于这些活动本身的吸引。或者说，科技工作者之所以有兴趣汇集到“科技工作者之家”中来，就是为了来参加这些活动。

这些活动包括科技工作者之间的学术交流，科技工作者面向社会公众的科学普及，科技工作者面向当地党委、政府和社会的决策咨询、建言献策、人才举荐，科技工作者进行的同行评议，等等。无论开展什么样的活动，都必须从实际出发，注重实效，绝不能搞那些形式大于内容、表面轰轰烈烈而实际上毫无意义甚至劳民伤财的活动。

5. 有服务

科技工作者为什么愿意汇集到“科技工作者之家”中来？最根本的，还在于这个“家”能够为科技工作者提供优质、高效的服务。这种服务体现在“三个关心”上。一是关心科技工作者的思想进步，发挥科技工作者在国家政治生活中的作用。二是关心科技工作者的事业发展，为提高他们自身的素质和能力水平创造条件，比如提供继续教育培训。三是关心科技工作者的生活，帮助他们解决遇到的困难。这些方面的条件，有些属于软件，有些属于硬件；有些需要我们自身的主观努力，有些需要一定的物质投入。而这些方面的工作，其实正是我们科协组织应该做、能够做和正在做的工作，这样，我们就把科协组织的经常性工作和“建设科技工作者之家”的工作很好地结合起来了。

第二节　“科技工作者之家”的基本特点

科协组织是科学共同体，“科技工作者之家”就是这种共同体的一种存在方式，有着鲜明的基本特点。

1. 共同的目标和追求

将科技工作者凝聚到“科技工作者之家”中来的，是共同的目标和追求，这就是中华民族伟大复兴中国梦、社会主义核心价值体系和科学精神。科技工作者秉承爱国主义的情怀，追求社会主义的共同理想，承担为人民服务、为社会贡献的社会责任。科技工作者倡导和秉持科学精神、科学道德、科学伦理、科学规范，开社会风气之先。科技工作者坚持科遵循学共同体的行为准则，维护科协事业的崇高和纯洁，维护“科技工作者之家”的纯净和清新。

2. 共同的学术兴趣

科协组织不是一般性的社会团体，而是科技性、学术性的社会团体，这是科协组织区别于一般社会团体的重要而独特的特点，也是科协组织的独有优势。这个优势和特点，使得科协不仅是党和政府联系科技工作者的桥梁和纽带，而且是推动国家科技事业的重要力量；科协不仅是党的群众工作的重要组成部分，而且是国家科技工作的重要组成部分；科协组织不仅具有政治性和社会性（群众性），而且具有学术性（科技性）。这个特点和优势也体现在“科技工作者之家”的建设中，其重要表现，就是作为“科技工作者之家”成员的科技工作者对于学术的共同兴趣和追求。1990 年 1 月 25 日，宋健同志在谈科协工作时指出：“科协是有吸引力的，我自己就有切身经历。当年在研究所当所长的时候，觉得科协里有同行，有共同语言，在一起谈谈，别有一番乐趣。人是需要群体的，不在群体之中他会觉得孤独。”①

3. 民主自由、团结互助的宽松环境和温馨氛围

“科技工作者之家”是充分民主的，其成员有独立的人格和思想，有高远的眼光和自由的心态，彼此和谐相处，互助互爱，心情舒畅。“科技工作者之家”对科技工作者的人文关怀，既体现在对学术追求的帮助上，也体现在对工作和生活具体困难的帮助上，更体现在科技工作者自由而全面的发展上。1986 年 6 月 25 日方毅同志在中国科协第三次全国代表大会上的讲话中指出：“科协不仅是人才成长的大家庭，还是发扬科学精神的大家庭。30 几年来，新中国的学会为好几代科技工作者的健康成长创造了良好的环境，为我们的科学研究工作提供了自由讨论、相互学习、亲密合作的机会。为科技工作者了解社会、了解国家的全貌沟通了信息渠道。它最早为我们通向世界打开了大门，在这里，不仅带领和引导了很多中青年科学家走向世界舞台，而且使整个科技界充满团结、友爱、合作的气氛，发扬着科学上的民主、自由和创造精神。”② 周光召在担任中国科协主席时主张，科技工作者这个“家”没有学派、部门、年龄的限制，在这里能够充分发表意见，畅所欲言，成为不同年龄、不同领域、不同行业、不同部门科技工作者追求真理和提高创新思维能力的场所。他强调指出：“在我们这个‘家’里，要发扬中国尊老敬贤的传统，让老一代的同志能够继续为社会、为这个‘家庭’发挥作用；要积极支持在第一线工作的成员，在他们成功的时候，分管他们的喜悦，在他们遇到挫折和困难的时候，要不遗余力地去帮助他们，让他们在激烈竞争以后，回到这个温暖的‘家’里来重新获得力量；要积极培养加入我们‘家庭’的年轻科技工作者，使科技工作者这个大‘家庭’不断繁荣，不断壮大。总之，我们对每一个人都要关心和爱护，要把全国的科技队伍凝聚在一起。”他特别强调：“我们科协这个‘家’一定要尊重每一个科技人员，我们每个人在外面都会遇到种种问题，我们要通过努力的工作，让科

---

① 中国科协干部学院编：《中国科协重要文件汇编》，上海科学普及出版社，1991 年。

② 中国科协干部学院编：《中国科协重要文件汇编》，上海科学普及出版社，1991 年。

技工作者在科协这个‘家’里得到理解、得到支持，让他们恢复自尊心、自信心，得到一个再振奋起来去奋斗一番事业的精神力量。”① 2002年12月21日张玉台同志在中国科协地方科协工作座谈会上的讲话中也指出，科协的优势和长处就是科学家在科协举办的会议和活动中不受行业领域的限制，能充分发表自己的意见。

① 邓楠主编：《周光召与中国科协》，中国科学技术出版社，2009年。

写在后面的话*

（代后记）

记得孩子刚上小学的时候，有一天非常认真地问我："爸爸，你到底是干什么的?"我一时愕然。原来是学校进行学生家长职业状况调查。我想了想，也非常认真地说："写文章的。"从孩子的一脸迷茫，我知道他"到底"还是没有明白我"是干什么的"。

我说自己是"写文章的"，其实并非完全是揶揄孩子，而是对自己长期以来的一种真实生存状态的形象描述，因为我实在找不出更恰切的词来描述我的职业和几十年来的真实生存状态了。我一直认为，我是有"写文章"的"天分"的。在我的记忆中，从写小学第一篇作文开始，直到中学，我的所有作文，不论是记叙文还是议论文，抑或是政论文，都被作为优秀作文在班级或年级给同学宣读，被老师作为范文讲解，小有名气。这成为我以后进入万劫不复的"写文章"生涯的最初乐趣和基础。

算起来，我的"爬格子"的职业生涯从17周岁就正式开始了。1971年底我中学毕业后，在父母亲工作的一机部大河机床厂（在宁夏中卫，三线建设时由沈阳中捷友谊厂即沈阳第二机床厂的一部分迁来）所属的农场劳动锻炼，当时有团员、青年123人，我担任团支部书记，除了参加劳动、开展团的活动外，负责黑板报、宣传栏、广播站的所有文章，农场党支部书记兼场长每月的工作总结、工作安排讲话稿，给厂里的工作汇报稿，对外的新闻宣传稿。值得一提的是，那时我起草的反映农场发展历程的经验材料，就在全自治区的经验交流会上作了大会发言。以后，1973年11月至1975年12月我在西安地质学校（后改为西安地质学院、西安工程学院，现长安大学）上学期间就负责学校广播站的广播稿、学生会的墙报稿，所有广播稿都是由正在上学的我来审核签发的。毕业留在校团委工作后，我负责校团委的公文、部分政治处的公文、校领导的讲话稿和上报上级的综合材料。比较大的材料有为陕西省地质局（后改为陕西省地质矿产局，现陕西省国土资源厅）起草的长篇宣讲材料，为校领导起草的全校大会的讲话稿。1977年7月至1985年5月在陕西省地质局团委、政治部宣

---

* 本文是作者2008年为出版党建文集时所写的后记，该文集以《三十年党建文存》为名，已于2014年7月在党建读物出版社出版。作者将原定作为该文集后记的这篇文章，在整体保留了原文风貌的同时，做了适当修改，作为《中国科协组织建设》一书的后记。

传处工作以及担任《矿产开发报》(后迁往北京，改为《中国矿业报》)责任编辑期间，代党组、政治部、团委、宣传处起草各种公文、新闻稿、宣讲稿和领导讲话稿，可以说已经达到了得心应手的地步，起草的领导讲话有了分量，有的公文成为被领导屡屡提起的“范文”。这期间，也试着给报纸、刊物投些新闻稿，文艺评论和理论文章的写作也具备了一定的水平。记得1985年5月我到陕西省委组织部组织处报到时，当下就被人“扣住”，接受了起草省委分管副书记在全省发展知识分子入党工作会议上的讲话稿的任务。结果，我这个以前在省级机关搞团的工作、宣传工作和新闻工作，不知组织工作为何物的还算年轻的小伙子，竟然也写得像那么回事。从此，我就开始了在组织战线“写文章”的生涯。

现在回忆起来，不谦虚地说，在我到组织战线之前，“写文章”的水平就已经很可以了，走上组织战线，无非是处理的题材不一样了，需要熟悉新的业务，了解新的情况，写作本身并没有大的变化，只是更加娴熟，趋于老辣。可能是年纪轻、精力充沛的缘故，在我的印象中，那些年我写起文章来特别快，通过实地调查完成的经验，连调查带起草，可以不超过四天，为领导起草会议讲话，熬一夜就可以完成。而且过去没有电脑，全靠手写，不允许你磨磨蹭蹭，反反复复，修修改改，既要有效率，又要有质量，要又快又好。这样的例子很多，可以信手拈来，我只说说1995年1月到北京工作前的几件事。

记得是1982年，我在陕西省地质局离开局团委到政治部宣传处工作前，参加最后一次由我参与组织的团的工作会议。所谓参与，其实就是我一个人，因为长期以来局团委就是书记和我这个干事两个人，书记身体不好，经常休病假，所有的文字工作都由我一个人承担，过去每年的这种会议，都是由我一个人负责起草领导讲话，准备有关会议材料，负责整个会议的筹备和组织。这一次，为了带一下来和我交接的同志，晚上八九点钟的时候，我很像那么回事地坐在桌子上，由我一句一句口述，他来“操刀”记录，然后由我再过一遍文字，天亮大功告成。

到陕西省委组织部工作后的1987年和1988年，为了完成中央组织部先后布置的两份经验材料，一份是洋县发展党员工作的经验，一份是大荔县开展“校(乡镇党校)、室(村党员活动室)、日(每月一次党员活动日)”活动的经验，我每次带一位同志下去，花四天时间，前三天采访，找各方面的人个别谈话、开座谈会，沟通、交流，研究、探讨，到实地了解、考察，查阅有关资料，后一天，五六千字的经验材料一挥而就，写好一页，同去的那位同志整齐地誊抄一页。这两篇经验材料不仅有观点、有事例和数据，点面结合，而且有思想、有分析、有背景材料，文字也很优美。

1989年政治风波后，我被抽调到陕西省委清查清理领导小组清理办公室，负责材料工作。这期间，不仅大会多，每次都要起草领导讲话，而且平时的文字材料也多，包括各种汇报材料和简报，还要负责领导小组会议的材料。那时省委分管副书记和省委常委、组织部长多次讲话的稿子，有时我和办公室的另外一位同志，有时再加上领导的秘书，就是这么两三个人，都是在很短时间内完成的。有时是共同商量，分头起草，合在一起交领导审阅，有时时间紧了，就分头写好后直接送到领导手里，也有一个人独自完成的时候。有一次给上级报的一份 8000 多字的汇报材料，我在晚饭后动笔，熬了一个通宵，到天亮就完成了。这是需要一点儿速度的，不然时间就来不及，而且当时还没有电脑，需要一个字一个字地写，没有时间打草稿，字迹还不能潦草。

1993 年，在陕西省眉县召开全省党员电化教育工作会议，领导讲话是我在头一天晚上十点以后才开始写的，也是写好一页，由另一位同志誊抄一页，然后我再把文字过一遍，照例是天亮前完成。

1994 年，我带陕西省委组织部党员电化教育中心一位搞摄像的同志，到陕西省渭南市采访一个亿元村，写电视专题片的解说词。我在村里走街串巷，走访干部、党员和群众，和许多当事人聊，踏看故事现场，安排现场采访，那位同志在这个过程中跟踪开机拍摄。结果，这次只比写经验材料多了半天多时间，四天用来采访、构思、拍摄，半天多就完成了解说词的撰写。和其他文章不一样，解说词是要有镜头语言的，既要运用抽象思维，又要有形象思维，撰写时脑子里要有画面，文章结构、叙述方式、语言风格也有特殊要求，这么短的时间里完成，在许多人看来是不可思议的事情，事实上也是从事这项工作的多数人难以完成的事情。解说词写好后，顺利通过，而其他许多省的解说词则反复了多次。事后，那位搞摄像的同志对人说我是“职业杀手”。

时间短，写得快，一遍完成，而且质量不受影响，是我“写文章”的特点。上面谈到的几个例子的成果，团的工作会议的讲话稿第二天上午就被领导拿去在大会上讲；党员电化教育工作会议的讲话稿不仅第二天领导就讲了，事后还向全省全文发了《陕办通报》；洋县、大荔县的两篇经验材料被中组部分别收入两本公开发行的书中（我找到了其中的一篇，收入了《三十年党建文存》一书中，即《开展“校、室、日”活动　加强农村党员教育工作》）；那部电视专题片作为中央组织部组织局组织的《来自亿元村的报告》系列之一，在中央电视台第二套节目播出。

至于到北京工作后的情况，我不想多说了，因为那真的可以用“老练”、“老辣”、“老道”来形容了。不说具体的，只简单报报“账”，而且只是一部分“账”。1995 年 1 月我借调到中组部组织局四处，负责处里的文字工作。四处负责党员教育管理的工作，文字材料很多，除了日常的各种文件外，比较重要的是起草或参与起草了纪念抗战胜利 50 周年老同志座谈会期间中央和部领导同志的讲话、纪念建党 75 周年全国优秀共产党员表彰大会部领导的讲话、党的十五大前中央调研组（党的基层组织建设组）调研报告、党员队伍建设座谈会领导讲话等。1996 年年底，到组织局党员电化教育中心任副主任（我到中组部组织局之前的 1994 年，在省委组织部就已经是正处了），领导找我谈话时说，调我去的一个重要原因也是为了加强中心的文字工作。由我起草的各种文字材料就太多了，除了中心本身的文字材料外，还时常参加起草局里、部里的文字材料，其中比较重要的是参与起草了纪念建党 75 周年大会中央领导同志的讲话、学习邓小平理论工作会议部领导的讲话。以后就是接连三次大的教育活动。1998 年至 2001 年 1 月，参加中央“三讲”教育联系会议办公室工作，任地方组副组长（需要说明的是，我是后期担任这个职务的。开始，各组组长都是副部级领导担任，副组长都是局级、副局级领导。后期，有的组长是局级，而我当时才是正处级，是副组长中唯一的处级干部。这充分体现了中组部的领导同志对我的信任，我至今心怀感激，永志不忘），写了大量的领导讲话、汇报材料、调查报告、简报和各种文件。然后是一天没有休息，带病参加全国农村“三个代表”重要思想学习教育活动领导小组办公室的工作，任新闻宣传组组长，时间是 2000 年 12 月至 2002 年 8 月。之所以两个活动的时间有一个月的交叉，是因为任新闻宣传组组长时，“三讲”办还在做收尾工作。这个期间，除了领导讲话等材料外，参与和组织了评论、新闻稿的撰写。2003 年 2 月至 11 月，参加中央保持共产党员先进性教育活动试点工作领导小组办公室工作，任综合组组长，写了大量（的的确确是大量）领导讲话、汇报材料、简报和各种文件。因为是试点，会议就比较多，领导到地方去调研的机会也比较多，开会和调研都要准备领导讲话，而多数时候会议筹备时间很短，领导去调研走得也都比较急，给我们准备领导讲话的时间非常有限。一般情况，都是我和两个年轻人一起，由我来设计讲话的框架结构，讲清楚讲话稿的要领，然后分工每个人写一两部分，我每次也是写一两部分，写好后交给我，如果写的差距比较大，就由起草人再去调整、修改，如果基本成形，就由我来从观点到材料运用，从叙述方式到具体文字，整个统一遍。往往都是昼夜加班，很快交出去。2004 年 2 月至 12 月，参加中央保持共产党员先进性教育活动准备工作，我任文件起草组组长，起草了一些重要文稿，特别是作为主要起草人，形成了中央关于开展先进性教育活动的《意见》。2005 年 1 月至 2006 年 5 月，参加中央保持共产党员先进性教育活动领导小组办公室工作，任综合组、指导协调二组副组长（组长是副局长，因为我当时是副局级调研员，非领导职务，虚职。一位领导说，你的能力是可以当组长的，但其他副局级调研员安排做副组长，你也只能做副组长，不然摆不平，但你还要发挥主要作用），仍然是做文字材料工作，而且是不可救药地认真，包括领导讲话、重要文稿、简报等。从时间上可以看出，我是在先进性教育活动结束前一个月就回到组织局的，因为叫我负责建党85周年表彰全国优秀共产党员的文字材料和宣传工作。任实职参与组织局领导分工后，我分管办公室和综合处，也是负责文字工作，除了大量的日常文字材料外，大材料都是由我来带着个别人来做。

可能是会“写文章”这个特长，在我一生的工作生涯中，几次被动地被人看中，也就有了为数不多的几次被动地工作调动的经历。说被动，是因为每次调动都不是我主动要求的，甚至我事先根本就不知道，所以无所谓我主动不主动、愿意不愿意，只有服从的份。因为我在自己的工作问题上，历来是抱着顺其自然、随遇而安的态度，从不去设计什么，更不去推销自己。这事说起来，总是有人置疑，不相信会是这样，甚至认为是占了便宜还卖乖。有人觉得，越调动走得越高，自己怎么可能没有“做工作”？对此，我只能闭住这张嘴，缄口不言，不做任何解释，因为实在没有必要，也说不清楚。

第一次调动是1977年7月，我从西安地质学校团委调到陕西省地质局团委。当时学校尚归局里管，第一次去汇报工作，他们就看上了我，局政治部连续给学校发了三次借调令，学校都没有放人。这在地质局的历史上是绝无仅有的事情。发最后一次借调令时，学校党委书记才向我透了底。他对我说，学校培养一个会写文章的同志很不容易，学校很需要像我这样的同志，不能轻易就放人，让我安心在学校工作，我也觉着在哪儿工作是无所谓的事情，何况学校领导对我又这么重视，我应当有报答之心。无奈之下，局政治部直接向学校发了正式调令，我是在学校实习基地忙完领导的会议讲话稿后，领导才通知我到局里报到的，通知我时就已经过了报到时间了。

第二次调动是1985年5月，我从陕西地质矿产局政治部宣传处调到陕西省委组织部组织处。省委组织部事先了解到了我的情况，很快来人考察，分管政治部的局领导和政治部领导都不同意放人，但又不能不让来考察的同志看我的档案，结果不到一个星期，就发了正式调令，没有借调的环节。时间之快，鲜有先例。那以后，局党组书记兼局长和分管政治部的副局长还多次对我讲，随时欢迎我回局里工作。而我觉得，在哪儿工作还不是一样？还是听候组织安排吧！

第三次调动是1995年1月，我从陕西省委组织部组织处调到中央组织部组织局四处。起因是两年前一次组织局四处领导同志到陕西调研，回京前和省委组织部组织处的同志一起座谈，发现我的发言“与众不同”，后来有意识地调阅了我发表的一些文章和参与撰写的一些书籍，局里就有了调我的想法。在这之前，我不认识中组部的任何同志。中组部给省委组织部发借调函时我并不知道，我也从来没有联系过，临去北京前才通过省委组织部办公室给组织局打了招呼，告诉我报到的日期。借调时间不长，局领导就找我谈话，提出把我调入局里的想法。

实事求是地说，这三次调动，并非如有些人所想象的那样，是占了什么“便宜”，得到了什么“好处”，而是使自己在职务升迁、生活待遇方面都多多少少受到了影响，甚至是很大的影响。但不可回避的是，对我的锻炼和提高也是很大的，受益是终身的。在我看来，在工作调动问题上，不能简单地以是吃亏还是占便宜、是有好处还是没好处来衡量，来决定取舍，也不能把眼睛盯在职务和待遇上，而是看工作是否需要，是否能使自己多做工作，经受锻炼和考验，是否能为党多做工作，为社会多做贡献。对于个人来说，只要是组织的安排，就必须服从，不能讲价钱，不能挑三拣四，挑肥拣瘦，珍惜每一次工作机会，不断得到锻炼和提高。毕竟，自己增加了经历和阅历，增长了才干。

我猜想，只有这第四次调动，2007 年 5 月从中央组织部组织局调到中国科协组织人事部，可能和“会写文章”无涉，是一次正常的组织安排。因为凭我现在已经老朽的年龄，能不能“写文章”，可能已经不重要了，至少不是特别重要的事情了。也正因为已经老朽，我当时就有思想准备，这次调动可能是我政治生涯、职业生涯的最后一次工作调动了，可能就要永远“沉淀”到那里了。和以前少有的几次调动一样，这次调动仍然是在我不知晓、没有思想准备也没有选择余地的情况下通知我的，对于这次调动，不论我愿意不愿意、喜欢不喜欢，我同样只能像以前少有的几次调动一样服从组织安排，愉快地赴任。不管怎么说，这次调动是组织上对我多年来勤奋工作和付出以及表现出来的能力和水平的肯定，我只能是以此为动力，在退休前有限的几年里，加倍努力，发奋学习，勤奋工作，多做贡献，创造人生最后的辉煌，以不辜负组织和领导对我的期望。但从另一个方面讲，中组部的领导推荐我，中国科协的领导接受我，也一定是和我会“写文章”有关，至少这也是一个重要因素。只是我到了这一把年纪，对“写文章”这件事已经没有心劲儿了，没有激情了，因为我写的时间太长了，写的材料太多了，已经有些倦了、累了、乏了，也有些烦了，想激流勇退了，虽然每次接受“写文章”的任务时还是那么认真，不可救药地认真。我很庆幸，到了新单位我不会再像在组织系统那样以“写文章”为生涯而且写得昏天黑地的了。我很庆幸就这次调动机会借此退出“江湖”，隐于芸芸众生，宁愿不让人知晓我曾经那么久地做过“写文章”的营生。我不禁为此而暗喜。

说到来科协工作，我除了要感谢组织的肯定和信任外，我也明白，和中央组织部比较起来，中国科协毕竟是一个人民团体、社会团体、群众组织，或者如许多人所说的是一个弱势组织，这次工作的变动意味着我离开了领导重视的中心，离开了社会关注的中心，一直以来罩在头上的“光环”荡然无存，“优越感”也不复存在。对此，我是有思想准备的。从到科协第一天起，我就给自己提出了这样的任务，迅速整理好思绪，打理好心情，调整好心态，转换好角色，去掉虚荣和